U0351237

本书作者委员会

区颖刚　刘庆庭　杨丹彤　张　华

莫建霖　武　涛　黄世醒　郑丁科

Malclom Wegener　余平祥　张增学

邹小平　李伯祥　陈华金

华南农业大学教育部重点实验室甘蔗机械化分室

国家糖料产业技术体系甘蔗机械化研究室

大田作物生产机械化技术丛书

国家科技支撑计划项目"大田作物机械化生产关键技术研究与示范"成果
"十三五"江苏省重点图书出版规划项目
国家现代农业产业技术体系(糖料)建设专项资金(CARS-17)

区颖刚 刘庆庭
杨丹彤 张　华 等著

甘蔗生产机械化研究

江苏大学出版社
JIANGSU UNIVERSITY PRESS
镇　江

图书在版编目(CIP)数据

甘蔗生产机械化研究 / 区颖刚等著. — 镇江 ：江苏大学出版社，2018.12
ISBN 978-7-5684-1034-2

Ⅰ. ①甘… Ⅱ. ①区… Ⅲ. ①甘蔗—机械化生产—研究 Ⅳ. ①S233.75

中国版本图书馆 CIP 数据核字(2018)第 296045 号

甘蔗生产机械化研究

Ganzhe Shengchan Jixiehua Yanjiu

著　　者/区颖刚　刘庆庭　杨丹彤　张　华等
责任编辑/李经晶
出版发行/江苏大学出版社
地　　址/江苏省镇江市梦溪园巷 30 号(邮编：212003)
电　　话/0511-84446464(传真)
网　　址/http://press.ujs.edu.cn
排　　版/镇江市江东印刷有限责任公司
印　　刷/句容市排印厂
开　　本/718 mm×1 000 mm　1/16
印　　张/24.5
字　　数/490 千字
版　　次/2018 年 12 月第 1 版　2018 年 12 月第 1 次印刷
书　　号/ISBN 978-7-5684-1034-2
定　　价/60.00 元

如有印装质量问题请与本社营销部联系(电话:0511-84440882)

序

当前，我国农业资源与环境约束趋紧，发展方式粗放，农产品竞争力不强，农业劳动力区域性、季节性短缺，劳动力成本持续上升，拼资源、拼投入的传统生产模式难以为继。谁来种地、如何种地，成为我国现代农业发展迫切需要解决的重大问题。

机械化生产是农业发展转方式、调结构的重要内容，直接影响农民种植意愿和农业生产成本，影响先进农业科技的推广应用，影响水、肥、药的高效利用。2016年，我国农业耕种收综合机械化水平达到65%，农机工业总产值超过4200亿元，成为全球农机制造第一大国，有效保障了我国的“粮袋子”“菜篮子”。

与现代农业转型发展要求相比，我国关键农业装备有效供给不足，结构性矛盾突出。粮食作物机械过剩，经济作物和园艺作物、设施种养等机械不足；平原地区机械过剩，丘陵山区机械不足；单一功能中小型机械过剩，高效多功能复式作业机械不足，一些高性能农机及关键零部件依赖进口。同时，种养业全过程机械化技术体系和解决方案缺乏，农机农艺融合不够，适于机械化生产的作物品种培育和种植制度的标准化研究刚刚起步，不能适应现代农业高质、高效的发展需要。

“十二五”国家科技支撑计划项目“大田作物机械化生产关键技术研究与示范”针对我国粮食作物、经济作物和园艺作物农机农艺不配套问题，以农机化工程技术和农艺技术集成创新为重点，筛选适宜机械化的作物品种，优化农艺规范；按照种植制度和土壤条件，改进农业装备，建立机械化生产试验示范基地，构建农作物品种、种植制度、肥水管理和装备技术相互融合的机械化生产技术体系，不断提高农业机械化的质量和效益。

本系列丛书是该项目研究的重要成果，包括粮食、棉花、油菜、甘蔗、花生和蔬菜等作物生产机械化技术及土壤肥力培育机械化技术等，内容全面系统，资料翔实丰富，对各地机械化生产实践具有较强的指导作用，对农机化科教人员也具有重要的参考价值。

2017 年 5 月 15 日

目　录

第 0 章　导论　我国甘蔗生产机械化概况及其在蔗糖业发展中的地位 / 001

0.1　我国甘蔗生产机械化概况 / 001

0.1.1　甘蔗的性状特征 / 001

0.1.2　我国甘蔗种植面积与主产区分布 / 001

0.1.3　我国甘蔗生产机械化发展概况 / 002

0.1.4　甘蔗生产机械化各主要环节的机械化情况 / 003

0.1.5　各主要区域甘蔗生产机械化情况 / 005

0.1.6　各级政府促进甘蔗生产全程机械化发展的政策 / 008

0.1.7　近期甘蔗机械化发展的特点 / 009

0.1.8　小结 / 010

0.2　甘蔗生产机械化在甘蔗糖业发展中的作用 / 011

0.2.1　发展甘蔗生产机械化是解决甘蔗生产劳动力短缺的必然手段 / 011

0.2.2　甘蔗生产机械化是降低蔗糖生产成本、提高糖业竞争力的必然选择 / 012

第 1 篇　甘蔗机械化技术、装备与发展历程

第 1 章　蔗田准备机械化技术装备及发展历程 / 019

1.1　我国蔗田耕整地技术与装备 / 019

1.1.1　耕整地作业程序 / 019

1.1.2　犁耕技术与机具 / 020

1.1.3　深耕技术与机具 / 021

1.1.4　深松技术与机具 / 021

1.1.5　整地技术与机具 / 024

1.2　国外蔗田耕整地技术与装备简介 / 025

1.3　保护性耕作与土地休闲期专题讨论 / 026

1.3.1 保护性耕作简介 / 026
1.3.2 国外蔗田保护性耕作与土地休闲期 / 026
1.3.3 我国蔗田保护性耕作与休闲期 / 027

第2章 甘蔗种植机械化技术装备及发展历程 / 029
2.1 甘蔗种植机械化技术与装备 / 029
2.1.1 甘蔗种植的概念 / 029
2.1.2 新植蔗种植农艺要求 / 029
2.1.3 机械化种植工序 / 031
2.1.4 甘蔗种植机分类 / 031
2.2 我国甘蔗种植机械化技术与装备发展历程 / 036
2.2.1 20世纪70年代中期至80年代中期甘蔗种植机械研究概况 / 036
2.2.2 2000—2010年期间甘蔗种植机的研究和试验 / 037
2.3 国外甘蔗种植机械化技术与装备 / 042
2.3.1 日本 / 042
2.3.2 美国 / 042
2.3.3 澳大利亚 / 042

第3章 甘蔗田间管理机械化技术装备及发展历程 / 044
3.1 甘蔗田间管理机械化技术与装备 / 044
3.1.1 甘蔗田间管理的概念 / 044
3.1.2 田间管理农艺要求 / 044
3.1.3 田间管理关键机具与装备 / 046
3.2 我国甘蔗田间管理机械化技术与装备发展历程 / 051
3.2.1 20世纪70年代中期至80年代中期田间管理机械研究概况 / 051
3.2.2 20世纪90年代甘蔗田间管理机械研究概况 / 052
3.2.3 21世纪初期甘蔗田管机械的研究和试验 / 054
3.2.4 灌溉机械 / 056
3.3 国外甘蔗田间管理机械化技术与装备 / 056

第4章 甘蔗收获机械化技术、装备及其发展历程 / 057
4.1 甘蔗收获机械化技术与装备 / 057
4.1.1 甘蔗收获的概念 / 057

4.1.2 甘蔗收获的农艺要求 / 059
4.1.3 甘蔗机械化收获技术 / 060
4.2 我国甘蔗收获机械化技术与装备发展历程 / 069
4.2.1 20世纪50年代至80年代甘蔗收获机械研究概况 / 069
4.2.2 20世纪90年代甘蔗收获机械研究概况 / 073
4.2.3 2000—2010年甘蔗收获机械的研究和试验 / 076
4.2.4 我国引进的切段式甘蔗收割机 / 090
4.3 国外甘蔗收获技术发展历程 / 092
4.3.1 概述 / 092
4.3.2 甘蔗收割机的萌芽期 / 092
4.3.3 甘蔗整杆收获技术和收割机的发展 / 093
4.3.4 切段式甘蔗收获技术 / 099
4.3.5 甘蔗收割机关键技术要素的演变 / 101
4.3.6 国外甘蔗收割机械化发展历程曲折的原因 / 114
4.4 我国甘蔗收割机的关键技术问题分析 / 115
4.4.1 整秆式甘蔗收割机的关键技术问题 / 115
4.4.2 切段式甘蔗收割机物流通道技术 / 116

第5章 甘蔗生产机械化中的农机农艺融合 / 119
5.1 机械化蔗园的选址与规划设计原则 / 119
5.2 植蔗地的耕整 / 120
5.2.1 植蔗苗床耕层土壤的技术要求 / 120
5.2.2 植蔗地的机械化深松 / 121
5.2.3 植蔗地的机械化翻耕 / 124
5.2.4 植蔗苗床的机械化碎土耙平 / 125
5.3 机械化种植 / 126
5.3.1 甘蔗种植的生态条件要求 / 126
5.3.2 适宜机械化种植的甘蔗品种选择 / 126
5.3.3 机械化种植的种茎准备 / 127
5.3.4 机械化种植 / 129
5.4 机械化中耕管理 / 135
5.4.1 中耕与培土的概念 / 135
5.4.2 甘蔗中耕管理的关键生育期 / 136

5.4.3 甘蔗生长的营养与水分需求 / 138
5.4.4 机械化中耕管理作业技术要求 / 139
5.4.5 化学除草与农药喷雾作业 / 140
5.5 机械化收获 / 143
5.5.1 甘蔗成熟期的生物学基础 / 143
5.5.2 甘蔗机械化收获技术 / 144
5.6 宿根蔗的机械化管理 / 149
5.6.1 宿根甘蔗生产的生物学基础 / 149
5.6.2 宿根甘蔗机械化管理作业技术要求 / 152
5.7 甘蔗生产全程机械化对蔗园土壤结构的影响 / 153
5.7.1 在广西廖平农场等地的研究 / 153
5.7.2 在湛江农场的研究——甘蔗机械化生产导致的土壤压实 / 158

第2篇 甘蔗生产机械化系统和模式

第6章 甘蔗生产机械化系统与模式 / 173
6.1 模式理论概述 / 173
6.1.1 农业机械化系统 / 173
6.1.2 模式 / 174
6.2 农业机械化模式理论的发展 / 175
6.2.1 早期理论 / 175
6.2.2 新形势下的农业机械化模式研究 / 177
6.2.3 “整体解决方案” / 179
6.2.4 小结 / 180
6.3 我国甘蔗生产机械化模式 / 180
6.3.1 我国甘蔗机械化系统模式理论的发展回顾 / 180
6.3.2 我国甘蔗生产机械化模式中的要素分析 / 183
6.3.3 我国甘蔗生产机械化模式 / 190
6.4 模式方案的技术评估 / 199
6.4.1 田间机具系统效率和质量分析 / 199
6.4.2 经营效益——产出/投入比 / 199
6.4.3 做法 / 200

第7章 我国甘蔗全程机械化生产实践与模式研究 / 201

7.1 湛江农垦平缓坡地大型全程机械化模式的生产实践 / 201

7.1.1 湛江农垦甘蔗生产全程机械化要素与模式 / 201

7.1.2 湛江农垦第一次大型全程机械化农场模式的探索和实践(20世纪80年代) / 203

7.1.3 湛江农垦第一次大型全程机械化甘蔗生产系统机具配套多目标优化(20世纪80年代) / 208

7.1.4 湛江农垦第二次大型自营全程机械化农场模式的探索和实践(1996—2000年) / 213

7.1.5 湛江农垦第二次全程机械化甘蔗生产系统机具配套多目标优化 / 223

7.1.6 湛江农垦第三次大型全程机械化实践和模式探索(2003—2008年) / 228

7.1.7 广垦农机公司专业机械化服务模式的实践 / 230

7.2 广西农垦金光农场全程机械化生产模式 / 239

7.2.1 广西农垦金光农场的社会经济状况和地形地貌 / 239

7.2.2 项目研究实施概况 / 240

7.2.3 系统评估 / 241

7.3 农垦全程机械化生产模式分析 / 242

7.4 广西汉森公司大型全程机械化生产模式 / 243

7.4.1 基地的经济社会和自然条件 / 243

7.4.2 基地的大中型甘蔗机械化试验示范研究 / 244

7.5 东亚糖业公司大型机械化生产模式 / 251

7.5.1 概况 / 251

7.5.2 东亚糖业甘蔗现代农场模式 / 251

7.6 中型全程机械化生产模式 / 254

7.6.1 概述 / 254

7.6.2 行业专项对广西中型全程机械化服务模式的研究 / 254

第8章 甘蔗收获机械化系统模式试验评价和分析 / 260

8.1 切段式联合收割机系统性能试验研究 / 260

8.1.1 凯斯7000(8000)型收割机系统性能试验研究 / 260

8.1.2 凯斯4000型收获性能测试 / 268

8.1.3 4GZ-56中型履带式甘蔗切段式联合收割机收获系统试验 / 269

8.1.4 4GZ-91 履带式中型切段式甘蔗联合收割机试验 / 270

8.2 整秆式甘蔗联合收割机系统性能试验研究 / 273

8.2.1 概况 / 273

8.2.2 柳州翔越 4ZL-1 型整秆式甘蔗联合收割机 / 274

8.2.3 浙江三佳 4ZL-1 型整秆式甘蔗联合收割机试验与适应性研究 / 275

8.2.4 整秆式甘蔗联合收割机的特点 / 276

8.2.5 整秆式甘蔗联合收割机存在的问题 / 276

8.3 整秆式分段收获机械化系统研究 / 277

8.3.1 广西小型分段收获割铺机系统经济效益研究 / 277

8.3.2 华南农业大学甘蔗分段式收获系统性能试验研究 / 279

8.3.3 小结 / 280

8.4 甘蔗机械化生产收获-运输系统配置与调度 / 280

8.4.1 非线性规划配置模型 / 280

8.4.2 0-1 整数规划调度模型 / 282

8.4.3 模拟实例——广前公司大规模甘蔗收获-运输机械化系统设计 / 283

8.5 甘蔗收获系统的效益研究 / 283

8.5.1 甘蔗大型机械收获系统的成本调查和分析 / 283

8.5.2 大型收割机收获作业盈亏平衡点 / 286

8.6 关于我国甘蔗收获方式的讨论 / 287

8.6.1 中型切段式甘蔗收割机成为主流 / 287

8.6.2 分段式收获系统 / 288

8.6.3 整秆式收获存在的问题 / 288

8.6.4 继续对整秆式收获技术进行研究的必要性 / 289

第 9 章 我国甘蔗机械化发展战略及相关问题的思考 / 290

9.1 我国甘蔗机械化滞后状况 / 290

9.1.1 我国甘蔗机械化的起步 / 290

9.1.2 我国甘蔗机械化的目标 / 290

9.1.3 对实现我国甘蔗机械化发展目标的分析 / 291

9.2 造成我国甘蔗机械化发展缓慢的原因分析 / 292

9.2.1 甘蔗产业种植地域西移,帮助了西部贫困地区发展,但基于低人力成本的生产方式影响了甘蔗机械化的发展 / 292

9.2.2 大生产与小农经济经营的矛盾 / 294

9.2.3 甘蔗机械化生产经营主体和经营管理模式现状 / 295
9.2.4 规模经营与高地价 / 297
9.2.5 努力提高各类组织的经营水平 / 299
9.2.6 对农民来说,甘蔗机械化的难点在于经济效益 / 299
9.2.7 甘蔗生产机械化是一个大的系统工程,各要素之间还缺乏协调运作机制 / 300
9.2.8 甘蔗收获技术难度大,科技支撑和资金投入不足 / 303
9.2.9 甘蔗机械化处于一个艰难的磨合过程 / 305
9.2.10 国际和国内市场糖价周期性地大幅波动是影响甘蔗糖业发展的一个重要因素 / 306
9.3 国外甘蔗机械化生产系统分析与借鉴 / 307
9.3.1 概述 / 307
9.3.2 各主产蔗国对甘蔗生产的支持政策 / 308
9.3.3 世界各国甘蔗机械化生产发展对我们的启示 / 312
9.4 对甘蔗机械化发展战略的思考 / 313
9.4.1 做好顶层设计 / 313
9.4.2 坚持走中国特色甘蔗机械化道路,重点发展中型机械化模式 / 314
9.4.3 良田、良种、良法三结合,农机与农艺融合发展 / 314
9.4.4 甘蔗机收整体解决方案 / 314
9.4.5 加强政策研究和指导 / 315
9.4.6 学习和借鉴甘蔗生产先进国家的管理经验 / 315

参考文献 / 317

附录 华南农业大学甘蔗生产机械化研究介绍 / 327
1 研究平台 / 327
2 华南农业大学甘蔗机械化研究历史沿革 / 328
3 国家产业技术体系成立以来开展的甘蔗机械化模式研究 / 328
4 承担的科研项目与课题 / 329
5 已授权的发明专利 / 331
6 已授权的实用新型专利 / 334
7 已通过鉴定的科研成果 / 336
8 团队培养的学生与甘蔗机械化有关的硕博学位论文 / 343

8. 1　博士后出站报告 / 343
8. 2　博士学位论文 / 347
8. 3　硕士学位论文 / 375

后记 / 378

第 0 章　导论　我国甘蔗生产机械化概况及其在蔗糖业发展中的地位

0.1　我国甘蔗生产机械化概况

本书讨论的是我国制糖的主要原料——糖料甘蔗。其产业横跨农业和轻工制糖业，故又被称为甘蔗糖业。我国甘蔗的生产水平和单产量都比较低，平均单产不到 70 t/hm^2，部分高产地区达到 80 ~ 90 t/hm^2。我国的甘蔗一般为 1 年新植和 2 年宿根，每年 11 月至次年 3 月为收获期，新植蔗种植时间与收获同步。

0.1.1　甘蔗的性状特征

甘蔗是一种多年生粗茎草本作物，在我国每年收获一次。甘蔗茎秆实心有节，每个节上有一个芽，成熟的茎秆可达 3 ~ 4 m 高，直径一般为 20 ~ 40 cm。蔗叶由叶片和叶鞘两部分组成，叶片容易剥落，叶鞘由节处长出，每节上一片叶鞘，相邻两节的叶鞘在蔗茎上处于“面对面”的对应位置，如图 0-1 所示。甘蔗在收获时，靠近根部的叶片大部分已经枯黄，容易剥落，靠近梢部的蔗叶含水量大，叶鞘紧包在茎节上，很难剥离。这些性状与作物品种、地理环境及气象条件有关，脱叶性对机收甘蔗的含杂率有一定影响。

目前我国种植的甘蔗品种仍以新台糖 22 为主。近几年在各级科研机构和使用单位的努力下，培育了许多新品种。

图 0-1　甘蔗形态

0.1.2　我国甘蔗种植面积及主产区分布

我国甘蔗种植面积占糖料种植面积的 85% 以上，蔗糖产量占总产糖量的 90% 以上(资料来源：中国农业信息网)。我国甘蔗主产区为广西、云南、广东、海南四省区，2016 年四省区甘蔗种植总面积为 1 173 khm^2，其中广西 747 khm^2，云南 273 khm^2，广东 120 khm^2，海南 33 khm^2，区域集中度达 91%(资料来源：中国糖业协会)。甘蔗种植涉及全国 4 000 多万蔗农的收入和主产区数千万农民的生计以及地方政府的税收。广西是我国甘蔗种植第一大省区,产量占全国总产量的58%,广西109个县(市、区)中有95个县(市、区)种植甘蔗,直接种蔗农民超过850万人,与蔗产业有关的农民达2 000万人。在甘蔗主产区,种蔗收入是蔗农的主要收入渠道,人均产蔗收入占广西农民人均收入的1/3以上。种蔗收入也是地方政府税收的重要来源,广西崇左市是我国甘蔗种植第一大市,2015年种蔗400多万亩,产糖占全国1/5,糖的税收占地方财政收入的70%。

为推进农业的产业化和机械化发展,原农业部自2003年以来,连续制定了3次农产品优势区域布局规划。其中,第二次(2008—2015年)规划中,在桂中南、滇西南、粤西、琼北共60个县设立3个甘蔗优势区域,面积占全国甘蔗种植总面积的74%。在第三次规划中,区域和面积有所变动,但从机械化的角度看,这些区域仍是发展的重点。

0.1.3 我国甘蔗生产机械化发展概况

20世纪50—70年代推进的主要是耕整地机械化。我国蔗田耕整地作业一般采用与小型手扶拖拉机配套的小型犁,或与50 hp左右的中型轮式、履带式拖拉机配套的系列旱地犁及圆盘耙,用于播种前耕整地,基本上能满足蔗田耕整地机械化的需要。

20世纪80年代我国开始推广甘蔗深松深耕装备和技术,在生产中广泛应用,对增强土壤蓄水保肥能力、提高甘蔗产量具有显著的效果。据报道,1984年以来,湛江市农业和农机部门密切配合,在湛江市遂溪县推广甘蔗深松深耕,取得了突破性进展;到1988年,已推广13.2万亩,约占当地甘蔗新植面积的57.4%。由于采取了深松深耕技术,加上其他相关措施,该县连续2年甘蔗产量达到60 t/亩,总产量比1983年的2.85 t/亩提高了40%(广东农机,1989)。

20世纪末至21世纪初(至2014年),随着农村家庭承包责任制的稳定和生产的逐步发展,农民开始自己购买农业机械。2004年《农业机械化促进法》和农机购置补贴政策实施以来,农民购买农业机械的热情高涨,我国农机工业发展迅速。2005—2014年被称为中国农业机械化发展的“黄金十年”,农业机械化在新的基础上实现了新的繁荣。到2014年,我国农作物耕种收综合机械化水平已达61.6%。

但我国农业机械化的发展是不平衡的,主要粮食作物机械化、平原地区机械化发展较快;经济作物机械化、丘陵山区机械化则发展较慢。据统计,2014年西南几省机械化水平最高的为云南(46%),最低的为贵州(25%)。甘蔗属于经济作物,种植区域又以丘陵山区为主,机械化发展滞后。我国甘蔗机械化水平还未列入原农业部的统计范围,根据主产区广西、云南、广东和海南四省区农机部门的统计数据及产业体系专家组的调查发现,到21世纪初2010年左右,甘蔗机械化发展主要在耕整地和运输环节进行，机械化种植仅有少量机械开行、人工放种和覆土的作业方式，联合种植机的应用尚处于起步阶段；收获机械方面，研制的各种机具还未达到应用水平，收获机械化未真正实现零的突破。2012 年甘蔗生产耕种收综合机械化水平约为 35%，2014 年约为 40%。

0.1.4　甘蔗生产机械化各主要环节的机械化情况

甘蔗生产机械化是个系统问题，尽管从中央到地方对甘蔗机械化都比较重视，但受经营体制、经营规模、自然条件和农艺条件等各种因素的制约，机械化的推进和突破还需要时间来磨合并组织解决问题。从总体上说，由于各种不协调及矛盾，甘蔗生产机械化，特别是收获机械化，在这个阶段的效益还不高甚至是亏本的。广东湛江农垦广垦农机公司、广西农垦金光农场、广东科利亚公司机收服务队，以及广西甘蔗收获机械服务有限公司等甘蔗机械化生产的先驱者的实践，都证明了这点，这就阻碍了这个阶段甘蔗机械化在大面积上的推进和突破。

（1）甘蔗机械化收获

在甘蔗业界和各级政府的共同努力下，切段式收获方式已逐步被接受，但是机械化收获总体上仍表现为生产效率低、作业面积有限、经济效益低。

这个阶段所用的切段式甘蔗收割机以进口机型为主，至 2012/2013 年榨季，全国已在使用的进口收割机有凯斯 7000 型 8 台、凯斯 8000 型 5 台、凯斯 4000 型 7 台和文明公司 HC50-NN 型切段式联合收割机 1 台。但这些机型仍处于试用阶段，还未达规模应用的水平。

国际上，凯斯 7000/8000 型甘蔗收割机与同等大小的约翰迪尔 3520 型机占领了世界甘蔗收割机市场至少 80% 的份额，被世界各产糖国家广泛使用。在澳大利亚，一台凯斯 7000 型或约翰迪尔 3520 型收割机 8 小时可以收割500 ~ 600 t 甘蔗，平均耗油 2 ~ 3 L/t。在美国，收割机 24 小时连续工作，一天可收 1 000 多吨。但在我国，同样的凯斯机型，由于受地形、地块面积、行距和收获系统配套等方面的限制，作业效率比较低。根据湛江农垦的测试记录，一台凯斯 7000 型收割机一天只能收 200 ~ 250 t，即约 50 亩/天，机组平均耗油 4 ~ 5 L/t；中型机 20 亩/天。一年按 80 天算可下田天数，按现有机器数，大型机约可完成 8 万亩，中型机约可完成 24 万亩，两者共 32 万亩。但实际上，这些机器一年只收了约 6 万亩。进口机型在使用中还存在维修与配件费用昂贵、配件订货周期长等问题。湛江农垦 7 台凯斯机每年配件与维修费用在 20 万元左右，并且配件订货周期长达数周，在收获季节如出现问题则影响很大。表 0-1 为我国 2008—2013 年大型收割机完成作业的情况。

表 0-1　我国历年进口的大型甘蔗收割机(凯斯 7000/8000 型)完成作业情况(2008—2013 年)

年份	收割机名称	作业台数	榨季实际完成作业数量/万 t	折合完成作业面积/万亩	备注
2008/2009	凯斯 7000	8	4.50	1.00	平均亩产 4.5 t
2009/2010	凯斯 7000	8	4.50	1.00	
2010/2011	凯斯 7000/8000	9	5.00	1.15	约相当于国外 2 台机的工作量
2011/2012	凯斯 7000/8000	9	7.00	1.70	
2012/2013	凯斯 7000/8000	10	11.25	2.50	

国产中型甘蔗联合收割机的使用情况也不尽如人意。包括科利亚公司的中型切段式收割机,河南昆达公司和浙江三佳公司等的 27 台整秆式甘蔗联合收割机,2011/2012 年榨季均未通过广西推行的购机补贴考核标准。2012/2013 年榨季,除柳州翔越公司外,其他公司的整秆式甘蔗联合收割机基本没有作业。

总体而言,我国甘蔗收割机,特别是整秆式甘蔗收割机技术还不成熟,仍处于试验阶段。

(2) 机械种植已有进展,但还需加大改进和推进力度

甘蔗的种植机械化在 2010—2014 年前后有较大进展,但机械化率仍仅约为 2.2%(联合种植)。除了生产习惯等原因外,机器本身还存在一些问题。一台双行种植机需要配备 8 ~ 10 人,一天种 20 ~ 40 亩(与地块大小、地形有关),由于喂种不及时,时有漏播发生。因此,还需加大改进和推广的力度。

(3) 机械化耕整地方面

相比其他环节,甘蔗生产中机械化耕整地水平是最高的,全国平均水平应在 90% 以上。但大马力拖拉机的数量还不能满足深耕深松的需求,机械化耕作质量也还有待改善。在一些山坡地甚至还要依靠人畜力作业。

(4) 机械化田间管理方面

这个环节的机械化水平相对较高,如广西 2012/2013 年榨季机械化中耕面积达到了 223 万亩,机械化率为 13.9% 。但是,除了农场及部分规模经营者之外,目前广大蔗农普遍采用微小型的中耕培土机进行作业,所以还存在作业质量较差、培土不均匀、高度不足等问题。

总之,甘蔗全程机械化中,耕整地使用通用旱地机具,全国甘蔗耕整地机械化水平已达 90% 以上。田管方面虽然机械化率还不高,但发展起来困难不大。如甘蔗植保的机械化这两年来有较大进展。广东湛江、广西很多地方都已使用小型旋翼无人机喷施农药,取得了很好的效果。种植和收获是机械化率比较低的 2 个环

节。近年来我国甘蔗种植和收获机械化率如表0-2所示。

表0-2　近年来我国甘蔗种植与收获环节的机械化率

榨季	2011/2012年	2012/2013年	2013/2014年	2014/2015年	2015/2016年
种植机械化率/%	0.16	0.78	0.79	1.70	5.56
收获机械化率/%	0.07	0.10	0.30	0.30	0.80

数据来源:原农业部产业技术体系和全程机械化专家组调研数据

我国甘蔗生产机械化的关键环节是收获。在各级政府、各阶层人士和企业的努力下,甘蔗收获机械化近年来取得了一定的进展,呈现出加速发展的趋势。

0.1.5　各主要区域甘蔗生产机械化情况

(1) 广西甘蔗生产机械化

广西是我国甘蔗第一大产区,但广西主要是丘陵山区,地块小、坡度大,加上经济基础薄弱,农民购买能力低,所以在广西进行甘蔗机械化生产难度较大,这个时期整体水平较低。

广西甘蔗产业在21世纪初的机械化水平只有10%左右。据广西农机部门统计,广西2001年的糖料甘蔗种植面积为552.7 khm^2,在调查的3个地级市中,机械犁耙率百色市为17%,贵港市为38%,崇左市为80%,平均约为45%。整个甘蔗生产过程除耕作和运输2项使用机械外,其余各环节基本都是人工作业。广西其他市县情况也大体如此(谈爱和,2002)。

到2007年,广西机械深耕面积为26.93万hm^2,约占当年新种植面积的59.3%;2008年机械深耕面积则达到33万hm^2。播种环节主要是采用机械开行,人工摆种,据统计2007年全广西拥有开行犁2 297台,开行面积约40万hm^2,机械化开行率接近40%。在中耕环节也有一定程度的机械化,据统计,2007年广西全区拥有甘蔗中耕施肥培土机1 731台,作业面积4.89万hm^2,占全广西甘蔗种植面积的4.8%。甘蔗收获机械化处于探索起步阶段。

若按耕、种、中耕施肥、植保、收获、运输几项作业计,到2009年,广西的甘蔗生产机械化水平已达到34%~36%。其中,甘蔗机械耕整地约达到70%,运输基本上实现了机械化。

近几年来,广西开始了一场解决甘蔗生产机械化的大实践、大探索活动。计划在3~5年内建设500万亩优质高产高糖糖料蔗基地,截至2015年底,已经建成"双高"基地100多万亩,促进了甘蔗生产机械化的发展。

经过努力,到2012/2013年榨季,广西甘蔗机械化种植有了很大进展,实时切种式甘蔗种植技术在广西逐步被蔗农接受,组织了290台甘蔗种植机开展机械化联合种植近 14 万亩,机械化率约为 0.9%,是上一个榨季的 8 倍。

以微型中耕机为主的机械化中耕技术也逐步普及,2012/2013 年榨季广西机械化中耕面积达到 223 万亩,机械化率达到 13.9%。

在广西使用的甘蔗收获机械形式多样,应用比较成功的主要还是进口切段式甘蔗联合收割机,主要在广西农垦系统的农场和南糖集团使用。国产切段式联合收割机这些年在广西有上百台投入使用,但效果不佳,具体情况见上述。

整秆式甘蔗收割机仍处于试验阶段。2009/2010 年榨季,广西全区机械收获约 7 500 亩(500 hm^2),2012/2013 年榨季约 1.64 万亩(1 100 hm^2),约占总产区的 0.1%。

2014/2015 年榨季开始,广西全区甘蔗生产全程机械化取得了新突破,尤其是“双高”基地机械化获得了长足发展。据《农机科技推广》(2015 年第 6 期)介绍,该榨季甘蔗机械化收获约 4 万亩,占当年总面积 1 200 万亩的 0.33%,其中“双高”基地总计实现甘蔗机械化联合收割 3.9 万亩、19.8 万 t,分别比上一榨季增长了 51% 和 60%;甘蔗机械化种植完成 31.8 万亩,约占当年新植蔗的 8%,比上一榨季增长 227%,其中“双高”基地新植蔗机种率达到 90.4%,基本实现甘蔗种植机械化。2015/2016 年榨季,130 万亩“双高”基地中,机械种植达 100 万亩。

广西社会资本投入扩大和组建农机专业服务组织,作业服务面积 1 万亩以上的农机社会化服务组织由 2014/2015 年榨季的 3 家增加到了 2015/2016 年榨季的 15 家,作业服务能力由 3.5 万亩扩大到近 30 万亩。

(2) 云南甘蔗生产机械化

云南省糖蔗产量居全国第二,是云南经济发展的重要产业,2007/2008 年榨季云南甘蔗种植面积 30 多万 hm^2(约 500 万亩)。区域内生产基础条件较差,以山地蔗田为主。旱地甘蔗占总种植面积的 80%。由于地块小,手扶拖拉机用得较多,既可以用来耕地耙地,还可以用来中耕和运输。云南交通条件差,原料蔗运输半径达 50 km,是全国平均值的 3 倍以上,运输成本高。

云南甘蔗生产机械化程度还很低。2012 年英茂糖业集团有限公司引进广东科利亚 4GZ-56 型切段式甘蔗收割机 4 台,在德宏蔗区共收获甘蔗 1 480 t(约 300 余亩),机械化收获率几乎为 0。云南引进约翰迪尔公司 330 联合收割机 1 台,近几年一直在云南收获甘蔗,反映很好。2017/2018 年榨季引进洛阳辰汉收割机,在德宏傣族景颇族自治州试用,也取得很好的效果。

机械化种植近年来有了突破,2014/2015 年榨季机械开沟 5 万亩,机械种植 1.5 万亩,机械中耕培土 51 万亩。实时切种式甘蔗种植技术在云南逐渐被蔗农接受,2011/2012 年榨季全省推广云南耿马公司的耿进 I 型甘蔗种植机 40 余台,推广贵州金山碧水生态农业有限公司的甘蔗种植机 14 台,实现机械化种植 1.1 万余亩。2014/2015年榨季投入种植机90多台，机种面积约1.5万亩。较典型的是云南的德宏傣族景颇族自治和西双版纳蔗区，用拖拉机进行土地的犁耙和运输甘蔗，推广应用小型中耕培土机，如德宏自治州陇川农场，大力推广用中小型培土机进行培土。

2010年，由云南农科院甘蔗研究所（云南甘科所）组织，通过卫星遥感对云南全省甘蔗主产区耕地的坡度类型开展调查，查清了云南蔗区耕地地形状况，对指导全省机械化的发展提供了科学依据；云南甘科所还牵头制定了云南省地方标准《云南省甘蔗机械化生产技术规范》（编号：D53/T 364—2011），并于2011年12月1日颁布实施，该标准规定了甘蔗生产中6个主要环节的机械化作业的技术要求、机具检查与调整、田间作业操作规程和质量要求，对指导全省甘蔗生产机械化的发展起到了重要的作用。

云南甘科所在弥勒马堡建立了甘蔗机械化示范基地。该基地位于弥勒县朋普镇马堡村，核心区300亩，每块耕地面积整成10亩以上，并修建田间道路以进行机械化操作。基地建有容量15 000 m^3 蓄水池3座、机井1口以保障蔗地灌溉用水。基地配套了中型旋耕机和甘蔗播种机、小型中耕培土机、施药机等，耕作、种植、中耕培土、喷施农药等均采用机械化操作。基地开展了甘蔗机械化整地、种植、田间管理、收获以及配套农艺措施的研究，如机械化模式下不同行距的甘蔗高产栽培技术、适宜机械化的甘蔗新品种的选育、机械化模式下宿根蔗的管理措施、不同坡度机械化作业的农艺措施等。

云南甘蔗生产全程机械化有以下特点：

① 基数低，发展快。当前，甘蔗耕作环节已基本实现机械化，云南省每年更新种植甘蔗面积约180万亩，除去60万亩坡地蔗园外，其他地形的机械整地覆盖率约为90%。机械开沟种植、机械中耕培土、机械联合收割都有较大增长。

② 蔗区对全程机械化需求迫切。各糖业集团公司对蔗区甘蔗机械化的需求十分迫切，相对机械成熟配套的甘蔗耕地、整地、机械开沟、机械培土环节，无论是推广区域，还是实际操作面积，均有极大的推进，呈现良好的发展态势。

③ 甘蔗机械化收获仍是当前甘蔗全程机械化的主要“瓶颈”。2015年，云南省依托云南英茂糖业公司，在西双版纳州勐海县和德宏自治州陇川县，持续开展甘蔗机械化收获示范，实现甘蔗机械化耕整地130万余亩，机械化种植10余万亩，挖机开沟40余万亩，机械化中耕培土70万余亩，机械化宿根铲兜30余万亩，机械化蔗叶粉碎还田30万余亩，实现节本增效2亿元以上。

2015/2016年榨季，全省实现甘蔗机械化耕整地100万亩，全省机械化种植5万余亩，机械化收获2万余亩，机械化中耕培土70余万亩，挖机开沟10万余亩，机械化铲兜20万余亩。2015/2016年榨季共有收割机7台（约翰迪尔330型3台，凯斯 8000 型 2 台,凯斯 4000 型 2 台),机收共约 1 万亩,约 0.2%。

（3）广东甘蔗生产机械化

广东甘蔗种植面积约为 200 万亩,其中,160 万亩集中在湛江(农垦 40 万亩,地方 120 万亩),其余 40 万亩主要分布于粤北各县市。湛江 60% 以上是平地和缓坡地,粤北很多是 15°以下的缓坡地和丘陵。收获机械化是广东甘蔗机械化的瓶颈。长期以来,广东省甘蔗收获主要依靠人工砍蔗,每逢甘蔗收获季节要雇大批的外来劳工。由于农艺种植行距、农民和糖厂的传统生产方式和意识,以及机械化系统协调等种种原因,广东甘蔗收获机械化发展仍缓慢。

湛江市农村耕作、运输基本是机械作业,2014 年前重点推广甘蔗深耕深松、地膜覆盖、中耕施肥、节水灌溉等机械化技术。这几年湛江市甘蔗机械化,特别是甘蔗机收取有了突破性进展。2015/2016 年榨季我国引进了 11 台中型的日本松元切段式收割机,其中 5 台在湛江市,收蔗 540 t。2016/2017 年榨季,湛江市的广东凯利公司购买约翰迪尔 570 型收割机 1 台,收蔗 12 773 t;合作社及个人购买辰汉 CH570 甘蔗收割机 15 台,共收蔗 44 288 t。

湛江农垦的耕作、田管基本实现机械化作业,机种机收也有很大提高,2014 年前,农垦共引进了 9 台大型甘蔗收割机进行机械化收割,但年收获量也仅约 5 万 t,仍需要大批劳动力收蔗。

（4）海南甘蔗生产机械化

海南省甘蔗产量居全国第四,2007/2008 年种植甘蔗 80 khm^2。前几年农机、农业有关部门在推广甘蔗深耕、开行等作业中取得了一些进展,但海南省甘蔗生产机械化程度仍较低,耕作和种植的开沟作业已基本采用机械,但联合种植、田管、机收等基本上还是人工作业。直到 2013 年,江苏富来威公司在儋州投放了 1 台实时切种式甘蔗种植机进行试验与示范,海南省在机械化种植方面才开始零的突破,但机收仍为 0。

海南也进行了土地整治,但整治成大点的地块后,却仍然分包给多个农户管理,不利于机械化生产。在经营主体方面,全省有几十个甘蔗生产合作社,但一般规模不大。由于这些年糖价低迷,海南省对于发展甘蔗产业一直处于摇摆不定的状态,种植面积已由 100 万亩下降到 70 万亩,并有继续减少的趋势。机械化率也一直处于很低的状况。

0.1.6 各级政府促进甘蔗生产全程机械化发展的政策

2015 年以来,甘蔗机械化进入了发展新阶段。2015 年 5 月国家发改委、农业部印发实施了《糖料蔗主产区生产发展规划(2015—2020 年)》(发改农经〔2015〕1101 号),广西、云南糖业发展上升为国家战略,中央财政首先拨付了 30 亿元支持广西建设500万亩优质的高产高糖糖料蔗基地。

2016年1月7日，广西区政府发布《广西推进“双高”基地生产全程机械化实施方案(2015—2020年)》。提出到2020年，500万亩“双高”基地糖料蔗生产综合机械化水平达到80%，其中机耕、机种、机收水平分别达到98%，85%，50%。机械化中耕培土水平达到70%。

2017年6月12日，农业部、国家发展和改革委员会、财政部、工业和信息化部四部委联合发布《推进广西甘蔗生产全程机械化行动方案(2017—2020年)》，把推进广西甘蔗生产全程机械化、支持广西糖业发展确立为国家战略。文件要求“树立全产业链思维，着眼以机械化为核心的整体解决方案，综合施策，统筹解决标准蔗田建设、机具研发、良种良法推广、机械化生产体系构建、储运压榨等各环节的突出问题，支持推动广西500万亩“双高”基地实现全程机械化。……带动蔗区收获机械化率提高到16%”。以该文件为标志，我国甘蔗机械化进入了一个新的发展阶段。

广西2014年先期试点建设“双高”基地50万亩。对基地建设的要求是要实现“四化”，即经营规模化、种植良种化、生产机械化、水利现代化，提出亩产要达到8 t，含糖率要达到14%以上。据广西农机局数据，2014年广西甘蔗综合机械化水平为46.92%，2015年达到55%。2015/2016年榨季机收约14.4万亩，约占总量的1.1%，首次突破1%。

云南政府提出，要保证甘蔗糖业的长远发展，必须实行种植规模化、生产机械化的方针。规模经营要走“糖业公司+专业合作社+基地+农户”的发展道路，积极培育甘蔗种植大户、专业合作社，提高甘蔗生产规模化和组织化程度。通过租赁、合作、入股、互换、转包、转让等方式，依法合理流转土地。据云南甘科所报告，截至目前，云南通过甘蔗地流转的规模经营面积已超过80万亩，约占甘蔗总种植面积的15%。

0.1.7　近期甘蔗机械化发展的特点

首先是制糖企业实质性介入甘蔗生产全程机械化的进程。如广西东亚糖业集团大力发展现代甘蔗农场，实施国际主流机械化技术模式的特色凸显，配合政府财政补贴与企业扶持，标准化示范一新两宿模式，平均亩产达6 t以上，增产、稳产和节本增效显著，有效带动了蔗区机械化生产的增长。广东恒福糖业集团2016年协同广东湛江市农机部门扶持其蔗区农机服务组织购入国产中型甘蔗联合收割机16台，2016/2017年榨季机收甘蔗10.7万t，取得良好的实施成效，迈出了广东垦区外甘蔗机收组织化的步伐。云南英茂糖业集团是我国除农垦系统外第一家购入凯斯8000型甘蔗联合收割机的制糖企业，其持续关注并积极动员、扶持蔗农和农机服务组织开展机收试验示范，糖企、蔗农和服务组织渐达共识。

其次是我国甘蔗联合收割机产业化技术水平渐趋成熟。2016 年，广西柳工集团同我国甘蔗收割机研发制造资深企业柳州汉森机械制造有限公司合作成立了柳工农机股份有限公司，该公司的 4GQ-350 型（350 马力）切段式甘蔗联合收割机是目前我国自主研制开发的最大功率的主流机型，经在中南美、东南亚地区进行的疲劳试验和各项测试，技术性能达到并部分超过国际同类机型水平，性价比优越，得到海外客户的认可，已获得 300 多台（套）海外订单。2017 年 4 月，柳工农机 4GQ-180（180 马力）新型履带式甘蔗联合收割机下线，为丘陵蔗区适度规模机械化收获作业提供了新的有竞争力的产品选择。作为中型甘蔗收割机制造企业代表的洛阳辰汉公司，2016 年重点聚焦广东湛江蔗区，配合国家农机购置补贴、糖企提供贷款担保与贴息、农机制造企业承担质保风险金及大量投入维保技术力量，生产的 4GQ-130 甘蔗收割机的应用推广得到了蔗区认可，其机具运行和作业质量的稳定性和可靠性还有待进一步加强。

0.1.8 小结

近年来，经过各方努力，我国甘蔗机械化在以下方面取得了进展：

（1）随着土地流转和规模经营的发展，种植和收获机械化水平有了提高，特别是机械化种植，算上半机械化的机器开沟和人工摆种覆盖种植机械化，已达到数百万亩。

（2）农机服务组织在壮大，一批私人企业组织了机收、机种专业服务队，促进了机械化的发展。

（3）一批国内厂家开发的种植和收割机已取得很大进展，逐渐成熟。如广西柳工农机、洛阳辰汉和中联重机等企业生产的甘蔗收割机已开始投放市场。

（4）国外凯斯和约翰迪尔公司都已在中国设厂生产甘蔗收割机，说明中国的甘蔗机械化收获系统环境已日渐成熟。

（5）农机农艺相融合取得进展。1.2 m 宽等行距、1.4 m + 0.4 m 宽窄行种植方式在育种、栽培农学家的配合下，已得到较普遍的认可。

（6）蔗农、各级领导及糖厂对机械化的认识和配合已有了很大改进。如广西崇左市对糖厂出台了鼓励收购机械化砍收甘蔗的政策，使糖厂对机械化收割的态度有了很大改善。

（7）越来越多的糖厂积极参与、支持甘蔗机械化收获。比如广西的南糖集团、东亚集团积极推进甘蔗机械化尤其是收获机械化发展，取得了初步的成效。

0.2　甘蔗生产机械化在甘蔗糖业发展中的作用

甘蔗生产在我国仍然是一个劳动密集型的行业。生产体制以小农户为主,国有农场产量仅占约1/10。人力、牲畜是主要的生产手段,机械化程度较低,在整个作物生长周期仍需要大量劳动力。由于生产规模小,人畜力作业生产效率低,甘蔗的生产成本高,使我国蔗糖生产成本远高于世界糖价。蔗农近年来实际收入也由于生产成本上涨而大幅下降,很多人不愿种蔗,蔗区收蔗时已出现劳动力不足的现象,机械化已是蔗农的迫切需求,必须加快向机械化生产方式转变。

0.2.1　发展甘蔗生产机械化是解决甘蔗生产劳动力短缺的必然手段

随着国家工业化、信息化、城镇化的推进,农村劳动力大量向第二、第三产业转移。2005年,我国第二、第三产业从业人员中农民工比重分别为57.6%和52%,农民工约1.26亿人(沈国舫、汪懋华,2008);到了2010年,农村第二、第三产业务工的劳动力达到2.4亿人,其中外出农民工为1.5亿;2015年,上述两项数值分别达到2.7亿和1.7亿(农业统计年鉴,2016)。

这一历史性的转变,也逐渐反映到甘蔗糖业中,劳动力缺乏,特别是砍蔗季节劳动力缺乏,已成为普遍现象。20世纪末至21世纪初到广东湛江农垦蔗区调研,可以看到大量外地农民工在农场等着被雇去种蔗砍蔗,他们经常是一家或几家一起在地里搭个窝棚,吃住都在里面,为拿到比在家乡稍好一点的收入,早出晚归,辛勤劳作(见图0-2)。

图0-2　21世纪初砍蔗工的田间住所

2010年前后,广西崇左市,每天要榨蔗30万t,需要30万~40万人工砍蔗,以前除云贵川的农民工外,还有大量越南民工过境来砍蔗。然而,到了2015年前后,已很难请到农民工,除了要早早到云贵川请人,还要准备住房、热水器、吃住用品等。来的农民工基本是50岁以上的老人和妇女(见图0-3),很少看到40岁以下青年人的身影。崇左市有关部门反映,由于劳动力短缺,每天只能榨20～25万t蔗。因此,在农村劳动力加速转移的情况下,用机器代替劳动力,是甘蔗产业必然的战略选择。

图0-3 砍蔗女工

0.2.2 甘蔗生产机械化是降低蔗糖生产成本、提高糖业竞争力的必然选择

在产业全球化的今天,我国甘蔗糖业的另一个挑战来自国外。中国甘蔗产业以人畜力为主的生产方式,劳动生产率低,近年来劳动力成本增加,这些因素导致在最近的榨季,产糖成本约增加4 000～5 000元/t。与糖的生产成本约2 000元/t的机械化生产大国澳大利亚、巴西,甚至泰国相比,中国的成本要高得多。与这些国家相比,中国的甘蔗糖业在国际市场上缺乏竞争力。

从中华人民共和国成立至21世纪初,我国一直是食糖净进口国,年进口量150～390万t。21世纪初以来,经过各种努力,我国甘蔗糖业得到很大发展,从2003/2004年榨季至2007/2008年榨季,我国食糖自给有余,且国产糖成本低于进口糖成本。2008年以后,我国甘蔗糖业继续发展,2012/2013年榨季全国食糖产量为1 306.84万t,较上榨季的1 151.75万t增加了13.47%。其中蔗糖为1 198.34万t,较上榨季增加了148.82万t,同期全国食糖消费量为1 380万t左右,产需大致平衡。

然而,近年来蔗区劳动力短缺,引起劳动力价格快速上涨,特别是人工砍蔗价格逐年攀升,2012/2013年榨季已达到90～130元/t。根据调查,历年人工砍蔗价格见表0-3。

表0-3 历年人工砍蔗价格 元/t

榨季	2008/2009	2009/2010	2010/2011	2011/2012	2012/2013	2013/2014	2014/2015
价格	60～80	70～90	80～100	80～110	90～120	100～130	100～150

注:调查数据来源于各省区,波动很大,表中数据只是一个平均的范围,不是最低～最高值。

为了保证蔗农的利益,保护农民生产的积极性,保障粮食安全和保障市场供应,国家实行农产品最低保护价政策。在这个政策下,国家逐年提高了甘蔗收购价,见表0-4。

表0-4　甘蔗生产成本和甘蔗收购价　元

	2006年	2007年	2008年	2009年	2010年	2011年
每吨甘蔗收购价	262.84	259.31	260.70	315.31	451.13	488.32
每亩总成本	934.80	1 046.50	1 115.00	1 168.70	1 382.00	1 626.50
每亩人工成本	405.60	467.20	471.00	513.20	636.40	781.20
	2012年	2013年	2014年	2015年	2016年	
每吨甘蔗收购价	474.25	443.16	409.68	448.43	496.71	
每亩总成本	1 978.96	2 177.77	2 115.75	2 203.57	2 248.02	
每亩人工成本	1 021.48	1 153.45	1 133.70	1 169.21	1 172.57	

注:数据来源于"EPS全球统计数据平台"中的"中国农产品成本收益数据库"。

提高甘蔗收购价,导致蔗糖的生产成本上升。2008年以来,我国对大多数大宗农产品包括甘蔗实行了临时收储托市政策,即国家出高价收储部分多余的糖,以抑制糖价的下跌。2012年,国储糖收储180万t,平均成交价为6 100元/t。一个时期以来,保护价托市收储政策较好地保护了农民利益,也防止了国内农产品价格大起大落,发挥了一定的调节作用。但是食糖收储政策间接加剧了国内外糖价价差差额,增加了进口糖的利润和数量,加剧了国内食糖市场供求的失衡程度。

甘蔗生产成本逐年上涨,糖价却是波动的,在糖价低的年份,制糖企业受利润下滑挤压,面临生存危机。据甘蔗产业体系2013年报告,广西约6成制糖企业、云南2/3以上糖企、海南几乎全部制糖企业面临亏损(来源:中国农业信息网,2014-04);2014/2015年榨季全行业亏损约20亿元。随着糖价下滑,糖料蔗收购价格也在下降,广西甘蔗收购价由2011/2012年榨季的500元/t降为2012/2013年榨季的475元/t,而农民土地和劳动力成本投入增加,农民种植糖料蔗收入大幅下滑。据统计,2012/2013年榨季农民收益骤减1/3,导致农民种植意愿下滑,产需形势发生变化,影响产业稳定发展。2014年湛江农垦决定减少甘蔗种植面积5万亩。表0-5为2011/2012年—2015/2016年榨季糖料作物种植面积。

表 0-5　近年来我国糖料作物种植面积　khm²

榨季	2011/2012 年	2012/2013 年	2013/2014 年	2014/2015 年	2015/2016 年
全国合计	1 810.67	1 902.32	1 870.00	1 573.33	1 446.67
甘蔗小计	1 586.21	1 666.52	1 710.67	1 444.67	1 311.33
广西	1 040.00	1 093.33	1 066.67	900.00	800.00
云南	332.47	328.00	360.00	344.00	337.33
广东	146.67	163.33	166.67	133.33	117.33
海南	55.30	57.87	67.33	51.33	30.00
其他	11.77	19.05	23.33	16.00	26.67
甜菜小计	22.47	235.80	159.33	128.67	135.33

资料来源:甘蔗产业技术体系经济研究室刘晓雪。

种植面积减少,国产糖量也在减少,2012/2013 年榨季产糖量为 1 306.84 万 t,而 2014/2015 榨季产糖量掉到 1 055.6 万 t。

综上所述,我国甘蔗生产面临着国内成本上升和国际市场竞争的双重压力,甘蔗糖价格高于国际市场,是我国甘蔗糖业不稳定和产业危机的关键。从本质上看,这是国内甘蔗生产效率过低、成本过高所致。国家为保障农产品供给,保护农民生产的积极性,不得已高价托市。这种恶性循环,使我国甘蔗生产的可持续发展面临困境。高成本的人工生产模式,是我国甘蔗生产成本居高不下的主要原因。我国甘蔗生产成本中,人工费用已占 50% 以上,而发达国家由于农业机械化的高度发展,人工费用不到 10%。表 0-6 为 2010/2011 年—2015/2016 年榨季我国每亩甘蔗生产成本收益情况。表中,人工成本占生产成本的比重由 2010/2011 年榨季的 52.11% 上升到 2015/2016 年榨季的 60.04%。

表 0-6　2010/2011 年—2015/2016 年榨季我国每亩甘蔗生产成本收益情况

	2010/ 2011 年	2011/ 2012 年	2012/ 2013 年	2013/ 2014 年	2014/ 2015 年	2015/ 2016 年
总成本/元	1 382.01	1 626.54	1 978.96	2 177.77	2 115.75	2 203.57
生产成本/元	1 221.09	1 448.63	1 786.52	1 953.6	1 881.39	1 947.28
物质与服务费用/元	584.73	664.46	765.04	800.15	747.69	778.07
人工成本/元	636.36	784.17	1 021.48	1 153.45	1 133.7	1 169.21
土地成本/元	160.92	177.91	192.44	224.17	234.36	256.29
净利润/元	785.87	700.52	405.95	116.81	−150.04	117.80
成本利润率/%	56.86	43.07	20.51	5.36	−7.09	5.35

数据来源:甘蔗产业技术体系经济研究室刘晓雪。

本团队 2012—2015 年在广东、广西对甘蔗机械化联合种植和人工种植的调研和试验发现，甘蔗联合种植机一次可完成多项作业，生产效率 3 亩/h 左右，需 1 名机手和 3 名辅助工作业，相对人、畜力种植 0.5 亩/(人・d)，人均提高工效 12 倍。甘蔗联合种植机作业收费在 80 元/亩，相对人、畜力种植作业费用 200 元/亩，可降低甘蔗种植成本 120 元/亩。

采用人畜力进行甘蔗中耕培土作业，生产效率约为 0.6 亩/(人・d)，以手扶拖拉机为动力的中耕培土机或微型中耕培土机作业效率为 1～2 亩/h，以中型拖拉机为配套动力的中耕培土机作业效率为 6～8 亩。中耕机作业时需要 1 名机手，一次完成松土、除草、施肥、培土作业，作业工效是人工的 10 倍(微型机)或 80 倍(中型机)以上，能够提高甘蔗产量 300～500 kg/亩。

人工砍蔗每吨费用需 100～150 元，作业效率 0.8～1 t/(人・d)。而切段式机械收获的成本，在我国当前情况下，是每吨 70～100 元；联合收割机作业效率 80 t(中型机)/天～300 t(大型机)/天。

我国近年来的实践表明，甘蔗生产机械化能有效地降低生产成本，提高生产效率和效益。但是，我国甘蔗生产在种植和收获环节的机械化水平还很低。特别是甘蔗收获环节，机械化率还不到 1%，我国近年来甘蔗种植与收获两环节的机械化率数据如表 0-2 所示。发展甘蔗生产机械化，提高劳动生产率、降低生产成本，提高糖业国际竞争力，是必然的战略选择，已经刻不容缓。

第1篇

甘蔗机械化技术、装备与发展历程

第1章　蔗田准备机械化技术装备及发展历程

1.1　我国蔗田耕整地技术与装备

耕整地的目的是松碎土壤，将打碎的蔗叶等杂物与土壤搅匀，平整土地，为甘蔗种植准备好种床。我国甘蔗种植的冬春两季多是干旱季节，深耕深松是甘蔗高产栽培的基础环节和重要措施。蔗田耕整时，通过深耕、深松、耙平、耙碎等，创造保水、保肥、透气和增温的土壤条件，以利于蔗种发芽和根系生长。在酸性较重的土壤中，撒石灰中和土壤酸性，可促进甘蔗生长。

机械化耕整地是我国甘蔗生产机械化开展最早的内容。1949 年中华人民共和国成立，20 世纪 50 年代初实行了土地改革，掀起了生产建设高潮，农村出现了新式农具。在农垦和国有农场，甘蔗生产开始使用拖拉机进行垦荒、耕地和开沟等作业，如图 1-1 所示，所用机具均由苏联引进。目前我国蔗田已基本实现耕整地机械化。

图 1-1　湛江农垦 20 世纪 50 年代用拖拉机耕甘蔗地

1.1.1　耕整地作业程序

甘蔗耕整地作业程序因前茬作物不同而异。如前茬作物是甘蔗，传统的工艺是用犁翻耕，然后用耙或旋耕机碎土、整平。在农垦采用大型机械作业的耕整地程序一般是先用大马力拖拉机带重耙横直各耙 1 遍，把蔗头耙碎，然后深松和犁各 1 遍，再旋耕或耙平。如前茬作物是菠萝等轮作淘汰地，草多的地块先喷施除草剂除草，再将菠萝茎叶粉碎回田（看菠萝苗大小、好差或沤烂等待时间长短不同安排粉碎 1 遍或 2 遍），再犁耕、重耙或旋耕一两次，耕整地作业需在种植前 1 周至 1 个月内完成，在种植前开沟。如前茬作物是淘汰的橡胶、林木地，则需要清地、除根，其他程序同上。

1.1.2　犁耕技术与机具

机械化耕地是指由拖拉机带犁翻耕土壤，将表土翻下，底土翻上，具有翻土、松土、混土、碎土的作用，翻耕还能起到消除杂草、防除病虫害的作用。翻耕前可先施加有机肥，增加土壤肥力。甘蔗地常用的犁有铧式犁和圆盘犁（见图 1-2）。

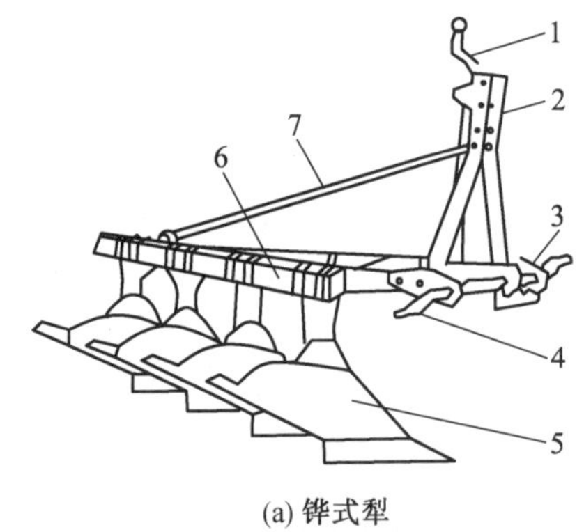

(a) 铧式犁

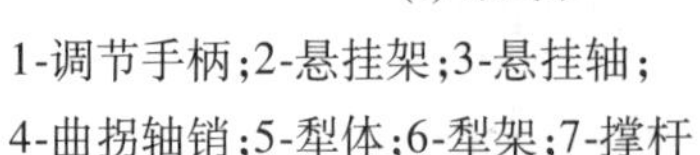
1-调节手柄；2-悬挂架；3-悬挂轴；
4-曲拐轴销；5-犁体；6-犁架；7-撑杆

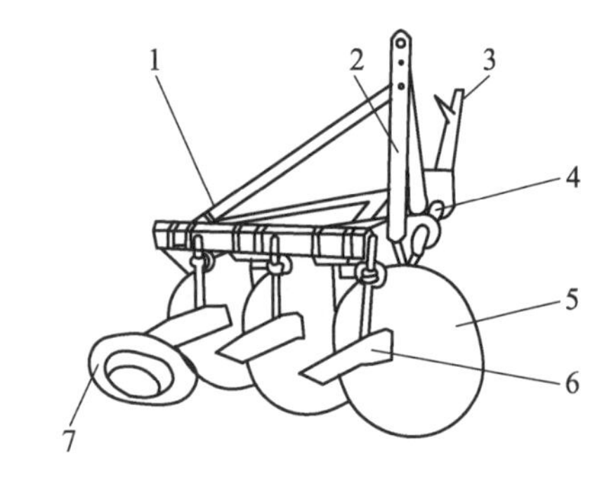

(b) 圆盘犁

1-犁架；2-悬挂架；3-调节手柄；4-曲拐轴；5-圆盘耙片；6-刮泥板；7-限深轮

图 1-2　铧式犁和圆盘犁

翻转铧式犁具有双向翻转的功能，可显著提高耕地的作业效率（见图 1-3）。

图 1-3　翻转犁

耕地应在当地雨季之前进行，土壤含水率在 15% ~22% 为宜。耕深应根据耕层、土壤特性等条件而定，一般为20 cm。耕层越厚，土壤越疏松，越有利于雨季贮水蓄墒。但应避免将新土层的生土翻入耕层，降低耕作层的肥力。耕地作业时要避免漏耕、重耕，覆盖要严密。良好的翻垡覆盖性能是铧式犁的主要作业指标之一，要求耕后植被不露头，立垡、回垡率应小于 3%。

1.1.3　深耕技术与机具

深耕是指耕作深度达 35 ~ 45 cm 的犁耕作业。与普通翻耕相比，深耕能使耕层更深厚，土壤更疏松，更有利于雨季贮水蓄墒。深耕一般是在土壤耕层深厚或需要改土时进行。

深耕作业一般采用大型铧式犁，需要大马力拖拉机作动力。深耕犁与普通犁相比，在结构上没有太大的区别，但犁体幅宽较大、犁架更结实。

1.1.4　深松技术与机具

（1）深松的概念和基本要求

深松是指使用深松器将地表以下 25 ~ 40 cm 的土层松动而不翻耕的一项作业。深松时，由于只松土而不翻土，所以既使土表耕作层以下的硬底层得到了疏松，又保持了耕作层的肥力，使作物能更好地从土壤吸取养料。

深松作业时，土壤含水率应以 15% ~25% 为宜。深松的深度一般为 40 cm。土壤深厚肥沃的蔗地，深度可以大些；土层浅、肥力低的蔗地，深度应浅一些；土层疏松的沙壤土、砾土不宜进行深松（刘文秀，2004）。

（2）深松作业机具

深松器的基本结构如图 1-4 所示，由机架和主铲体组成，一般采用悬挂式。有些深松铲设有限深轮，用于调整和控制耕作深度；中小型深松机组主要靠拖拉机的液压悬挂油缸来控制深松深度，较少使用限深轮；有的配有旋耕机打碎表面的土块，成为复式作业机具；有的主铲体和机架连接处装有安全销，以便遇到大的障碍物时剪断安全销，保护主铲体。主铲体由铲头和铲柄两部分组成（见图 1-5）。深松铲头主要有凿形铲、箭形铲、双翼铲、深松铲等形式。甘蔗耕整地多用凿形深松铲，其宽度和铲柄宽度相近；深松铲柄常用的是矩形截面，入土部分前面加工成刀刃，以减少阻力。

1-深松铲；2-机架；3-限深轮；4-旋耕机

图 1-4　深松器

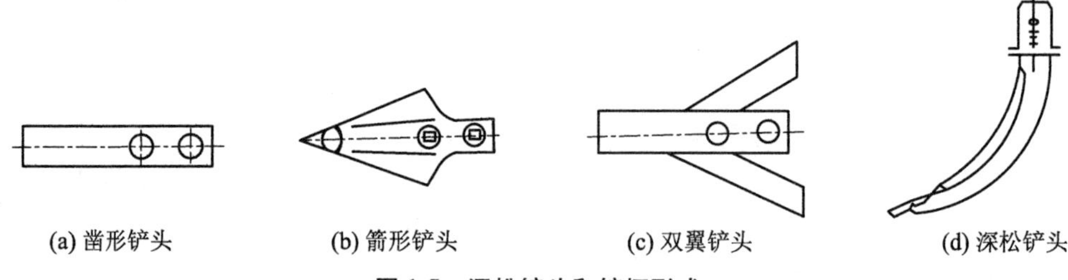

图 1-5　深松铲头和铲柄形式

(3) 深松铲的松土原理及影响因素

深松铲应该做到松土范围适当,牵引阻力小。这与深松铲的形式、参数及土壤状况有密切关系。下面以平面凿形铲为例,说明深松铲的松土原理及影响其性能的因素。

平面凿形铲的松土过程和双面楔相似,铲前面的土壤受挤压而破碎,破裂线从铲尖开始,延伸到土表面(见图 1-6)。铲前进时这个过程重复发生,达到松土的目的。

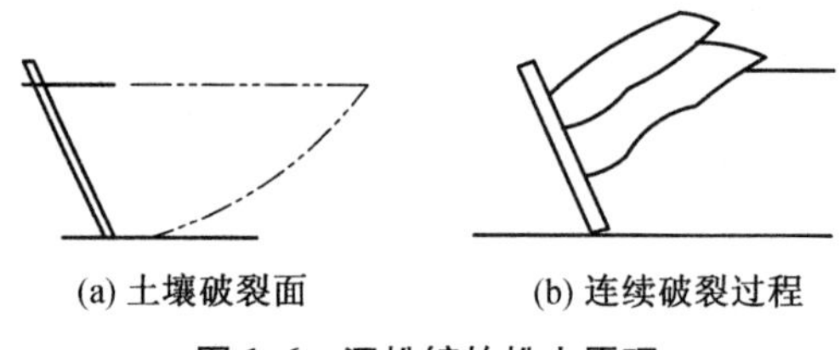

图 1-6　深松铲的松土原理

深松的范围及效果主要由 2 个参数决定:① 工作面的深宽比(h/b);② 楔面的倾角 α(见图 1-7)。

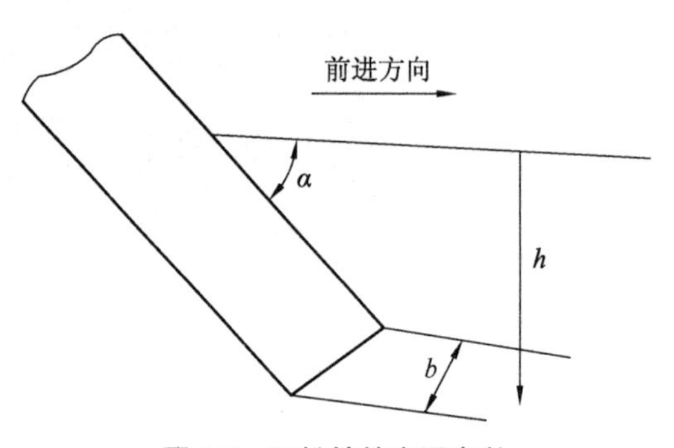

图 1-7　深松铲的主要参数

当深宽比较小,且倾角 α 小于 90°时,土壤松动范围将如图 1-8a 所示,底部与板同宽,上面向两侧及前面延伸,呈半球状,在土壤表面呈一扇面状。当深宽比增大到一定程度时，土壤的松动范围将如图1-8b所示，即只有上部的土壤被松动，而在一定深度以下，土壤只被挤压开一条槽。在两侧则会有一些小裂缝从地表延伸到最深处（见图1-8c）。这个土壤松动范围的极限点称为土壤深松临界点，它与土壤的性质及深松铲参数有关。这说明，土壤的松动范围及深度是有一定限度的。

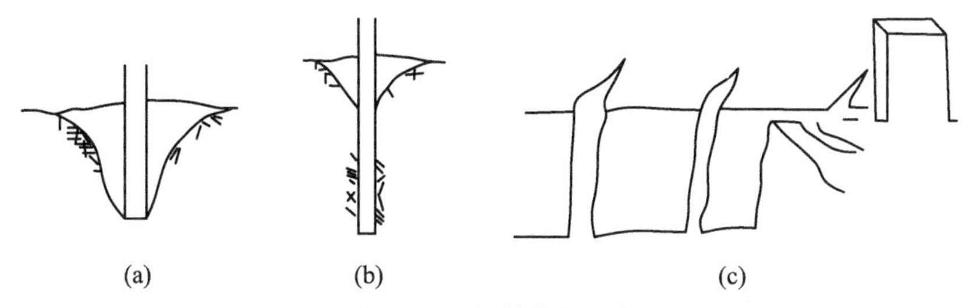

图1-8　深松的临界深度

一般来说，当倾角 α 增大时，临界点变浅，含水量较小和黏性较小的土壤，临界深度较大；反之，湿度大的黏性土，临界深度就会较小。例如，在水田里使用深松铲，往往只能挤压出一条槽。

在铲头两侧加上翼板，能有效地扩大土壤深松的范围，提高深松效率。合理地使用翼板，配以合适的其他参数，能使被深松的土壤范围增加3～4倍，而牵引力只需增加20%～30%。

（4）深松铲的配置

图1-9表示深松铲的布置方式对土壤松动范围的影响，对于不带翼的深松铲，当2个深松铲之间的距离 $S=1\sim1.5h$ 时（h 为深度），2个铲之间的土壤都被松动，且表土不会由于铲太靠近而隆起，当土壤含水量较大时 S 取小值，含水量较小时 S 取大值。对于带翼的深松铲，一般取 $S=1.5\sim2h$。

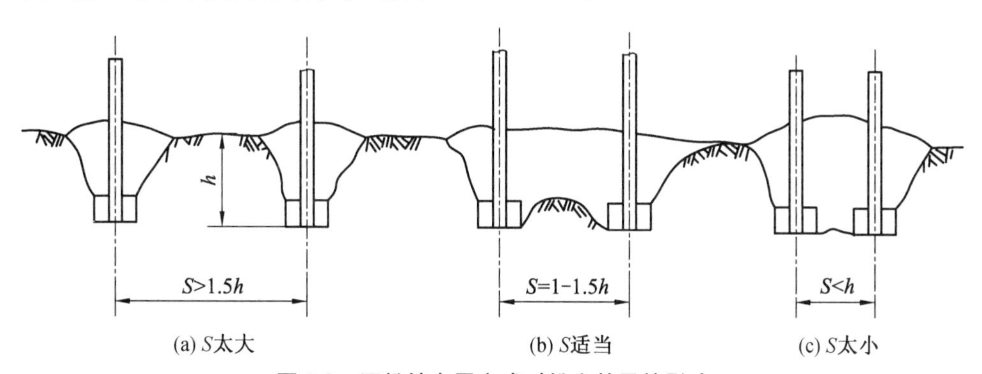

图1-9　深松铲布置方式对松土效果的影响

（5）影响深松铲受力的主要因素及松土范围

深松犁是一种需要很大的牵引力的机具，根据我国南方甘蔗地里的深松试验，在一般条件的土地里松土时深度为 30～40 cm 时,一台 29～43 kW(40～50 hp)的拖拉机带 2 个松土铲已经很困难。因此,有必要对影响深松铲工作阻力及松土范围的主要因素作简单介绍。

为了解决这个问题,各国学者做了大量工作,得到了一些预测模型。这些模型都是建立在摩尔－库仑土力学原理基础上的,并忽略了速度的影响,主要是预测作用在形状简单的窄齿铲上的阻力,认为深松铲的工作阻力与深松深度 h、铲的宽度 b 及倾角 α(铲与前进水平方向间的夹角)有密切关系,其变化趋势如图 1-10 所示。

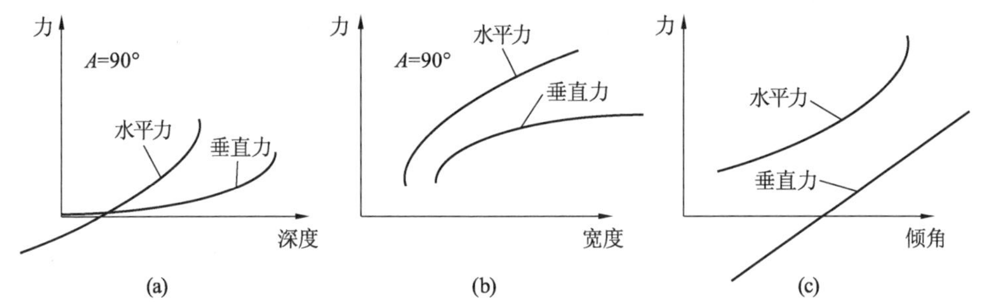

图 1-10　深松铲的工作阻力与深松深度 h、深松铲宽度 b 以及倾角 α 的关系

1.1.5　整地技术与机具

耕地后土垡间存在很多大孔隙,土壤的松碎程度与地面的平整度还不能满足播种和栽植的要求,还需进行整地作业。

整地作业包括耙地和平地。耙地作业是利用耙对犁耕后的土壤进行碎土和松土的作业,平地作业是对经过耙地作业后土地平整度仍达不到要求的田块,使用平地机进行平整。

耙地作业农艺要求作业时土壤绝对含水率为 13%～22%;耙深一致,轻耙耙深 10～12 cm,中耙耙深 14～16 cm,重耙耙深 16～18 cm。

蔗田整地采用拖拉机配套圆盘耙、旋耕机、平地机等机具破碎土壤、整平土地(见图 1-11)。

(a) 悬挂式圆盘耙

(b) 重型牵引式圆盘耙在作业

(c) 旋耕机

图 1-11　圆盘耙和旋耕机

圆盘耙按机重与耙片直径可分为轻型、中型和重型 3 种。耙组配置形式有偏置和对置 2 种。

旋耕分耕前旋耕和耕后旋耕。耕前旋耕可粉碎蔗头、灭虫灭草;耕后旋耕是开沟种植前的最后一道工序,可充分粉碎泥块,疏松平整土地,为开沟种植、盖土覆膜提供条件。耕前旋耕采用的刀片为灭茬刀,耕后旋耕采用的刀片为旋耕刀。

这些都是旱地作业常用的机具,不再赘述。

1.2　国外蔗田耕整地技术与装备简介

(1) 田块规划

为了优化甘蔗生产系统的各生产要素,土地需要合理规划以便在农田作业过程中产生的时间中断最少。

田块要足够大,以使甘蔗收获机充分发挥功能,田块不需要都在同一位置,但要相隔较近,可以减少机械在不同地块间转移的时间。

每块地留 6 m 以上的地头,使农业机械有充分的转弯空间以便快速掉头,并且使拖运甘蔗的车辆能够通过。另外,为了进一步提高生产率,每行长度应尽可能有 400 m 长。田块应连成一片以使输电线路、排水沟和灌溉渠道等不会引起作业中断,提高机器的生产效率。

(2) 蔗田清理

石块和老树根要清除掉。农业机械特别是甘蔗收割机遇到大石块和树根时会受损很大,小石块虽然可由机器处理,但会大大增加机器的使用和维修费用。澳大利亚的经验表明,如果不合理清理土地,机器的使用和维修费用预计将增大 1 倍。

(3) 土地耕整

采用各种形式的铧式犁、跳障圆盘犁、系列圆盘犁和双向圆盘犁等耕地,耕深 30 cm 左右。在土质较松软的地方,也常采用重耙代替犁耕,速度快、效果好。耙地采用偏置式圆盘耙, 碎土性能较好,耙地深度一般为 12 ~ 15 cm。

各国普遍采取深松技术,打破由于农业机械作业形成的土壤硬底层,利用更深层土壤的养分,为甘蔗生长准备一个充分的种床,土壤深松一般采用多齿深松铲,松土深度为 38 ~ 45 cm。

我们在 2011 年访问澳大利亚时了解到澳大利亚甘蔗生产已发展到采用 GPS 规划线路和自动导航技术,从耕整地开始,所有机器都尽量采用统一的轮距,所有作业都采用同一路线,实现固定道作业,作业效率更高,车轮很少出现碾压蔗垄现象,土壤压实的副作用减小。机手劳动强度大大降低,我们随车观察,机手可以和我们交流,只需留意到田头停车转弯即可。

1.3 保护性耕作与土地休闲期专题讨论

1.3.1 保护性耕作简介

(1) 保护性耕作的概念

保护性耕作是以保护生态环境、促进农田可持续利用和节本增效为目的,以秸秆还田覆盖、少免耕留茬播种施肥复式作业为主要内容的先进农业技术。具有减少土壤耕作和肥、药、农机具燃油等的消耗,减少风蚀和水蚀,减少秸秆焚烧和温室气体排放,提高土壤肥力和抗旱能力,促进农业可持续发展等作用。由于这项技术的主要内容除耕作外,还包括播种、秸秆处理等,国际上一般称为“保护性农业”。

(2) 保护性耕作的主要内容

① 秸秆与残茬管理:收获后的土壤表面保持一层蔗叶,采用少耕法或免耕法整地。

残茬保护技术的优点包括抑制杂草生长,防止土壤流失,改善土壤结构,保持土壤水分,减少耕作成本;

② 少免耕播种: 在保留残茬的情况下播种施肥复式作业;

③ 深松和表土作业结合:深层松土,表土少免耕;

④ 固定道作业以减少土壤压实;

⑤ 通过轮作等方法, 减少杂草和病虫害。

1.3.2 国外蔗田保护性耕作与土地休闲期

(1) 蔗田保护性耕作

澳大利亚的 N. J. Smith 等 1984 年在文章中提到,澳大利亚昆士兰的甘蔗种植者当时已经采用根茬保护技术。他们主要是用蔗叶根茬覆盖技术,把全部蔗叶置于土壤表面,改善土壤条件,控制杂草生长的同时还能有效地保持水土。

在澳大利亚给蔗叶还田提供新动力的是 1982—1983 年意外的干燥天气。因为甘蔗种植者们发现蔗叶覆盖有保水的作用,而蔗价低迷又促使蔗叶覆盖技术发展成为免耕和少耕的保护性耕作的概念。

近年来澳大利亚为了降低甘蔗生产成本,减少农机具下田次数以节省燃料的消耗和农机具保养维修费用,进一步实行了耕作技术的改革,对甘蔗全面采用保护性耕作中的根茬保护技术。收获时利用收获后的青叶片和叶鞘来覆盖蔗田地面,覆盖厚度约 10 cm,半腐烂的覆盖物可保留到下一年。施肥方法也有所不同,在雨季前把全部肥料一次施完。这种既省劳动力,又不用施化学除草剂的蔗田免耕根茬保护技术,已在澳大利亚广泛推广使用。

(2) 蔗田土地休闲期

澳大利亚蔗田收获最后一年宿根蔗后,都有一定的土地休闲期。一般土地的休闲期为 4 ~6 个月,在这个时期内,不耕作、不除草,建立豆类覆盖层,保护土壤免受烈日的暴晒和雨水的侵蚀,抑制杂草滋生。豆类作物还有固氮作用,可产生大量的植物类物质返回土壤中。优良的豆科作物可以提供甘蔗生长期一半的氮肥来源。但是在其形成种子前就要用旋耕机等打掉,以免与后来种植的甘蔗争夺水分、养分等。

休闲期是改善和解决田间排水问题的理想时期,有槽孔的排水管在澳大利亚应用很广。良好的排水条件可以提高产量,改善收获条件,减少土地压实等危害,且可以在雨后迅速恢复田间作业。同时休闲期也是采取相应措施改善土壤中养分失调的最佳时期。可以在休闲地上撒石灰以提高钙的含量,减少酸性成分。在钠和盐多的区域还要撒石膏以改善土质结构。

1.3.3　我国蔗田保护性耕作与休闲期

1.3.3.1　秸秆与残茬保护

在我国湛江等蔗区冬季干旱少雨,水分蒸发很厉害,蔗区也曾采用过秸秆和残茬保护性耕作技术,并取得较好效果。后来发现采用薄膜覆盖对保水有更好的效果。另外,秸秆作为生物质利用的一环,被用来供糖厂榨季发电使用。

近几年广西扶绥的东亚和南华糖厂从澳大利亚引进甘蔗机械化生产技术,扶持蔗农组织现代农场,也采用了蔗叶覆盖还田的保护性耕作技术,取得初步的成效。

保持较厚的蔗叶覆盖层及减少犁耕可降低水分蒸发,使渗透到土壤的水分增多。对于无灌溉条件的蔗地来说,残茬保护技术可保证甘蔗生长所需的土壤水分,对于有灌溉条件的农场,采用残茬保护技术可节省大量用于水和水泵的花费。

1.3.3.2　固定道保护性耕作技术

土壤压实是旱地作业中存在的另一大问题。据研究,压实土壤约消耗 25% 的耕作能量,而疏松被压实的土壤又要投入差不多同样的能量。也就是说,大量能量消耗在对土壤的压实和疏松的恶性循环中。20 世纪 60 年代出现的固定道作业技术,把行驶道与作物生长带分开,使作物生长带不受压实影响,保持自然疏松,有利于作物生长,并可降低耕作阻力。

这种方法的一个大的缺点是需要占用一定的行走面积,减少作物的种植面积。但甘蔗是一种宽行距种植的作物,利用行间的面积完全可以开展固定道作业。最近几年在广西扶绥东亚糖厂扶持的现代农场就开展了这项工作,取得了很好的效果,值得继续探索和推广。

1.3.3.3　土地休闲制度

我国近几年也开展了土地休耕试点,取得了很好效果。今后应该在甘蔗产区也推进这项工作的展开。

第 2 章 甘蔗种植机械化技术装备及发展历程

2.1 甘蔗种植机械化技术与装备

2.1.1 甘蔗种植的概念

甘蔗种植分为新植和宿根 2 类。甘蔗新植是指按照农艺要求将蔗种播放在耕整后的大田里,蔗种发芽并长成甘蔗。宿根蔗栽培是指由收获后留在蔗田内的根茬发芽并长成甘蔗。

2.1.2 新植蔗种植农艺要求

(1) 种茎的选取与处理

甘蔗生产采用无性繁殖的方法,种植时一般将去掉蔗叶的蔗茎作为蔗种,如图 2-1a 所示。蔗种来源有 2 种:一是苗圃培育,整株的蔗段都用来作种;二是采用在砍收甘蔗时留取甘蔗生长点以下 50 ~ 70 cm 的嫩茎作种。我国蔗农大多在砍收甘蔗时留取尾部作蔗种。种植时需要将甘蔗切成 20 ~ 30 cm 的小段,铺放到沟底(见图 2-1b ~ c)。播种前应对甘蔗种苗进行消毒处理,杀灭种苗上的部分病虫害,增强种苗吸水能力,促进发芽。

(a) 留种的甘蔗茎秆

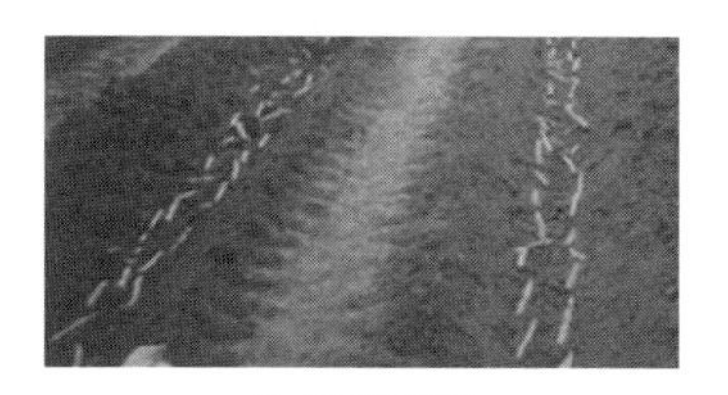
(b) 开沟种蔗

(c) 蔗种摆放方式

图 2-1 蔗种与其摆放方式

(2) 机械化种植农艺技术要点

甘蔗一般是开沟种植。新植蔗栽培技术的要点是“深耕深松、浅种、宽行、合理密植、适时适量施肥施药”。为了达到宽行又合理地密植,有的地方采用一垄双沟的形式。

1）深耕深松

要求深度达 30 ~ 40 cm，土壤要疏松。

2）浅种

种植的农艺要求是"深沟浅埋"，种蔗沟深要达 30 cm，摆放蔗种后，蔗种上覆盖土层厚度 5 ~ 8 cm。

3）宽行

甘蔗种植的行距应满足甘蔗收割机作业的要求。大型收割机要求种植行距≥1.4 m，中型收割机要求≥1.2 m，小型收割机要求≥1.0 m。

4）合理密植

成熟期单株甘蔗的重量和有效茎数决定了甘蔗的产量。种植时应根据所选用的品种在成熟期时在该区域的单株重量、蔗种的发芽率和分蘖率来确定下种量。一般而言，中大茎品种的甘蔗在成熟期有效茎数应达到 4 000 ~ 5 000 条/亩，中小茎品种甘蔗在成熟期有效茎数应达到 5 000 ~ 6 000 条/亩，以达到单产的要求。春植蔗下种一般 7 000 ~ 8 000 个芽；冬植蔗下种可适当增加 15% ~ 20% 的芽，为 8 500 ~ 9 000 个芽；而秋植蔗下种量可减少 15% ~ 20% 个芽，为 5 000 ~ 6 000 个芽。

5）适时适量施肥、施药

甘蔗生长期长，需肥量大，适时适量施肥有利于控制甘蔗生产成本和提高产量。根据甘蔗在不同生育期对肥料的需求，应"重施基肥，适时分期追肥"。

由于蔗种糖分高，容易引来地下蛐螬与蔗螟等害虫，种植时应与基肥一起在蔗沟内施撒农药。避免基肥和农药、蔗种直接接触而伤害蔗种。甘蔗由于行距宽，行间杂草滋生快，应在盖土后一周内施用除草剂。

（3）起垄种植

除了开沟种植外，近年来广西扶绥东亚糖厂现代农场引进了澳大利亚一些农场起垄种植的方式，先起垄，再在垄上开沟种植，也收到很好的效果。特别是采用宽窄行种植效果更好。采用澳大利亚双碟盘开沟种植机，减少了机械碾压种植垄，宽窄行种植，全程 GPS 导航作业（见图 2-2）。

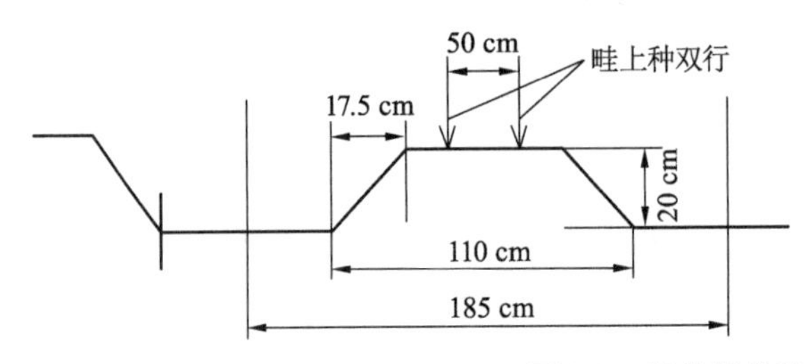

图 2-2　甘蔗起垄种植

2.1.3　机械化种植工序

甘蔗机械化种植方式有分段种植和联合种植 2 种。分段种植先由拖拉机配套单行或多行开沟犁进行开沟作业，然后人工摆种、简单机具覆土盖膜；联合种植则由甘蔗种植机一次完成开沟、施肥(药)、下种、覆土、盖膜等作业，如图 2-3 所示。

(a) 机器开沟

(b) 人工摆种

(c) 机器覆土盖膜

(d) 联合种植

图 2-3　甘蔗机械化种植工序

2.1.4　甘蔗种植机分类

按照甘蔗种植机对蔗种的要求与处理方式不同，种植机可分为切种式、蔗段式和单芽段种植机 3 种。切种式种植机上配有切种器，整秆或较长的蔗种被装载在种植机上，作业时由人工将整秆甘蔗送入切种器，甘蔗被切成 25 ~ 30 cm 的蔗段后落入种植沟中。蔗段式种植机，将预先被切成 25 ~ 30 cm 长的蔗段堆放在种植机的料仓中，通过排种装置将蔗段放入种植沟中。单芽段种植机，将预先制好的含单芽的蔗段(6 ~ 7 cm)堆放在料仓内，通过排种装置将蔗段放入种植沟中。蔗段种植机一般采用切段式甘蔗收割机收的甘蔗作种，伤芽较多，需加大下种量。单芽段种植机需要有合适的农艺技术配合，以达到所需的出芽率。美国、澳大利亚、巴西等国基本上都是采用蔗段种植机，我国目前多采用切种式甘蔗种植机。随着切段式联合收割机的推广，种植方式将会向蔗段种植机发展。

2.1.4.1　切种式甘蔗种植机

(1) 切种式甘蔗种植机组成

切种式种植机主要由机架、肥料箱、排肥器、蔗种平台、切种刀辊、落种槽、开沟器、铺膜器、覆土轮、镇压轮、限深轮、液压系统、喂种工人座椅等部件组成，如图2-4所示。该机还配有辊筒喂蔗装置，喂蔗工人只需将甘蔗丢放在辊筒上，辊筒即可将蔗种喂入切种辊筒。与普通切种式甘蔗种植机相比，可以降低喂蔗工人的劳动强度。图2-5所示为切种式甘蔗种植机在田间工作的情况。

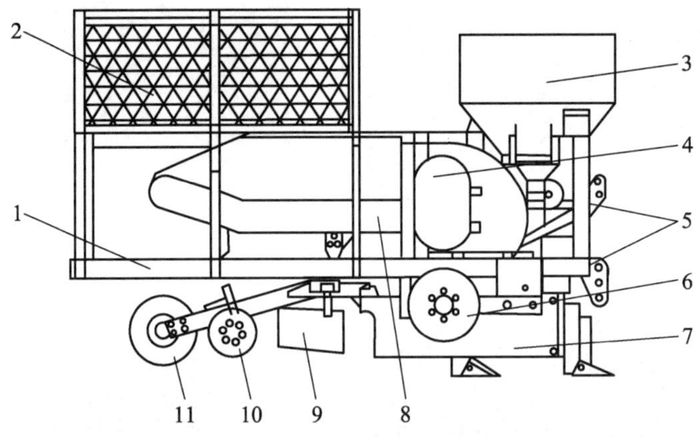

1-机架；2-蔗种平台；3-肥料箱；4-切种刀辊；5-牵引悬挂装置；
6-限深轮；7-开沟器；8-送蔗辊筒；9-铺膜器；10-覆土轮；11-镇压轮

图2-4　切种式种植机

图2-5　双行切种式甘蔗种植机田间作业

切种式甘蔗种植机的主要性能指标如表2-1所示。

表 2-1　切种式种植机的作业性能指标

序号	项目	单位	序号	项目	单位
1	作业行数	行	8	漏株率	%
2	开沟深度	mm	9	露芽率	%
3	覆土厚度	mm	10	切段长度误差	%
4	行距	mm	11	总排肥量稳定性变异系数	%
5	作业前进速度	km/h	12	各行排肥均匀性变异系数	%
6	机械伤芽率	%	13	开沟深度合格率	%
7	切口不合格率	%	14	覆土厚度合格率	%

（2）开沟器

开沟器的作用是在经过耕整的田里开出符合农艺要求的沟，用来铺放蔗种。甘蔗联合种植机的开沟器同时具备下肥、下种、覆土等功能。我国甘蔗联合种植机的开沟器的主要结构如图2-6所示。图中的分隔板可以实现图2-1b中一沟并排摆放双行蔗种的功能。为了适应大型甘蔗收割机对宽行距的要求，我国蔗区一些农场选择1.4 m+0.4 m的宽窄行种植模式。一种用于宽窄行的甘蔗种植机的开沟器如图2-7所示。

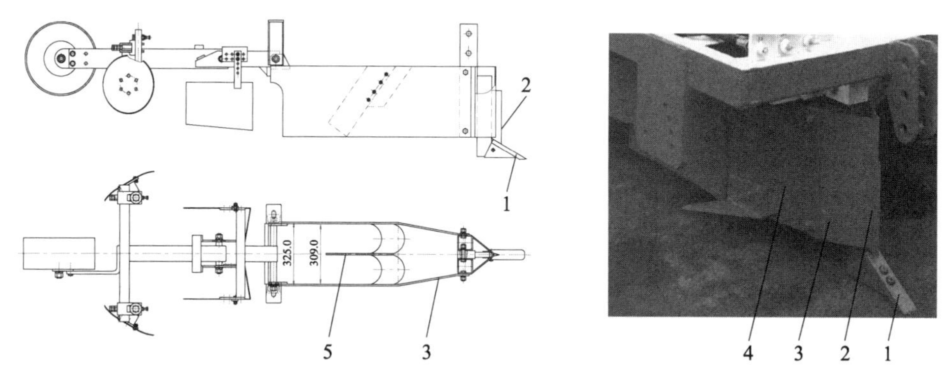

1-铧尖；2-犁刀；3-芯铧；4-侧壁；5-分隔板

图2-6　甘蔗联合种植机的开沟器

（3）切种器

切种器的作用是将甘蔗切成蔗段，切种器主要由刀片、刀辊和橡胶管等组成。如图2-8所示，一个刀辊上均匀布置有2把刀片，上、下刀辊上的刀片相对应，以满足将甘蔗切段的要求。橡胶管的作用是避免夹持时伤蔗。蔗段的长度取决于切种刀辊刀片刃口处的直径和刀辊数。

图 2-7 甘蔗种植机宽窄行开沟器

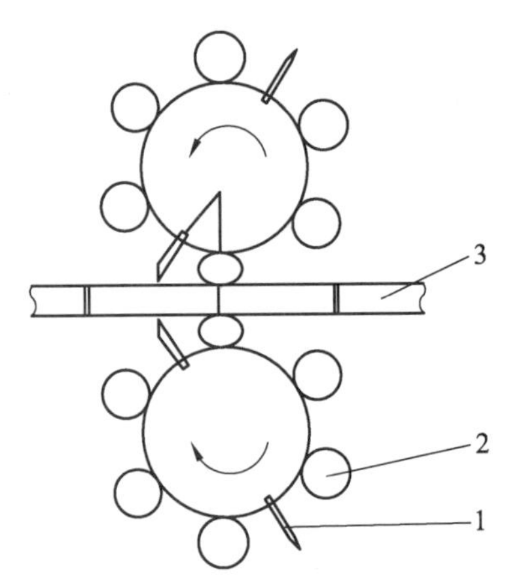

1-刀片;2-橡胶管;3-甘蔗;d-?;O-?

图 2-8 切种刀辊结构

（4）施肥器

我国甘蔗生产中普遍用颗粒复合肥,湛江地区则多用粉状肥,并在田间作业现场拌肥拌药。颗粒肥和粉状肥适用的施肥器不同。适用于颗粒复合肥的施肥器及其排肥装置如图 2-9a 所示,适用于粉状肥的施肥器和排肥装置如图 2-9b 所示。

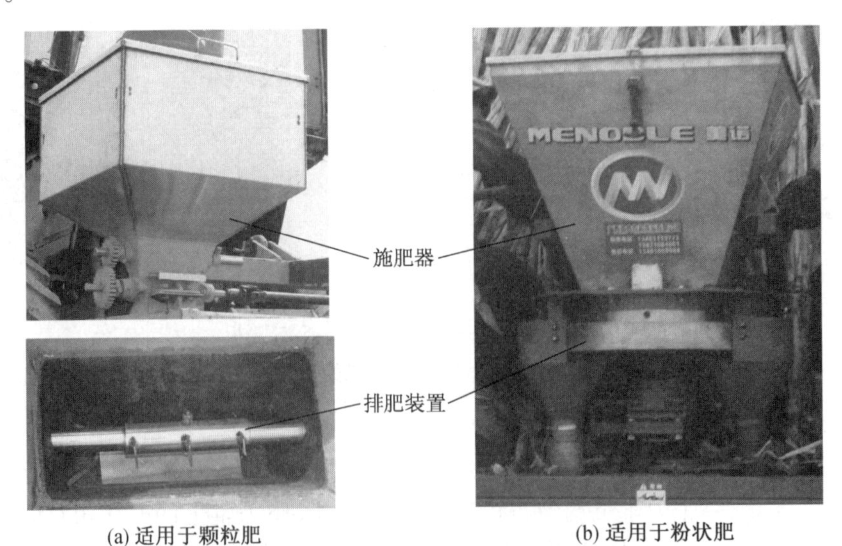

(a) 适用于颗粒肥　　(b) 适用于粉状肥

图 2-9 适用于颗粒肥和粉状肥的施肥器及排肥装置

2.1.4.2　蔗段式甘蔗种植机

蔗段种植机主要由机架、肥料箱、排肥器、蔗种箱、送料装置、排种器、开沟器、铺膜器、覆土轮、镇压轮、限深轮、液压系统等部件组成。图 2-10 是一款澳大利亚出产的蔗段种植机。

1-蔗种箱;2-送料装置;3-排种器;4-肥料箱;5-车轮;6-开沟器;7-覆土轮;8-仿形轮;
9-主种箱举升液压缸;10-送料机构;11-排种机构;12-喷药嘴

图 2-10　蔗段种植机主要组成部分

在图 2-10 中,蔗种箱可以通过液压缸举升一定角度,使蔗种箱后部的蔗种向送料装置集中。送料装置内的送料机构间歇地将蔗种送入排种箱内,使排种箱内保持一定量的蔗种。排种箱内的蔗种被排种机构送至落种通道,进而落入蔗沟内。

蔗段种植机作业效率高,但伤芽多,根据澳大利亚班达伯格甘蔗试验站技术人员的试验,这种种植机伤芽率达 10% ~20% ,影响出苗率,需要增加下种量。考虑我国当前情况,实施切种式种植机较实用,但从长远考虑,应该着力改进预切种式种植机,提高其性能,作为新一代种植机。

2.1.4.3　单芽段甘蔗种植机

甘蔗每个节位有一个芽,为区别于包含 2 ~3 节的蔗段,将只包含一个芽的蔗段称为单芽段。单芽段蔗种长度为 50 ~70 mm,以单芽段作为种子的种植机,称为单芽段种植机。与双芽或三芽段蔗种相比,单芽段蔗种的体积小,同样容积的种植机种箱可以装载更多的种子。单芽段蔗种容易实现机械化排种,作业效率高。图 2-11 为一款单芽段甘蔗种植机,可以一次性完成排种、落种、施肥覆土、盖膜等工序的联合作业。图2-12为该种植机的排种器。

图2-11　单芽段甘蔗种植机

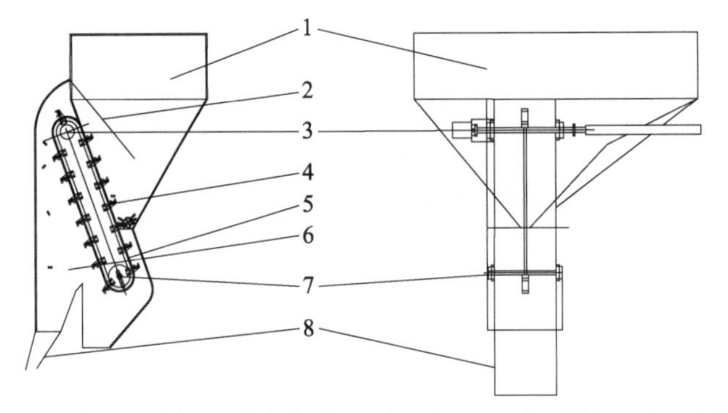

1-种箱;2-种量调节板;3-拨指链主动轮;4-拨指;5-拨指链;6-投种通道;
7-拨指链从动轮;8-投种挡板

图2-12　排种器结构图

2.2　我国甘蔗种植机械化技术与装备发展历程

2.2.1　20世纪70年代中期至80年代中期甘蔗种植机械研究概况

1977年1月中共中央批准《关于1980年基本实现农业机械化的报告》,20世纪70年代中期到80年代中期,我国早期农业机械化进入快速发展时期,也是甘蔗机械研制最旺盛的时期。

早期研制的甘蔗联合种植机,按其切种形式可分为砍切式和夹切式2种。其中广东2型和庆丰2CZ-1型甘蔗联合种植机为砍切式,2Cz-1型、甘75-1型等甘蔗联合种植机为夹切式。上述机型都能一次完成开沟、砍种、排种、喷药、施肥、覆土

等项作业。由于当时我国种植甘蔗一般都施农家肥,因此对甘蔗种植机的施肥装置有特殊要求。这个时期的主要机械如下:

① 广东省农机所等单位研制的广东2型甘蔗种植机,与红卫40(40马力)或上海45型(45马力)拖拉机配套作业,无施肥机构,适于90~120 cm的行距,标称工效为5.5~8亩/h。

② 广西农机所等单位研制的庆丰2CZ-1甘蔗种植机与丰收-37型(37马力)拖拉机配套,运动部件由拖拉机动力输出轴经传动机构带动。药液箱和蔗种箱分别配置在拖拉机前部和后部,其余部分为一整体悬挂在拖拉机上,适于120 cm行距,标称工效为2亩/h。该机于1976年鉴定,鉴定后又做了进一步改进:采用链条及耙片组合的链耙式排肥机构,对湿度不大、颗粒直径在40 mm以下、夹杂有长度不超过25 cm的草条的土杂肥,均能通畅、均匀地排出。去掉原来的药液泵及其传动构件,改为自流喷洒,并增加了药液过滤装置。可在蔗段切口处进行消毒。覆土器改用靠自重入土的培土板,并靠改变培土板的重量调节入土深浅。

曾生产10多台2CZ-2和2CZ2-92型甘蔗种植机供援外农场使用,但这些机型都未能在国内大面积推广使用。

③ 广西贵县农机所研制的2CZ-1型甘蔗联合种植机与丰收-37型拖拉机配套,一次能完成开沟、砍种、排种、消毒、施肥(土杂肥)、覆土等项作业,基本上达到深沟、平底的农艺要求。该机采用转斗式肥料箱、输送带式排肥机构,工作较可靠。适于120~130 cm的行距,标称工效为2.5~4亩/h。

④ 轻工部广州甘蔗糖业研究所研制的甘75-1型甘蔗联合种植机与红卫-40型、丰收-35型拖拉机配套,由拖拉机动力输出轴带动,每次作业两行,标称工效4~8亩/h。

2.2.2　2000—2010年期间甘蔗种植机的研究和试验

21世纪初,甘蔗种植研究单位主要有湛江中意农机、北京中机美诺等,研发的机型有自走式和牵引式2种。进入2010年,甘蔗种植机的研发与推广应用呈现迅速发展的势头,研究单位主要有华南农业大学、广西农机研究院、中国农机院中机美诺科技股份有限公司、湛江农垦、南宁五菱桂花车辆有限公司、广西钦州力顺机械有限公司、江苏富来威、广东徐闻广进农机厂等。涌现出一批切种式甘蔗种植机机型,机械化种植率也逐年迅速提高。这个时期的甘蔗种植机由牵引式发展为悬挂式,均采用实时切种方式,蔗种茎秆靠人工喂入切种器。2012年华南农业大学研制出预切种单芽段甘蔗种植机。

2.2.2.1　自走式甘蔗种植机

2004年湛江中意农机制造有限公司研制成功一种多功能自动化甘蔗种植机,

这种甘蔗种植机行走装置采用橡胶履带，按农艺要求能一次完成开沟、施肥、排种、喷除草剂、覆盖地膜等种植工序。适用于大面积甘蔗种植作业。但这台机器以卡车底盘为主体，从整机设计到主要工作部件都不太适应田间作业的使用条件，最后停止了研究。

2.2.2.2 牵引式甘蔗种植机

第一代牵引式甘蔗种植机以中国农机院中机美诺系列8210甘蔗种植机为代表（见图2-13），其特点为设置有蔗种拖车，种植主机与蔗种拖车均为牵引式，由拖拉机牵引在田间作业。拖车上可以堆放大量的蔗种，蔗种喂入工在蔗种拖车上操作，将蔗种喂入切种器。该机可连续完成甘蔗种植农艺中的开沟、施肥、切段播种、喷药、覆膜、培土、镇压等工序。基本配置规格：配套动力75 kW以上，行数2行，播种行距0.9 ~1.5 m，开沟器开沟深度0.25 ~0.3 m，种蔗切段长度0.38 m，标称生产效率0.67 hm^2/h，施肥斗容量350 ×2 kg。

2.2.2.3 牵引－悬挂式甘蔗种植机

2007年中国农机院农装北方公司与广东湛江农垦丰收公司合作，在中机美诺8120甘蔗种植机的基础上，进一步开发出2CZY-2型甘蔗种植机，如图2-14所示。与中机美诺8210机型相比，其特点是：种植主机与拖拉机之间采用三点悬挂连接；蔗种拖车与种植主机之间采用牵引式连接。

图2-13 中机美诺8120甘蔗种植机

图2-14 2CZY-2型甘蔗种植机

2007/2008年—2010/2011年榨季，CZY-2型甘蔗种植机在湛江农垦连续进行了4年甘蔗种植生产作业，2010/2011年榨季完成8 850亩种植作业。广垦农机华海分公司机械化种植按67元/亩收费，其中机械种植部分44元/亩，辅助工23元/亩，包括甘蔗选种、拉肥、拉水、拌肥、种植机上的辅助用工、地膜工。广垦农机丰收和广前分公司，机械化种植按亩44元收费，辅助工费用另计，包括拉水、喂蔗工、肥料工、地膜工。正常作业时，1台种植机作业配1个机手，8个辅助工，平均每天种蔗25 ~30亩，每亩种植成本约70元（不包括剥蔗叶、选种）。

这类种植机由于带有蔗种拖车，整机纵向尺寸较大，地头换行时需要的空间大,不适合在中小地块作业。

2.2.2.4　悬挂式甘蔗种植机

针对牵引式种植存在的问题,此后各科研单位与企业研制出的种植机取消了蔗种拖车,蔗种直接堆放在种植机上,种植机悬挂在拖拉机后面,整机纵向尺寸变小,地头转弯调头更加方便。悬挂式种植机继承了牵引式种植机的作业技术,使用整秆蔗种,可连续完成开沟、砍送种、摆种、施肥、覆土等作业。广西农机院研制出的机型有 2CZ-1 型(见图 2-15)和 2CZ-2 型甘蔗种植机。2012 年进入市场的代表性机型有:江苏富来威生产的 2CZX-1 型和 2CZX-2 型甘蔗种植机,贵州金山碧水公司生产的 2CZX-2 型甘蔗种植机,南宁五菱桂花生产的 2CZ-2 型甘蔗种植机,钦州力顺生产的 2CZX-2 型甘蔗种植机。

各厂家所采用的技术大致相同,每行需要 2 个工人将蔗种喂入切种刀辊,工人劳动强度大。作业中的播种量和播种均匀性依赖于喂入工人的操作,喂入作业稍一停顿即造成漏播。泰国、印度等国家普遍使用的实时切种式种植机同样存在喂入人工多、容易漏播和播种不均匀等问题。

为了解决这一问题,华南农业大学设计了一种带有辊筒式蔗种喂入机构和切种刀辊转速控制系统的 2CZQ－2 型切种式甘蔗种植机,如图 2-16 所示。辊筒式喂入机构能够将位于其上的甘蔗送入切种刀辊,每行只需 1 个工人;控制装置可以实现拖拉机前进速度与排种装置的同步改变,以得到均匀的播种密度。2CZQ－2 型切种式甘蔗种植机于 2015 年 6 月通过了科研成果鉴定,并与广州悍牛农业机械股份有限公司合作于 2016 年 12 月通过了新产品的鉴定。

图 2-15　2CZ-1 型甘蔗联合种植机

图 2-16　华南农业大学 2CZQ-2 型切种式甘蔗种植机

2.2.2.5　适应大型收割机作业的宽窄行甘蔗种植机

为了适应大型甘蔗收割机对行距的要求,广西、广东等蔗区尝试采用宽窄行种植模式,行距规格为 1.35 m＋0.5 m 或 1.4 m＋0.4 m。广西日风机械设备有限公司研发的 2CZ-2 型甘蔗种植机(见图 2-17)用于窄行 0.4 m,宽行 1.4～2.0 m 可调的种植模式。

图 2-17　广西日风机械设备有限公司 2CZ-2 型甘蔗种植机

该机采用悬挂式结构，适应中小面积的蔗田；使用地轮驱动切种刀辊，有效解决了断垄等问题；采用 89.48 kW 以上拖拉机作为牵引动力，2 人配合作业，每天可种植 15 亩。该机于 2016 年通过了技术鉴定和推广鉴定。为了适应大面积蔗田的甘蔗种植，广西日风机械设备有限公司同期研发了 2CZ-2A 型甘蔗种植机。该机采用半悬挂式结构，种植机通过三点悬挂与拖拉机相连，蔗种拖车通过牵引杆与种植机相连，如图 2-18 所示。

图 2-18　广西日风机械设备有限公司 2CZ-2A 型甘蔗种植机

2.2.2.6　蔗段种植机

与切种式甘蔗种植机相比，蔗段种植机具有作业效率高、辅助人工需求少等特点。澳大利亚、美国和巴西等基本上都采用蔗段种植机。切段式收割机收获的蔗段可直接用来播种。广西农机院 2013 年开始研制 2CZD-1 型蔗段种植机，如图 2-19a 所示，蔗段长度 30 ~ 40 cm。其关键技术包括连续均匀取种、下种以及减少种芽损伤率。2014 年广东雷州黄小文研制了一种利用类似水稻插秧机机械手的机构取放蔗段的蔗段种植机，如图 2-19b 所示。

(a) 广西农机院2CZD-1型蔗段种植机

(b) 广东雷州黄小文研制的蔗段种植机

图 2-19　蔗段种植机

2.2.2.7　单芽段甘蔗种植机

如前所述,甘蔗每个节上有一个芽,将只包含一个芽的蔗段称为单芽段。2012 年,华南农业大学研制成功 2CZD-2 型单芽段甘蔗种植机(见图 2-20),该机型采用预先制备好的 60 mm 的单芽段作蔗种。蔗段种植机(包含 2 个芽)所用蔗段长 200 ~ 300 mm,所以同样容积的种箱单芽段种植机可以容纳的蔗种数量大幅度提高。单芽段蔗种也可以实现蔗种自动填充,排种器由液压马达驱动,由单片机通过检测到的拖拉机后轮转速来控制排种器转速,实现匀量可靠播种。图 2-20a 为制取单芽段蔗种的切种器,图 2-20b 为蔗种箱,图 2-20c 为该种植机在田间播种试验。2CZD-2 型单芽段甘蔗种植机 2015 年 6 月通过了科研成果鉴定。2014 年 11 月,华南农业大学与广州悍牛农业机械股份有限公司签订了“单芽段甘蔗种植机”技术开发合同,2015 年 4 月双方签订了“一种用于单芽段种植机的排种器”发明专利权许可使用合同;双方合作开发的产品 2CZD-2 型单芽段甘蔗种植机于 2016 年 12 月通过了广东省新产品新技术鉴定。

(a) 单芽段切种机

(b) 种箱内蔗种

(c) 2CZD-2型单芽段甘蔗种植机

图 2-20　华南农业大学 2CZD-2 型单芽段甘蔗种植机

2.3　国外甘蔗种植机械化技术与装备

2.3.1　日本

日本研制和使用的甘蔗种植机有甘蔗开行种植机、联合种植机。SPKR－901型切种式甘蔗联合种植机具有开行、切种、下种、施肥、洒农药、覆土、压土等联合作业功能，配24～33 kW拖拉机，作业速度0.7～1.1 km/h。

2.3.2　美国

以最大经济效益为准则，是美国甘蔗机械化的最大特色和核心。我们2007年在美国Weslaco访问时，发现当地使用人工而不用种植机种植甘蔗（见图2-21），他们认为采用墨西哥工人劳动比用机器种植更便宜。

图2-21　2007年美国得克萨斯州Weslaco地区采用人工种植甘蔗

美国夏威夷采用蔗段种植机，切段式甘蔗收割机收获的蔗种（蔗段）在消毒池中浸泡消毒后再播种。

2.3.3　澳大利亚

2.3.3.1　种植机械化技术与装备

在种植方面，澳大利亚采用大型的蔗段种植机。切段式收割机、田间运输车和蔗段种植机组成种植机械化系统，收割机砍下的蔗段，由田间运输车直接倒入甘蔗种植机（见图2-22）。种植机连续完成开沟、切断、消毒、放种、施肥、覆土、压土等工序。种植机上配置有喷药装置，排种过程中对蔗种进行喷药消毒。所有的肥料为颗粒复合肥。3人作业每天能种植甘蔗2.7～3.3 hm^2。

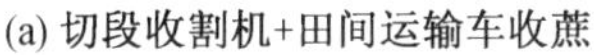
(a) 切段收割机+田间运输车收蔗

(b) 田间运输车向种植机装蔗种

图 2-22　澳大利亚机械化蔗段种植系统

蔗段种植机存在伤种问题。班达伯格的甘蔗试验站的技术人员认为,这种播种机至少伤种 20%,需增加播种量以弥补伤种造成的损失。半机械化的整秆种植机在这方面好得多,只要劳动力充足,还是半机械化的整秆种植机种植质量好。

2.3.3.2　种植行距

为适应大型收割机的轮距(轨距)要求种植行距一般不能小于 1.4 m。澳大利亚推荐采用的行距为 1.4 ~ 1.5 m。该宽度的行距可允许拖拉机、耕整机械、收获机和田间运输车辆安全作业,不会损坏邻行的甘蔗,也不会损坏甘蔗收获后留下的宿根。

澳大利亚自 20 世纪 70 年代到现在一直在研究行距问题,做了大量试验,包括不同行距及单双行的试验,得出如下结论:

(1) 在昆士兰南部,单行行距大到 1.65 m 都不会影响产量,但是在昆士兰北部绝大多数品种的产量与传统的 1.45 ~ 1.5 m 行距相比都明显下降;

(2) 如果蔗种播双行,如 1.6 + 0.2 m,1.75 + 0.3 ~ 0.4 m 以及 1.83 + 0.3 ~ 0.5 m,则从 1.45 m 到 1.85 m 的行距对产量都不会有影响。

值得注意的是,不论哪种情况,每亩有效茎数在收获时都达到 5 000 株左右。可见,不论采用什么行距,最重要的是要采取适应当地条件的农艺措施,保证有效苗数。

第3章　甘蔗田间管理机械化技术装备及发展历程

3.1　甘蔗田间管理机械化技术与装备

3.1.1　甘蔗田间管理的概念

本文讨论的是广义的甘蔗田间管理,包括中耕(行间松土、培土、除草、施肥)、施药防治病虫草害和灌溉等环节,以及宿根管理的蔗叶粉碎还田和破垄平茬。

3.1.2　田间管理农艺要求

3.1.2.1　蔗叶粉碎还田农艺要求

蔗叶粉碎还田技术是采用机械将收割后的蔗叶就地粉碎,均匀铺撒在蔗田,中耕或整地时把碎蔗叶深埋在土中,达到培肥地力的一项农业机械化适用技术。粉碎还田的蔗叶沤烂后可改善土壤的粒度结构,提高土质疏松度和有机质含量,改善土壤中水气交换状态。

甘蔗收获后,蔗叶在田间晾晒至蔗叶、蔗梢含水率 $<30\%$ 后进行粉碎还田作业。粉碎后,要求蔗叶长度 <10 cm,合格率 $>94\%$,蔗叶漏拾捡率 $<5\%$;蔗叶粉碎后应抛撒均匀,拖堆率 $<5\%$。作业时,蔗叶粉碎还田机刀片或锤片顶端离地间隙为 10 cm 左右,避免刀片或锤片切入土壤,损伤宿根蔗蔸。中耕培土时,应将蔗叶翻埋在 15 cm 以下的土层中。

3.1.2.2　宿根破垄平茬农艺要求

甘蔗砍收后,根茬在地表以上的蔗芽和地表下 0 ~ 10 cm 位置的芽称为高位芽,地表 10 cm 以下的蔗芽称为低位芽。高位芽萌发早、出苗快,但蔗苗根系分布浅,成茎率一般只有 25% ~ 35%。同时,高位芽萌发后将抑制同一蔗桩上的低位芽萌发。低位芽根系分布深,成茎率一般达 70% 以上。但是,低位芽在不破垄松蔸的情况下萌发慢甚至不萌发。萌发过晚的低位芽收获时形成蔗笋。宿根蔗破垄平茬作业有利于解决低位芽萌发慢的问题。

留宿根的蔗田,应在砍蔗后 10 天左右及时清理田园,破垄松蔸,促进低位蔗芽萌发。

机械化破垄平茬通常采用切割器平茬和圆盘侧切蔗垄方法。切割器采用驱动圆盘刀将甘蔗根茬切到地表下;圆盘侧切蔗垄是采用立式圆盘将蔗垄两边切开。

3.1.2.3　中耕培土与施肥农艺要求

在蔗苗基本上长出 5 ~6 片真叶(约 4 月上旬至 5 月初)时,如图 3-1a 所示,结合第 1 次追肥(攻蘖肥)进行中耕除草和小培土,疏松土壤,改善土壤的通气性,去除杂草,为甘蔗生长创造良好的条件。

在 5 月下旬至 6 月中旬,甘蔗进入拔节伸长期,是发大根、开大叶、长大茎,所需养分最多的时候,吸肥量占总吸肥量的 50% 以上,应及时进行第 2 次追肥(攻茎肥),并结合大培土,培土高 20 cm,用碎土充实蔗株基部、培高培实,培成龟背形,以利于机器收割时的入土切割,并可防止生长后期倒伏。图 3-1b 是伸长期的甘蔗。

在甘蔗分蘖末期(即 11 ~12 片叶时)可以喷施叶面肥(甘蔗生长调节剂),促进主茎和早期分蘖苗提前进入拔节伸长期。

(a) 小培土时的甘蔗与蔗田

(b) 伸长期的甘蔗

图 3-1　小培土期与伸长期的甘蔗与蔗田

3.1.2.4　病虫害防控农艺要求

小培土和春砍宿根蔗破垄松蔸施肥时,按要求施放农药预防二点螟、条螟、蔗龟和其他地下害虫;5—7 月应经常检查蔗地,发现棉蚜虫危害时,应立即喷施农药防治;在生长后期,需要防治鼠害。

3.1.2.5　灌溉防旱农艺要求

甘蔗分为苗期、分蘖期、伸长期、成熟期 4 个生长发育阶段。各生长期对水分需求不同,其需水规律大体是“两头少,中间多”,即苗期、分蘖期和成熟期需水较少,伸长期需水最多。结合当地的气候与天气情况,按照甘蔗各生长发育期需水规律合理灌溉是获得高产的重要措施。

3.1.3 田间管理关键机具与装备

3.1.3.1 蔗叶粉碎还田机具

图 3-2 为一种蔗叶粉碎还田机结构示意图。该机通过三点悬挂机构悬挂在拖拉机后面。工作时通过拖拉机动力输出装置传来的动力转动刀盘,蔗叶被集叶器挑起,被旋转的动刀卷入切碎装置内,在动刀和定刀的共同作用下被打碎后抛回田面。

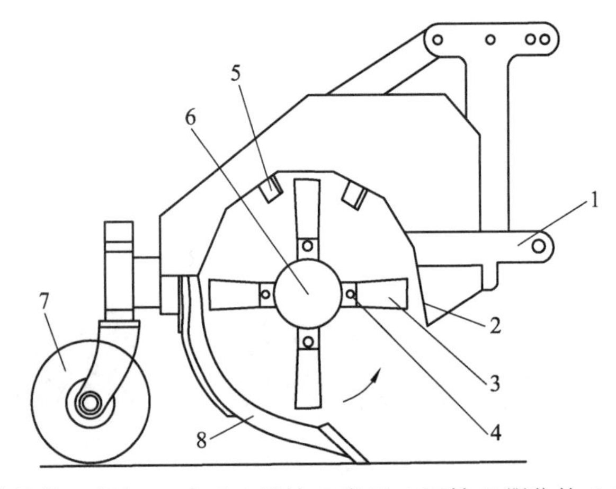

1-三点悬挂;2-机架;3-动刀;4-销轴;5-定刀;6-刀轴;7-限位轮;8-集叶器

图 3-2 1GYF-250 型甘蔗叶粉碎还田机结构简图

3.1.3.2 宿根破垄平茬机具

常用的破垄平茬机如图 3-3 所示。前面是破垄装置,后面的圆盘由拖拉机动力输出装置传递动力驱动,通过旋转平茬。

图 3-3 破垄平茬机

3.1.3.3　中耕管理机具

甘蔗中耕管理机有只能完成一项作业的单一功能机和可以同时完成多项作业的多功能机。多功能中耕管理机能够一次完成除草、施肥、培土等多项作业。按机具大小和结构形式又可以划分为小型中耕机、小型中耕施肥机和大中型悬挂式中耕施肥机,配套动力是拖拉机或自走底盘。人工种植的甘蔗行距一般在 0.7 ~ 0.9 m 范围内,可采用小型中耕机。机械种的甘蔗行距一般在 1.1 m 以上,多数为 1.2 m,大型甘蔗收割机要求行距 1.4 ~ 1.6 m。在这些行距下,小型中耕机可在垄沟中行走中耕,但培土达不到两侧垄上甘蔗根部,培土效果达不到要求,采用大中型甘蔗中耕机较合适。

(1) 微型中耕培土机

微型中耕培土机适用于在行距为 0.7 ~ 1.0 m 的甘蔗行间穿行中耕作业,机具主要由发动机、行走变速箱总成、旋耕箱体总成、牵引框总成、操纵机构总成、防滑轮总成以及机架总成等组成,发动机功率约 4 kW。图 3-4 为该类机型在田间作业的情形。

(a) 微型中耕培土机在作业

(b) 微型中耕培土机工作部件

图 3-4　微型中耕机在培土作业

(2) 小型中耕施肥培土机

施肥与中耕培土组合在一台机器上,可以同时实现施肥和中耕培土作业,提高了作业效率。可以在甘蔗的各个生长期作业。发动机功率 11 ~ 15 kW,适应甘蔗行距 1.1 ~ 1.2 m。图 3-5 为一款配置在手扶拖拉机上的小型中耕施肥培土机。

1-肥料箱;2-尾轮;3-培土犁;4-旋耕刀;5-传动箱;6-发动机

图 3-5　小型中耕施肥培土机

(3) 悬挂式中耕施肥培土机

相比微小型中耕机,悬挂式中耕施肥培土机工作效率高,较好地改善了操作者的工作环境,降低了劳动强度。该类机具跨行作业,需要配套高地隙拖拉机。图 3-6 是一种与 35 ~48 kW 拖拉机配套的悬挂式甘蔗中耕施肥培土机,适应行距 1. 1 ~ 1. 2 m,旋耕碎土深浅可调,适应甘蔗高度受机器横梁高度限制,仅适用于甘蔗苗期作业,以免对甘蔗造成损伤。

1-肥料箱;2-旋耕刀;3-培土犁

图 3-6　中型中耕施肥培土机

(4) 高地隙中耕施肥培土机

图 3-7 是一款高架长柄式结构的中耕施肥培土机,甘蔗能从架下通过,配合高

地隙拖拉机，可以提高通过性，延长中耕时间。可以适应 0.7 ~ 1.0 m 高的甘蔗进行中耕作业，破垄、中耕、追肥、除草、培土一体化完成，跨行作业，作业行距 0.9 ~ 1.2 m。

图 3-7　高地隙中耕施肥培土机

3.1.3.4　植保与灌溉作业机具

（1）植保机械

甘蔗植保机械有喷雾机、弥雾机、超低量喷雾机、烟雾机和喷粉机等，使用较多的是喷雾机。为了满足不同时期甘蔗喷施药防治病虫害的要求，甘蔗喷雾机需要有较高的离地间隙，或采用龙门架式底盘。图 3-8a 为一种自走式高地隙喷雾机，图 3-8b 为一种龙门架式高地隙喷雾机。

(a) 自走式高地隙喷雾机

(b) 龙门架式高地隙喷雾机

图 3-8　高地隙喷雾机

（2）灌溉设备

我国蔗田目前推广应用的灌溉系统有固定式、半移动式、中心支轴式和平行移动式。固定式喷灌设备可进行大面积喷灌，喷灌系统包括水源、水泵、动力机、管道系统及喷头等。喷灌系统的各组成部分（除喷头外）在整个灌溉季节甚至长期都是固定的。移动式喷灌机械的品种规格较多，可以归纳为软管转盘式自动喷灌机、钢索牵引卷盘式喷灌机和大型移动式喷灌机三大类。我国蔗田在用的大型移动式喷灌机有指针式喷灌机和平行移动式喷灌机两类。

固定管道式喷灌系统的干支管大多都埋在地下，也有的把支管铺在地面，在甘蔗的一个生长周期不移动，如图 3-9 所示。半移动式管道喷灌系统的干管固定，支管可移动，这样可以减少支管用量，但是移动支管需要较多人力。

图 3-9　固定管道喷灌

指针式喷灌系统是将喷灌机的转动支轴固定在灌溉区域的中心，固定在钢筋混凝土支座上，支轴座中心下端与井泵出水管或压力管相连，上端通过旋转机构（集电环）与旋转弯管连接，通过桁架上的喷洒系统向作物喷水的一种节水增产的灌溉系统。指针式喷灌系统的灌溉区域为以支轴为圆心的圆。图 3-10 为一种指针式喷灌系统。

(a) 喷灌中心支轴

(b) 移动式喷管

图 3-10　指针式喷灌设备

平行移动式喷灌系统在行走轮驱动下可以直线移动，其灌溉区域为矩形。配套动力可用电网或柴油发电机组，其电器控制系统安全可靠，具有过雨量保护系统、自动导向系统、地头自动停机系统和故障自动报警系统。图 3-11 为一种在蔗田应用的平行移动喷灌系统。

图 3-11　平行移动式喷灌系统

滴灌是按照作物需水程度，通过低压管道系统与安装在毛管上的灌水器，将水和作物需要的养分均匀而又缓慢地滴入作物根区土壤的灌水方法。滴灌不破坏土壤结构，土壤内部水、肥、气、热经常保持适宜作物生长的良好状况，蒸发损失小，不产生地面径流，几乎没有深层渗漏，是一种省水的灌水方式。图 3-12 是一种蔗田铺管的方法，也有将滴灌管埋入蔗沟的做法。

图 3-12　蔗田滴灌管

3.2　我国甘蔗田间管理机械化技术与装备发展历程

3.2.1　20 世纪 70 年代中期至 80 年代中期田间管理机械研究概况

3.2.1.1　中耕培土机

20 世纪 70 年代中期到 80 年代中期，我国早期农业机械化进入快速发展时期，也是甘蔗机械研制工作最旺盛的时期。广西农机所、广西红河农场、广州甘科所、福建农学院农机系、福建省仙游县农机厂等单位于 1975—1976 年先后研制成了工农-12-型、XP-1-2 型、东风-12、东风一型和丰收-7 甘蔗中耕培土机。这个阶段研制出的甘蔗中耕培土机按主要工作部件的结构特征分为犁刀和铣盘 2 种。其中,工农-12-1、东风-12、东风-8 及广西农机所设计的、与高架拖拉机配套的中耕培土机皆为犁刀式,广州甘科所研制的 XP-1-2 型为铣盘式。

犁刀式中耕机是在原手扶拖拉机旋耕机的基础上,将旋耕刀换成培土犁刀,再加上辅助装置而成的。其主要由犁刀、分土装置、上盖板支架等组成。犁刀左右各 8 把,对称排列,中间最长,向外尺寸递减,旋转起来呈腰鼓形,以利形成沟垄。犁刀采用后弯形,以防缠草。刀片面积较原旋耕刀要大,并有一定折角,以利翻土。分土装置由分土板、挡土胶板和支撑杆组成。分土板两翼略向后弯,以利于将犁刀翻起的泥土分开,其形状可适应垄形的要求。适于在 1. 1 ~1. 2 m 行矩的蔗田作业,每次一行。大培土时,垄高不低于 20 cm,杂草除净率在 90% 以上,标称工效 2. 0 ~2. 5 亩/h。工农-12-1 型曾定型投产。

广州甘科所研制,并于 1977 年鉴定定型的 XP-l-2 型为铣盘式中耕培土机。该机与工农-12 型手扶拖拉机配套使用,由 2 个反向旋转的刀盘和 1 个“V”形挡板等组成,适于 1. 0 ~1. 2 m 行距的蔗田。作业后,土坡松碎,垄形整齐,培土质量好。培土高度为 28 ~32 cm,蔗头覆盖厚度为 12 ~18 cm,工效 1. 75 亩/h。

当年我国研制的甘蔗中耕培土机,配套动力多为手扶拖拉机和其他小型动力,工效低,劳动条件差,不能满足甘蔗生产的需要。

3. 2. 1. 2　排灌机械

喷灌与漫灌比,具有节约用水、投资少、收效快、保持土壤肥力和结构等优点,对甘蔗的增产效果十分显著。广西玉林地区农机所研制的离心式喷淋喷雾机,喷水量为 27 t/h,可用于蔗田的喷灌。广西贵县五金农具厂研制的与丰收-37 型拖拉机配套的甘蔗喷灌机,喷水量为 50 t/h。福建省仙游县农机厂研制的以 165F 柴油机为动力的移动式甘蔗喷灌机,适于丘陵地区小块蔗田的喷灌。1977 年,广西水轮泵研究所研制成适合于丘陵地带(坡度不大)旱地作物(甘蔗、玉米)的 417 型圆形喷灌机组。该机组采用 89. 48 kW 的 6135 型柴油机直接驱动水泵,并通过皮带轮带动一个 5 kW 发电机作为驱动塔架行走电源,机组总长度为 417 m,每跨长 40. 7 m,转一周最快时间为 56 h,每周喷灌面积为 960 亩,喷灌强度为 12. 8 mm/h。试验表明,该机具有喷洒均匀、受风影响小、可连续作业、工作效率和自动化程度高等优点。

3. 2. 2　20 世纪 90 年代甘蔗田间管理机械研究概况

3. 2. 2. 1　甘蔗碎叶还田机械

蔗叶还田是当年针对甘蔗收割后留在地里的蔗叶不利于耕作,避免焚烧蔗叶产生空气污染而提出的课题。广西农机所研制的3SY-140型甘蔗碎叶还田机，配套44 kW轮式拖拉机作业，标称效率0.113～0.12 hm^2/h，2001年通过鉴定，在广西推广使用，如图3-13所示。甘蔗碎叶还田可增加土壤的有机质，改良土壤，使甘蔗的单产有明显提高。

图3-13　广西农机所3SY-140型甘蔗碎叶还田机

3.2.2.2　破垄平茬机械

广西农机所的3PZ-1型甘蔗破垄平茬机如图3-14a所示，与中型轮式拖拉机配套使用，跨蔗垄作业，行距要求1.2 m左右。当年鉴定后推广到我国援建的塞拉利昂等国外5个农场和国内黎明农场等应用，效果良好。图3-14b为广西农机所的3PZG-1型甘蔗破垄施肥盖膜机。

(a) 3PZ-1型破垄平茬机

(b) 3PZG-1型甘蔗破垄施肥盖膜机

图3-14　广西农机所研制的破垄平茬机

3.2.2.3　中耕、施肥、培土机械

广西农机所研制了3ZFS-1型和3ZFS-2型甘蔗中耕施肥培土机(图3-15)。3ZFS-1型配套手扶拖拉机，该机工作部件为犁刀式，标称生产率0.13～0.16 hm^2/h；该机定型生产并在南宁的金光、柳州的新兴和云南省的黎明农场，以及我国援外农场应用。3ZFS-2型为悬挂式机具。3ZFS-2型甘蔗中耕施肥培土机田间作业情况如图3-15所示。

图3-15　广西农机院研制的3ZFS-2型甘蔗中耕施肥培土机

3.2.2.4　植保、排灌机械

当时使用的甘蔗植保机具，多数为人力和小动力（背负式和担架式）弥雾机和弥雾喷粉机，工效低，劳动强度大，一般适合农村生产经营规模较小的蔗农使用。如果用于大面积的防治，则难以确保及时防治病虫害。配套于手扶拖拉机上的离心式、单柱塞、三缸活塞式的甘蔗行间机动喷雾机，结构简单，工效较高。1999年广西农机所和广西水力所研制的8PJ-75型、JP8/300型软管卷盘式喷灌机，用于甘蔗和其他旱地作物的大面积喷灌作业，每台可喷灌67 hm^2，曾鉴定推广使用。

3.2.3　21世纪初期甘蔗田管机械的研究和试验

进入21世纪，机械化田管技术开始注重农艺农机结合，适应行距小于1.2 m种植模式的小型田管机具得到普遍应用；同时，随着宽行距种植模式的推广，中型田管机具得到快速发展。

3.2.3.1　甘蔗碎叶还田机械

广西农机研究院2001年研制的甘蔗碎叶还田机，2002年获得了国家科技部农业科技成果转化资金的支持，并得到推广使用。该机型配套37～48 kW轮式拖拉机作业，生产率为0.13～0.2 hm^2/h。

3.2.3.2　中耕、施肥、培土机械

广西日风机械设备有限公司研发的2FZ180-2型甘蔗施肥培土机，如图3-16所示。该机针对大型收割机所需的1.4+0.4 m宽窄行设计，采用悬挂式结构，配套拖拉机动力要求大于87 kW；该机集旋耕打草、施肥、培土于一体，以轮式拖拉机动力输出轴驱动齿轮箱为旋耕刀辊提供动力；结构稳定，操作简单，作业效率5亩/h，两人操作日均培土80～100亩。

(a) 机器正面

(b) 机器背面

图 3-16　广西日风机械设备有限公司 2FZ180-2 型甘蔗施肥培土机

湛江市中凯农机开发公司研制的凯民牌 GZGZK-50 履带式甘蔗中耕机，自带 37 kW 发动机，采用龙门架式结构，使甘蔗从龙门架内通过，可以在保持较低整机质心高度的前提下提高中耕机的通过性，最大适应甘蔗高度为 1.8 m，实行破垄、中耕、追肥、除草、培土一体化完成跨行作业，作业行距 0.9 ~ 1.2 m，如图 3-17 所示。

图 3-17　湛江市中凯农机开发公司研制的凯民牌 GZGZK-50 履带式甘蔗中耕机

华南农业大学于 2013 年研制了一款菱形四轮龙门架式高地隙中耕机，并获得发明专利授权（专利号：CN 201310676030. X）。该菱形四轮龙门架式高地隙中耕机，底盘底部的 4 个车轮呈菱形分布，分别为前轮、后轮、左轮和右轮，左、右轮分别与中部车体之间以龙门架结构连接，如图 3-18 所示。中耕机管理作业时甘蔗从龙门架下通过，可对高度 1.8 m 以下的甘蔗进行中耕作业，克服了悬挂式中耕管理机具由于拖拉机离地间隙小，受甘蔗高度影响而使大培土作业窗口期缩短的问题。整机质心高度低、稳定性好。

图 3-18　华南农业大学研制的菱形四轮龙门架式高地隙中耕机

3.2.4　灌溉机械

进入 21 世纪,大的农场和农业公司开始采用滴灌和喷灌设施,图 3-10 所示为广西廖平农场使用的大型喷灌设备。

3.3　国外甘蔗田间管理机械化技术与装备

在澳大利亚考察时,我们注意到在田间管理方面,澳大利亚采用的中耕机、中耕施肥机、植保机及破垄平茬机等机具可安装在通用机架上,进行中耕除草、培土、追肥、植保、破垄等作业。蔗田管理干净利索，泥土经常保持松软，甘蔗间基本没有杂草生长，很少使用除草剂，大都以机械除草,也有农场在蔗田喷施酒精废液施肥的(见图 3-19)。

图 3-19　蔗田喷施酒精废液施肥

植物保护方面,对病虫害的防治工作做在前面:一是烧蔗叶,消灭田间病虫;二是经常深松土;三是蔗种消毒;四是培植抗病虫性能好的甘蔗品种。很少在甘蔗生长期间施放化学药物,只是在迫不得已的情况下使用多喷头的喷雾喷粉机,进行垄间喷雾喷粉作业。

第 4 章　甘蔗收获机械化技术、装备及其发展历程

4.1　甘蔗收获机械化技术与装备

4.1.1　甘蔗收获的概念

甘蔗收获广义上包括甘蔗成熟季节在田间将甘蔗收获并装上运输车和运输车将甘蔗送到糖厂并卸入榨蔗槽两个过程。本文只讨论田间收获过程。

由于糖厂榨糖只需要甘蔗含糖的茎秆，在澳大利亚、美国等很多国家，早期的甘蔗收获方式是烧叶后再收获，而我国从没有收获前烧蔗叶的习惯，所以甘蔗田间收获过程包括4个步骤：将甘蔗砍倒、去梢、剥叶、装车（打捆或散装）运走。

4.1.1.1　人工收获工艺环节

人工收获工艺将这4个步骤分成3个环节：一是人工使用简易的砍蔗工具将甘蔗砍倒、去梢、剥叶；二是打捆；三是装车运走（见图4-1）。

(a) 人工砍蔗

(b) 去梢去叶

(c) 打捆

(d) 装车

图 4-1　人工收获甘蔗的环节

4.1.1.2 机械化收获方式

机械化收获是指采用甘蔗收获机械和运输设备进行甘蔗收获和田间装载运输作业。按照收获过程几个步骤的组合,可分为分段收获和联合收获;按照收获过程中对甘蔗茎秆的处理方式与结果,可分为整秆收获和切段收获。将以上几种方式组合,则有以下几种具体的收获方式:

(1) 分段整秆收获

分段整秆收获是指类似人工收获,将收获过程分成几个独立的环节:甘蔗收割机将甘蔗整根砍倒,铺放在地面;人工或机械将甘蔗集堆,用剥叶机去梢剥叶;人工将去掉蔗梢和剥净叶的整秆甘蔗打捆装车运走。分段整秆收获所用的收割机又称割铺机,有的割铺机带切梢器,砍倒甘蔗前需先去梢(见图4-2)。

图4-2 分段收获中割铺机砍倒和剥叶机剥叶后的甘蔗

(2) 整秆联合收获

整秆联合收获是指在收获全过程中,甘蔗茎秆始终保持整秆的状态,整秆联合收获所用的收割机称为整秆式联合收割机。该机只负责将整好的甘蔗集堆,装车另外完成(见图4-3)。

(a) 甘蔗整秆收获

(b) 甘蔗集堆

(c) 甘蔗装车

图4-3 整秆联合收获的甘蔗

(3) 切段式联合收获

切段式联合收获是指收获过程中将甘蔗切成一定长度的蔗段,被切下的蔗叶随之被风吹走,甘蔗以蔗段形式运往糖厂。切段式联合收获所用的收割机称为切段式联合收割机,图 4-4 是切段式联合收割机和收获的甘蔗。

图 4-4　切段式联合收割机和收获的甘蔗

这几种机械化收获方式在我国都有采用,但以切段式联合收获方式为主。

4.1.2　甘蔗收获的农艺要求

甘蔗是高秆作物,广东和广西蔗区受台风和强季风影响,甘蔗容易倒伏,图 4-5 是收获时期不同倒伏程度的甘蔗。甘蔗倒伏程度对甘蔗机收效率和机收质量有较大影响。

(a) 直立

(b) 中度倒伏

(c) 严重倒伏

图 4-5　收获时不同倒伏程度的甘蔗

由于甘蔗叶不含糖分、甘蔗梢部不含或糖分含量极少,榨糖过程中这些杂质会吸收一些蔗汁造成糖分损失,所以进入糖厂的原料蔗应尽量减少这些杂质的含量。机收作业过程中泥土有可能进入收割机通道进而随着甘蔗被运送至糖厂,由于泥土对榨糖工艺和出糖品质都有较大的负面影响,进厂的原料蔗应尽量减少泥土类杂物。我国轻工业系统早年制定的标准规定是人工砍蔗入场的含杂率不得大于 0.8%,而机械收获的含杂率一般为 7%～8%,目前我国糖厂还没有统一机收蔗品质的标准,经常为此产生纠纷,应该制定相关标准。

甘蔗茎秆中的糖是活性物质,砍收的甘蔗随着存放时间的延长糖分的转化也增多。以整秆形式运至糖厂的甘蔗应在自砍收后 6 天内入榨,以减少糖分转化造成的损失。以切段收获方式收获的蔗段,由于切口多,应在 24 h 内入榨,以减少糖分转化损失和存放过程中产生的葡聚糖对压榨工艺的负面影响。

机收作业时丢落在田间的蔗段、高出地表的根茬、经排杂风扇排出的蔗茎碎块以及流失的蔗汁等构成收获田间损失，图 4-6a 为丢落在田间的蔗段，图 4-6b 为高出地面的根茬，图 4-6c 为破损的蔗段，图 4-6d 为破损的根茬。根茬的破损会影响宿根的发芽并增加感染病的概率，砍收时应尽量减少根茬破损。分段收获切口多，蔗段切口破损会造成蔗汁损失和产生葡聚糖的量，所以蔗段收获方式的目标是控制切口质量，降低切口破损率。

(a) 丢落在田间的蔗段

(b) 高出地面的根茬

(c) 破损的蔗段

(d) 破损的根茬

图 4-6　收获田间损失

4.1.3　甘蔗机械化收获技术

4.1.3.1　收获作业时甘蔗进入机器的方式与喂入技术

(1) 扶起 - 夹持链输送和推倒 - 辊筒输送

机械化收割甘蔗时按照对甘蔗的处理和输送方式不同，可分为扶起 - 夹持链输送(见图 4-7)和推倒 - 辊筒输送(见图 4-8)两类。采用扶起 - 夹持输送技术时，首先需要用螺旋分离扶起辊筒将 2 行由

图 4-7　甘蔗被直立夹持输送

于倒伏而交叉在一起的甘蔗分开，将收割行的甘蔗扶起，并在其直立状态下聚拢在根部切割器前方，甘蔗在根部切断后被夹持链直立向后输送。整秆式收获技术最初采用将甘蔗以直立状态夹持输送的方式，学者们对如何扶起倒伏甘蔗以利于甘蔗直立状态夹持输送进行了大量研究，该项技术的发展对中等倒伏程度的甘蔗收获有一定效果，但对严重倒伏甘蔗的收获却难以处理。采用推倒 - 辊筒输送技术时，在收割机前部设置推倒 - 辊筒，作业时将所有甘蔗向前推倒一定角度，甘蔗根部切割后被根切器从根部喂入通道，该项技术有效解决了倒伏甘蔗的收获问题。

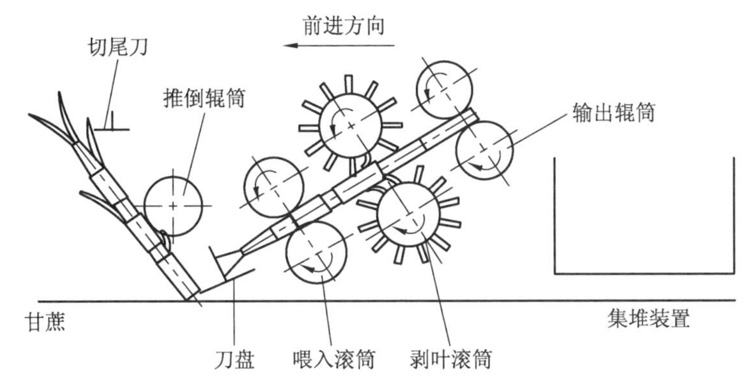

图 4-8　推倒甘蔗从根部拖入收割机通道

（2）推倒 - 辊筒输送方式的甘蔗收割机喂入口

甘蔗收割机的工作能力与喂入口状况有关，主要参数是工作时喂入口的通过面积，图 4-9 所示是一种带螺旋推送秆的喂入口。由图可知，当甘蔗进入喂入口时，被刀盘上的螺旋托起，喂入口面积剩下图中 a,b,c,d 4 点内的面积，这个面积就确定了能进入甘蔗收割机的甘蔗量。必须合理地设计切割喂入装置的结构参数、运动参数，以及考虑与收割机通道、切段装置、前进速度匹配，才能使机器有好的性能。

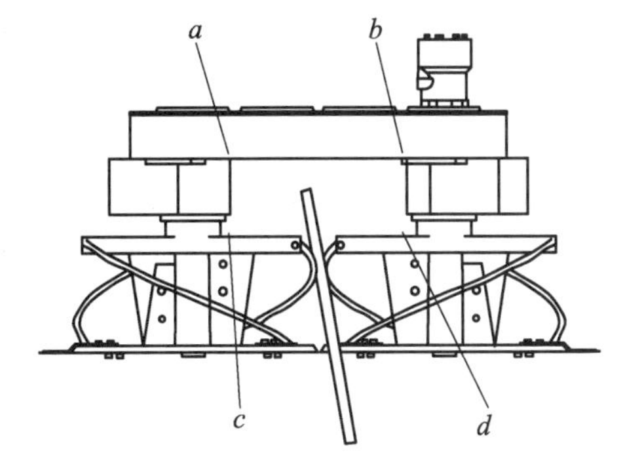

图 4-9　喂入口工作面积

（3）喂入率（kg/s）

甘蔗收割机的工作能力可用喂入率（kg/s）来衡量。实际收获中，甘蔗收割机的每秒喂入量与单位时间里能通过通道的甘蔗条数有关，如图4-10所示。

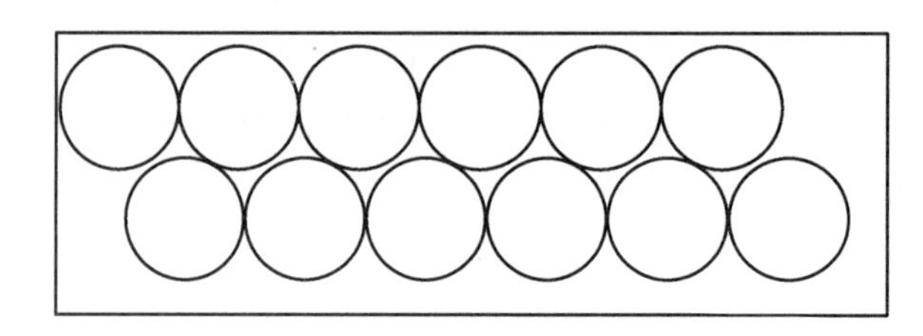

图4-10 通道面积与可通过的甘蔗条数

通道最大面积是确定的，而能通过的甘蔗条数与甘蔗直径、长度、种植密度、收割机的前进速度、甘蔗在通道内的阻力系数及移动速度等参数有关，并且甘蔗不可能充满通道，还需要一个充满系数。另外，甘蔗在通道的通过速度还与喂入口的情况、后面的剥叶机构（整秆式）、切段机构等有关。

甘蔗收割机的喂入率是判断这台机器工作能力的重要参数，与很多因素有关，一般需要通过实测确定。收割机生产厂家需要根据以上有关数据来设计自己的收割机通道，厂家除了给出这个参数外，一般还给出单位时间能收割亩数（亩/h），虽然这个数也只是个估计数，但也可作为参考。如凯斯4000型，只能适应5 t/亩以下的产量，产量过大对于它来说要完成吞吐任务就有困难且容易发生堵塞。凯斯8000型，它的设计能力（马力、通道面积等）能适应8～10 t/亩的情况，所以它在中国以至世界上大多数地区，都能适应。

4.1.3.2 甘蔗分段收获中的割铺环节

（1）甘蔗割铺作业环节

甘蔗割铺环节的作业顺序：倒伏甘蔗扶起（分行）、切梢、根部切割和甘蔗进入夹持口、夹持输送和铺放等。切梢工序可以设置在根部切割之前，也可设置在夹持输送通道的某一个位置。

（2）甘蔗割铺机组成

甘蔗割铺机有悬挂式和自走式两种。悬挂式甘蔗割铺机由扶起装置、切梢器、夹持输送装置、液压系统和机架等部件组成，图4-11是一种夹持输送式整秆甘蔗割铺机，该机分别采用侧悬挂式和前悬挂式与拖拉机连接，向侧边铺放，拖拉机动力48 kW。该机根部切割器为单圆盘形，夹持输送机构采用柔性夹持元件，对甘蔗茎秆损伤小。

(a) 侧悬挂夹持输送整秆甘蔗收割机

1-支撑轮；2-螺旋扶起；3-根切器；
4-夹持输送链；5-拖拉机

(b) 前悬挂夹持输送整秆甘蔗收割机

图 4-11 悬挂式夹持输送整秆甘蔗割铺机

图 4-12 为一种自走式夹持输送甘蔗割铺机，配套动力为 195 柴油机（8.8 kW）。甘蔗割铺机采用的根切器有单圆盘根切器和双圆盘根切器两种。甘蔗铺放方式有单行铺放，也有多行铺放在一起。大量田间试验表明，采用夹持输送方式的甘蔗割铺机对倒伏甘蔗的处理能力较弱，难以处理倒伏严重的甘蔗。

图 4-12 自走式夹持输送甘蔗割铺机

4.1.3.3 甘蔗分段收获中的剥叶环节

（1）剥叶机的组成

采用分段收获青秆甘蔗时，割铺机收获的甘蔗需要去除蔗叶才能送入糖厂，这一程序需要使用剥叶机。甘蔗剥叶机多为辊筒式，作业部件主要由喂入辊筒、剥叶辊筒和输出辊筒 3 部分组成。甘蔗进入剥叶机的方式有根部喂入和梢部喂入两种方式，图 4-13a 为根部喂入，图 4-13b 为梢部喂入。根部喂入的剥叶原理：甘蔗根部送入喂入辊筒 1，在喂入辊筒作用下带动甘蔗前行；经过剥叶辊筒 2 时，剥叶辊筒上的剥叶元件对蔗叶进行连续击打，将蔗叶从蔗杆上剥离；经过喂出辊筒 3 时，通过 2 个喂出辊筒的夹持作用把甘蔗送出，输出辊筒还起到限速的作用。梢部进入的剥叶原理：甘蔗梢部送入喂入辊筒 4，夹持甘蔗前行；经过剥叶辊筒 5 时，剥叶辊筒上剥叶元件的作用力同甘蔗的运动方向相反，可以获得较大的打击力和较好的打击效果，经过剥叶辊筒可以把蔗叶从蔗杆上剥离；经过喂出辊筒 6 时，通过 2 个喂出辊筒的夹持作用把甘蔗送出。

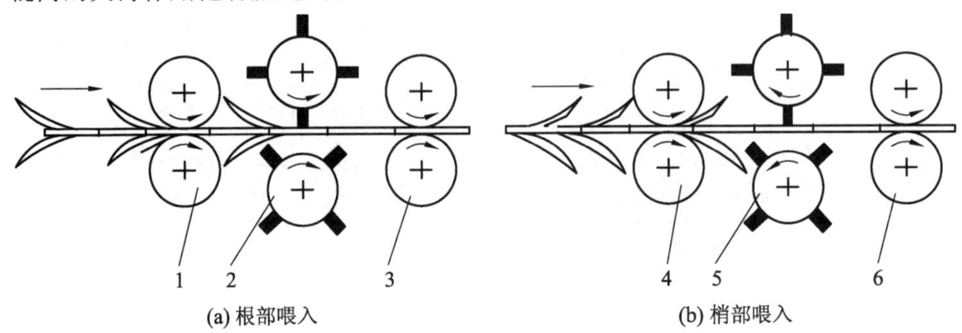

(a) 根部喂入　　(b) 梢部喂入

1-喂入辊筒；2-剥叶辊筒；3-喂出辊筒；4-喂入辊筒；5-剥叶辊筒；6-喂出辊筒

图 4-13　剥叶辊筒对称型

（2）剥叶元件

甘蔗剥叶机常用的剥叶元件有尼龙指、胶指和弹簧钢丝等几种，如图 4-14a ~ c 所示。

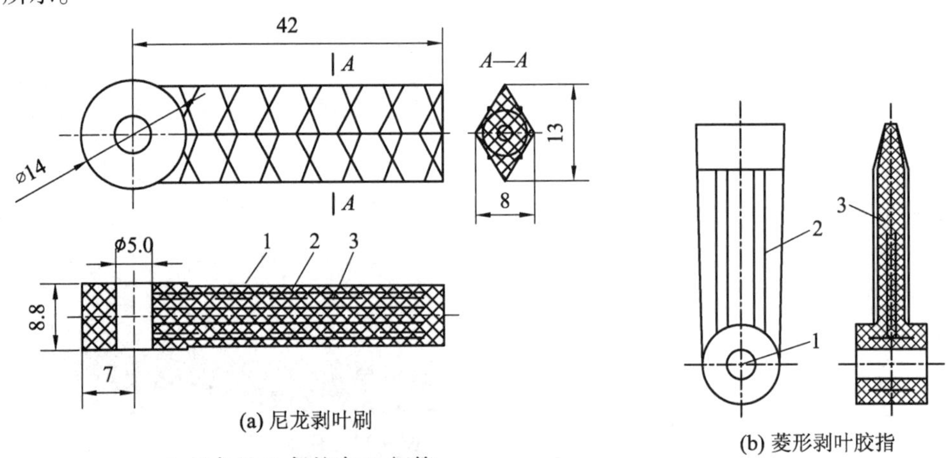

(a) 尼龙剥叶刷

1-尼龙丝；2-保护套；3-钢管

(b) 菱形剥叶胶指

(c) 弹簧钢丝剥叶元件

1-加强筋；2-菱形剥叶胶指；3-轴套

图 4-14　剥叶元件

4.1.3.4　甘蔗整秆式联合收获

（1）甘蔗整秆式联合收获作业环节

甘蔗整秆式联合收获作业时，按顺序完成倒伏甘蔗扶起（分行）、切梢、根部切割、甘蔗进入喂入输送通道、剥叶、茎叶分离和集堆等工序。

（2）整秆式甘蔗联合收割机组成

整秆式甘蔗联合收割机应具备甘蔗喂入、剥叶、茎叶分离等功能。整秆式甘蔗联合收割机一般采用压蔗辊筒将甘蔗向前推倒一定角度，从根部切断甘蔗后用喂入辊筒将其拖入通道，还包括甘蔗输送辊筒、剥叶辊筒和排杂装置等，不同设计方案的甘蔗收割机可以采取不同的组合方式，图 4-15 是其中一种组合方案。

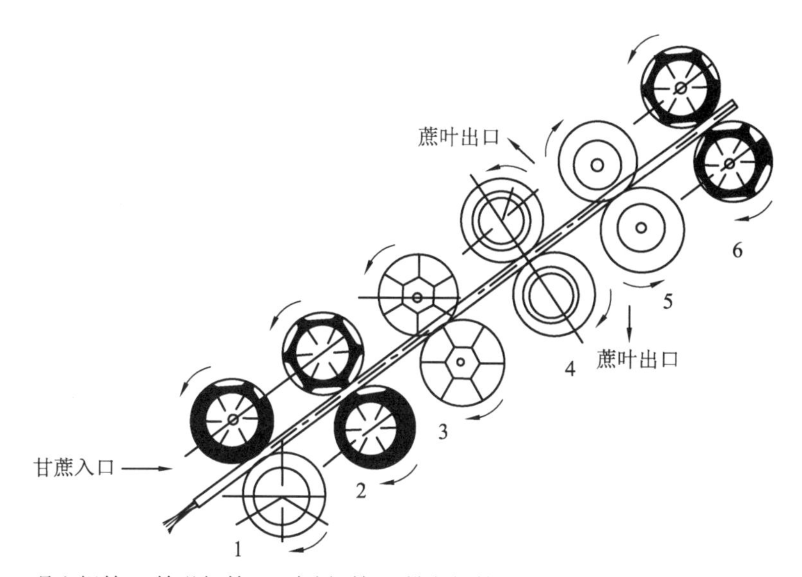

1-喂入辊筒；2-输送辊筒；3-剥叶辊筒；4-排杂辊筒；5-茎叶分离辊筒；6-输出辊筒

图 4-15　整秆联合甘蔗收割机物流通道

图 4-15 中，甘蔗依次经过喂入辊筒、输送辊筒、剥叶辊筒、排杂辊筒、茎叶分离辊筒和输出辊筒。剥叶辊筒起到将甘蔗叶从茎秆上剥离的作用；排杂辊筒起到将甘蔗茎秆与蔗叶分离的作用，排杂辊筒内布置有纵向惯流风机，将由蔗叶分离辊筒分离的蔗叶吹出通道。

整秆联合收割机一般配置有相应的甘蔗集堆装置，集堆装置可以安装在收割机后部，也可以采用拖卡挂在收割机后部，由于甘蔗是高秆作物，集堆装置纵向尺寸较大。图 4-16 和图 4-17 是 2 种集堆装置。图 4-16 是一种整秆式甘蔗收割机，该收割机的集堆器悬挂在收割机后部。图4-17中，悬挂在收割机后部的集堆装置可以绕其悬挂杆销轴旋转，在非作业状态下可以收起，方便装车运走；在作业状态下，可以放下，且侧面底部可以打开，将甘蔗装到运输车上。

图4-16　带后悬挂集堆器的整杆式甘蔗收割机

(a) 非作业状态下，集堆器收起

(b) 作业状态下，集堆器放下

图4-17　集堆器可折叠的整杆式甘蔗收割机

4.1.3.5　甘蔗切段式联合收获

（1）甘蔗切段式联合收获的作业工序

作业时，切段式甘蔗收割机对甘蔗依次完成切梢、推倒、根部切割、喂入、输送、切段、风选排杂和输送至运输车等工序。主要性能指标有含杂率、田间损失率、宿根破头率等。

（2）切段式甘蔗收割机组成

图4-18为凯斯7000型切段式甘蔗收割机组成原理图。作业时，切梢器将甘蔗梢部切除，分禾器将倒伏甘蔗扶起并分行，推倒辊筒将甘蔗推倒，根切器将甘蔗从根部切断的同时，带鳍辊筒将甘蔗由根部推送入辊筒通道，喂入辊筒将甘蔗在辊筒通道中转动推进，切段刀辊将甘蔗切成蔗段，主排杂风扇将杂质排出。挡蔗板阻挡飞出的甘蔗，次排杂风扇对杂质进一步排出。

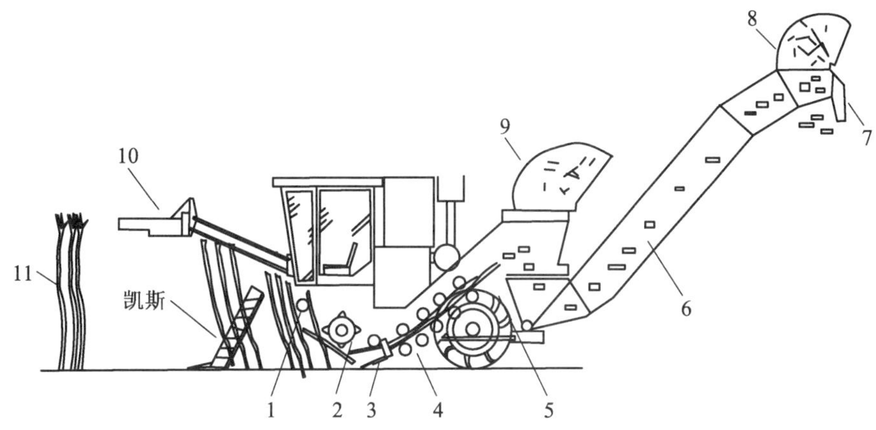

1-推倒辊筒;2-带鳍辊筒;3-根切器;4-喂入辊筒;5-切段辊筒;6-输送臂;

7-挡蔗板;8-次排杂风扇;9-主排杂风扇;10-切梢器;11-分禾器

图4-18　凯斯7000型切段式甘蔗收割机组成原理图

4.1.3.6　整秆式甘蔗装车机具

甘蔗打捆可以提高装车的效率和运输车的装载量,图4-19为一种将甘蔗捆提升到车厢高度的甘蔗提升机。图4-20为甘蔗装车机,用来将蔗捆装上运输车。

图4-19　甘蔗提升机

图4-20　甘蔗装车机

4.1.3.7　切段式甘蔗收割机装运机具

切段式甘蔗联合收割机收获的蔗段应及时装在运输车上,收集装运蔗段有两种方式:一是收割机自带的输送臂将收获的甘蔗段直接送到田间运输车上,再由田间运输车装到公路运输车上;二是收割机配置有网袋或可倾倒的货箱集蔗,网袋蔗满后放在田间,再由吊车吊起将甘蔗装在公路运输车上。

(1) 输送臂式

输送臂安装在收割机后部,切段刀辊抛出的蔗段经风机排杂后落入输送臂料斗内，再由刮板输送链将甘蔗向上输送并倒入田间运输车内。图 4-21 为切段式收割机与田间运输车，图 4-22 为田间转运车向公路运输车内倾倒甘蔗。

图 4-21　收割机与田间转运车

图 4-22　田间转运车向公路运输车装蔗

（2）网袋与料箱集蔗

在切段式甘蔗收割机后部设置网袋，风选排杂后的蔗段直接落入网袋内。这种集蔗方式适合小块田地甘蔗的收割，图 4-23 是采用网袋集蔗的甘蔗收割机，装满蔗段的网袋被卸载在蔗田，需要吊车将其吊到公路运输车上，然后将网袋内的甘蔗卸到运输车车厢内，图 4-24 为吊车吊网袋卸蔗。

图 4-23　收割机网袋集蔗

图 4-24　吊车吊网袋卸蔗

也可在切段式甘蔗收割机后部设置集蔗箱，风选排杂后的蔗段直接落入料箱内，图 4-25 为配置有集蔗料箱的甘蔗收割机。收割机的料箱举升与卸料装置可以将料箱举升一定高度，并将蔗段倾倒在专用铲车内，图 4-26 为专用铲车。专用铲车再将蔗段倾倒在公路运输车上。

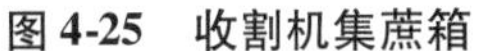
图4-25　收割机集蔗箱

图4-26　专用铲车接住由收割机集蔗箱倒出的甘蔗

（3）田间转运车与公路运输车

切段式甘蔗收获方式需要甘蔗收割机、田间转运车和公路运输车组成的系统协调工作才能发挥高作业效率。例如，大型切段式甘蔗收割机每小时能收获50 t甘蔗，必须根据运输距离配置运输车，才能保证收割机正常工作。为了减少作业机具对蔗垄的碾压，澳大利亚采用了固定道作业方法，即种植机械、田间管理机械、收获机械和田间转运车都采用同样的轮距，与甘蔗种植的行距相匹配，均碾压在蔗垄间。在我国，公路运输以汽车、农用运输车或大中型轮式拖拉机带运蔗斗为主要运输工具，还要进一步改进。

蔗段公路运输车在糖厂卸料，有自卸汽车将车厢举升卸料和汽车固定在卸料平台后卸料平台举升卸料两种。整秆甘蔗公路运输车多在车厢底部铺放钢丝绳，这样卸料时糖厂的行吊将钢丝绳兜着甘蔗一起吊出车厢。

4.1.3.8　轮式与履带式行走机构

轮式收割机可以在公路上行驶，转场方便，但是同等自重下接地比压高。履带式收割机在公路行驶受限，但在同等自重下接地比压低，有利于减轻土壤压实程度。

这两种行走方式在收割机上都有采用。

4.2　我国甘蔗收获机械化技术与装备发展历程

4.2.1　20世纪50年代至80年代甘蔗收获机械研究概况

4.2.1.1　甘蔗收割机

广西农业机械研究所（现广西农机院）是我国最早开展甘蔗收获机械技术研究开发的单位之一。几十年来不管环境如何变化，他们始终坚持不懈地开发研究，研发出了各种机型，动力从十几马力到二百多马力，有整秆式、切段式、悬挂式（包括腹挂式、侧挂式和背负式）、自走式、联合式和分段式等。

广西农机所（现广西农机院）早期主要是研制畜力收割机及人力（手工）剥叶

器具等简单农具,1959 年 4 月开始探讨切割、剥叶、去尾(切梢)联合作业的甘蔗收割机方案,试制了一种往复砍伐式甘蔗收割部件、一种圆盘式甘蔗收割部件以及长条锯片斜滑切割蔗株的牛拉甘蔗收割机,并进行了田间试验。

1965 年,广西农机所承担八机部正式下达的畜力甘蔗收割机研究项目,1967 年 3 月通过广西机械厅组织的鉴定。

1971 年 4 月—1973 年 10 月,广西农机研究所研制出 4GZ-1A 型、4GZ-1A2 型和 4GZ-1A3 型整秆式甘蔗收割机,均为悬挂于丰收-37 拖拉机的立式割台甘蔗联合收割机。

1974 年,中华人民共和国第一机械工业部(简称一机部)下达甘蔗联合收割机研究项目,由广西农机所与广西农学院、金光农场、武鸣华侨农场、来宾红河农场、明阳大修厂和南宁地区农机厂等单位组成广西甘蔗联合收割机攻关组,在农机所原来样机的基础上联合设计了广西 74-1 号(单刀盘立式割台)和广西 74-2 号(双刀盘卧式割台)甘蔗联合收割机。1976 年 6 月设计了腹挂式甘蔗联合收割机,配挂在加高离地间隙后的丰收-37 拖拉机腹部,1978 年 3 月通过鉴定定型。4GZ-1 型腹挂式甘蔗联合收割机当年获全国机械工业科学大会奖和广西科学大会优秀科技成果奖。

1979 年按机械部下达的科研项目计划,广西农机所开始设计自走式甘蔗联合收割机。1980 年试制第一代配有剥叶工作部件的样机进行试验。1982 年根据援外需要,转为设计适应用于援外甘蔗农场火烧蔗、切段作业的 4Z-90 型自走切段式甘蔗联合收割机,如图 4-27a 所示,经过 3 个榨季收割试验,1985 年 1 月通过样机鉴定,可进行小批量试生产。以该机型为基础的 4GZ-140 型(如图 4-27b 所示)曾有 2 台于 20 世纪 90 年代初出口印尼。

(a) 4Z-90型切段式甘蔗联合收割机(1982年)

(b) 4GZ-140切段式甘蔗收割机(1990年)

图 4-27 广西农机所早期的甘蔗切段式联合收割机

1982 年广西农机所开始研制配手扶拖拉机的小型甘蔗割铺机,采用侧挂长条锯片式切割部件,制成样机进行试验。

其他还有广东湛江地区农机修造厂研制的4GZ-35(55,65)型和云南的陇农一号侧挂整秆式甘蔗收割机,配套动力均为中型轮式拖拉机。湛江的4GZ-65型侧挂整秆式甘蔗收割机属于推倒式喂入割台,适于收获倒伏的甘蔗,如图4-28所示,样机曾出口试用。海南研制的4GZ-77型、湖南的湘零-3型均为背负式整秆甘蔗收割机,配套中型轮式拖拉机,倒挡行驶作业。

注:此图来源为广东省机械设备进出口公司宣传单,文字材料为《农机情报资料》,1979年第9期第2－5页

图4-28　4GZ-65型甘蔗联合收割机(动力为65～100 hp拖拉机)

4.2.1.2　甘蔗剥叶机

我国早在20世纪60年代就开始了对甘蔗剥叶机的研制。1961年广东研制出我国第一台甘蔗剥叶机,以2.2～3.3 kW汽油机为动力,剥叶元件为排列在辊筒上的胶棒指,标称生产率为2.5 t/h。

20世纪70年代的代表机型有湛农-4型、工农-12型和5BZ-10型甘蔗剥叶机,它们都以手扶拖拉机为动力,采用橡胶剥叶元件。1974年湛江地区农机所研制的湛农-4号甘蔗剥叶机,通过剥叶辊筒上的胶指和机内的间隔板对甘蔗进行剥叶,整机布置了3个剥叶辊筒,每个辊筒以顺序排列方式布置60个胶指,剥叶胶指等价格较贵。1972年广西农机研究所研制的工农-12型甘蔗剥叶机与工农-12型手扶拖拉机配套,剥叶辊由12片胶片组成,每2片一组做相对排列安装。广东湛江地区农机所研制的5BZ-10型甘蔗剥叶机与工农-10型手扶拖拉机配套使用。

上述几种剥叶机存在的共同问题是橡胶剥叶元件易磨损、易折断、寿命短、成本高,给剥叶机的推广使用带来困难。广西农机所为了提高剥叶元件的寿命,曾采用钢丝绳、聚氯乙烯、尼龙等材料做剥叶元件,试验效果都不理想,这些剥叶机都未能推广应用。

4.2.1.3　装载运输机械

装载运输是甘蔗生产过程中劳动强度大、耗工多的作业环节。我国甘蔗运输距离一般不超过 50 km,主要使用汽车和拖拉机牵引拖车运输,但装载靠人工,劳动强度很大,效率很低。

1977 年,广西贵县农机修造厂研制成与丰收-37 型拖拉机配套的 ZH-35 型甘蔗装载机,其最大提升能力为 350 kg,提升高度为 5.5 m。广西农机所也研制了一种与丰收-37 型(或丰收-50 型)拖拉机配套的甘蔗装载机。该机采用前后配置,前面提升重量为 500 kg,卸料高度 1.9 m,后面提升重量为 300 kg,卸料高度为 2.4 m。

1976 年 6 月,在由一机部机械院农机所和广西壮族自治区农机所主持召开的甘蔗机械技术座谈会上,建立了以广西壮族自治区农机所为组长单位、广东湛江地区农机所和福建机械所为副组长单位的甘蔗机械情报网。来自广东、广西、福建、江西、湖南、湖北、云南、四川等 8 省(区)的 50 多名代表参加了会议,广西壮族自治区农机所在会上进行了甘蔗联合种植机、中耕培土机、剥叶机和联合收获机等样机的现场表演(《农机情报资料》1976 年第 8 期)。

综上所述,20 世纪 70 年代中期到 80 年代中期,广东、广西、福建等省(自治区)的相关单位分别开展了甘蔗机械研制工作,研制成功的甘蔗整地、种植、田间管理、收获和运输等各种甘蔗机械共 40 多种机型。这些机型都经过一、二代样机试验,其中已鉴定的有 20 多种,广西农机所就有 16 种。从整体水平来看,大多数科研成果基本达到实用水平;从型谱看,从深松、耕整地、种植、中耕培土、施肥、植保、喷灌到装载运输已基本配套成龙,但还须做大量的试验、改进和提高的工作。

20 世纪 80 年代中期,农村家庭承包责任制全面推行,我国农业机械化面临低谷期,甘蔗机械的研制也沉寂了一段时间,只有个别单位在继续开展各种机具的研究开发工作。进入 90 年代后,以上机型均无进一步的研究或停产。

4.2.1.4 20 世纪 70 年代引进澳大利亚机具开展试验研究

1978 年 10 月,在北京举办了"外国农业机械展览会",邀请了 12 个发达国家来展出先进的技术和设备,以便学习和引进,加快我国农业机械化的实现。这是我国第一次大规模的国外农机展,会后,全部展品都被留购下来,分配到所需部门。甘蔗机械方面,澳大利亚 TOFT 公司的 MF-105 型自走切段式甘蔗联合收割机和德国克拉斯 Claas-1400 型甘蔗联合收割机参展,图 4-29 为会展现场中的澳大利亚甘蔗收割机。

1979 年,广西农机鉴定站、广西农机研究所等单位承担了国务院农机化办公室和农机部先后下达的北京外国农机展样机——澳大利亚 MF-105 型自走切段式甘蔗联合收割机的试验课题,于 1980 年 1 月 10 日至 31 日在广西金光农场进行了性能测试和生产适应性试验,结论为"MF-105 型自走切段式甘蔗联合收割机技术先进,使用可靠,工效高,适合于甘蔗种植面积较大、地块集中较平坦、运输条件较好的蔗区”。

克拉斯 Claas-1400 型甘蔗联合收割机则被送往广州甘科所用于试验研究，试验情况不详。笔者 1993 年曾于广州甘科所见过此机，后听说被作为废品处理。

（图片由澳大利亚昆士兰大学 Wegener 教授提供）

图 4-29　1978 年北京 12 国农机展上的澳大利亚 TOFT 公司的 MF-105 型自走切段式甘蔗联合收割机

4.2.2　20 世纪 90 年代甘蔗收获机械研究概况

20 世纪 90 年代，家庭承包责任制不断促进农业生产和经济发展，农民开始购买农业机械，推动农业机械化开始了新的发展。甘蔗机械的研究也迎来了新的热潮。在这段时间，很多甘蔗国营及农垦农场有一批援外任务，在非洲一些国家承包糖厂和甘蔗农场，这也推动了甘蔗机械的研究。1998 年甘蔗生产机械化国家重点工业性试验基地在广西农机研究所成立，承担甘蔗生产机械的研究开发及中试生产，并通过技术转让的方式，与企业合作生产甘蔗生产机械。

同年，华南农业大学在国家“948”引进先进技术项目的支持下，开始了对甘蔗机械的研究。

4.2.2.1　整秆式甘蔗收获机

1991 年，福建农学院和福建仙游县农业机械厂联合研制了 4GZ-12 型甘蔗收割机（东风-12 小型甘蔗收割机），如图 4-30 所示。该机具有 3 个独特的结构：拨指链式扶蔗器、夹持输送及铺放装置、三铰链减震支重结构的轻型金属覆带行走装置。割下的甘蔗与蔗垅垂直铺放。配套动力 S195 柴油机；结构重量 1 700 kg；轨距 1 050 mm；离地间隙 400 mm。样机通过了鉴定，该机对后来的整秆式收割机的结构发展有很大影响。

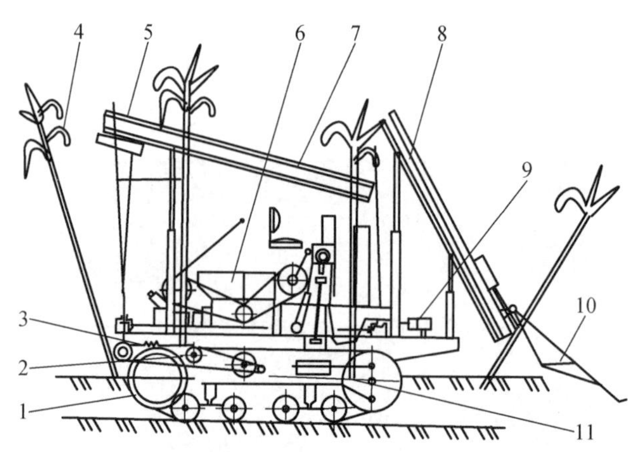

1-履带行走装置;2-行走传动箱;3-输送带;4-铺放导杆;5-弹性拨轮;6-柴油机;
7-夹持输送器;8-拨指链式扶蔗器;9-油缸;10-分蔗器;11-底圆盘切割器

图 4-30　福建农学院和福建仙游县农械厂研制的 4GZ-12(东风-12 型)甘蔗收割机

1996 年,广西农机所研制成配手扶拖拉机的甘蔗割铺机,1997 年 4GZ-1 型甘蔗割铺机定型后,曾生产过 20 多台试用。之后此机型由广西南宁手扶拖拉机厂(后改为五菱桂花车辆有限公司)继续研制生产。

广西农机所研制的 4GZ-55 型(变形设计)腹挂式整秆甘蔗收割机,其主要结构和工作过程与侧悬挂整秆式甘蔗收割机相似。这种机型的剥叶机构系悬挂在经改装后的变形高地隙拖拉机腹部,其形状类似自走式机型。收割台配置在拖拉机前部,集堆装置装在拖拉机后部;从总体配置看,腹挂式机型的结构重量分配比较合理,工作稳定,不需人工开道,操作方便,转弯灵活,工作速度为 7 km/h(6 挡),但结构上要增设一套加高拖拉机的装置,较为复杂。4GZ-55 型(变形设计)生产了 3 台援外试用机。

4.2.2.2　甘蔗剥叶机

1998 年广西大学研制的 4ZB-6A 型手推式小型甘蔗剥叶机,采用多层组合排刷式剥叶辊。含杂率≤0.4%;损伤率≤2.0%;标称生产率 2.3 t/h;油耗 0.43 L/h;配套动力 2.9 ~4.4 kW;整机重量 160 kg。

1999 年广西农机研究所研制的 4ZB-12 型甘蔗剥叶机(见图 4-31),以手扶拖拉机为动力。标称生产率 2 t/h(3 人操作);含杂率 <1.5%;损伤

图 4-31　广西农机研究所研制的 4ZB-12 型甘蔗剥叶机

率 <5%；耗油量 <1 kg/t；配套动力 8.8 kW。

2000 年广西农机院和南宁手扶拖拉机厂合作研制的 6BZ－5 型单工位手推车式甘蔗剥叶机，配套动力 2.9～4.4 kW（170 型柴油机）；结构质量 125 kg；含杂率≤3%；损失率≤3%；油耗 0.8～0.9 kg/h；标称生产率 1 t/h。南宁手扶拖拉机厂研制生产的 6BZ－9 型双工位甘蔗剥叶机，由两组剥叶机、机架、动力传动机构等组成。配套动力为 GN91 座耕式手扶拖拉机（195 柴油机）；含杂率≤3%，损失率≤3%，标称生产率 2 t/h，结构质量 518 kg。

4.2.2.3　20 世纪 90 年代引进国外甘蔗机械进行研究

1998 年，华南农业大学承担国家 948 项目“小型甘蔗收获和剥叶鞘机具及技术”（项目执行期：1998.01—2001.12；项目编号：981056）。1999 年，引进了澳大利亚 P&H 公司的 B80-130 小型整秆式甘蔗收割机（配套 88 hp 拖拉机）和日本 COSMO 公司的 BMC-250R 甘蔗剥叶鞘机（见图 4-32）进行试验研究。

(a) B80-130小型整秆式甘蔗收割机

(b) BMC-250R甘蔗剥叶鞘机

图 4-32　引进的小型甘蔗割铺机和剥叶机

B80-130 小型整秆式甘蔗收割机采用侧悬挂形式与拖拉机连接，收割机主要由螺旋扶蔗器、根部切割器、夹持输送装置等部分组成。工作时，螺旋扶蔗器先将甘蔗拢起，导入根部切割器进行入土或贴地切割，再由橡胶带柔性夹持输送装置将甘蔗送到后方装载车上。

BMC-250R 甘蔗剥叶鞘机采用 4 kW 手扶拖拉机作为动力，实现甘蔗收割后的剥叶工序。主要由动力输入与传动装置、甘蔗喂入及输出装置和剥叶部件等组成。工作时，由人工将甘蔗从输入口喂入，剥叶刷将蔗叶撕碎并从茎秆上脱下，剥净的甘蔗茎秆从输出口抛出。

试验情况表明，该收割机在甘蔗直立生长、没有倒伏，且杂草较少的情况下，能较好地工作，实测纯生产率达到 5 亩/h。剥叶鞘机剥叶比较干净，经测试，纯生产率达到 1 t/h，但剥叶元件损坏较快，需探讨剥叶元件的材料问题。

4.2.3 2000—2010年甘蔗收获机械的研究和试验

4.2.3.1 研究概况

进入21世纪,农业机械化快速发展,主要粮食作物机械化水平大幅度提高。在此前提下,经济作物机械化得到各方重视,国家开始加大投入甘蔗机械研究的力度。科技部和农业部从"十五"攻关项目开始设立甘蔗收获机械装备研究课题。

华南农业大学、广西农机研究院、中国农机院和广西大学等单位在国家和地方各类科研项目的支持下,在甘蔗机械的研究方面做了大量基础理论研究和关键技术攻关工作。"十五"期间(2001—2005年),主要是开展中小型割铺机和剥叶机的研制。从"十一五"(2006—2010年)开始,开展了甘蔗联合收割机的研制,先是整秆式甘蔗联合收割机,然后是切段式甘蔗联合收割机。

在甘蔗机械化热潮的带动下,一些有实力的私人生产企业也加入了甘蔗机械的研制。广西柳州汉森、河南坤达、浙江三佳、温岭宏顺和柳州翔越等公司先后开展了中型整秆式甘蔗联合收割机的研制。后来河南坤达、浙江三佳和柳州汉森等公司先后放弃,此后又有湖北神誉重工、湖北国拓重工和福建泉州劲工等厂家加入整秆式联合收割机的研发。

广西农机院在广西科委的支持下,开展了大型切段式联合收割机的研制。除此之外,广州科利亚公司联合华南农业大学,开展中型切段式甘蔗联合收割机的研制。随后,云马汉升放弃整秆式联合收割机研发,也投入到切段式联合收割机的研制中。2010年后,又有洛阳辰汉、中联重机、贵州中首信等企业加入切段式甘蔗收割机研发的行列。随着国家对甘蔗生产机械化的高度重视和广西500万亩甘蔗"双高"基地建设的推进,广西柳工也加入到大中型切段式甘蔗联合收割机的研发队伍。国外凯斯、约翰迪尔和日本松元先后在中国设厂组装其甘蔗联合收割机。凯斯公司机型在我国已开始批量销售,成为我国甘蔗收割机市场上的主流机型之一。

2010年之前,国内以整秆收获技术研究为主;2010年之后,转向以切段收获技术为主。

4.2.3.2 甘蔗割铺机

(1)广西农机院

2001年6月,广西科技厅下达甘蔗割铺机研究任务,广西农机所联合南宁手扶拖拉机厂,在4GZ-15型甘蔗割铺机的基础上进行改进设计,经两代样机试制、试验、改进,2002年成功研制4GZ-9型甘蔗割铺机,2003年获国家实用新型专利,2004年5月通过科技成果鉴定。该机型采用拨指式扶起机构和弹性链式夹持输送机构。配套动力为11~14.7 kW手扶拖拉机,收获的甘蔗铺放在收割方向的右侧,用于收获倒伏不严重的甘蔗。标称生产率0.1~0.15 hm^2/h;适应行距≥1.0 m;宿根破头率（入土切割）<20%。样机通过了鉴定，并销售了多台。

（2）华南农业大学

在国家“十五”攻关、省攻关等课题的支持下，华南农业大学与广西农机院合作，在上述“948 引进技术”的收获系统基础上，进行了新机设计、试验研究和改进。

1）4ZZX-48 型悬挂式整秆甘蔗收割机

在原收割机的基础上，改进并研制成 4ZZX-48 型悬挂式整秆甘蔗收割机（见图 4-33）。该机采用全液压驱动，简化了结构，提高了性能。为解决甘蔗杂乱倒伏问题，增加了一个扶倒螺旋，并通过台架试验对螺旋参数进行了优化，提高了对倒伏甘蔗的适应性，对于倒伏不太严重的情况，实测纯生产率达到 5 亩/h。由于湛江地区蔗田甘蔗倒伏较严重，杂草也多，如考虑实际工作时的堵塞，将时间利用率定为 70%，则实际生产率为 3.5 亩/h，湛江地区甘蔗亩产一般为 4 ~5 t，则收割机工效可达 10 t/h 以上。引进样机是将收下的甘蔗倒入拖斗，而在湛江要求顺序铺放，经过两年试验，成功改进为带转向铺放的夹持输送机构，配套拖拉机也由英国福格森拖拉机改为国产天拖迪尔 654 型 65 马力拖拉机，该机适合于青秆甘蔗的整秆收获。

2）4GZX-45 型前置悬挂式整秆甘蔗收割机

2006 年，华南农业大学与广西农机研究院合作研制成功 4GZX-45 型前置悬挂式整秆甘蔗收割机（见图 4-34），配套拖拉机动力为 48 kW。这两款机型采用全液压驱动，主要由螺旋扶起装置、甘蔗根部切割器、柔性夹持装置、甘蔗尾部切梢器、甘蔗集堆装置和收割机液压驱动系统组成。用于收获倒伏不严重的甘蔗，作业前进速度 0 ~5 km/h；宿根破头率≤18%；适应行距≥1.2 m；标称生产率≥0.2 hm^2/h；总损失率≤7%，机型通过省级科研成果鉴定。

图 4-33　改进后的 4ZZX-48 型悬挂式整秆甘蔗收割机

图 4-34　4GZX-45 型前置悬挂式整秆甘蔗收割机

2010 年 1 月 5 日，时任广西壮族自治区党委副书记的陈际瓦在全区甘蔗收获机械化演示现场会上作出关于“南宁市推广分段式甘蔗收获机械化”的指示。2010年1月10—14日，南宁市农机局组织市农机系统领导和专家、技术人员组成测试小组对2个分段式甘蔗收获机械作业组合进行测试和模拟作业。下发了南农机管〔2010〕6号文《关于分段式甘蔗收获机械化组合作业测试结果及推广意见的报告》，南宁市开始主推分段式整秆甘蔗收割机。

4.2.3.3　剥叶机

（1）4ZBQ-9型甘蔗剥叶鞘机

2006年，华南农业大学研制成功4BZQ-9型剥叶鞘机（图4-35），采用尼龙丝剥叶刷为剥叶元件。配套动力9 kW（12马力）；喂入率≥0.5 kg/s；蔗茎破损率≤18%；喂入口宽度490 mm；纯生产率≥1 500 kg/h，实际生产率达到了1 t/h以上；含杂率≤7%。该机型已通过省级科研成果鉴定。2006年9月30日，华南农业大学与广州市科利亚农业机械有限公司签订了“4ZBQ-9型甘蔗剥叶机”技术转让合同，并移交了相关图纸、企业标准和试验报告等技术资料。

图4-35　华南农业大学4BZQ-9型甘蔗剥叶机

（2）广西壮族自治区

2006年，广西壮族自治区来宾市农机推广站研制成功6BZ-1型甘蔗剥叶机。该机型在原有6BZ-1A型手推式甘蔗剥叶机技术上增加了自动行走装置。工作时由2或3人操作，标称生产率1～2 t/h，油耗0.5 kg/h，甘蔗含杂率≤2%，折断率≤2%。

这个时期的剥叶机还有五菱桂花研制的6Bz-5型甘蔗剥叶机，柳州飞燕机械制造有限公司生产的6Bz-5型甘蔗剥叶机等。

2011年，柳州星鸣农机生产的“如意牛”牌6BZ-4型甘蔗剥叶机（图4-36），采用了弹簧钢丝剥叶元件；配套动力为6.6 kW，3 600 r/min柴油机；剥叶辊3个；剥叶辊外径430 mm；剥叶辊转速800～1 000 r/min；限速轮1对；限速轮外径120～150 mm；限速轮转速260～340 r/min；转移方式为牵引式。

图 4-36　柳州星鸣农机 6BZ-4 型甘蔗剥叶机

进入 2010 年,从事剥叶机研究的单位越来越少。山东禹城亚泰机械制造有限公司仍在进行甘蔗剥叶机的研发。其生产的 4BC-350A 型甘蔗剥叶机,套动力 7.4 kW;整机重量 400 kg;含杂率≤3%;未剥净率≤6%;蔗径合格率≥97%;标称生产率 4 t/h。

4.2.3.4　整秆式甘蔗联合收割机

2000—2010 年,是整秆式甘蔗联合收割机研发的高潮期。研发单位主要有华南农业大学、广西农机研究院、广西云马泰缘(云马汉升)、浙江三佳、河南坤达、浙江温岭宏顺、广西柳州翔越等。鉴于扶起-夹持输送式收割不能有效地解决倒伏甘蔗的切割问题,并且为了适应喂入到后面的卧式剥叶机,整秆式甘蔗联合收割机采用了切段式收割机的推倒式割台,甘蔗被砍倒拖入通道,在通道中铺开后喂入剥叶机构,剥叶后送入集堆箱中。整秆联合收获中的剥叶、断尾与排杂等技术难题逐步被攻克,整秆式甘蔗联合收割机技术也取得很大进步。

(1) 广西农业机械研究院

2002 年,广西农机院研制出 4GZ-120 型整秆式甘蔗联合收割机,如图 4-37 所示。其采用液压驱动,可连续完成扶蔗、切割、输送、剥叶、集堆等联合作业,适合大面积、地势平缓、规范种植的蔗田收获,可收获倒伏较严重的甘蔗。主要技术指标:标称生产率≥10 t/h;含杂率≤10%;宿根破头率<20%;适应行距≥1.3 m;配套动力 88 kW;质量约 6 500 kg。

图 4-37　4GZ-120 型整秆式甘蔗联合收割机

(2) 广西柳州汉森机械制造有限公司、广西云马汉升机械制造股份有限公司、广西云马泰缘机械制造股份有限公司

广西云马泰缘机械制造股份有限公司是由柳州汉森机械制造有限公司、云马汉升发展过来的。几家公司于2000—2010年致力于整秆式甘蔗联合收割机研制，先后研制出HSM1000型(4ZL-1型)、HS1800型(4GZ-180型)和HS260型(4GZ-260型)整秆式甘蔗联合收割机，收割机配套动力分别为42.2 kW，130 kW和194 kW。

2004年广西柳州汉森机械制造有限公司与广西壮族自治区农业机械化技术推广总站合作研究开发出HSM1000型整秆式甘蔗联合收获机(见图4-38)，该产品集扶蔗、切梢、砍蔗、输送、剥叶、蔗叶分离等功能于一体，配套动力为42.2 kW；生产率0.13～0.2 hm^2/h；总损失率≤5%；宿根破头率≤15%；含杂率≤2%～3%；油耗75 L/hm^2。

图4-38　广西柳州汉森公司HSM1000型整秆式甘蔗联合收获机

4GZ-180型整秆式甘蔗收割机主要技术指标：配套动力为130 kW；生产率10 t/h；总损失率≤5.9%；宿根破头率≤15%；含杂率≤10%；油耗75 L/hm^2；切割高度合格率≥90%。

4GZ-260型整秆式甘蔗收割机主要技术指标：配套动力为194 kW；生产率15 t/h；总损失率≤5.9%；宿根破头率≤15%；含杂率≤10%；油耗75 L/hm^2；切割高度合格率≥90%；适应行距：1.2 m。4GZ-180和4GZ-260型整秆式甘蔗收割机如图4-39所示。

(a) 4GZ-180型(2008年)

(b) 4GZ-260型(2010年)

图4-39　4GZ-180和4GZ-260型整秆式甘蔗收割机

这些机型经过2005—2010年的试验使用，基本成形。此后继续做了一些改进，动力也加大很多，但始终未能达到批量应用的程度。

（3）浙江三佳农业机械设备有限公司

浙江三佳农业机械设备有限公司研制出SJ-1400型整秆式收割机（见图4-40），2006年进入广西试验，经过多次改进，2009年1月在广西通过技术鉴定，配套动力66.2 kW。经过几年努力，该型收割机在剥叶、断尾、排杂和集堆等方面的性能均有大幅提高。但是，由于对倒伏甘蔗适应性较差等方面的原因，该公司生产的整秆式收割机一直未能实现正常销售和盈利。SJ-1400型收割机主要技术指标：配套动力为66.2 kW；标称生产率5～8 t/h；总损失率≤3.5%；宿根破头率≤15%，含杂率≤10%；油耗120～210 L/hm^2；切割高度合格率≥90%；适应行距≥1.0 m。

图4-40　浙江三佳公司SJ-1400型整秆式收割机

（4）河南坤达农业机械设备有限公司

河南坤达农业机械设备有限公司于2009年研制出4GD-36型、4GZD-75型整秆式甘蔗联合收割机，配套动力分别为35.3 kW和75 kW。该型收割机可以实现联合收获作业，曾在广西、云南有销售。由于该机型对倒伏甘蔗适应性较差且可靠性较低，造成该型收割机销售陷入困境。4GD-75型整秆式甘蔗联合收割机（见图4-41）主要技术指标：配套动力为75 kW；标称生产率0.18～0.21 hm^2/h；适应行距≥0.9 m。

图4-41　河南坤达公司4GZD-75型整秆式收割机

（5）中国农业机械化科学研究院

2009年，中国农机院与山东省华兴机械有限公司合作开发了4GZ-1型整秆式甘蔗联合收割机，如图4-42所示。其采用拨指链扶起机构和拨指链夹持输送机构扶起与夹持输送甘蔗。该机配套动力为37.73～44.74 kW（50～60 hp）的轮式拖拉机，可以实现甘蔗分行扶正、根部切割、输送、剥叶等联合收割工序，该机于2009/2010年榨季在广东博罗、广西武鸣等地进行了生产试验。试验表明，该机能收割直立的甘蔗，对倒伏甘蔗的适应性较差。

图 4-42　4GZ-1 型整秆式甘蔗联合收割机

同期的整秆甘蔗联合收割机还有浙江温岭市宏顺机械有限公司的 SG1300 型整秆式甘蔗联合收割机(配套动力 22 kW)和柳州翔越农业机械有限公司的 4ZL-1 型整秆式联合收割机,这两个机型都属于小型收割机。

总体来说,这个时期的整秆式甘蔗收割机由于产品在市场或试验中表现出对倒伏甘蔗适应性较差、可靠性较差的特点,没有被市场接受。这也导致这些收割机生产厂家几乎都放弃了整秆式收割机的研发和生产。浙江三佳农业机械设备有限公司因资金链断裂于 2013 年 8 月破产被拍卖;河南坤达农业机械设备有限公司于 2013 年被北京一家公司收购。

2013 年以来,仍在坚持整秆式甘蔗收割机研发与生产的单位有华南农业大学、湖北神誉重工股份有限公司、湖北国拓重工科技有限责任公司和柳州翔越农业机械股份有限公司。

(6) 华南农业大学

图 4-43　华南农大 HN4GZL-132 型整秆式甘蔗联合收割机

2015 年,华南农业大学研制的 HN4GZL-132 型整秆式甘蔗联合收割机通过科研成果鉴定(见图4-43)。该机型配套动力为 132 kW;作业行走速度≤3 km/h;标称生产效率 8 t/h;适应坡度≤10°;适应行距≥1.0 m;适应垄高 100 ~ 180 mm;作业行数:1 行;宿根破头率≤18%;含杂率≤7%;总损失率≤7%;蔗茎合格率≥90%。该机型的特点是采用履带底盘,重心低,稳定性好。采用的短输送路径——匀铺甘蔗通道技术可以有效处理倒伏严重的甘蔗,对倒伏严重的甘蔗适应性较好。

(7) 湖北国拓重工科技有限责任公司

湖北国拓重工科技有限责任公司于 2009 年开始研发 4GL-1-Z92A 型整秆式甘蔗联合收获机,如图 4-44 所示。该机型于 2014 年 12 月通过技术鉴定,2016 年 3 月通过推广鉴定。该机型采用履带行走机构,履带轨距 1.2 m;整机液压传动,采用节能电液控制系统,配套动力为 92 kW;具有剥叶、断尾梢、机械式分离蔗叶、入土砍蔗等功能；配有扶蔗器，可扶起收割倒伏的甘蔗；并可原地 360°任意转向；适应坡度≤13°，标称作业效率 15 t/h；田间损失率≤5%，含杂率 2% ~4%，宿根破头率≤6%。

图 4-44　湖北国拓重工 4GL-1-Z92A 型整秆式甘蔗联合收获机

（8）湖北神誉重工股份有限公司

湖北神誉重工股份有限公司研制的 4GL-1 整秆式甘蔗联合收割机是全液压驱动的机型，如图 4-45 所示。配套动力为 95 kW，集根切、传送、断尾、剥叶、收集装车作业为一体，适应种植行距为 0. 8 ~1. 2 m，适应坡度不大于 18°。

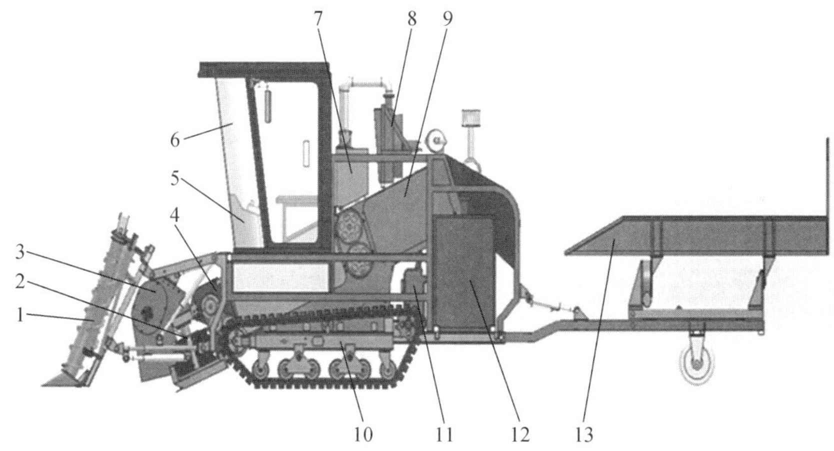

1-分行器；2-根切器；3-推倒辊筒；4-喂入装置；5-操作台；6-驾驶室；7-液压油箱；8-散热器；9-通道总成；10-底盘；11-变速箱；12-柴油机组；13-收集车

图 4-45　湖北神誉重工 4GL-1 整秆式甘蔗联合收割机

4. 2. 3. 5　切段式甘蔗联合收割机

2008 年之前，我国只有广西农机院从事切段式甘蔗收割机的研发。2008 年华南农业大学和广州科利亚公司合作进行切段式收割机的研发，2010 年云马泰缘（原云马汉升）开始切段式收割机的研发。2011 年 6 月 21 日，广西农机局在南宁召开加快推进甘蔗种植及切段式联合收获机械化工作会议，印发桂农机科〔2011〕12 号文《加快推进甘蔗种植及切段式联合收获机械化工作方案》。该文件称，占我国甘蔗种植面积 67% 的广西从 2010 年之前主推整秆式收获机械化技术转向主推切段式联合收获机械化技术，成为我国切段式与整秆式两种收获技术发展前景转变的标志。之后，主要甘蔗机械化生产企业投入了切段式甘蔗收割机的研发。

（1）广西农业机械研究院

2000 年，广西农机院与南宁手扶拖拉机厂在参照 AUSTOFT 机型基础上，联合设计试制全液压驱动自走切段式的 4GZ-260 型甘蔗联合收割机，2004 年 3 月通过南宁市科技成果鉴定。该机配套动力 184 kW，采用全液压驱动及 PLC 控制等先进技术，设计生产率为 30 t/h，宿根破头率 <20%，含杂率 <10%，蔗段长度为 200 ~ 300 mm。能对倒伏的甘蔗进行扶起、切梢、切割、喂入、输送、切段、清理分离和升运装车等联合收获作业。

2005 年，广西农机院研发 4GZ-180 型切段式甘蔗联合收割机，如图 4-46a 所示，在泰国进行收获试验。经过 2005/2006 年、2006/2007 年、2007/2008 年 3 个榨季的试验、改进，已能应用于实际生产。该机配套动力 132 kW；可连续完成扶蔗、切割、输送、切段、杂质分离、升运和装车等联合作业，适合大面积、地势平缓、规范种植的蔗田收获作业，可收获倒伏严重的甘蔗。标称生产率≥25 t/h；含杂率 <10%；宿根破头率 <20%；蔗段长度 200 ~ 300 mm；适应行距≥1.4 m；质量约 9 t。2008 年广西农机院开发的 4GZQ-260 型切段式甘蔗联合收割机如图 4-46b 所示，2009 年 1 月在广西金光农场进行收获试验，2011 年通过鉴定。

(a) 4GZQ-180型

(b) 4GZQ-260型

图 4-46　广西农机院研发的切段式甘蔗联合收割机

（2）广州科利亚农业机械股份有限公司

2008 年 5 月 8 日，广州科利亚农业机械股份有限公司与华南农业大学南方农业机械与装备关键技术省部共建教育部重点实验室，签订了合作开发中型（52.2 ~ 82.03 kW/70 ~ 110 hp）切段式甘蔗收割机的协议，按照协议规定，科利亚公司提供原型机，华南农业大学协助测绘、进行性能测试并向科利亚公司提交整套图纸。2009 年 7 月 10 日，两单位共同研制的 4GZ-56 型履带式甘蔗联合收割机通过了广东省科技成果鉴定。该机主要技术参数：整机质量 5 900 kg，配套动力为 56 kW，适应行距≥0.9 m，切割高度合格率≥90%，宿根破头率≤18%，含杂率≤10%，总损失率≤7%，纯工作生产率 0.09 hm^2/h。该机型采用网袋集蔗方式，需要吊车装车，如图4-47a 所示。2010 年，广州科利亚公司将其改型为 4GZ-91 型切段式甘蔗收割机，如图 4-47b 所示。2011 年开始，逐步将集蔗方式发展为网袋集蔗、料箱集蔗和输送臂集蔗 3 种。2015 年 1 月 29 日在广西壮族自治区通过了由工业和信息化部科技司组织、装备工业司主持的科技成果鉴定。

(a) 4GZ-56型

(b) 4GZ-91型

图 4-47　广州科利亚生产的切段式甘蔗联合收割机

（3）华南农业大学

华南农业大学南方农业机械与装备关键技术教育部重点实验室除了与科利亚公司共同研制了 4GZ-56 型履带式甘蔗联合收割机外，2010 年，华南农业大学购置了一台科利亚公司生产的 4GZ-91 型切段式甘蔗收割机进行试验研究。根据广垦农机服务有限公司提出的建议，在参照凯斯 4000 甘蔗收割机输送臂的基础上，将所购置的收割机改装成外输送臂集蔗方式，并进行了田间作业试验研究（见图 4-48）。

图 4-48　输送臂式 4GZ-91 型甘蔗切段式联合收割机

2008—2012 年，华南农业大学在切段式甘蔗收割机根切器、输送通道等关键技术方面进行了大量研究；在此基础上，提出了“切段刀辊中置式”物流通道设计方案，获得了发明专利授权（一种新型物流输送方式的甘蔗联合收割机，专利号 201310032322. X）。2012 年，根据该专利研制成功 HN4GDL-91 型切段式甘蔗收割机（见图 4-4）。2012/2013 年—2013/2014 年榨季进行了田间试验和性能检测。田间作业试验表明，切段刀辊中置式物流通道有利于收获倒伏弯曲的甘蔗。2015 年 6 月通过了广东省科技厅组织的科技成果鉴定。

2015 年 12 月，广州悍牛农业机械股份有限公司与华南农业大学签订了“切段式甘蔗联合收割机”技术开发合同，双方联合研制了 4GDL-132 型切段式甘蔗联合收割机。2016 年 12 月,该机型型通过了广东省新产品新技术鉴定。该机型采用切段刀辊中置式物流通道,配套动力 132 kW;履带轨距 1. 3 m;结构质量 8 400 kg;喂入率可达到 4 kg/s;纯生产效率 8 ~ 12 t/h;每公顷燃油消耗量≤180 kg/hm^2;宿根破头率≤18%;含杂率≤7%;总损失率≤7%;蔗茎合格率≥90%。

2016—2017 年,在执行国家重点研发计划"甘蔗和甜菜多功能收获技术与装备研发(2016YFD0701200)"中,华南农业大学针对现有甘蔗收割机轮式和平履带式两种行走系统的优缺点,结合我国甘蔗立地条件对收割机的要求, 2017 年设计了一种前三角履带 + 后平履带的 4 履带行走系统的甘蔗切段式联合收割机,并研制出样机进行田间试验,如图 4-49 所示。该机将集料箱与输送臂组合在一起,探索适合丘陵山地的收获技术;三角履带行走系统,与轮式行走系统相比,接地比压小;与平履带相比,对地形变化适应性好。

图 4-49　华南农大三角履带式甘蔗联合收割机

(4) 中国农业机械化科学研究院

中国农机院"十二五"期间开发了一款切段刀辊前置的甘蔗收割机,如图 4-50 所示。这种收割机设计的特点是甘蔗一被拖入通道就被切成小段,避免了弯曲的甘蔗在不太宽的中型机通道中造成堵塞。

图 4-50　中国农机院切段刀辊前置式甘蔗收割机

2017—2018 年,在国家"十三五"课题中,中国农机院负责切段式甘蔗联合收割机研制的任务。在原有机型的基础上,初步完成履带式切段甘蔗联合收割机和轮式切段甘蔗联合收割机整机设计,如图 4-51 所示。

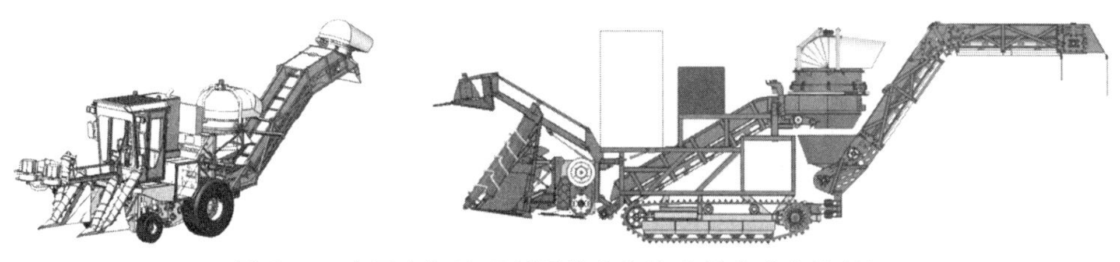

图 4-51　中国农机院研制履带式和轮式甘蔗联合收割机

(5) 广西云马泰缘机械制造股份有限公司

随着柳州汉森退出云马汉升公司,2009 年 3 月中航贵州飞机有限责任公司与浙江泰缘工贸有限公司合股组建成立广西云马泰缘机械制造股份有限公司。该公司于 2010 年将产品研发重点转向切段式甘蔗收割机,2011 年开发出 4GQ-260 型切段式甘蔗收割机(图 4-52)。该机型主要技术参数:整机质量 1 100 kg;配套动力 194 kW;适应行距≥1.2 m;切割高度合格率≥90%;宿根破头率≤15%,含杂率≤7%;总损失率≤5%;纯工作小时生产率≥20 t/h。2016 年,云马泰缴进入破产清算程序。

图 4-52　云马泰缘 4GQ-260 型切段式甘蔗联合收割机

(6) 柳州市汉森机械制造有限公司

2013 年 6 月,柳州市汉森机械制造有限公司与古巴工业部签订了为期 7 年的大型甘蔗收获机及甘蔗生产机械合作协议。协议的主要内容是帮助古巴开发适应于古巴甘蔗生产的 4GQ-350 型切段式甘蔗联合收割机(见图 4-53),用于更新原落后老旧的 1 000 多台甘蔗收获机。2014 年 2 月,汉森公司根据古巴甘蔗生产实际,研发出第一台样机,交付古巴进行了一个榨季的试验,效果良好。2015 年开始首批生产 16 台用于 2015/2016 年榨季。该机型主要技术参数:配套动力为 261 kW,2 200 r/min;轴距 2.5 m;转弯半径 5.5 m;整机质量 16 t;最小离地间隙

图 4-53　柳州市汉森公司 4GQ-350 型切段式甘蔗联合收割机

230 mm;割台升降范围 400 mm;适应行距≥1.2;收割行数 1 行;宿根破头率≤15.0%;含杂率≤10.0%;总损失率≤7.0;纯工作小时生产率≥50 t/h;燃油比油耗 240 g/(kW·h)。

(7)广西柳工农业机械股份有限公司

2016 年 2 月 22 日,广西柳工集团有限公司与柳州市汉森机械制造有限公司合资成立了广西柳工农业机械股份有限公司。公司以"成为甘蔗生产全程机械化领导品牌"为愿景,作为柳工集团五大产业板块(工程机械、混凝土机械、建筑机械、矿山机械、农业机械)中强有力的支撑,除了继承了柳州汉森的 4GQ-350 型切段式甘蔗联合收割机,生产柳工 4GQ-350 型切段式甘蔗联合收割机外(见图 4-54a),2017 年 4 月 18 日,柳工正式对外发布 4GQ-180 型切段式甘蔗收割机新产品下线,如图 4-54b 所示。该机型应用了多项创新技术,如具备手动与自动两种操作模式,可以一键切换,在自动模式下,可根据不同工况自动匹配作业参数,实现仿地形收获;产品具备智能监控及故障诊断功能,可以实时监测产品运行状况,对非正常状态可及时报警并显示对应的故障代码等。与凯斯 4000 型相似,柳工 4GQ-180 型甘蔗收获机更适应中小规模种植模式,最小收获行距为 1.1 m。该机型的主要技术参数:履带式,配套动力 134.23 kW,2 200 r/min;转弯半径 3.2 m;整机质量 11 t;割台升降范围 360 mm;切梢器升降范围 900 ~ 3 900 mm;输送器接料高度≤3 950 mm;适应行距≥1.1 m;收割行数 1 行;切段长度 150 ~ 350 mm;含杂率≤10.0%;总损失率≤7.0%;纯工作小时生产率≥30 t/h;最大转场速度≤10 km/h。

(a) 柳工4GQ-350型

(b) 柳工4GQ-180型

图 4-54 柳工生产的切段式甘蔗联合收割机

(8)中首信(贵州)现代农业装备有限公司

中首信(贵州)现代农业装备有限公司成立于 2014 年 3 月,2014/2015 年榨季推出了 4GQ-GZ260S 型切段式甘蔗收割机(见图 4-55)。整机设计加入了整秆式甘蔗联合收割机的剥叶元素,从而使其含杂率更低。该机型主要技术参数:东方康明斯 6CTAA8.3-C260 发动机,功率 192 kW(260 hp),2 200 r/min;最高行走速度 21 km/h;收割速度 0 ~ 5 km/h;适应行距:0.9 ~ 1.1 m 双行、(0.3 ~ 0.5 m) + (1.1 ~

1.4 m）宽窄行、≥1.3 m 单行种植；纯小时收割效率 0～30 t/h；平均纯耗油量≤1.5 L/t 蔗；整车质量 11.8 t；损失率<8%；含杂率<10%。

（9）洛阳辰汉农业装备科技有限公司

洛阳辰汉农业装备科技有限公司成立于2004年4月。该公司于2008年起开始研发甘蔗收割机，经过多年的摸索、试验和改进，产品经历8年6轮重大改型，最终定型4GQ-130型切段式甘蔗联合收割机，如图4-56所示。该机型于2015年4月在广西农机鉴定总站通过产品技术鉴定，2016年5月通过产品推广鉴定，同年下半年纳入国家农机补贴目录。

图4-55　中首信4GQ-GZ260S型切段式甘蔗收割机

图4-56　洛阳辰汉公司4GQ-130型切段式甘蔗联合收割机

4GQ-130型切段式甘蔗联合收割机采用103 kW发动机，适应1 m及以上的种植行距，采用全液压驱动，可实现0～30 km/h无级变速，转场快速便捷，该机主要有以下特点：采用整体框架梁底盘技术，整机重心低，行驶稳定性高，具有较强的地块坡度适应能力；应用高位卸料专利技术，提高了集存式甘蔗收割机的卸料效率，单机独立操作，对地块碾压烈度小，更好地适应了目前中小地块的收割需求；该机在整体结构、功率匹配、液压系统等方面做了精细的设计，具有收割效率高、含杂率低、使用成本低等优点；具有GPS和北斗双星定位技术，能方便地查看当前位置和历史轨迹，利用4G无线网络技术，可实现远程监控和锁车等远程控制。

遂溪县好帮手农机专业合作社于2016年购入4台4GQ-130型切段式甘蔗联合收割机。作业时间：2016年12月23日至2017年3月20日。作业地点：广东恒福糖业集团遂溪县糖厂蔗区。作业方式：两班作业，每天平均作业时间为13 h左右。经统计，每台机平均有效作业天数为61天（停机原因为故障检修、天气及其他），平均单台收获量为4 800 t，单台最高收获量为5 300 t。

2016年该机型在两广蔗区推广销售30台，用户反应良好。2017年获得市场采购订单120台。

(10) 中联重机农业机械股份有限公司

2013年中联重机农业机械股份有限公司开始涉足甘蔗收获机产业,2014年研发出AS60(4GQV-1A)甘蔗收获机,如图4-57所示。该机发动机功率140 kW;履带轨距1.4 m;整机质量9 800 kg;切割高度合格率≥95%;宿根破头率≤6%;含杂率≤6%;总损失率≤2%;测定纯工作小时生产率16.56 t/h。通过了省、部级整机性能和可靠性检测,安徽省省级新产品鉴定和高新技术产品认定。

图4-57　中联重机AS60切段式甘蔗收割机

4.2.4　我国引进的切段式甘蔗收割机

国际上切段式甘蔗收割机主流机型有美国凯斯公司的凯斯7000型,凯斯8000型、凯斯4000型,以及约翰迪尔公司的3520,530,570等机型。

我国在生产中引进的大型切段式甘蔗联合收割机有凯斯7000型、凯斯8000型和约翰迪尔公司的570型;中型机有凯斯4000型、约翰迪尔CH530型、日本文明HC-50NN型和日本松元MCH-15型等。

4.2.4.1　凯斯系列切段式收割机

凯斯7000/8000型切段式甘蔗联合收割机(见图4-58a)主要技术参数:发动机功率260 kW;适应行距≥1.4 m;切割高度合格率≥90%;宿根破头率≤17%;含杂率≤7%;总损失率≤7%;纯工作小时生产率≥35 t/h。凯斯4000型切段式甘蔗联合收割机(见图4-58b)主要技术参数:发动机功率125 kW;适应行距≥1.2 m;割高度合格率≥90%;宿根破头率≤18%;含杂率≤10%;总损失率≤7%;纯工作小时生产率0.1~0.2 hm^2/h。

(a) 凯斯8000(7000)型

(b) 凯斯4000型

图4-58　凯斯公司切段式甘蔗联合收割机

4.2.4.2　约翰迪尔系列切段式甘蔗收割机

CH570 型切段式甘蔗联合收割机(图 4-59a)主要技术参数:发动机功率 251 kW;轮距 2.08 m;轴距 2.97 m;适应行距(1.4 +0.4) m 宽窄行种植。CH530 型切段式甘蔗联合收割机(见图 4-59b)主要技术参数:配套动力 148 kW;轮距 1.43 m;轴距 3 m;适应行距≥1.2 m;切割高度合格率≥90%;宿根破头率≤18%;含杂率≤10%;总损失率≤7%;纯工作小时生产率 0.15 ~0.23 hm^2/h。

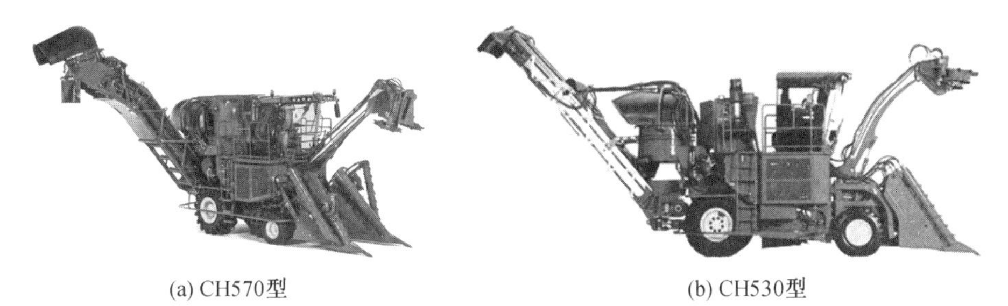

(a) CH570型　　(b) CH530型

图 4-59　约翰迪尔公司切段式甘蔗联合收割机

4.2.4.3　日系切段式甘蔗收割机

HC-50NN 型(见图 4-60)主要技术参数:发动机功率 55 kW(75.3 ps),2 200 r/min;橡胶履带,履带轨距 1 240 mm,履带规格 1 700 mm×320 mm;整机质量 5 480 kg;行走速度:低速 0 ~3.2 km/h,高速 0 ~8 km/h;理论工作效率 5 ~8 t/h。

日本松元 MCH-15 型(见图 4-61)主要技术参数:发动机功率 41.9 kW (57 ps),2 200 r/min;橡胶履带,履带轨距 1 200 mm,履带规格 1 800 mm×320 mm;整机质量 3 880 kg;行走速度:低速 0 ~4 km/h;理论工作效率 2.8 ~3.9 t/h;燃油消耗量 5.1 L/h。

图 4-60　日本文明 HC-50NN 型切段式甘蔗联合收割机

图 4-61　日本松元 MCH-15 型切段式甘蔗联合收割机

由于受行距、收获系统配套等方面的限制,这些机器在我国作业使用率还不高,作业效率比较低。例如,2010/2011 年榨季湛江农垦引进的 6 台凯斯收割机(4

台7000机型,1台4000机型和1台8000机型)收获作业面积仅有7 539亩,约2.11万t,含杂率5.49% ~8.46%,作业成本54.6元/t;南宁糖业集团的1台日本文明农机株式会社的HC-50NN型切段式甘蔗联合收割机和1台凯斯4000型切段式甘蔗联合收割机,共收获甘蔗量约为2 200 t,糖厂扣杂率为5% ~6%(实际上HC-50NN含杂率8% ~12%);HC-50NN配套汽车吊使用,工作效率为4 t/h(设计效率为5 ~8 t/h);凯斯4000型配套大卡车使用,工作效率为9 ~12 t/h。这个榨季人工收获成本约为80多元(含集堆、捆扎、装车)。HC-50NN由于效率低,收获成本达80 ~90元/t。

4.3 国外甘蔗收获技术发展历程

4.3.1 概述

澳大利亚是世界上甘蔗收割机研发最早及收割机械化的发展最具代表性的国家。澳大利亚、美国和巴西等甘蔗生产机械化先进的国家,经历了从火烧蔗收获到青秆收获的过程。人工收甘蔗也是先放火烧掉蔗叶,然后再砍收。最早的甘蔗收割机是整秆式收割机,是从模仿人工收割方式开始的。甘蔗机收获初期,澳大利亚60%以上的甘蔗仍然是先烧再砍,只有在其北部,由于20世纪70年代多雨的天气,烧叶收获方式使得收获损失增加、对土壤的破坏加重,以及蔗价低迷而使烧叶成本增加,从而催生了带叶收获和蔗叶还田日渐成为很多农场的日常收获和管理模式。而环保对烧叶的要求则是20世纪90年代以后的事。

甘蔗收割机械化的发展,历时100年,经历了人工→整秆收割→切段式收割的发展历程。开始是研究整秆式收割,后来转向切段式收割。切段式甘蔗收割机曾遭到蔗糖工业部门的抵制,最后得到制糖部门的接受,现在切段式甘蔗收割机基本占领了世界甘蔗收割机市场。Bill Kerr和Ken Blyth于1993年撰写的《*They are all half crazy—100 years of mechanical cane harvesting*》一书为我们提供了详尽的背景资料。

4.3.2 甘蔗收割机的萌芽期

1880—1900年,澳大利亚一批有专利设计的甘蔗收割机有人力驱动、畜力驱动、蒸汽机驱动、电动马达驱动、内燃机驱动和压缩空气驱动多种形式。所采用的根切器有切割刀片、可调高度和倾角的旋转圆盘刀片、圆盘锯、带锯和弹簧驱动的砍刀等多种形式;刀片有梳齿形、甩刀、凿刀等各种形式。一些专利设计有切梢器。各作业部件采用地轮驱动。收割机将甘蔗割铺,也有设计有集蔗厢,将甘蔗集堆后排放在田间。畜力不足以驱动甘蔗收割机,20世纪20年代之前又缺乏农用拖拉机。1880—1900 年,因缺乏风险资金投入而导致收割机生产和试验失败。

这期间申请了很多关于甘蔗收割机的专利。其中,第一个专利是由布里斯班的一个工程师于 1888 年申请的。1890 年,John Rowland 设计制造了世界上第一台甘蔗收割机。1894 年,工程师 James Peel 制造了一台甘蔗收割机,其收割机构由 2 个 1.5 m 直径的地轮驱动,收割器由 2 片锯齿转盘构成,并进行了田间试验,但试验没有成功。19 世纪末到 20 世纪初(1900—1920 年),澳大利亚人继续甘蔗收割机的研究,各种机器在田间试验,申请了很多专利。由于当时还没有拖拉机,以上机型都是由马匹为动力的整秆式收割机。

整秆收割机由人工砍蔗的方式演变而来,将甘蔗在直立状态下烧叶后砍倒,铺放在地里,再捡拾装车运走,没有剥叶过程,如图 4-62 所示。

图 4-62　早期的人工和机器收获火烧叶后的甘蔗

4.3.3　甘蔗整秆收获技术和收割机的发展

4.3.3.1　早期的整秆式收割机

(1)火烧蔗整秆收割机

19 世纪末拖拉机的出现推动了甘蔗收获技术的发展。1920 年 Hurrey 和 Falkiner 发明的整秆式甘蔗收割机以 Cletrac 履带拖拉机为基础,采用圆盘锯根切器,砍下的甘蔗通过输送链提升到 2.4 m × 1.2 m 的平台处,在平台上 2 个工人用圆盘锯去除蔗梢。该收割机难以处理倒伏甘蔗。这是有记载的首台履带式甘蔗收割机,也是那个年代最成功的甘蔗收割机。

1923 年 W. G. Haorgt 试验了一款整秆式甘蔗收割机,该收割机底盘质量为 3. 5 t,配置 30 ~35 hp 发动机。紧贴地表砍切甘蔗,砍断后的甘蔗被抛送到可移动的运输器,将甘蔗送至有操作人员的平台。平台上工人将甘蔗导向切梢刀。转动的甘蔗运输器将甘蔗送入剥叶厢内去除蔗叶。该收割机是第一款带有剥叶功能的甘蔗收割机。

1928 年 Miller-Owen 自走式整秆收割机在田间演示,该收割机旋转刀在根部砍蔗,将地表扫平封住根茬。去梢后的甘蔗堆积在集蔗器上,然后自动成堆地卸在地上。

1928 年,Cliff Howard 以 Ferguson 拖拉机为动力设计制造了甘蔗整秆式收割机(Whole stalk cane Harvester),如图 4-63 所示。

图 4-63　澳大利亚 1928 年以福格森拖拉机为动力的整秆甘蔗收割机

1926—1931 年,Howard 试制了几款整秆式甘蔗收割机,改进了集蔗装置,采用钢刷去除杂质,采用风机分离杂质和蔗梢;能够在产量为 125 t/hm^2 的蔗田收获作业。尽管因风机无动力驱动而只能用来收火烧蔗,但是该收割机可以收获青秆蔗。

到 30 年代,甘蔗收割机的研究有了重要进展。从 1930 年到 1955 年出现过许多不同类型的整秆式收割机。它们大都是由农民创制的。一些企业也加入了研究的行列,当时收割机的设计以充分利用拖拉机动力并尽可能地降低设备成本为主导思想,使收割机结构紧凑。由 Bristane 设计、Kilner Pty 有限公司生产的收割机,其主体结构是水平置于地面的往复割刀和相应的支撑架,收割时前部导向杆将甘蔗向一侧推倒,割刀将其割下,侧置的推杆将蔗秆推成堆。收割器安装方便,可以随时从拖拉机上卸下。但在田间作业时,该收割机要求田垄非常整齐,在起伏地中则无法正常工作。另外,甘蔗堆中会混有许多杂物,如土块、石头等。

(2) 青秆蔗整秆收割机

1923 年,W. G. Haorgt 试验了一款整秆式甘蔗收割机,砍断后的甘蔗被抛送到可移动运输器,转动的甘蔗运输器将甘蔗送入剥叶厢内去除蔗叶。该收割机是第一款带有剥叶功能的甘蔗收割机。

(3) 国外早期整秆式收割机的特点

① 主要是用来收获直立甘蔗,难以处理倒伏严重的甘蔗;

② 收割机上未配置剥叶系统,主要用来收获火烧蔗,当收获青秆蔗时,需将带叶甘蔗送到糖厂处理;

③ 小型的机具多采用悬挂在拖拉机前面或侧面的方式,大型的机具采用自走式;

④ 收割机割铺或集堆后堆放田间,需要装车机将甘蔗装车运至糖厂。

4.3.3.2 美国 Soldier 整秆式割铺机的应用

20 世纪中期以来,甘蔗切段式收获方式使用日益广泛,整秆直立夹持输送收获方式及收割机的使用日渐减少。但在美国路易斯安那州,农民一直坚持使用 Soldier 整秆式割铺机。

美国农业部的报告 *Sugar and Sweetener Situation and Outlook Report* 指出,当佛罗里达、得克萨斯等州的甘蔗收获在 20 世纪 80 年代至 90 年代初从人工向机械化转化时,采用的是切段式联合收割技术而不是整秆收获技术。然而在路易斯安纳州,多年来,整秆收获是田间收获甘蔗的主要方法(见图 4-64)。Soldier 收割机是一种割铺机,只砍蔗不剥叶。原来是收一行,后改为同时收两行,但基本的收获方式并没有改变。收割机砍下整根甘蔗后堆放在地上,放火烧掉蔗叶和其他杂物,然后用抓斗将它们装到卡车上,用拖拉机直接拖到糖厂或者某个转运点,用大卡车集中运走。由于这个州的收获期很短,而且经常下雨,这种收获方式被证明非常灵活,适合路易斯安那州的情况。另外,Soldier 收割机有很宽大的直立输送通道,甘蔗砍下后被直立扒向后方,与窄通道夹紧输送方式相比,这种方式不易堵塞,更适合倒伏弯曲的甘蔗,收获效率也很高,缺点是在扒送过程中甘蔗掉落损失较大。

图 4-64 美国 Soldier 整秆式割铺机

还有一点,美国等国家整秆收获时是不剥叶的,早期砍下甘蔗后在田间放火烧叶,近年来是砍下后带叶运到糖厂处理。

与 Soldier 收割机相比,切段式联合收割机的一个优点是,它收获后的宿根蔗的恢复率高,农户能从地里得到更多甘蔗。这促使路易斯安那州的农户自 20 世纪 90 年代以来认真考虑由采用 Soldier 收割机转向采用联合收割机系统。

美国路易斯安那州立大学农业工程系的 Michael E. Salassi 和 Lonnie P. Champagne 的研究报告对 Soldier 割铺机的经济效益进行了研究。该报告分析了在路易斯安那州运用 Soldier 收割机及联合收割机系统在机器要求的条件、性能及运作成本等方面的差异。

报告认为:多年来,甘蔗整秆(Soldier)收获方式一直是路易斯安那州的主流收获方式。虽然在美国的其他地方及世界各地,机械化收获都已转向采用联合蔗段收获系统,路易斯安那州仍继续采用 Soldier 收割机(割铺机)。这种收获系统的灵活性及作业性能证明它非常适合路易斯安那州收获期较短又经常很湿的状况。然而,联合收割机能为蔗农和糖厂提供更多的甘蔗的能力,促使生产者转用切段式联合收割机代替 Soldier 收割机。

由于联合收割机直接将蔗段装进拖车,用在 Soldier 系统里的甘蔗装载机和转运装载车就不需要了。基于该报告中的成本估计,联合收割系统表现出对双行 Soldier 收割系统的价格优势。特别是采用将收下的甘蔗转到卡车和拖卡再运去糖厂的方法时,这种优势更加明显。

不过,联合收割机的工作效率按每小时收获的英亩数统计,远远低于两行 Soldier 收割机,这就需要联合收割机每天在地里工作更长时间以便收获与 Soldier 同样多的甘蔗。

然而,成本的考虑最终还是起了决定性的作用,20 世纪 90 年代末,切段式联合收割机最终成为路易斯安那州的主要机型。

4.3.3.3 澳大利亚小型割铺机

2011 年,本团队访问澳大利亚,在澳大利亚一个小农场对小型割铺机进行考察,澳大利亚在生产中已早就全部采用大型切段式收割机,小型割铺机只在一些小农场还被用来收获蔗种(见图 4-65)。实践证明,这种机型在单独使用(不剥叶)的情况下,虽然效率远比不上凯斯等大型收割机,但对于小型农场,效果还是很好的。

(a) 小型割铺机在砍蔗

(b) 将收下的甘蔗切去蔗梢

(c) 用小型种植机种蔗

图 4-65 澳大利亚小农场用小型割铺机收蔗种

4.3.3.4 日本小型割铺机系统的应用

山本健司介绍了一种适用于日本一般种植农户的小型甘蔗收获体系及作业机械。小型甘蔗收获体系一般由手扶式小型割铺机、自走式小型滚筒脱叶机及搬运装置组成。本书介绍的是使用9 PS小型手扶收割机和9 PS小型自走式滚筒脱叶机的小型收获体系的作业方法。割铺机和剥叶机如图4-66所示。

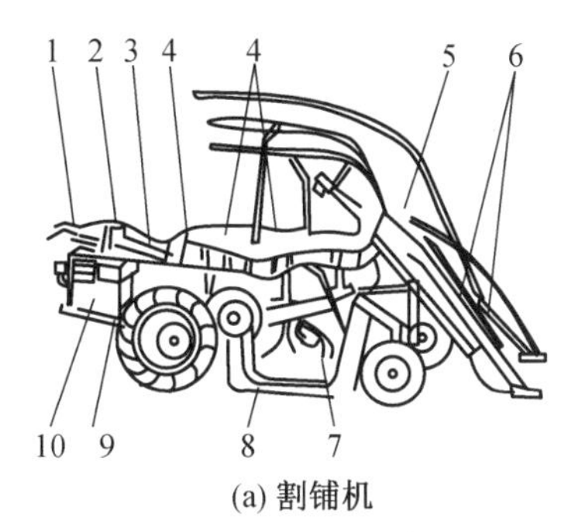

(a) 割铺机

1-主离合器杆;2-液压手动操作阀;3-主变速杆;4-切割部高度调节油缸(后部用);5-切割部高度调节油缸(前部用);6-扶起链;7-根部切割器;8-下部横输送链;9-液压泵组;10-发动机

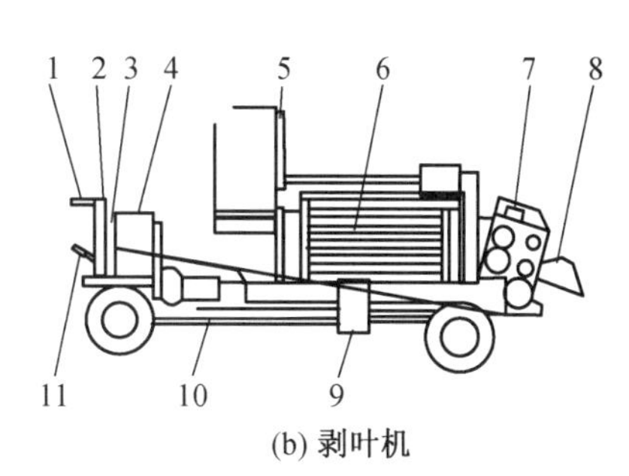

(b) 剥叶机

1-转向手柄;2-离合器杆;3-变速杆;4-发动机;5-装载用输送器;6-脱叶滚筒;7-切断装置;8-蔗茎插入口;9-转换齿轮箱;10-行走变速箱;11-制动器杆

图4-66 小型甘蔗割铺机和剥叶机

这种小型机械化体系的作业顺序:

① 先进行甘蔗割梢,搬出田块;

② 每一次用割铺机割倒甘蔗4拢,割倒的甘蔗每5~6 m堆成一堆,便于合理供给脱叶机脱叶;

③ 滚筒式脱叶机间歇移动,完成每堆甘蔗的脱叶作业;

④ 装有升降料斗的拖拉机或可倾式料斗运输车并排移动,脱叶机切断的甘蔗装入料斗,当料斗装满甘蔗后,运输车就移动到设置在道路旁的甘蔗包装袋旁,把甘蔗倒入包装袋,然后运输车再回到脱叶机旁,继续装载;

⑤ 用卡车或拖拉机把甘蔗运往制糖厂。

作业流程和示意如图4-67、图4-68所示。

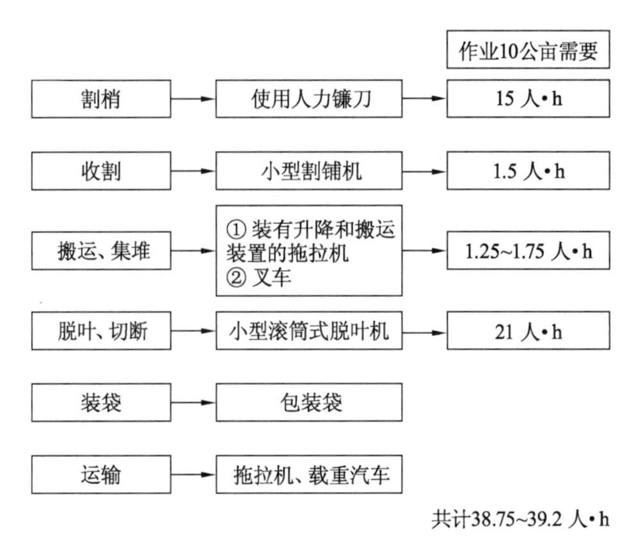

图 4-67　小型收割系统作业流程图

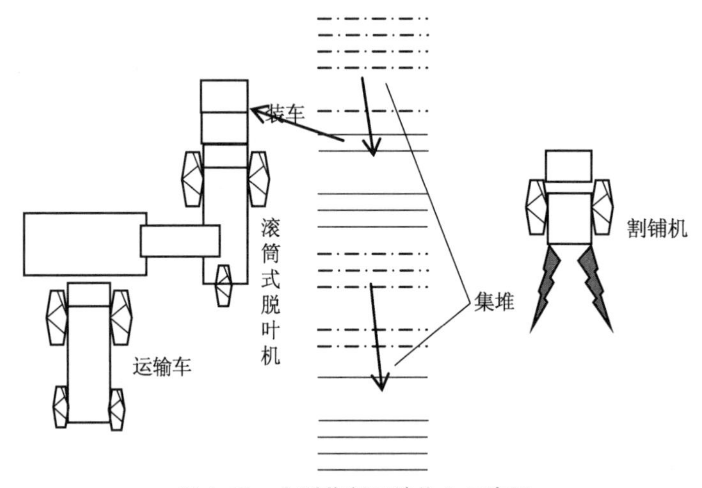

图 4-68　小型收割系统作业示意图

这种收割系统收获 10 公亩(1.5 市亩)甘蔗约需配备人员 3 名,作业 40 h,比传统作业功效高,适合几个农户联合使用。

收获作业时间占种植甘蔗总时间的 55%。甘蔗的收获作业一般分收割、脱叶、捆扎和运输 4 道工序,作业时间比例:收割 17.0%,脱叶 59.3%,清理打捆 10.9%,运输 12.8%。这 4 道工序中,收割劳动强度最大,脱叶所用时间最长。所以迫切需要实现收割、脱叶机械化。

4.3.4　切段式甘蔗收获技术

4.3.4.1　早期的切段式收割机

经过几十年的反复,人们最终普遍接受了一种观点:收获倒伏或缠绕的蔗秆的最好办法就是将蔗秆切成段,并将蔗叶等杂质通过风选的方法从中分离出来。这个切段与风选排杂理论真正有效解决了蔗段和蔗叶的分离问题,免去了甘蔗剥叶的工序;并且这种连贯作业免除了整秆收获的二次作业,即将割下的蔗秆放下再用机械装载。这一方法彻底改革了甘蔗的收获处理方式。

早期切段式收割机面对的是火烧蔗。切段风选排杂概念最早由澳大利亚的R. S. Falkiner提出。1929年Falkiner在古巴将其整秆式甘蔗收割机改造成为世界上首台商业成功和批量生产的切段式甘蔗收割机,并设计制造了配套的田间运输系统,即履带式收割机和履带拖拉机拖挂的田间运输车。拨指链聚拢甘蔗、推倒切割并向后抛送至切段刀辊切段、鼓风/抽风扇风选排杂、输送臂送料、储料厢集蔗等切段收割机的关键技术,在其切段式收割机上得到应用。整秆收割机采用的拨指链聚拢甘蔗,集堆和打捆技术在其切段式收割机上得到应用。其切段收割机能在古巴条件恶劣的蔗田收获倒伏严重的甘蔗。该机型在美国佛罗里达和古巴生产制造,1931年在美国生产了20台,14台在佛罗里达州Southern Sugar Company应用,4台运到美国人在古巴的甘蔗农场使用,能够在恶劣条件下作业。3个榨季砍收了200 000 t甘蔗。Falkiner切段式收割机取得的成功证明切段收获系统的成本效益是合算的。20世纪50年代,该机型的基本设计方案重现在Mackay的收割机的设计中。该收割机的上部设置分离去杂作用的吹风系统,现在,这种风力分离机构广泛应用于大型切段式联合收割机上。它还形成了由收割机与田间运输车辆组成的甘蔗田间收获输送方式。收割机左侧是提升器,将蔗段输送给运输车辆。在没有运输车辆协同作业时,从风力分离系统出来的蔗段进入右侧的存储仓内(见图4-69)。1932年Cliff Howard和Vichie制造了澳大利亚第一台切段式甘蔗收割机(见图4-70),其有双刀盘切割器,甘蔗根部喂入切段鼓,甘蔗被切成6 inch长的小段,强风去除蔗叶和杂质。蔗段被送入后部的车厢内,摆动臂将厢内甘蔗抹平。输送臂将蔗段送入卡车内,然后运至有轨货车内。1933年进行了试验,1934年进行了优化。

图 4-69　Falkiner 研制的世界第一台切段式甘蔗收割机

图 4-70　1932 年的切段式甘蔗收割机

20 世纪 50 年代，Massey Ferguson 复活了 30 年代出现的切段式收获技术，并将此技术变成现代收割机具备的关键功能之一。1955 年，Massy Fergeson 公司考虑到既然机器运作中的困难在于弯曲的甘蔗，如将甘蔗割下后切成等长的蔗段就便于工作了，在这个基础上，福格森公司接受了切段式的概念，制造了该公司第一批切段式甘蔗收割机，如图 4-71 所示。1968 年，Austoft 公司推出了他们的第一台切段式甘蔗收割机 CH200，这台机器能一次完成收割和装车的工作，他们还设计并完成了从旁边卸蔗的田间运输车。70 年代，该公司连续推出了 CH364 Robot，1000 系列型 Toft 4000，5000 和 6000，不断改进甘蔗收割机的概念，为机器的所有运作（含滚筒、传动等）推出了液压系统。图 4-72 为 Austoft 公司 1970 年开发的 CH364 甘蔗收割机。早期采用烧叶收获使用的甘蔗联合收获机主要机型还有福格森公司的 MF105，MF205 以及约翰迪尔公司的 CAMECO7000 型等。

图 4-71　1964 年 Massy Fergeson 公司的切段式甘蔗收割机

图 4-72　Austoft 公司开发的 CH364 切段式甘蔗收割机

从机械设计理论上来说，从整秆式到切段式的改变是一种逆向思维的创新：既然倒伏的甘蔗如此难对付，何不干脆将其推倒，拖进机器再做后续处理？所以从收割机设计者的角度来说，这种设计理念上的逆向思维，确实值得好好学习。

4.3.4.2　切段式收割机的发展

1996 年，Brastoft 公司（Austoft 公司 + Engeagro 公司）在巴西 Piracicaba 制造厂开始生产 7000 系统 Austoft 甘蔗收割机，并命名为 BRASTOFT。同年不久后，凯斯国际收割机公司收购了 Austoft，以 CASE IH 的名字开始生产甘蔗收割机，并漆成红色。图 4-73 为 1997 年生产的 A7000 型和 A7700 型（BRASTOFT）样机。现在，凯斯 7000 型已经升级到凯斯 8000 型见图 4-58a。

(a) A7000

(b) A7700

图 4-73　1997 年生产的凯斯甘蔗收割机

约翰迪尔公司的甘蔗收割机制造厂的前身是 CAMECO 公司，该厂有 37 年制造甘蔗收割机的历史，是当时美国唯一制造甘蔗收割机的专业工厂。被迪尔公司收购后，其于 2004 年开发了 JD3500 和 JD3510 大型切段式甘蔗收割机。近 2 年改型为 JD570 和 JD530（见图 4-59）。目前约翰迪尔公司有 2 处甘蔗收割机厂，一处在美国，另一处在巴西 Catalão。

4.3.5　甘蔗收割机关键技术要素的演变

4.3.5.1　砍倒甘蔗的方法——根部切割器技术

甘蔗收割机首先考虑的是怎样用机械将甘蔗砍倒，减轻工人的劳动强度。由于工人是手持锋利的刀砍蔗，早期发明者很自然就想到在拖拉机上简单地安装一把切割刀片来收获甘蔗。20 世纪 70 年代之前，整秆式甘蔗收割机多采用长条形光刃长刀片切割技术；之后，圆盘 + 刀片形式的根切器逐步占据主导地位。

（1）光刃长刀片切割器

光刃长刀片切割器是指在收割机前部安装长条形光刃刀片，作业时收割机向前的推力使刀片切割甘蔗。

1907 年，在 W. J. Howcroft 发明的整秆式甘蔗收割机专利中，提出根切刀片可以入土切割甘蔗,砍下的甘蔗被抛送到帆布输送带上。

1944 年,澳大利亚的 Larry Moloney 研制出安装于拖拉机上的甘蔗割铺机。木质框架,900 mm 长的光刃刀片一端固定,一端自由。自由端装有弹簧,弹簧可以使刀片遇到石块时弹回避让。刀片与前进方向成 45°,刀片在地表下切割。

1948 年,改进后的全钢结构 Kinnear 整秆式甘蔗收割机,2 把割刀互成一定角度。

在美国夏威夷,生长期 1 年的甘蔗用来作蔗种,生长期 2 年的甘蔗用来榨糖。生长期 2 年的甘蔗产量达到 300 t/hm^2,甘蔗倒伏在地,采用推集“V”形切割器(push rake and “v”cutter, push rake system)收获系统。“V”形切割器对根茬损伤很少,田间转运车将甘蔗转运到路边。至今夏威夷仍在使用“V”形刀片切割器。

(2) 圆盘锯切割器

1920 年,Hurrey 和 Falkiner 发明的整秆式甘蔗收割机以 Cletrac 履带拖拉机为基础,采用圆盘锯根切器。这是有记载的首台履带式甘蔗收割机,也是那个年代最成功的甘蔗收割机。

(3) 旋转刀片切割器

1925 年,Falkiner 的整秆收割机在 Bundaberg 演示,其采用一对旋转切割刀片。1928 年,Miller - Owen 自走式整秆收割机在田间演示,该收割机的旋转刀片在根部砍蔗,将地表扫平封住根茬。

(4)“圆盘 + 刀片”切割器

“圆盘 + 刀片”切割器是指在圆盘上均匀安装几把刀片,刀片伸出圆盘外周,通过高速旋转的圆盘带动刀片切割甘蔗。市场上现有的甘蔗收割机几乎全部采用该类型切割器,如图 4-74 所示。

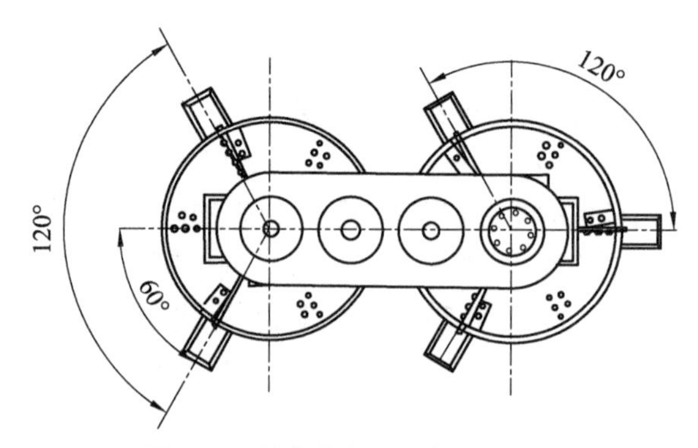

图 4-74　甘蔗收割机圆盘割刀示意图

1932 年,Howard 和 Vichie 制造了澳大利亚第一台切段式甘蔗收割机,双刀盘切割器。

1944年11月，P. F. Tierney制造出自走式双行整秆收割机。一台52.20 kW的发动机用于驱动收割机以2.4 km/h速度行走，一台44.74 kW的发动机用于直径580 mm的刀盘根切器切割双行甘蔗。

Fairymead型收割机采用双转盘割刀，已具备现代切割装置的雏形。它用齿链、钢板进行蔗秆的导向传输（见图4-75），有很好的工作性能。在1941—1986年，Fairymead是较成功的整秆式收割机，其生产率是200～400 t/d。

图4-75　20世纪50年代初使用圆盘砍刀的Fairymead型甘蔗收割机

整秆式收获倒伏甘蔗最初是采用将倒伏甘蔗扶起收获的方式，如图4-76a所示。以后才发展到推倒喂入方式，如图4-76b所示。

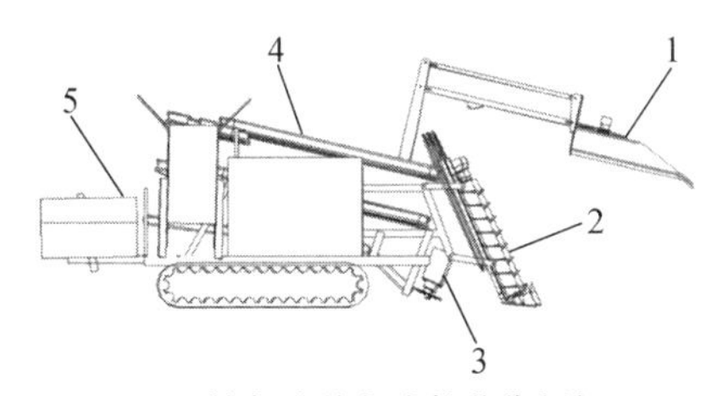

(a) 扶起式整秆式甘蔗收割机

1-切梢器；2-扶起分离器；3-根切割器；4-夹持输送机构；5-集堆器

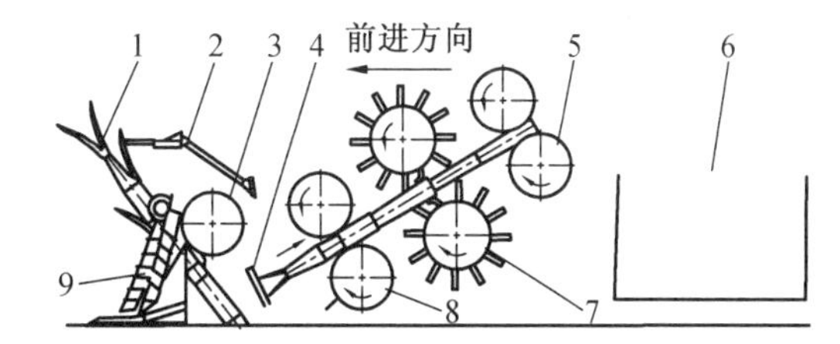

(b) 推倒式整秆甘蔗收割机

1-甘蔗；2-切梢器；3-推倒辊筒；4-根切割器；5-输送辊筒；6-集堆器；7-剥叶辊筒；8-喂入辊筒；9-扶起分离器

图4-76　扶起和推倒式收获方式

4.3.5.2　整秆收获倒伏甘蔗技术

（1）倒伏甘蔗扶起与立式夹持输送

整秆式收割机对直立甘蔗收割做得很好，而对严重倒伏和缠绕的甘蔗则较难，由于各地区都存在甘蔗倒伏现象，有的地区倒伏率甚至超过50%，这种地区对机型局限性很大，主要在于不能处理割下的弯曲的甘蔗。割下的甘蔗要在地上铺放整齐、堆紧，然后由抓蔗机或前端装载机装入运输车中，直立的甘蔗装载容易，而对倒伏和弯曲的甘蔗（往往整根甘蔗就会有 2 个 90°的弯），装载则很困难。20 世纪五六十年代，澳大利亚的发明家们对收割倒伏甘蔗做了很多努力。试验了各种扶起机构，包括链式和螺旋式扶起技术。

1）滑靴与聚拢杆技术

滑靴与聚拢杆固定在收割机前部，与地面成一定角度安装的杆件可以将倒伏不严重的甘蔗扶起并聚拢到刀盘切割口位置。

1907 年，W. J. Howcroft 发明的整秆式甘蔗收割机专利中，收割机前部叉状指缓慢进入甘蔗底部理顺甘蔗。

Jack Kinnear 发明的整秆式收割机前部左、右两侧采用与地面倾斜并且具有圆滑曲线线条的杆将甘蔗聚拢在根切器喂入口。1949 年，FredHarris & Co. Mackay 公司将 Jack Kinnear 的发明进行改进并制造出样机，进行了公开田间试验。

20 世纪 50 年代，Kilner Bros Pty Ltd. 研发的悬挂在拖拉机前部的收割机，在其前部左侧采用带有滑靴的与地面成一定倾角的杆将甘蔗聚拢到切割器处。

2）聚拢链与链输送技术

整秆收割机上普遍使用拨指链或多齿链来聚拢甘蔗和向后（侧）方输送甘蔗。

1929 年，Falkiner 在其切段式收割机上使用拨指链聚拢甘蔗、推倒切割并向后抛送至切段刀辊切段，集堆和打捆得到应用。

1944 年 11 月，P. F. Tierney 制造出自走式双行整秆收割机，蔗秆被装有刚指的聚拢带夹住，切断的甘蔗落到机器两侧的输送带上，并向上输送，倾斜落在后面平台上。

20 世纪 60 年代，Fairymead 收割机主要用于切梢、根切和集堆。后期的机型在机器前部采用合适的聚拢链，能够收获倒伏的甘蔗。

Fairymead Sugar Company 是澳洲第一家批量生产甘蔗收割机的厂家。从 20 世纪 30 年代开始不断改进甘蔗收割机，生产出独创的单行和双行整秆式收割机。在 1941—1968 年间得到广泛应用。1968 年，Fairymead 转向切段式收割机。拨指链和钢板使得收割机看起来像是中世纪的武器。20 世纪 40 年代，这些简单可靠的收割机与机械抓取机，和大批量甘蔗清洗系统一起运作。

1958 年，Parry-CSR 收割机可以很好地收割直立甘蔗，但在甘蔗聚拢链处容易堵塞。该收割机外观造型像蛾一样，有时被当地人描绘成“蝴蝶”。

3）螺旋辊筒分蔗与扶起技术

现代的甘蔗收割机普遍采用螺旋锥形辊筒进行倒伏甘蔗的分行与扶起。整秆式收割机也有采用螺旋辊筒与拨指链组合在一起进行甘蔗扶起与聚拢的。

1962 年，Crichon 制造了一台整秆式收割机用于收倒伏蔗，采用螺旋拾捡器代替链式。

1968 年,CH200,MF81,MF201 和 MF-Crichton 切段式甘蔗收割机前部左、右两侧各布置有 1 个螺旋辊筒,用来将甘蔗扶起和聚拢。

1992 年,Austoft 7700 型履带切段式甘蔗收割机的收割机左、右两侧各布置有 2 个螺旋辊筒,用来将甘蔗分行、扶起和聚拢。现代的甘蔗收割机多采用这一方案。

图 4-77 为 Toft 公司在 1963 年设计的收割机,该收割机前部设计了链式扶起系统,同时适用于直立与倒伏的甘蔗收获,并能够合理地处置割后蔗秆。该收割机能将机器幅宽内的甘蔗割下,解决了普通悬挂式收割机需在割前开出行走空间的问题。美国 Soldier 整秆式割铺机采用的是倒伏甘蔗螺旋扶起技术。倒伏甘蔗被扶起后,从根部砍切,然后被后续的夹持输送链向侧(后)方输送,如图 4-76a 所示。

图 4-77　Toft 公司带拨指链式扶起机构的甘蔗收割机

(2) 推倒与卧式辊筒输送

所谓推倒式,实际上最初并不是要将甘蔗推倒,而是为了收割倒满地的甘蔗,因此发明了有关装置将倒地的甘蔗耙入喂入口中,开始时国外叫耙入式。这种方法被用来收割直立甘蔗时,要将甘蔗向前压到一定角度,以便切割后从根部拖入喂入口,才有了推倒喂入的概念。

1969 年,Doug Ovenden 发明了将整秆收割机与切段收割机优点结合在一起的整秆收割机,如图 4-78 所示。采用切段式收割机的将甘蔗推倒、根切、送入辊筒通道输送甘蔗的方式,收获整秆蔗。这种方式可以处理严重倒伏纠缠的甘蔗。现在我国的整秆联合收割机均采用这种推倒与卧式辊筒的输送方式。

图 4-78　卧式辊筒输送整秆甘蔗收割机(1969 年)

4.3.5.3　切蔗梢技术

收获火烧蔗时,需要去除对榨糖有害的蔗梢。在甘蔗收割机发展的初期,发明者已开始考虑如何去除蔗梢。整秆式甘蔗收割机研发历程中,出现过根部切割前、输送甘蔗过程中、集堆时或铺放后切梢。20 世纪 40—60 年代输送过程中切梢方式得到过广泛应用。切段式甘蔗收割机则在根部切割前切梢。

（1）甘蔗集堆后切梢

1920 年 Hurrey 和 Falkiner 发明的整秆式甘蔗收割机，砍下的甘蔗通过输送链提升到 2.4 m×1.2 m 的平台处，在平台上 2 个工人用圆盘锯去除蔗梢。

1923 年，W. G. Haorgt 试验了一款整秆式甘蔗收割机，砍断后的甘蔗被抛送到可移动运输器，将甘蔗送至有操作人员的平台，平台上工人将甘蔗导向切梢刀。

20 世纪 50 年代早期，Ray 和 Dixon Scott 兄弟的整秆式甘蔗收割机能收割直立和倒伏甘蔗，需要在集堆后人工去梢。

1956 年，Ray Venton 的收割机，带梢整秆甘蔗以直立状态被输送链运输到输送器，甘蔗被同时送入切梢器和打捆槽内。

（2）甘蔗铺放后切梢

1949 年，Tom Norgrove 和 Banderberg 的甘蔗收割机，砍断的甘蔗以与蔗垄成直角铺放在地，然后人工切除蔗梢。

20 世纪 50 年代，Hodge 整秆收割机，配置有一个旋转刀片切梢器，通过拖拉机的 PTO，由 V 带驱动，2 个固定切割刀片。甘蔗向左顺着蔗垄铺放，人工切梢和装车。

（3）甘蔗被根切器砍倒前切梢

1944 年，Larry Moloney 研制出安装于拖拉机上的甘蔗割铺机，2 人操作，其中 1 人控制切梢器高度。甘蔗到达根切器前被切梢，切梢器刀片为两把谷物切割器刀片，切梢器转速 300 r/min。

（4）甘蔗根部切割后的输送过程中切梢

1944 年 11 月，P. F. Tierney 制造出自走式双行整秆收割机。甘蔗秆被装有刚指的聚拢带夹住，直径 915 mm 的切梢器能够升降以适应甘蔗高度。2 人操作，其中 1 人控制切梢器高度。切梢器刀片为两把谷物切割器刀片，切梢器转速300 r/min。

1945 年，Harold 和 Colin Toft 的自走式收割机有 2 个后轮和 1 个前轮，砍下来的甘蔗在 2 条输送链之间被提升，然后落在一个斜坡输送器上切梢，切梢后的甘蔗落下成捆。

1948 年，改进后的 Kinnear 整秆式甘蔗收割机，甘蔗以直立姿态被导进机器，切割后甘蔗上部向左倒。在甘蔗距离地面 0.9 m 时，蔗梢被安装在机器上 3 hp 发动机驱动的刀切除，切梢位置可调。切梢后的甘蔗以与蔗垄成直角的形态铺放在蔗田。

1956年,对于Crichton收割机,甘蔗从2个集拢臂间在短集拢链作用下进入,切梢器上下高度可调。切梢后的甘蔗仍处于直立状态,通过间距25 cm的2条输送链,落在后部水平托盘上。

1956年,Bundaberg Metal Industries Pty Ltd.研制的BMI整秆收割机,甘蔗被砍倒时,被输送链以2倍行驶速度向后输送;切梢器以液压驱动,蔗梢切碎后抛向一侧。打捆机将切梢后的甘蔗收集到一起成捆。

1958年,美国J & L收割机,根切器圆盘直径0.9 m,高度可调;切梢器圆盘直径46 cm,根切时切梢。

4.3.5.4　剥叶与去除杂质技术

收获青秆蔗时,切段收割机通过风选排杂去除蔗叶,整秆式收割机通过剥叶装置去除蔗叶。采用分段收获方式时,割铺后通过独立的剥叶机去除蔗叶。澳大利亚、美国和巴西等甘蔗生产机械化先进的国家,经历了从火烧蔗收获到青秆收获的过程。其整秆收割机,主要是用来收火烧蔗的,不存在剥叶问题。当因环境因素转变为青秆蔗时,这些国家采取将带叶收获的甘蔗直接送往糖厂进行处理,个别带有剥叶功能的整秆收割机未形成商业机型。

(1)剥叶技术

1923年,W. G. Haorgt试验了一款整秆式甘蔗收割机,砍断后的甘蔗被抛送到可移动运输器,转动的甘蔗运输器将甘蔗送入剥叶厢内去除蔗叶。该收割机是第一款带有剥叶功能的甘蔗收割机。

20世纪60年代,剥叶机采用“辊筒+剥指”的方案。剥指材料有弹簧钢、钢、链条、钢丝绳、橡胶、塑料和纤维增强橡胶等。刚性剥叶元件容易导致甘蔗破损,钢丝绳和橡胶等剥叶元件磨损严重,最成功的是橡胶管剥指。这种剥叶方式对直的甘蔗效果比较好,剥指磨损较快和更换剥叶元件使得经济性变差。

(2)杂质去除技术

1)收割过程中去除杂质技术

1926—1931年,Howard试制了几款整秆式甘蔗收割机,采用钢刷去除杂质,采用风机分离杂质和蔗梢。

1932年,Howard和Vichie制造了澳大利亚第一台切段式甘蔗收割机,甘蔗被切成6 inch长的小段,强风去除蔗叶和杂质。

1960年,一个Burdekin的甘蔗种植者提出分离蔗叶和蔗梢的最好办法是将其抛起来。Arthur Cannavan采用这个“抛送”原理研制出一台单行切段式收割机。甘蔗被切成1inch的段,然后被抛送进料槽内,强风被引到料槽出口将蔗叶、蔗梢吹离。

现代切段式甘蔗收割机大多采用风选排杂技术。凯斯、约翰迪尔等采用抽风排杂技术，Class 采用吹风排杂技术。

2）糖厂集中去除杂质技术

夏威夷生长期1 年的甘蔗用来作蔗种，生长期2 年的甘蔗用来榨糖。生长期2 年的甘蔗产量达到 300 t/hm^2，甘蔗倒伏在地，"V"形切割器切割后采用推集收获系统（push rake system）。推集收获系统的主要缺点是会将甘蔗连根拔起、含有大量杂质（包括石头、细小枝梢等）。糖厂配置甘蔗清洗系统去除杂质。20 世纪 70 年代，Laupahoehoe 糖业公司曾尝试采用切段收获系统，但最终还是放弃了。推集收获方式和甘蔗清洗系统成为主导夏威夷甘蔗机械化收获的方式。实践证明这种方式最可靠、成本最低。

Fairymead 决定尝试推集甘蔗收获系统（夏威夷收获方式）。20 世纪 40 年代，Fairymead Sugar Company 是澳洲第一家装备完整的甘蔗清洗装置的糖厂，该系统采用高压水喷头和电驱动剥叶辊去除杂质。

20 世纪 70—90 年代，一些糖厂建立了蔗段干洗系统。采用风吹和蔗段在不同输送带上转移输送的方法，将混入蔗段中的杂质清理出来。1974 年，Mcelhoe 和 Lewis 在糖厂建立了干洗系统，进行试验。

4.3.5.5 铺放、集堆与装车技术

甘蔗整秆收割时需要考虑后续的装车问题，整秆收割的甘蔗有将其条铺在田间、伴随收割机直接装车和集堆后倾倒在田间 3 种方式。集堆倾倒在田间有顺着蔗垄堆放和与蔗垄垂直堆放 2 种方式，与蔗垄垂直堆放有利于装车。

（1）条铺

1948 年，Kinnear 收割机将切梢后的甘蔗以与蔗垄成直角形态铺放在蔗田。安装在收割机下部的一排耙齿用来集堆（捆）铺放在地的甘蔗，后面的耙齿用来将蔗堆调整成一个角度。铺放在蔗田的甘蔗必须在收下一行甘蔗前移走。这种铺放方式被以后的设计者沿用并不断改进。

（2）整秆蔗直接装车

1944 年 11 月，P. F. Tierney 制造出自走式双行整秆收割机。砍收的甘蔗落到机器两侧的输送带上，并向上输送，倾斜落在后面平台上，然后送到位于平台下方的卡车拖车内。

（3）集堆

1945 年，Harold 和 Colin Toft 研制的收割机能够很好地砍切、切梢和集堆直立的甘蔗。砍下来的甘蔗在 2 条输送链之间被提升，然后落在后面一个倾斜的输送器上切梢，切梢后的甘蔗落下成捆，一捆大约 4 cwt（1 cwt = 112 磅 = 50. 80 kg）。

20 世纪 60 年代，Fairymead 收割机主要是切梢、根切和集堆。其在 IH Farmall 三轮拖拉机上建造，并进行适应性改进后有足够的离地间隙，使得甘蔗在平行蔗垄方向

卸到地面前能够机器下部集堆。一捆甘蔗大约360～500 kg,平均生产率50 t/h,理想条件下最高生产率60 t/h。一款设计是根切器采用切割刀片、切梢器采用旋转刀,甘蔗输送装置沿着收割机后部转动。

1965 年, 改进后的 Jim 型 Toft 两轮驱动整秆收割机,收割机宽度只有一垄宽,能够合理地将割后蔗秆送入后部车斗,不需要另外的行走空间 因而其收获性能更加灵活方便。1966 年,Austoft 公司推出了当时被认为最好的整秆收割机 J250(见图4-79)。

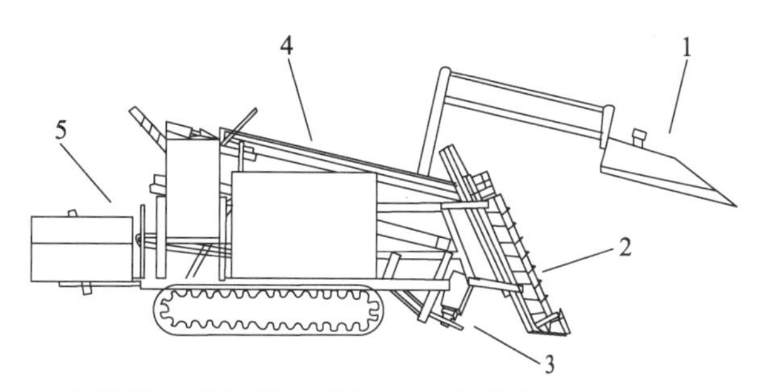

1-切梢器;2-分行器;3-底割刀;4-夹持输送节;5-集堆器

图4-79 1966 年 Toft J250 甘蔗整秆收割机

(4) 抓蔗与装车技术

装车技术对整秆收获系统作业效率影响很大。1944 年,Harold 和 Colin Toft 兄弟将一台甘蔗装载机装到福特拖拉机上;1956 年,Austoft 公司开发出一台由液压系统操作抓斗的装蔗机。

20 世纪 50—60 年代,甘蔗收割机在去蔗梢和打捆装车技术方面有了很多进展,如图4-80 所示。

(a) 20世纪50年代早期的带去梢机构的收割机

(b) Toft公司带集堆打捆的收割机

(c) 20世纪50年代应用液压技术的蔗捆装车机

图4-80 20 世纪 50—60 年代带去蔗梢和集堆打捆装置的甘蔗整秆收割机

4.3.5.6 切段技术

传统的切段方法,如铡草机的切割方式,刀轴与草料运动方向平行,刀片旋转切割平面与草料垂直。这种方式若用于甘蔗切段,则因为甘蔗铺得很厚,而且在切割过程中要移动几厘米,会使蔗段受到损伤和碰碎,所以不适合用于甘蔗收割机。最后设计成一对带着桨叶式刀片的平行轴,平行轴与甘蔗运动方向垂直,刀片旋转时在平行轴所形成的平面上会合,相对于移动的蔗铺,按摆线轨迹运动,如图 4-81a 所示。如果把蔗铺当着固定不动的,而带有径向刀片的轴是沿着它反向移动并旋转,当甘蔗被通道的输送辊筒推动进入切段器的速度与刀片的转动速度配合适当,刀尖的半径成为运动半径,则刀尖的运动轨迹成为摆线,在蔗铺上形成近于垂直、干净利落地来回切割,不拖带,使蔗段受到的损伤和碰碎就小。这种机械装置还有自动喂入的很大优点,切段器一经咬住蔗铺,就会继续不停地拖进去。

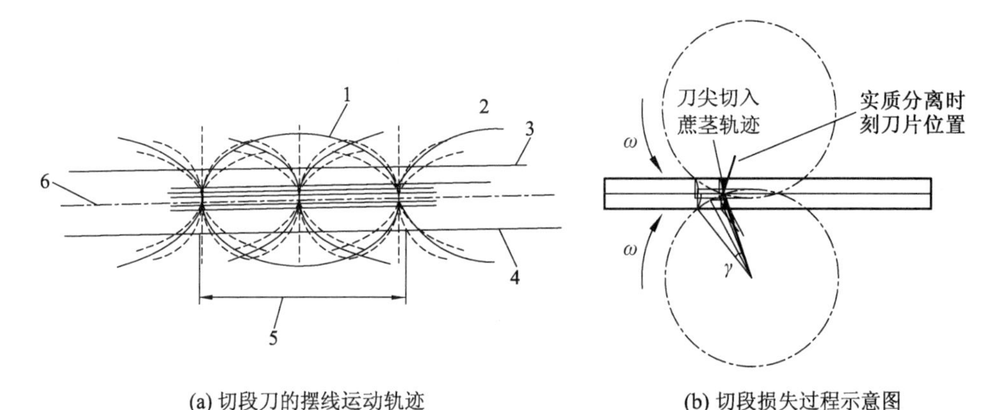

(a) 切段刀的摆线运动轨迹　　(b) 切段损失过程示意图

1-切段器刀片滚过甘蔗时的连续状态;2-运动方向;3-切段器上轴;
4-切段器下轴;5-切段器的连续切割全过程;6-甘蔗茎铺

图 4-81　切段装置的运动轨迹

中国农机院刘芳建对切段时的损失进行了讨论,他认为:在整个滚切阶段,刀片在径向方向切入蔗段的过程,实质上就是咬合区域蔗茎组织发生破坏的过程。刀片越锋利,咬合区域组织破损体积越小,其损失越小。除此之外,滚切阶段刀片相对于蔗茎的转动运动,使得刀刃区域对已经形成的蔗段断口组织造成挤压(见图 4-81b 阴影部分),易导致断口破边和劈裂,对于有夹持切段,由于受输送辊筒的拖滞作用,刀片咬合后蔗茎速度提升至与刀片线速度同步是一个相对较慢的过程,刀尖与蔗茎的相对运动轨迹为余摆线,使得挤压现象要大于无夹持切段。另外,在滚切阶段上、下刀从咬合点切入蔗茎,蔗段分离在两刀达到中位面时已发生,由于上、下咬合点在蔗茎轴向存在距离,造成蔗段断口往往呈现出台阶状,蔗段发生实质分离后,上、下刀继续沿径向切入蔗茎,各自完成整个断面的切割,形成了较为平齐的蔗段断口。该过程中,两咬合点间蔗段组织被完全分离成小的碎片,由于其质量较小,在后续风机清选过程中易随蔗叶排出机体外,将这种形式的损失称为夹片损失。他的这个观点,对蔗段碎片的组成及形成机理有新的认识,值得考虑和进一步深入研究。

4.3.5.7 蔗段收集与转运技术

切段式收割机蔗段收集方式有网袋收集和输送臂直接运送至田间转运车上两种方式。

(1)收割机输送臂直接将蔗段运送至田间转运车上

1929年,Falkiner在古巴将其整秆式甘蔗收割机改造成为世界上首台成功应用于商业和批量生产的切段式甘蔗收割机,输送臂送料至配套的田间运输系统。履带式收割机和履带拖拉机拖挂的田间运输车。

1932年,Howard和Vichie制造了澳大利亚第一台切段式甘蔗收割机,甘蔗被切成6 inch长的小段,强风去除蔗叶和杂质。蔗段被送入后部的集蔗厢内,输送臂将蔗段送入雪佛兰卡车内,然后运至有轨货车内。

之后,澳大利亚、美国和德国研发与生产的切段式甘蔗收割机几乎全部采用收割机输送臂直接将蔗段运送至田间运输车上的方式。

(2)收割机网袋集蔗

1992年,Geoff和Moller兄弟两人专门为日本设计了微型收割机,采用履带底盘,收割机重10.5 t,每天可收获甘蔗30 t。收割机采用网袋集蔗,一网袋可装蔗段1 000 kg。装满后,网袋被卸到田间。这种集蔗方式一直被多数日本甘蔗收割机厂家采用。

(3)从田间到糖厂运输

切段式收割机的优势之一是甘蔗收割后直接装车运送至糖厂。直接将收下的甘蔗装到去糖厂的运输车中,可以减少先将甘蔗堆放再抓起产生的夹杂物。此外,直接装车比分步装车费用低,提高了整个收获系统的工作效率。

澳大利亚普遍采用田间运输车+公路运输车和田间运输车+窄轨小火车运输系统。

切段式收割机开始时并没有显出很大的优势。切段式结构复杂,大型机器需要在大规模的生产中才能充分发挥它的作用,所以其最初是在美国被采用的(含美国在古巴的甘蔗农场)。因为澳大利亚甘蔗直立的占一半以上,当时还可以烧叶,而切段式收割机还需要一套新的运输系统,这就阻碍了它的发展。切段式甘蔗收割机也曾因此遭受到蔗糖工业部门的抵制,澳大利亚的甘蔗运输系统为糖厂拥有的窄轨铁路运输网,为了适应装运切段的甘蔗,这种运输系统必须改造,而这牵涉费用问题。

解决方案是添置一种装有拖车的一段铁轨，用来拖运糖厂的平板车厢。糖厂的平板车厢只花少量费用就能改装成适用于运输切成段的甘蔗，拖车则由农民制备。农民将甘蔗拖到糖厂的运输网，这样，现有运输系统得以继续使用，而改造费用则由农户和糖厂分担。此方案得到制糖部门的接纳。至此，切段式甘蔗收割机的整体解决方案得以确立，切段式收割机的时代也由此开始。

收获的甘蔗由田间运载拖车接纳装载，再卸到小火车或大吨位专用车上（见图4-82），路程远的由小火车运输，一次能拉600 t到糖厂；路程近的由大吨位卡车（一般24 t）直接送到糖厂，以保证收割的甘蔗能快速地运到糖厂。整个系统效率很高，从收获到入榨一般在12 h内完成。澳大利亚糖厂拥有并经营着4 000多公里长运输甘蔗的专用铁路网络，其他国家主要采用大吨位卡车。

(a) 切段式甘蔗收割机与田间运输车

(b) 甘蔗铁路运输列车

(c) 甘蔗公路运输与糖厂卸料

图4-82　澳大利亚甘蔗收获系统

4.3.5.8　国外甘蔗收割机技术演变的特点

（1）早期对甘蔗收割机的设计要求

① 能收割各种状态包括直立、倒伏和弯曲的甘蔗。

② 能直接将收下的甘蔗装到糖厂的运输车中，以减少先将甘蔗堆放再抓起所产生的夹杂物。此外，直接装车比分步装车费用低。

③ 机器价格能适应个体农户的购买力。

④ 甘蔗收割机收割和行走各有自己的动力，使收割机能保持稳定的工作效率。

早期是将装有部件的机架悬挂在拖拉机侧面，这种机器只能从一边收割，并且需要人工开道，但它也有很多可取之处，所以直到1969年还有2家主要的切段式收割机制造厂保持着这种侧悬挂式收割机的生产。

（2）对甘蔗收割机不断提高的设计要求

20世纪60年代，是设计的巩固阶段。对于收割喂入困难的甘蔗、减少雨天泥土和茎秆堵塞的切割器的问题，以及增强在泥泞沼泽地区作业时的牵引力和仿形等问题，都逐步得到解决。同时这也是提高零部件可靠性的阶段，如延长轴承和链条的使用年限，提高零件强度等。随着机器可靠性的提高，使用者又要求收割机有更高的生产率和向工厂提供更清洁的甘蔗，这就要求机器有更大的动力、更好的操作性，需要重新设计新的机器。

1）70 年代对收割机的设计要求

① 能开行收割；

② 能够往返双向收割；

③ 能在坡度为 12.5% 的坡地上作业；

④ 机身要窄，能在距离为 1.6 m 的两垄间作业；

⑤ 能向工厂提供满意的干净甘蔗；

⑥ 能在不太窄的地头灵活转弯；

⑦ 有足够的动力，使机具在任何恶劣的田间条件下以最佳速度行驶时，都能收割到最干净的甘蔗。

2）提高后的收割机设计方案

① 采用自走式方案。

最初设想仍用拖拉机牵引，把收割机装载在上面。经过研究，这种设计有 2 个主要缺点：一是传动系统太复杂，会使收割机高而不稳；二是从拖拉机得到的变速范围不合适，特别是低速范围。由于拖拉机背负式甘蔗收割的种种缺陷，自走式甘蔗收割机的方案被采用。

② 采用液压驱动行走系统。

液压技术的进步给甘蔗收割机的研制带来了新的突破。1956 年，澳大利亚 Toft 兄弟公司向澳大利亚甘蔗机械收获委员会报告将液压系统引进到他们的机器的打算，首先应用在装载机上。20 世纪 60 年代，开始应用到整秆收割机上。

设计者们研究了各种传动装置，最后选择了两轮驱动的静液压传动装置。

为了适应不同的垄高，收割机的底切割器必须能够调节高度。在轮式收割机上，采用了类似飞机着陆轮的结构。前轮通过两个液压油缸连接在底盘上。短轴和转向臂都焊接在油缸缸筒上，因而油缸缸筒事实上成了转向主销。不论地形怎样变化，操作员都能用操纵杆来升降油缸，使底切割器落在准确的位置。转向也是通过使一定量的油从主液压管经回转阀通到转向油缸上，由方向盘转向。

自走式底盘和收割装置的动力来源是一台柴油机。这种方式能够比以前底盘和收割装置各用一台发动机的方式更有效地利用动力。遇到难割的作物时需要较大的动力，车速也需降低，从而减少了对行走动力的需求。采用单一发动机就能调节这一平衡的需求，将降低车速、减少行走动力省下的功率用到切割上去。

③ 采用气流分离茎叶方法。

在用切段器将甘蔗切成段时,蔗叶也被切断并与蔗茎分离,两者一起被推入到空气吹叶系统中。在系统顶部抽气风扇和底部吹气风扇的共同作用下,较轻的蔗叶从顶部的排杂口被吹出,而较重的蔗茎则下落到底部的集蔗斗中,最后被输送臂送到运输车斗中。

④ 收割机的标准配置。

经过重新设计,形成了甘蔗收割机沿用至今的一套标准配置:切梢器、分离螺旋和底切割器、喂入系统、切段器、空气吹叶系统、输送器(或集蔗器)等(见图4-18)。

早期使用的甘蔗联合收获机主要机型有托夫特公司的TOFT6000,TOFT7000,福格森公司的MF105,MF205和约翰迪尔公司的CAMECO 7000型等。从结构上看,TOFT和CAMECO系列收获机是全液压传动,MF系列收获机是半液压半机械传动。这些机器都采用以上标准配置。

4.3.6 国外甘蔗收割机械化发展历程曲折的原因

甘蔗收割机的研制和应用在曲折中艰难地前进。为什么研制一种能顺利收获甘蔗的机器如此困难,研究进展如此缓慢?曾于1945年被澳大利亚Canegrowers协会派往美国路易斯安那州、夏威夷以及古巴去考察甘蔗机械化收获进展情况的Stan Toft,在1948年澳大利亚昆士兰州Bundabergde的一次会议上,总结了研制甘蔗收割机困难的原因。他指出,甘蔗是最难实现机械收获的作物,主要障碍在于国家之间、地区之间,甚至农场之间的条件差异太大。一台甘蔗收割机必须面对不同的地形地貌、土壤条件、降雨情况、种植方式、甘蔗品种、作物生长方式(直立还是倒伏)、产量($18 \sim 100\ t/hm^2$),以及与人工收获之间的价格竞争。由于一台机器很难满足所有种植者的要求,联合投资研发的意愿就大打折扣。其他因素还有小的世界市场和每年波动的价格要求。Stan Toft认为,由于不确定的潜在回报无法吸引大的公司,研发和生产适合的机器的任务就落在了个别人的身上。糖厂的运输系统也是一个问题。

农民对机械化收获的接受也不容易。美国学者Iwai等2008年在以前学者提供的研究数据基础上研究分析了甘蔗收获技术接受中农民的动态决策过程,成功解释了20世纪70—80年代佛罗里达州因当时劳动力市场条件改变,形成的甘蔗大型机械收获技术的历史演化现象。当时预计1974/1975年榨季由于人工收获成本比机收高10%,将使得机械化收获甘蔗有绝对净效益优势而能很快发展,然而历史事实表明,甘蔗大型机械收获系统的投资直到20世纪80年代中后期才发生。Iwai对1972/1973年榨季佛罗里达州甘蔗生产中机械化收获甘蔗与人工收获甘蔗成本效益比较研究发现，机械化收获甘蔗的成本优势被机械化收获甘蔗的高损失和高含杂率所抵消，影响了农民采用机械化收获方式的决策。

4.4 我国甘蔗收割机的关键技术问题分析

4.4.1 整秆式甘蔗收割机的关键技术问题

我国自1959年开始研究整秆式甘蔗收获机械技术，由于整秆式收获与人工收获的模式更接近，并且糖厂一直对切段式收获抱有抵制的态度，我国很长一段时间一直以整秆式联合收割机为主要的研发方向。一些企业觉得这是发展甘蔗机械化联合收获比较容易开发并能较快投入市场的方式，都投入对这种机型的研发。

（1）“推倒与卧式辊筒输送”技术应用于整秆收获存在的问题

为了解决严重倒伏甘蔗的收获问题，我国研制和生产的整秆式甘蔗联合收割机普遍采用了1969年Doug Ovenden的做法，即在整秆收割机上采用“推倒与卧式辊筒输送”技术，根据我们的资料，其最早见于广东湛江地区农机厂20世纪70年代研制的4GZ-65型卧式割台整秆式甘蔗收割机（见图4-28）。由于我国糖厂对进厂原料蔗的含杂率要求非常严格，因此，我国研制的整秆联合收割机追求甘蔗剥叶和断尾效果，在通道内组合了剥叶、断尾、杂质排除等功能，使处理后的甘蔗清洁度很高；然而，这些部分的工作效率很低，使整秆收割机刀盘砍切甘蔗能力、通道的通过能力与剥叶组件作业能力不匹配。整秆收割从流程上来说，相当于将分段收获用的一台推倒式割台整秆割铺机和一台剥叶机组合在一起工作。分段式收获的研究表明，剥叶机工作效率低，仅能处理0.8～1 t/h，最好的实验纪录也只有1.5 t/h；中型割铺机在收直立甘蔗时速度能达到4 km/h，作业能力是27 t/h，即使按实际效率10～15 t/h计算，也要约10台剥叶机配合作业。所以，这种组合是不合理的。为了适应剥叶部件的工作能力，只能降低整机的工作效率到约0.5km/h，甚至更低。所以，在我国“推倒与卧式辊筒输送”技术应用于整秆联合收割机时，剥叶效率低导致整秆联合收割机的作业效率低。

倒伏弯曲的甘蔗在通道内剥叶元件作用下容易折断造成通道堵塞，使整秆式联合收割机的工作效率进一步降低。

（2）整秆收获系统作业效率

联合收割机收获系统的作业方式是将甘蔗集堆后堆放在田间，然后由田间转运车运送到地头。需要配置装车机具将甘蔗装在公路运输车上，收获系统整体作业效率较低。并且，与人工砍收人工打捆收获方式相比，甘蔗在运输车上的装载量明显减少。

（3）剥叶元件寿命

我国在剥叶元件材料和形状等方面进行过大量研究。剥叶元件材料有橡胶、尼龙丝、弹簧钢等，剥叶元件形状有矩形剥指、菱形剥指、弹簧钢丝、尼龙丝刷等多种形式。存在的主要问题是剥叶元件的使用寿命较低。例如，某厂家采用弹簧钢丝作为剥叶元件，剥叶效果很好，但是弹簧钢丝的使用寿命大约为 50 t 甘蔗。频繁更换剥叶元件造成使用成本增加，效率降低。

4.4.2 切段式甘蔗收割机物流通道技术

（1）常用切段式甘蔗收割机物流通道

以根切器与输送臂（或集料器）之间物流通道内切段刀辊所处的位置不同，国内外现有切段刀辊后置型和切段刀辊前置型两种物流通道。

1）切段刀辊后置型物流通道

切段刀辊位于根切器与输送臂（或集料器）之间物流通道的末端，根切器与切段刀辊之间布置有多对辊筒，多对辊筒的中心线为一折线。国外主流机型几乎都采用这一技术方案，代表机型有凯斯 7000/8000 型、约翰迪尔 3520 型、日本文明 HC-50NN 型和松元 MCH-15 型等甘蔗收割机。

图 4-83 为凯斯 7000 型收割机物流通道示意图，根切器与切段刀辊之间布置了 5 对半输送辊筒。国内广西柳州汉森、广西云马泰缘、广西农机院的切段式收割机采用的都是这种物流通道技术。

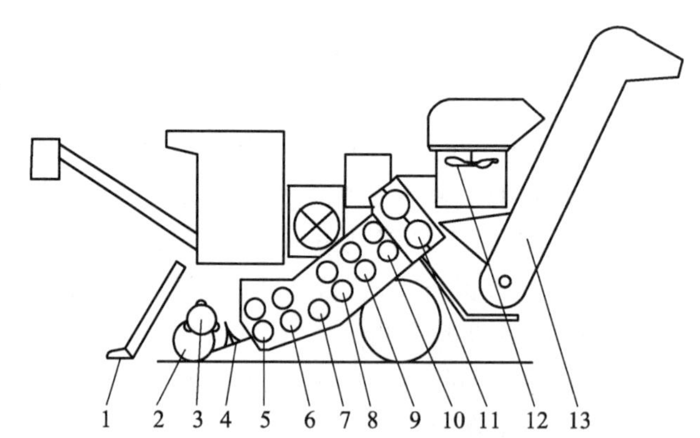

1-分行器；2-收割机前轮；3-推倒辊筒；4-根切器；5-拾捡-喂入辊筒；6～10-输送辊筒；11-切段刀辊；12-排杂风扇；13-蔗段输送臂

图 4-83 切段刀辊后置型物流通道

图 4-84 为日本文明 HC-50NN 型和松元 MCH-15 型甘蔗收割机根切器与切段刀辊之间的 8 对输送辊筒，其中前部 3 对辊筒、后部 5 对。国内采用这种方式的代

表机型是广州科利亚、中联重机和洛阳晨汉的甘蔗收割机。

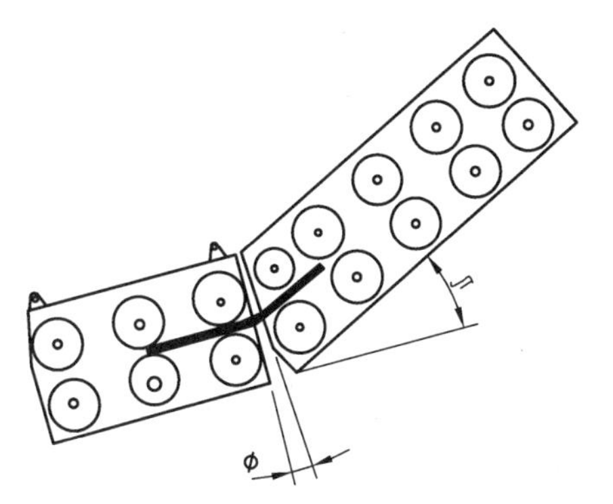

图 4-84　日本收割机根切器与切段刀辊之间的 8 对输送辊筒

2）切段刀辊前置型物流通道

切段刀辊位于根切器与输送臂（或集料器）之间物流通道的前端，即切段刀辊紧接着根切器，蔗段由相应的输送装置向后输送至输送臂集料斗（或集料器），如图 4-85 所示。

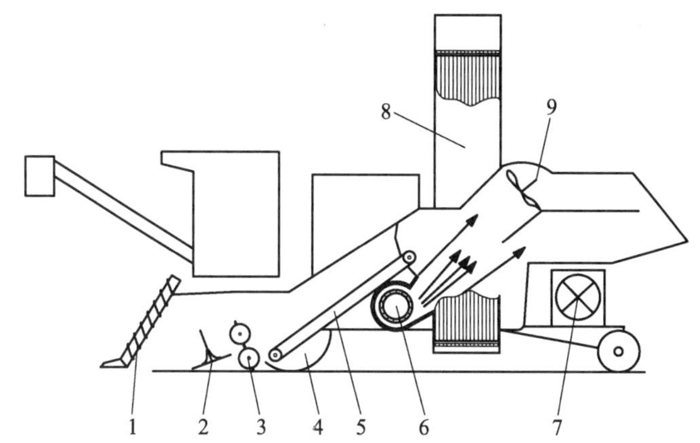

1-分行器；2-根切器；3-切段刀辊；4-前轮；5-蔗段输送装置；6-排杂吹风机；7-发动机；8-蔗段输送臂；9-排杂抽风机

图 4-85　切段刀辊前置型物流通道

代表机型有 Claas 3000 型切段式甘蔗收割机。由于甘蔗被切段前不在收割机内输送，而切成段后在收割机内就比较容易输送，还可以避免弯曲的整秆甘蔗在通道内造成堵塞。国内采用这种通道技术的是中国农机院研发的机型。但这种通道技术由于切段刀辊在蔗段输送装置接口外，由图可知，当喂入率较大时，蔗段容易被切段刀片带回到切段刀辊前面，造成田间丢落蔗段较多。

（2）切段式甘蔗收割机物流通道形式创新——切段刀辊中置型物流通道

华南农业大学在其一项已授权的发明专利“一种新型物流输送方式的甘蔗联合收割机”(专利号:ZL 201310032322. X)中提出了切段刀辊中置型物流通道的设计方案,如图 4-86 所示。

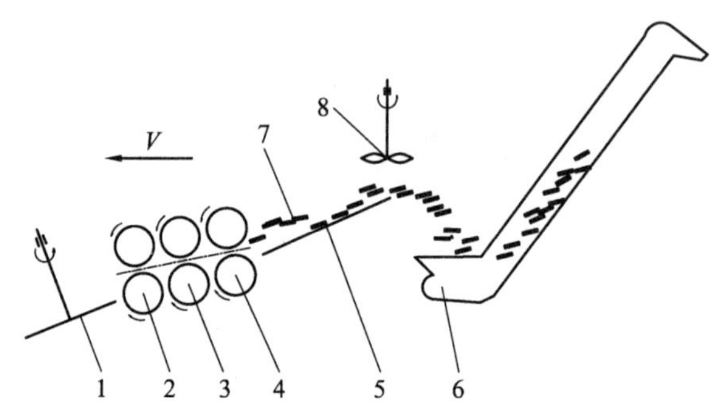

1-根切器;2-喂入辊筒;3-输送辊筒;4-切段刀辊;5-蔗段输送;6-输送臂;7-蔗段;8-排杂风扇

图 4-86 切段刀辊中置型物流通道

该方案中,在根部切割器和切段刀辊之间布置有 2 对辊筒。该方案的特点是甘蔗以整秆状态进入通道,但在收割机内通过的路径短,既对弯曲倒伏的甘蔗适应性很好,又不容易漏蔗。基于该项专利技术已研发出 4GDL-91 和 4GDL-132 型切段式的甘蔗收割机。

第5章 甘蔗生产机械化中的农机农艺融合

农业部于2010年11月印发了《关于加强农机农艺融合 加快推进薄弱环节机械化发展的意见》(以下简称《意见》)。《意见》指出,我国农机化发展仍然存在较多薄弱环节,农机农艺结合不够紧密是造成这些薄弱环节机械化发展较慢的一个重要因素。农机农艺融合,相互适应,相互促进,是建设现代农业的内在要求和必然选择。

农业部于2011年7月发布了《甘蔗生产机械化技术指导意见》,针对缓坡地、丘陵地、坡耕地类型及不同生产规模,确立了大规模全程机械化、中等规模全程机械化、小规模部分机械化及微小型半机械化4种模式,是我国现阶段引领甘蔗机械化发展的指导性文件。

近几年来,随着甘蔗生产机械化的推进,全程机械化的各种模式得到充实和发展。在甘蔗生产机械化的各个环节,从甘蔗品种、种植、水利设施等方面,进一步促进农机农艺融合日显重要。必须在育种方面选育适合机械化收割的甘蔗品种,如易剥叶、抗倒伏的品种。种植行距方面要推行适合机械化收获的行距。需要进一步探索农机农艺相互融合的生产模式,不断总结完善甘蔗机械化生产配套的农艺标准,促进我国甘蔗产业的发展。

本书前面几章在介绍各种机械化作业环节时,对有关的农艺要求都已有一些简单的描述。本章将从研究的角度,对甘蔗生产机械化各个环节的农机农艺融合问题做进一步的探讨。本章内容除5.7.2节外,均由张华撰写。

5.1 机械化蔗园的选址与规划设计原则

机械化蔗园宜选建在地势平缓(坡度 <10°为宜)、土壤肥力中上、水利资源条件良好、交通便利的蔗区。这有利于创造良好的全程机械化作业条件,尤其是发挥大功率、高效率、大型机械的作业效率,提高作业质量和实施标准化生产;有利于农田基础设施,如排灌设施,管理、控制、维修、仓储等库房,农用物资、物料预处理,运输、装卸、周转等场地,通信、卫星遥感地面基站、植保飞防等设施的配套建设;有利于土地生产力和作物生产力的协同提升;有利于提高原料蔗砍收、运输和入榨的效率,保证原料蔗新鲜入榨,提高制糖效率,促进甘蔗种植系统、加工系统和农机作业

服务系统的效率与效益的协同提升。

当前，基于土地流转、规模化、机械化经营的蔗园土地整理，应以连片化、机具作业无障碍、连续作业效率高为原则进行土地整治，重点要清除田间沟坎、树桩、线杆、石块、田埂等障碍物，科学合理地规划农机、物资、管理、堆场等库房、场地与周边乡村通路、物流通路和田间工作道的布局。田间道路宽应≥4 m，并应最大限度地减小路面与田面高差，以高差≤5 cm 为宜。沟渠等农田基本建设须充分考虑农机具下田、转弯掉头和物料装卸的充足空间和作业便利。在连续作业地块的规划方面，应以甘蔗产量目标为基础，以机收类型与装载方式为主要依据，参考甘蔗种植机、中耕管理、植保等机械的最高物料用量来合理确定单位地块的行长，尽量避免作业过程中因物料耗尽而停机或需多次装卸，为充分发挥机械化作业效率奠定良好的基础。大规模的机械化蔗园一般要求连片连续作业面积≥200 亩，单位地块长度≥200 m，宽度≥25 m。

有条件的机械化蔗园在土地整治规划过程中可采用卫星测量系统进行辅助设计，结合机具类型配置情况和田间管理技术标准，最大限度地提高土地利用效率和机械作业效率。对卫星测量系统辅助设计和卫星导航作业控制的应用研究结果显示，传统经验型的开行作业实际完成的种植数量比理论测算值少 9.4% ~12.1%；而利用卫星测量系统辅助设计和卫星导航作业的实际完成种植数量与理论测算值的偏差仅为 0.1%。

5.2 植蔗地的耕整

5.2.1 植蔗苗床耕层土壤的技术要求

良好的植蔗苗床是甘蔗强生势、高产量、强宿根、节本高效管理和持续维护地力的重要载体和物质基础，蔗地用养结合、土壤监测改良和精细整地构成发达产蔗国家最为重视的基础性耕作技术体系。良好的植蔗苗床耕层土壤条件可归纳为“深、松、碎、平、肥”5 个字。

深厚的机械作业耕层有利于增加土壤有效的水分和养分“库容”，保持良好稳定的墒情，促进温、水、肥效应的良好耦合；有益于甘蔗扎根抗倒和宿根蔗的萌芽及生长；并通过土体生态环境和条件的改变控制害虫及杂草的为害，如破坏害虫卵、幼虫的越冬环境，降低虫口基数，通过深埋杂草种子抑制其出苗等。有研究表明，常见的杂草 90% 都萌生于 0 ~2 cm 的土层，而埋深在 6 cm 土层以下的杂草种子则多无法出苗；不同类型的杂草种子生活力受翻埋深度的影响也有所不同，如双子叶杂草的种子埋深超过 2 cm 则不易出苗，而某些单子叶杂草种子埋深至 8 cm 仍可有少量出苗，这也要求我们应根据蔗园杂草的类型和特点制定相应的耕作和化学防除策略。

疏松的耕层有益于土壤的通气与熟化，促进土壤团粒结构的形成，促进有益微生物的增殖、有机质的分解和肥效的释放及利用。赖于土壤通气状况的土壤微生物推动着土壤的物质转化和能量流动，反映了土壤物质代谢的旺盛程度，在有机质矿化、腐殖质形成和分解、营养元素转化过程中起着不可替代的作用，而细菌恰是土壤微生物群体中数量最大、类群最为丰富的重要指标。对不同土壤紧实度下甘蔗根际土壤微生物数量变化的研究分析结果显示，从甘蔗苗期至分蘖期，甘蔗根际土壤的细菌总数随着甘蔗的生长呈增长的趋势，土壤紧实度为 1.1 g/cm^3 的疏松土壤中增长最快，增幅达 50.9%；而土壤紧实度为 1.3 g/cm^3 的处理甘蔗根际土壤细菌总数增幅仅为 28.0%。疏松的耕层还有利于改善土壤的保温性能，研究显示，机械化深松后初期可提高苗床土温 1 ℃左右，以后逐渐减少，增温时间可持续 70 ~ 80d，在我国冬植蔗和早春植蔗地区，创建疏松的苗床耕层，结合热性有机肥或晴天覆膜技术，是提高甘蔗萌芽出苗率的有益的耕作技术措施。

植蔗苗床耕层土壤细碎，紧实度减小，孔隙度增加，同样有利于土壤的保温，同时还增加了种茎与土壤的接触面积，有利于保护种茎、种芽；甘蔗生根后，根毛与土壤的充分接触，可促进其对水分、养分的吸收；松碎的土壤耕层特性还有利于保证机械的顺畅运行和作业质量。植蔗苗床土面平整可避免田间局部受旱或积涝，有利于新植、宿根蔗苗整齐生长，便于集中实施大规模田间管理和进行标准化作业，保证了机械作业的农时和作业质量。

有研究显示，平均每收获 1 t 甘蔗从蔗地中带走的养分：N：1.50 ~ 2.16 kg，P_2O_5：0.45 ~ 0.51 kg，K_2O：1.98 ~ 2.71 kg，S：0.45 ~ 1.35 kg，MgO：0.35 ~ 1.05 kg，Zn：0.01 ~ 0.02 kg，B：0.005 ~ 0.010 kg。根据甘蔗品种的产量构成特征、养分响应特征、土壤固有的肥力水平和植蔗期气候条件，我们便可以科学地评估蔗地改良、增肥的必要性、可行性及相关措施，制定出全生育期的营养管理策略。

5.2.2　植蔗地的机械化深松

5.2.2.1　机械化深松的作用和意义

深松作业一般要求穿透犁底层，而不破心土层，目的在于逐渐增厚耕层，提升土壤的水肥协调能力，促进土壤熟化。

有研究显示，深松作业可显著降低土壤紧实度 3 ~ 4 g/cm^3。研究也表明，从甘蔗苗期至伸长后期，经机械化深松的蔗垄土壤紧实度比未深松处理可降低 17.6% ~ 36.5%；机械化深松与种植行距的互作效应研究显示，在 140 cm 与 160 cm 两种种植行距下，深松处理的各土层土壤紧实度均小于未深松处理的各土层土壤紧实度，并以 10 ~ 20 cm 土层的改善最为显著，该土层也是甘蔗地下芽密集萌生和根系支持抗倒、营养吸收的主要功能区,可见机械化深松对甘蔗高产、强宿根、抗倒伏具有重要作用。深松后的土壤紧实度显示出与种植行距的显著负相关,140 cm 与 160 cm 两种种植行距下深松后的土壤紧实度比未深松处理分别下降 28.3% 和 34.4%,表明缺乏大型机械实施高质量作业的蔗园更具深松的必要性和迫切性。

有研究表明,机械化深松可增加土壤微团聚体(直径 <0.25 mm 的团聚状土壤颗粒)数量 10% 以上,改善土壤的多孔性和水稳性,从而促进了土壤中的固相、液相和气相的协调状态。土壤团聚体间的通气孔隙可以通气透水,在降雨或灌溉时,大量水分可通过通气孔隙渗入土层,减少了地表径流和水土流失,团聚体内的毛管孔隙可吸收并保存水分,团聚体便形同一个个“小水库”,而过饱和的水分在重力作用下,则通过团聚体间的孔隙往深土层下渗。干旱季节时,土壤表层的团聚体会因失水而收缩,阻断上下土层毛管的连通,减少土壤水分的蒸发散失。有研究显示,深松处理比未经深松处理的土壤绝对含水量可提高 1.37% ~4%。近期通过研究机械化深松对蔗垄不同深度土层三相容积率的影响,反映出机械化深松对 0 ~30 cm 土层的三相容积率产生了显著的改善效应,但 0 ~10 cm 土层的固相、液相容积率仍可通过外施物料改良、进一步增加团聚体数量来加以改善。

土壤团聚体内部的毛管孔隙持水多而空气少,既可以保存随水进入团聚体的水溶性养分,又适宜嫌气性微生物的活动。有机质分解缓慢,有利于腐殖质的形成,有利于养分的积累,起到保肥的作用。而团聚体间的通气孔隙中空气充足,适宜于好气性微生物的活动,有机质分解快,产生的速效养分多,供肥性能就好。有研究显示,深松处理比未经深松处理的土壤有机质含量可提高 0.3%(绝对值)。

此外,深松还有利于减少土壤中致病菌的积累。研究显示,间隔 5 年进行深松的土壤中致病菌含量比间隔 10 年进行深松的病菌含量低 4.94%,非致病菌含量高 11.95%。

机械化深松对甘蔗生长的影响研究显示,深松处理比不深松处理的甘蔗根数、根长和根重分别增加了 33.6%,44.7% 和 40.8%;分蘖率提高 35% ~45%;伸长初期株高增加 7.4 ~23.4 cm;对甘蔗成熟期株高、有效茎数、产量和糖分均有显著正效应,在大型、大功率、大行距机械化作业条件下是保障单位面积有效茎数的必要技术措施。

5.2.2.2 机械化深松作业的农艺技术要求

机械化深松的松土深度一般达到 45 cm 以上。进行机械化深松的蔗地一般要求为土层厚度在 55 cm 以上的黏土或壤土类型,平均绝对含水率为 15% ~30%。深松作业前应对田间可妨碍作业的明显的垄、沟、蔗叶、根茬等进行处理,该作业环节称为耙茬。耙茬作业可根据蔗园规模采用拖拉机牵引中、重型耙或旋耕机进行,也可结合蔗叶粉碎还田进行,旨在松碎、平整土壤,破碎根茬、蔗叶等残留障碍物,为后续的深松创造良好的作业条件。耙茬作业时应做到不拖堆,作业后无明显垄、沟差别,茬碎土匀,随后即可进行深松作业。

机械化深松一般选用单柱式深松机具进行作业,提高蓄水能力是深松作业的主要目的和显著特点。深松在调节耕层土壤水、肥、气、热状况等方面具有良好的效果,经深松作业后,耕层内土壤呈疏松带与紧实带相间并存的状态,形成虚实交互的耕层结构,虚部在降雨或灌溉时可使水分迅速下渗,实部土壤毛细管则保证水分上升,满足甘蔗生长的需要。

还有一种深松方式为全方位深松,一般选用全方位深松机具进行作业,其主要目的在于纵横均匀地全方位疏松土层。全方位深松机具的结构组成一般包括梯形框架式深松部件、悬挂架、横梁、支撑杆及限深轮,其深松部件可分为左斜侧刃、右斜侧刃和水平刃部分。由于阻力大、耗能高,全方位深松机具一般用于轻壤土和沙质较重的地块,在我国南方蔗区很少采用。

5.2.2.3　深松作业的注意事项

对于坚硬干燥的土壤,深松的松碎效果最好,这时水能渗入到土壤下层的空隙中并被贮存起来,由于土壤松碎后作物的根系能较好地生长,不同土层中又含有较多水分和空气,有利于作物生长,这样深松后作物的产量就能显著提高。对于比较潮湿的土壤,深松铲(特别是不带翼的窄齿铲)仅能顺着土壤开出一条没多大价值的沟,这时深松效果不大。

有时深松的目的是为了打破耕作层下的硬土层,以便排掉耕层中太多的水分,使耕作层保持合适的三相比,促进作物生长,也能提高产量。但是,在这样的土层结构条件下,若耕作层原来就水分不足,或硬底层下面是不能蓄水的沙土层,则打破硬底层后只会引起更多的水分流失,不利于作物的生长,反而引起作物产量下降。

因此,在采用深松作业前,应当调查一下当地的土壤情况,再决定是否需要深松。调查土层情况最有效的方法是在田间挖开一些剖面进行实地观察。在比较黏重的土壤中,加上旋耕机碎土效果更好。

机械化深松作业的间隔年限、作业方法和深度应视蔗地的地形地貌、土层结构、土壤特性、气候条件和前作情况因地制宜。缓坡上部、土层浅薄、有机质缺乏、偏砂质地均不宜频繁深松,可适当减小深松作业深度,并应避免横向、纵向交叉、密集深松,甘蔗坡耕地应避免在连续强降雨之前进行深松,以免加剧水土流失;地势平缓、土层深厚的抛荒地,土壤黏性较大,低洼地宜适当增加作业深度,可进行横向、纵向交叉深松;新植甘蔗前深松可轮次间隔采用单向深松和横向、纵向交叉深松的方式进行。

机械化深松作业按照牵引动力的行走方式又可分为轮式机组作业和履带式机

组作业。轮式作业机组应在不大于20%的坡度条件下作业,而履带式作业机组应在不大于30%的坡度条件下作业。在确保人机安全和生产全程机械化作业效率、效果,以及防止水土流失的前提下,坡度较大的蔗地深松作业路径应尽量沿等高线进行。

5.2.3 植蔗地的机械化翻耕

机械化翻耕是碎土耙平、构建植蔗苗床的必要前提。通过翻耕保持耕作层的深度,土体上下层次的翻转、翻晒,促进土体的水分和热量交换,有利于提高土壤的熟化程度和宜耕性,并兼具覆草灭虫的效果。在当季不需进行机械化深松的地块,翻耕前应对田间可妨碍作业的明显的垄、沟、蔗叶、根茬等进行处理,同前述的耙茬环节,耙茬的作业方式、目的和技术要求不再赘述。

机械化翻耕作业按照牵引动力的行走方式亦可分为轮式机组作业和履带式机组作业两种类型。同机械化深松作业一样,轮式作业机组应在不大于20%的坡度条件下作业,而履带式作业机组应在不大于30%的坡度条件下作业。在确保人机安全和生产全程机械化作业效率和效果,以及防止水土流失的前提下,坡度较大的蔗地翻耕作业路径也应尽量沿等高线进行。

机械化翻耕分为普通深度的翻耕(20~25 cm)和深耕(35 cm),甘蔗地每3~4年才翻耕1次,每次翻耕一般都深耕1次,浅耕1或2次。深耕的蔗地一般要求土层厚度在45 cm以上,为全耕层土壤平均绝对含水率15%~30%的黏土或壤土类型。在较大规模的蔗园进行机械化深耕时,一般宜采用标定功率在103 kW以上的拖拉机悬挂2~3铧犁在耕深35 cm以上的耕作作业。

机械化翻耕的作业深度也应视地形地貌、土层结构、土壤特性、气候条件、前作情况和机具装备水平而定。坡耕地上部、土层浅薄、有机质缺乏、地力贫瘠、土壤偏砂质或黏性较大、久荒板结、排水不良的常年积涝地块均不宜过度深翻。在土壤结构、营养特性与前作长势良好,机具装备与作业质量优良的机械化蔗园,本着能效节约的原则,翻耕可替代部分轮次的深松作业,建议此类型的新植蔗地轮次进行深松、翻耕、整地的技术路线如下:

交叉深松+翻耕+碎土耙平→翻耕+碎土耙平→单向深松+翻耕+碎土耙平→翻耕+碎土耙平→交叉深松+翻耕+碎土耙平……

以上的翻耕宜深耕和浅耕交替使用。

尽管如此,在大多数情况下,机械化翻耕作业即便能达到一定的作业深度,仍难以达到和维持机械化深松作业的目的和效果。通过对翻耕与深松作业效果的比较研究表明,不同的翻耕深度处理对耕层土壤的容重和固、液、气三相容积率的改善效果未见处理间的显著差异,翻耕作业对降低耕层土壤紧实度的影响显著不及深松作业的效果，且随着翻耕作业深度的增加，常常出现下层湿土被翻到土面而加速水分散失的不利影响，而机械化深松恰恰在蓄积土壤水分方面具有不可替代的优势。研究还显示，随着机械化翻耕深度的增加，0 ~ 30 cm 土层的土壤毛管孔隙度趋于下降，通气孔隙度有所增加，但与深松作业相比，翻耕作业造成 0 ~ 20 cm 土层过于疏松，充实度不足，土壤水分的散失现象较为突出，所以应及时进行后续的碎土耙平作业。从改善土壤的机械化宜耕性角度来看，随着翻耕深度的增加，土壤的机械化适耕性有所提高，但翻耕对 20 cm 以下土层的机械化适耕性改善效果显著不及深松作业。

5.2.4　植蔗苗床的机械化碎土耙平

一般在完成机械化翻耕后，宜早在适墒条件下采用拖拉机配套圆盘耙或旋耕机进行碎土耙平作业。作为植蔗苗床整备的最后一道作业工序，应达到作业后全耕层松、碎、匀、平的技术要求，故多采用横向、纵向共 2 次交叉的碎土耙平作业。根据甘蔗沟植和多年宿根生产、抗倒伏的特点和要求，一般要求碎土耙平时的作业深度在 25 cm 以上，作业深度相对误差应 < 10%，作业深度稳定性 ≥80%，碎土率 ≥55%，耙茬率 ≥80%，无漏耙现象。在发达国家和装备、技术水平高的机械化蔗园，常在完成碎土耙平作业后再用平地机进行更为精准的平地作业，以创建高质量、高标准的植蔗苗床，保证全田水肥供应、甘蔗生长整齐度和后续机械化作业质量的一致性。

在作业面开阔、土壤结构较好、土质较疏松，灌溉用水有保障的蔗园建议采用标定功率在 103 kW 以上的拖拉机悬挂圆盘重耙进行作业，可实现高效率、高质量的碎土耙平作业。圆盘耙的结构和一般工作原理在第 2 章已作介绍，不再赘述。

旋耕目前仍是我国蔗区最常见的碎土耙平作业方式，少数蔗农为减少耕整地作业工序、节约支出，不经深松或翻耕，直接利用旋耕机进行碎土耙平作业后便种植甘蔗。这种作业方式往往土表看似细碎均匀，但作业耕层浅薄，实际耕深多在 10 ~ 14 cm，难以满足甘蔗这一高秆、深根型作物对有效耕层厚度、土壤结构和水分、养分供应能力的需求。尤其在耕层浅薄、土壤结构与地力较差、偏砂质及易形成径流的地块更不宜常年使用旋耕作业，否则极易破坏土壤结构，降低土壤颗粒的黏接性，造成水土和养分的流失。所以在规模较小、坡度不适宜、装备条件有限、土壤条件不佳的蔗园常年采用旋耕机进行碎土耙平作业时，应持续结合进行蔗叶还田、增加土壤有机质、外施物料改良土壤等技术措施，增厚耕层，提升地力。

5.3 机械化种植

5.3.1 甘蔗种植的生态条件要求

种植是构建甘蔗高产群体的基础性环节，并受土质、水分、温、光、虫、草，以及品种和种植方式等诸多因素的综合影响，是甘蔗生产全过程中对农机农艺融合的技术要求最为复杂的环节。

适宜的温度和水分是甘蔗种芽萌发的重要条件，也是最基本的前提。一般甘蔗种芽萌发以 0 ~ 10 cm 土层温度在 18 ℃以上为宜，不宜低于 13 ℃，要求 13 ℃以上的活动积温需达到 200 ℃左右，20 ℃以上萌发很快，30 ~ 32 ℃最适宜。蔗种发根的温度要求则略低于萌芽的条件，土温也要求达 10 ℃以上，以 20 ~ 27 ℃最适宜。

甘蔗萌芽期需水量较少，但在苗根未长出之前，甘蔗对旱、涝的反应均很敏感，一般出苗要求土壤相对含水量在 60% ~80% 之间，不应低于 50% 。

5.3.2 适宜机械化种植的甘蔗品种选择

优良品种是实现原料蔗高产优质和高效、节本生产管理的基础。选用机械化适宜品种，不仅要满足传统上的良种评价目标，即高产、高糖、抗逆（病、虫、旱、寒、风、盐、瘠）、强宿根，而且须注意适宜机械作业的甘蔗形态学特征、理化特性和工农艺性状。对机械化种植而言，种茎的芽体不暴凸，生长带不过分鼓胀，芽体陷入芽沟等性状都是保护蔗芽避免机械损伤的有益性状。对机械化中耕管理来说，特别是应用国际主流的生产全程机械化技术和装备的蔗园，由于种植行距的增宽（蔗垄中心点行距可宽至 185 cm），在农田生态条件上便可出现甘蔗生长前期（萌芽期、苗期、分蘖前期）单位土地面积的裸露空间增多，土壤蒸散面积增大，土壤水分散失加快的现象。与此同时，杂草对环境的适应能力、滋生面积、种群数量、生长代数及生长量均比甘蔗更具竞争优势，导致杂草为害期延长，为害频次增多，因此机械化种植甘蔗品种在我国主要蔗区旱、寒频发的生态条件下能早生快发、迅速封行抑草和对除草剂钝感，不易产生药害的特点就显得尤为重要。此外，在甘蔗中耕培土作业环节，由于受拖拉机和中耕培土机具的离地间隙所限，一般需在甘蔗株高 50 cm 以前完成中耕大培土作业，若种植甘蔗品种的分蘖期较晚，田间主茎和分蘖长势差距较大，进行中耕大培土作业时往往会将较小的分蘖覆盖入土中，致其停止生长、自然消亡，造成后期茎蘖数不足，而影响甘蔗收获产量。因此机械化种植的甘蔗品种应具备分蘖早、生势强，主茎和分蘖长势整齐，分蘖成茎率高，蔗梢部坚韧，不易折断损伤的良好性状。而蔗茎纤维含量中高，直立抗倒，易脱叶或叶鞘松、薄，蔗肉组织致密，蔗糖分耐转化能力强则是适宜机械化收获、提高作业效率、降低机收夹杂物率和蔗糖损失率的优良性状。将生产特性相近的品种规划集中连片种植有利于提高机械化连续作业的效率和高糖入榨。

5.3.3　机械化种植的种茎准备

选用专业苗圃繁殖的健康种茎。采用茎段联合种植机播种的可用联合收割机采收蔗种，根据品种梢部芽情调整切梢器作业高度，调节收割机切段刀砍种长度在 25 cm 以上，以预砍抽查种芽损伤率≤5% 为机械化砍种技术合格标准；与种植机直接接驳的蔗种转装车单厢体要与种植机种箱容量相匹配，以免倾倒蔗种时漏出种箱外；与蔗种装卸平台接驳的蔗种转装车单厢体装载量也不宜过大，以免蔗种堆积挤压过度受损。采用人工喂入式联合种植机播种的，可根据种植机承载量、单位地块行长及下种量预先将适量蔗种置于田间便于装卸处，避免多次装卸造成种茎的机械损伤。

我国目前的原料蔗生产，多为种植户自选自留茎节外观正常的蔗茎作为种茎进行种植。从甘蔗生理生化特征的角度分析，蔗茎不同节位的芽和根萌发情况是存在差异的。甘蔗梢部蔗芽幼嫩，生活力旺盛，蔗茎组织薄壁细胞内的蔗糖含量低、含水量高，营养物质的水解、能量的转化和供应迅速快，因此，在同等条件下蔗梢部种芽的萌发一般要快于蔗茎中下部芽的萌发。而从生根情况上看，蔗茎中下部由于生长带组织发育的成熟度以及对环境条件（旱、寒等）的适应性、耐受性要强于嫩梢部，所以发根亦较粗壮。总体上以选择中上部节位的茎段进行种植为宜。

甘蔗生产用种从散户蔗农的自留自用向专业化苗圃统繁统供健康种苗发展，是我国提升甘蔗产业技术水平和组织管理水平，实现甘蔗高产、高效、绿色生产的必由之路，也是发达产蔗国家和地区的成功经验。专业化苗圃生产多采用"一年两繁"或"两年三繁"的种植制度，提供的种茎多为"半年蔗"，其蔗芽生活力强、含水量多、积累蔗糖分少，且经环境消毒、区域隔离等专业化管理措施，种茎病害、虫害隐患风险低，质量高，是甘蔗高产基本苗群体构建的最重要的物质基础。

我国主产蔗区现主推应用的甘蔗种植机机型为整秆式甘蔗种植机，采用人工喂入甘蔗全茎，种植机切段播种，同时可兼具开植沟、施肥用药、喷淋消毒、覆土、镇压、覆盖地膜等复式作业功能。针对这种机械化种植模式，宜选用中细茎、节间长度适中的种茎，因为中大茎种苗的单位面积用种量大，田间装载次数增多，机种效率受到影响，装载和喂入种茎的劳动强度加大，收获时中大茎秆也比中细茎秆更容易产生破裂；种茎偏长则可能导致株距稀疏，甚至断垄，影响甘蔗茎蘖数和产量形成，且不易封行抑草，喂入种茎的劳动强度大；种茎偏短时机械伤芽率略高。针对人工喂入式的整秆甘蔗种植机，我们曾对 8 个甘蔗品种的种茎特点、机种效率及出苗效果进行研究，旨在为节约用种，提高机种效率和出苗率，以及专业化苗圃繁殖的技术要求提供参考，见表5-1。

表5-1 8个甘蔗品种的种茎特点、机种效率及出苗效果比较

品种编号	种茎长/cm	种茎粗/cm	单茎重/kg	节间长度/cm	健芽率/%	过嫩芽率/%	吨种下芽数	行走速度/(km/h)	出苗率/%
1	120	2.63	0.78	11.0	93	14	12 927	2.0	52.9
2	86	2.13	0.34	7.5	86	24	28 994	1.7	33.8
3	71	1.91	0.29	7.3	90	22	30 339	1.8	21.6
4	78	2.19	0.27	9.3	95	23	29 205	1.9	40.0
5	63	2.52	0.37	8.5	89	17	17 432	2.0	40.9
6	95	2.53	0.44	7.8	72	17	19 876	2.0	46.4
7	83	2.37	0.62	9.8	94	33	12 745	2.0	61.1
8	95	2.14	0.41	7.7	71	30	21 504	1.9	44.8

研究分析结果显示，中小茎类型的品种2、品种3和品种4的种植机单次装载量及可播种面积大，单位种植面积的蔗种装载次数少，但因节间较短，在偏低的行走速度下，单位面积的下芽数偏高，造成一定程度的浪费，同时还有较高的机械伤芽率发生。针对该类型品种，在繁殖苗圃内就应注重加强拔节伸长期的田间管理水平，种植时应适当提高机具行走速度，对改善这类品种的种茎质量、种芽利用率、机种效率和出苗效果都是有益的。品种6和品种8属同系列品种，研究分析表明，要进一步提高这2个品种的机种出苗率的关键并不在于种植环节本身，而是繁殖苗圃的生产管理和蔗种砍收技术。这两个品种种茎的健康芽率显著小于其他参试品种，表明它们应是繁殖苗圃防虫治虫的重点关注品种，以提高种茎的健芽率和机种出苗率；与此同时，品种6在繁殖苗圃的种植生产过程中可采用密植和促蘖技术，如减小种植株距、加强分蘖期水肥管理，在提高茎蘖数的基础上通过适当控制蔗株生长空间来控制种茎的增粗生长，有利于后续机种利用，提高作业效率和出苗率；而品种8的种茎梢部偏长，嫩芽偏多，对机种作业效率、种茎利用率和出苗率均不利，只要在繁殖苗圃砍收蔗种时适当多砍掉些梢部过嫩芽，都会产生明显的改善效果。品种1和品种7也属于同系列品种，节间长，机种速度快，机械伤芽少，但蔗茎粗大，单位面积用种量大，蔗种装载次数和劳动强度都会有所增加，这两个品种通过在繁殖苗圃内采用密植和促蘖技术均有利于控制和减小茎粗，从而改善增加机械化种植的单位面积种芽数量，为实现高产奠定基础；品种7还应特别重视在繁殖苗圃时的防虫治虫。通过统计学分析，人工喂入式整秆种植机要求甘蔗种茎除

常规的品种生物学、生理学特性外，在形态规格上需茎径中小(2.0～2.5 cm)，节间长 7.5～9.5 cm，能够较好地发挥机械化种植效率，并达到理想的种植出苗效果。甘蔗种植前，可根据种植机的承载量、单位地块行长及单位面积计划下种量，预先将适量蔗种放置于田间便于装卸处，以提高机械化种植作业效率，并避免多次装卸造成种茎的机械损伤。

我国主产蔗区目前最主要的种植播种方式仍是采用机械化开沟与播种分步进行的。由于农村劳动力数量与劳动能力的锐减，人工成本的快速增长，越来越多的蔗区有赖于人工作业的甘蔗种植环节日益粗放化，传统的剥叶、观察选种、浸种等环节日趋消失，"双芽种""三芽种"逐渐被"多芽种"甚至全茎下种所取代。在具备灌溉设施、管理水平良好的良种繁殖田，采用单芽或双芽段播种可节约种茎用量，保证分蘖空间，利于发挥分蘖成茎能力，提高种茎繁殖产量。从蔗茎的生理生化状态来看，种茎的茎段长，萌芽生根所需的营养、水分的储备和耐旱能力均更强，尤其在播后久旱和长期低温的情况下有利于维持种茎的活力，但往往会出现靠近蔗茎两端的种芽先萌发成苗后，合成的生长素对远离蔗茎两端的种芽萌发造成"顶端优势"的抑制作用，从而导致田间苗情不整齐，齐苗所需时间长，壮苗均匀度不佳，对中耕管理作业适期的确定和作业效果会造成一定影响。因此，如果气候生态、劳动力和成本控制条件许可，原料蔗生产播种建议以 2～4 芽段为宜。

机械化种植效率最高的是采用甘蔗切段式联合种植机，这在发达产蔗国家已普遍应用，但在我国才刚开始对机具的研制和应用试验。该类型甘蔗联合种植机的作业效率至少为目前我国人工喂入式整秆甘蔗种植机的 6 倍以上，是传统人工种植效率的 20 倍以上。切段式甘蔗联合种植机所采用的甘蔗茎段是由切段式甘蔗联合收割机从专业繁殖苗圃中采收的，用于采收蔗种的甘蔗联合收割机需将常规收获原料蔗时使用的钢质输送辊组和刮条更换为外被橡胶的组件，以最大限度地降低砍收蔗种的机械损伤率，与此同时还要调整蔗种的喂入输送速度，以保证砍收蔗种长度的一致性。切段式甘蔗联合收割机砍收蔗种时，应根据品种梢部芽情调整切梢器作业高度，调节收割机切段刀砍种长度在 25～30 cm 之间，应预砍检查蔗种的种芽损伤情况、茎段两端爆裂情况，以损伤程度最低为适宜的砍种作业参数。接驳收割机与种植机的蔗种转装车单厢体要与种植机种箱容量相匹配，以免倾倒蔗种时泄出种植机种箱外造成不便；与蔗种装卸平台接驳的蔗种转装车单厢体装载量也不宜过大，以免蔗种堆积挤压过度而受损。

5.3.4　机械化种植

5.3.4.1　几种主要甘蔗种植机的农艺特点

第 2 章已对我国和国际上目前主要应用的甘蔗种植机从机械的角度作了详细

介绍。下面从农艺的角度对这些种植机作进一步分析。

（1）传统型甘蔗种植机

传统型的甘蔗种植机一般仍采用人工下种的方式，既可铺放全茎蔗种，也可摆放切段的种茎。开出的植蔗沟底宽度约为 25 cm，沟底通常只能铺放 1 或 2 排蔗种，完成种植后植床深陷，呈深“V”形，田间垄、沟高度悬殊，后续还需通过中耕来减小垄、沟的高度差，并通过培土使原深陷的种植床逐渐抬高形成适宜机械化收获的垄形，因此，采用传统型甘蔗种植机的种植模式不适于少耕技术的应用。此外，由于种植沟底较窄，使得甘蔗生长的幅宽受限，在宽行距种植条件下甘蔗的封行时间较长，杂草控制较为困难。

（2）宽播幅甘蔗种植机

宽播幅甘蔗种植机是在传统型甘蔗种植机的应用基础上，针对传统型甘蔗种植机种植的甘蔗生长幅宽较窄、不易封行抑草、中耕培土作业次数较多的缺点和提高种植作业效率的需要而研制应用的，其种植沟底的宽度在 35 ~ 50 cm。宽播幅甘蔗种植机属于切段式甘蔗种植机。有些机型还在排种通道上加设了中央分隔机构，引导经过排种通道下落的种茎铺放在种植沟的两侧，以避免蔗种过多地堆积于种植沟的中部，故此类机型的种植效果有些类似双行铧犁开沟甘蔗种植机。

宽播幅甘蔗种植机播种的甘蔗由于生长空间的扩大，分蘖旺盛，封行较快，有利于抑制杂草生长。完成种植后田间整体上较为平整，沟、垄高度差不大，有利于减少中耕培土次数。

（3）双行铧犁开沟甘蔗种植机

双行铧犁开沟甘蔗种植机是针对宽窄行种植模式而研制应用的，属于切段式甘蔗种植机，其开种植沟的机构多为铧犁式开沟器。它具有两套独立的蔗种传送系统，可实现一垄双行种植，这种种植机大多数机型播种的两行间距为 40 cm，种植沟底宽度约为 15 cm。宽窄行种植模式使得甘蔗生长前期的行间土壤裸露面积进一步减少，甘蔗的封行抑草效果更为理想。早期的双行铧犁开沟甘蔗种植机播种后双行间的土壤量较少，甚至两行间的土面凹陷，难以满足行间中耕培土作业和填充甘蔗茎蘖基部的需要，导致行间的无效分蘖不易控制，徒耗营养，甘蔗分蘖成茎弱小，最终影响产量的提高；此外，由于难以形成理想的“馒头形”培垄，在进行机械化收获时常因蔗茎基部的土壤填充性较差，造成甘蔗基部切断时切口处的撕裂，在土壤较疏松的蔗地甚至会拽出蔗蔸，影响进厂入榨的原料蔗质量和下一生长季的宿根蔗生长。为此，改进后的新型双行铧犁开沟甘蔗种植机已可以保证在两条种植行间堆积足够的土量和垄型，确保中耕作业和培土质量的要求。

（4）圆盘式开沟甘蔗种植机

圆盘式开沟甘蔗种植机是基于减少土壤耕作、前季蔗叶或豆科植物残茬覆盖、除草剂减施等保护性耕作技术而研制应用的。圆盘式开沟甘蔗种植机最初改型于整秆式甘蔗种植机,是基于圆盘破土开植沟时对土壤的扰动面积远小于上述 3 种甘蔗种植机的铧犁式开沟作业,且蔗种通过圆盘一定的倾斜角度的引导,可以较整齐地铺放于种植沟中。圆盘式开植沟的沟底宽度可小至 5 cm,便于在蔗叶和豆科植物残茬覆盖的地块上直接进行播种作业,而地表覆盖也有效地控制了杂草的滋生;应用圆盘式开沟甘蔗种植机下种量较低,且该模式不需再进行中耕管理作业,这些都是前述 3 种甘蔗种植机无法比拟的,但圆盘式开沟甘蔗种植机的播种深度较浅,对土壤结构、养分水平、保水性和气候条件有较高的要求。圆盘式开沟甘蔗种植机可进行单行播种,亦可进行双行播种,目前应用的主要以双行播种机型为主。

5.3.4.2　确定合理的种植规格和种植方式

甘蔗机械化种植应以生产全程机械作业顺畅、效率优先、轮不压垄为原则,结合蔗区当地的气象条件、土地资源条件、品种特性和农艺生产特点来确定种植规格。

由于收割机的宽度限制,配合大中型收割机的机械化种植的行距一般不能小于 1.2 m,最好是 1.4 m 以上。如图 5-1 所示,凯斯 8000 型类收割机,后轮宽度达到 1.8 m,行距为 1.2 m 时,轮边离甘蔗中心线只有 0.3 m,甘蔗分蘖后,离轮边距离很小,收割机稍走偏一点,都会贴着甘蔗茎秆甚至引起对甘蔗的碾压,影响宿根甘蔗的产量。我国人工种植的行距一般为 0.7 ~0.9 m,目前在使用大型甘蔗收割机的地方 1.2 m 的行距逐渐被接受,但这还是会使宿根蔗产量受到影响。特别是驾驶员要很小心地操作,严重影响作业速度和工作效率。那么宽行距是否会影响产量呢?澳大利亚的研究人员从 20 世纪 70 年代开始一直在研究行距问题,做了大量试验,结果发现行距大小并不是影响产量最重要的因素,只要每亩有效苗数足够,并采取适当的农艺措施, 即使行距大到 1.65 m 都不会影响产量。我国近年有试验表明,只要农艺措施得当,1.4 m 行距也是可行的。

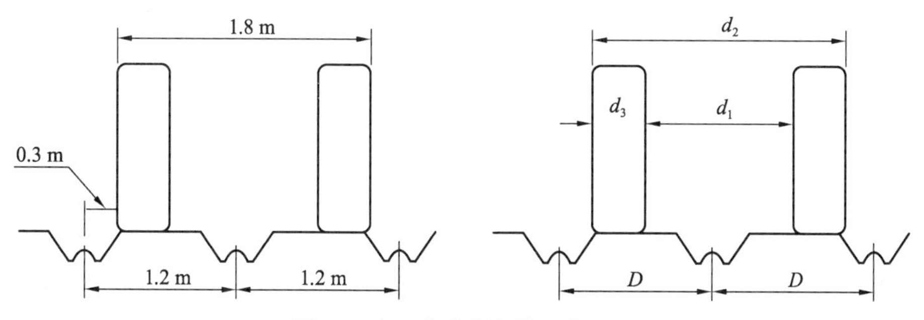

图 5-1　行距与收割机轮距的关系

考虑到现有成熟的甘蔗联合收割机的应用,采用一种宽行距、宽播幅的种植规格,行距 D(蔗垄中心距)宜在 1.5 m 以上。以某机械化示范基地为例,其生产全程主要机具装备的轮距参数见表 5-2。针对该装备条件,在甘蔗种植规格上宜采用蔗垄中心点间距不小于 160 cm,甘蔗播幅宽不超过 40 cm 的种植规格,有利于生产全程的机械化顺畅作业和保证良好的作业质量。

表 5-2 甘蔗全程机械化主要机具的轮距

机型	前轮			后轮		
	轮内距 d_1	轮外距 d_2	胎宽 d_3	轮内距 d_1	轮外距 d_2	胎宽 d_3
约翰迪尔 804	1 350	1 950	300	1 060	2 060	500
东方红 1004	1 380	2 100	360	1 180	2 100	460
约翰迪尔 1204	1 360	2 160	400	1 150	2 190	520
东方红 1204	1 380	2 180	400	1 140	2 180	520
联合收割机	1 610	2 320	355	1 320	2 500	590
田间转运车	2 410	3 180	385	2 410	3 180	385

一般在地力条件好、品种抗倒伏性好、少耕与保护性耕作技术和装备配套较成熟的机械化蔗园可采用宽窄行种植方式,宽窄行种植的窄行间距以 40 ~ 50 cm 为宜,如图 5-2a 所示,如过宽则甘蔗分蘖后的生长幅宽,尤其在宿根季可能超过联合收割机基切刀盘的中心点间距,从而造成甘蔗机收不完全而产生较大的田间损失;由于砍切的速度方向,还容易造成切口破裂;当刀片较短时,还容易发生刀盘碰撞未切断的蔗茎,如图 5-2b 所示。在中耕培土管理上也常因窄行间无法进行作业而影响收获时的有效茎蘖数、蔗茎产量和机械化收割质量。因此,目前有一种方式是采用宽窄行种植模式时,在土地耕整后进行起垄种植(见图 2-2),结合少耕、轻培土的田间管理技术是克服上述缺点的有效的技术模式,这也是发达产蔗国家和地区在甘蔗生产上增厚耕层,养蓄土壤肥力和水分,促进甘蔗高产、稳产的一种重要的技术发展方向。

如前所述,目前国际主流的甘蔗种植机为切段式宽播幅甘蔗联合种植机,由于进行宽窄行种植的切段式甘蔗联合种植机采用双行铧犁开沟,体积和重量都较大,作业机动性略差,故目前发达产蔗国家和地区蔗段甘蔗联合种植机采用宽植沟匀铺蔗种的播种方式,如图 5-2a 所示,蔗种播幅一般在 40 ~ 50 cm,要求植沟底宽且平整,避免形成“V”形植沟内蔗种堆叠,造成用种浪费和弱苗细茎,从而影响原料蔗收获产量。

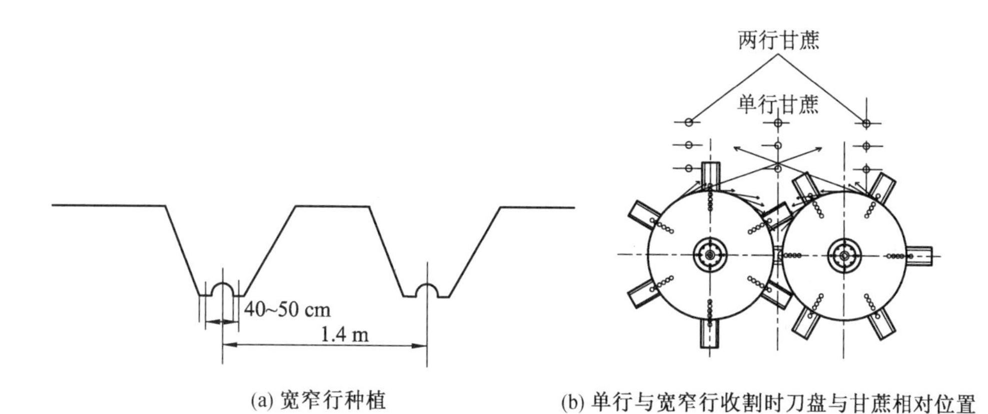

(a) 宽窄行种植　　(b) 单行与宽窄行收割时刀盘与甘蔗相对位置

图5-2　宽窄行种植与收割时刀盘与蔗行相对位置

5.3.4.3　机械化种植联合作业技术要求

机械化联合种植包括开植沟、施基肥、杀虫剂、消毒下种、淋水、覆土、镇压、封闭除草、覆膜等环节。作业要求适墒平整种植，有条件的机械化蔗园建议采用卫星导航控制系统辅助进行，这有利于保证后续作业的标准化和精准化，相连地块行行对齐有利于跨地块连续作业，提高机械作业效率。

苗床水分对于蔗种生根萌芽至关重要，因此，沙质土、重耙平整地块和旱季开植沟宜深些，以有效利用土壤深层的水分，开植沟的深度一般在20～30 cm，植沟深度的抽查合格率应达到80%以上。

为提高机械化种植效率，宜使用不需混拌、不易黏结，便于种植机下料顺畅的基肥和杀虫剂类型。基肥的施氮量可占全生育期总用量的15%～25%。由于我国南方蔗区多为酸性土壤，磷的固定现象严重，土壤有效磷不足，故磷肥多作为基肥进行前期施用，基肥的施磷量可占全生育期总用量的80%以上。磷肥应尽量在靠近甘蔗根系的土壤区位集中进行施用，可采用条施的方式，避免采用撒施，因为磷肥的集中施用有利于减少磷与土壤的接触面积，从而防止磷被土壤中的铁、铝固定。基肥施钾量可占全生育期总施钾量的15%～25%。为防止肥料因混合产生化学反应降低肥效，或因机械搅动、湿度差异、自然潮解等原因而黏结影响机械化种植的效率和施肥效果，种植机肥料箱所装载使用的颗粒状肥料一般含水率不宜大于20%，小结晶粉末状肥料含水率不宜大于5%，并要求在肥料装箱后及时进行种植作业，不宜久置。在土温、水分适宜、耕层土壤颗粒较大（>5 cm）、土质疏松的地块以及偏沙质土地，可选择缓释与速效相结合的基肥组成，并适当增加用量，以满足甘蔗生根长苗快对土壤营养供应的需求；在低温、阴雨寡照或旱期长、黏质土的蔗区则可选择缓释与持效相结合的基肥组成，以减少甘蔗生根出苗前土壤肥效的散失，并须注意提早中耕补施速效氮肥，及时补充较长的萌芽出苗期造成种茎自身营养过度消耗的需求。

适宜的下种量可根据品种的特性、预期产量目标、主茎与分蘖茎的构成比例以及当地气候条件影响预期下的出苗率、分蘖成茎率进行估算，并视种苗质量、气候条件和土壤条件略加调整，一般每公顷下种量在 100 000 ~ 120 000 芽。下种质量抽查应达到机械伤芽率≤5%，切口不合格率≤5%，漏播率≤5%的技术要求。

我们曾对不同品种、不同种植行距、不同播种密度的甘蔗分蘖性、伸长特性、光合生理指标和蔗茎产量进行研究，分析结果显示，供试品种福农 39 号表现出对宽行密植(82 500 ~ 90 000 苗/hm^2)的增产潜力，从其分蘖特性看，该品种宽行种植进入分蘖盛期的时间略晚于窄行种植，其对蔗株间的竞争不敏感，较耐荫蔽。因此，该品种适当增加下种量有利于增加收获期的有效茎数和提高产量水平。另一供试品种福农 15 号则表现出对宽行稀播(75 000 ~ 82 500 苗/hm^2)的适应性。从分蘖特性上看，该品种宽行种植进入分蘖盛期的时间亦稍晚于窄行种植，但其对群体茎蘖消长的自我调控能力强，较大下种量的密植反而不利于该品种增产潜力的发挥。进一步研究表明，供试品种福农 15 号在 75 000 苗/hm^2 和 82 500 苗/hm^2 的稀播条件下，宽行种植的蔗茎产量均优于窄行种植，但当基本苗数增加到 90 000 苗/hm^2 时，窄行种植的蔗茎产量就显著高于宽行种植。从外部因素上看，这可能是宽行距种植田间管理的技术不够到位，而从内部因素上看，90 000 苗/hm^2 的密植水平可能是该品种个体间竞争效应累积到一定程度，对产量形成不利影响的一个拐点，具体反映在茎径变细，伸长盛期净光合速率未能达到常规行距下的正常增幅，从而影响了收获产量。

一般情况下，甘蔗播种后的覆土厚度在 5 ~ 8 cm，露芽率应≤3%，在土质偏砂质或土壤颗粒较大(>5 cm)，植后旱、寒期较长的不适宜条件下覆土厚度可略增加，甚至局部蔗区可达 10 ~ 15 cm。并配套与播幅宽度相同或略宽的圆柱形压实辊进行压实；逢雨季应浅覆土，可不镇压。对不同种植行距下甘蔗生长前期的土壤生态条件变化的研究显示，从甘蔗苗期至分蘖期，种植行距为 160 cm 的蔗地耕层土壤湿度比种植行距为 140 cm 的相应处理低 2.3% ~5.7%（绝对值），苗期差异更甚于分蘖期，这反映出宽行距播种后适度压实，减轻裸露地表水分蒸腾的必要性。

蔗种覆土后覆盖地膜有利于增温防寒、保水抗旱，促进苗期群体生长整齐、均匀和健壮，还有利于节约用种、杀虫抑病。覆盖地膜应视天气变化动态，在“冷尾暖头”抢晴抢墒下种覆膜，比未覆膜处理可提高土温 3 ~ 5 ℃。覆盖地膜应注意土壤湿度最好在相对含水量 70% 以上，又不影响机械化作业时进行，良好的土壤湿度有利于维持较长时间稳定的膜下温度，如水分不足时，应淋水后盖膜。蔗种覆土后应保持土面平整，以便覆膜紧贴土面，地膜周边应盖土严密，不漏空，避免过多的空气流动影响膜内温湿度条件的稳定。膜面应尽量多露光，有利于晴天增温和形成较多冷凝水回流土壤,也有利于甘蔗幼叶出膜前光合能力的建成;对于提高光降解地膜的破碎降解效果也是必要的技术规范性要求。

甘蔗生产全程每个环节的机械化联合作业都有较高的系统性和配套性要求,气象条件、农田生态、机具、人员、物料的配合和衔接是实施高效率、高质量机械化作业的前提和保障。就机械化种植而言,在适宜的气候和土壤条件下,除了机具的配套、熟练的人工和前述诸多技术环节要求外,还可根据种植机的承载量、单位地块行长及物料用量,预先将蔗种、基肥、杀虫剂、消毒剂、除草剂、溶剂及用水等备于田间便利装卸处,并要注意检查和补充,避免种植机在作业行中耗尽物料,造成不必要的时间浪费。

5.4 机械化中耕管理

5.4.1 中耕与培土的概念

中耕泛指作物种植后的田间土壤耕作作业,一般包括松土和创建一定垄形的培土2种作业类型,具有疏松土壤、创建垄台、施肥用药、机械除草等功能。在甘蔗栽培管理上,苗期中耕松土、中耕除草、分蘖期培土、行间深松、甘蔗收获后的碎叶深埋还田、宿根蔗破垄松蔸都属于田间中耕技术的应用。甘蔗业界常用中耕和培土2个术语来表示甘蔗种植后苗期和分蘖期2个阶段的土壤耕作作业。中耕一般特指苗期中耕,主要实现松土、除草、追施速效苗肥和杀虫防病的功能;培土则特指将行间土壤堆至蔗株基部,创建一定垄形,实现松土、培垄、防倒伏、除草、追肥和杀虫防病等功能的土壤耕作作业。传统的培土作业包括分蘖初期以促进分蘖数量为主要目的的小培土和分蘖中后期以抑制无效分蘖、保证有效茎蘖数为主要目的的大培土,并通过肥料、农药的配施保证甘蔗养分的有效利用和持续供应,以及病虫害的持续控制效果。

在20世纪70年代,除了小培土、大培土作业外,在福建、广东局部水肥条件良好、台风灾害频繁的蔗区,甚至还在甘蔗伸长前中期不惜人工进行第三次培土作业,有称“高培土”,又因人工作业十分细致,甚至用锹铲将培垄表面用泥水抹得光滑平整,故又有“涂蔗”一说,作业完成后形成高垄深沟,垄高甚至过膝,既抗风防倒,又可供水沟灌、保持水层,满足甘蔗旺盛生长的水分需求。时至今日,限于劳动力成本激增和甘蔗产量、植蔗收入低迷的反差悬殊,这样的做法已很少见,大部分蔗区都仅在分蘖中期进行一次性的培土作业,苗期中耕作业也大多省去了。为了便于理解,本节沿用甘蔗业界关于中耕和培土的习惯性表述分别进行分析。

5.4.2 甘蔗中耕管理的关键生育期

甘蔗种植后的机械化中耕管理一般始于苗期的中耕,结束于分蘖中后期甘蔗株高在 40 ~ 50 cm 时的大培土作业。因农机具的离地间隙所限,大培土后便无法再进行机械化中耕管理作业,而甘蔗拔节伸长至收获期的营养供应、耕层水分利用和虫害防控都有赖于高质量的中耕管理所奠定的良好基础。因此,我们有必要先对中耕管理作业及其后效持续的相关甘蔗生育期特征进行了解。

5.4.2.1 苗期

甘蔗生出 1 ~ 5 片真叶的阶段属于苗期。甘蔗苗期之前的萌芽期养分和水分的吸收主要依赖于种茎节上的根点萌发出的种根,而进入苗期后,大约从甘蔗 3 叶期开始,蔗苗对养分、水分的吸收便逐渐从种根转为以蔗苗基部节上发出的苗根为主。与此同时,伴随着甘蔗光合器官与光合能力的建成与增强,甘蔗对土壤水肥供给的依赖性也开始逐渐增大。在机械化栽培管理策略上,针对冬春植蔗可能经历的较长时间的低温、旱涝情况,一般可通过对土壤浅层的中耕松土,促进根际土壤与大气的物质、能量交换与协调,提高土温与土壤的通气性,活跃土壤生态系统,提高甘蔗根系对土壤养分、水分的利用效率,兼进行早期病虫害的防控。苗期中耕松土一般会适量配施速效氮肥进行促苗。

5.4.2.2 分蘖期

甘蔗幼苗长到 5 ~ 6 片真叶时,在土表附近密集的蔗株节上的侧芽在适宜的温、湿度条件下可萌发长出新的蔗株,即分蘖。从主茎发生第一次分蘖,从第一次分蘖茎基部侧芽发出的新株即为第二次分蘖,以此类推。促进分蘖最重要的条件是充足的光照,这是由于充足的光照条件下所产生的光氧化效应会减少蔗茎顶端合成的生长素向基部的运输和积累,从而减轻或避免生长素对侧芽的抑制效应(即顶端优势),而甘蔗根部合成的细胞分裂素则促进分蘖的生长。除光照条件外,适宜的覆土厚度,温、湿度以及侧芽健康状态都会影响分蘖的多寡,浅覆土有利于甘蔗分蘖的早生快发。

甘蔗分蘖期的栽培目标是构建茎蘖数量合理、长势整齐的高产群体,储备充足的植物能量库和土壤水肥库,创造适宜的机械化作业垄沟条件。在技术策略上则首先要考虑通过适宜的种植行距与株距、群体生长密度调控来保证充足的光照条件,促进分蘖生长与成茎;利用植蔗地膜覆盖、灌溉设施条件等进行增温防旱;通过机械化中耕培土促进土壤与大气的物质、能量交换与协调,活跃土壤生态系统,提高甘蔗对土壤养分、水分的吸收和利用效率,防除病虫害;通过适时进行行间机械化深松建立甘蔗深根群,提高甘蔗扎根抗倒伏,抗旱能力,延长肥效期;适度培高蔗垄,在不影响机械化收获作业的前提下,保护、促生甘蔗基部侧芽,有利于宿根季甘蔗发株生长；采用速效+控释长效肥相结合的追肥策略。

5.4.2.3　伸长期

甘蔗伸长期是持续时间最长的甘蔗生育期，约为5个月，该时期受气候、土壤等外界因素的影响复杂且反应敏感，并直接影响后续产量。伸长期显著的生长特征就是发大根、开大叶、长大茎，可直接反映出原料蔗收获的产量水平。该时期甘蔗对温度、水分、养分的需求量大，以30 ℃为最合适，低于20 ℃则伸长缓慢；要求土壤相对含水量达到80%为宜；其氮消耗量占全生育期总量的50%，磷、钾消耗量占全生育期总量的70%以上。伸长期节间伸长增粗过程中如遇不良气候条件、缺水缺肥、病虫影响、包叶过早损伤等，都会使生长受到抑制直至停止生长，出现节间短、小的现象，即便随后条件适宜，已停止生长的茎节也无法恢复生长，从而影响甘蔗的收获产量。

在甘蔗机械化生产过程中，至伸长期已基本无法再进行机械化中耕管理作业，伸长期的甘蔗生长及后续的产量建成在很大程度上取决于前期中耕管理，尤其是培土作业的技术策略与质量效果。应针对甘蔗品种的养分利用特点，气候、土壤和水分条件进行培土追肥类型的选择、施肥量的增减及判断是否需进行行间深松保水作业。

对不同甘蔗品种的伸长特性及配套的中耕管理技术研究结果显示，甘蔗伸长盛期（7—8月份）的月长速和月长速差值可作为了解品种伸长生长特性和进行机械化中耕管理决策的参考指标。不同品种表现出的养分吸收利用特点有显著差异，如供试品种新台糖22号的伸长生长对中耕追肥表现敏感，长速快且持续期长，对中耕追肥的增产效应最佳，这也是该品种得以广泛覆盖全国各主蔗区的重要原因之一，其营养特点值得进一步深入研究；供试品种粤糖53号和粤糖00-236在分蘖初期的中耕或小培土时，增加施肥量对甘蔗产量的提升效应比在分蘖中期大培土时增加施肥量更为显著；而另一类品种如福农28号和粤糖55号则是在大培土时增加施肥量对甘蔗增产的促进效果更显著；福农15号则需要在分蘖初期和分蘖后期两个阶段中耕管理时都要有均衡、足量的肥料投入，才能保证实现甘蔗的高产。

对不同甘蔗品种中耕管理技术策略的研究显示，供试品种福农39号全生育期生长速度均较快、稳健均衡且后劲较足，针对其品种特性，在条件允许的情况下，如能进行苗期中耕、小培土和大培土3次的机械化中耕管理作业，对其产量的提升将会产生显著的促进效果。针对该品种的肥料选择可以复合肥为主，不宜偏施速效肥，尤其后期建议增施缓释肥，施肥作业深度宜逐次渐深。而供试品种福农15号则表现出前期生长较慢，进入伸长盛期后生长速度加快的品种特点，因此进行苗期中耕时可结合进行行间深松，改善土壤条件，浅施、增施速效肥或含氮量高的复合肥，大培土时间可视分蘖数量和株高适宜机械化作业略为推迟，深施并增加施肥量，同时可考虑增施缓释肥，以保持后期肥效，并应特别关注伸长期的水分供应，避免受旱。

5.4.3 甘蔗生长的营养与水分需求

在甘蔗生长适期通过中耕培土管理作业实现水肥条件的良好耦合效应，才能获得甘蔗生产节本、可持续、增产增效的理想效果。

5.4.3.1 甘蔗营养吸收与利用特点

甘蔗全生育期的需肥规律呈现出“两头少、中间多”的特点，甘蔗幼苗期对营养的吸收约占全生育期总吸肥量的1%，分蘖期占7%～8%，分蘖初期至伸长后期需肥量迅速增大，这阶段也恰逢甘蔗的中耕培土作业，前促蘖、后促长，有条件的新植蔗地可以分为中耕、培土2次作业进行施肥，对于充分发挥和利用肥效，减少浪费，促进甘蔗生长和产量提升效果较佳。

5.4.3.2 甘蔗主要营养元素和施肥技术要点

甘蔗施肥总体上应把握因地制宜，有机无机相结合，速效缓释相结合，不滥施、不偏施的施肥原则。

(1) 氮肥的施用技术要点

氮元素对作物的生长起着非常重要的作用，它是植物体内氨基酸的组成部分，是构成蛋白质的组分，也是对植物光合作用起决定作用的叶绿素的组成部分。以甘蔗目标产量90～105 t/hm^2 估测，一般需施用纯氮300～375 kg/hm^2。对于新植蔗可依以下3次作业环节施用氮肥：基肥（占总施氮量的10%～20%）、苗期中耕施肥（占总施氮量的10%～20%）、分蘖期培土施肥（占总施氮量的60%～80%）；宿根蔗现多采用一次性培土全量施肥作业，在农机装备条件较好的生产单位也可分别在破垄松蔸和培土时分两次施用。施用氮肥务必覆土或深施，以减少肥效的挥发浪费。

(2) 磷肥的施用技术要点

磷肥有利于促进甘蔗分蘖，改善品质（糖分），增加产量。南方蔗区酸性土壤中磷的固定较为严重，有效磷含量往往不足。因此磷肥一般作为基肥在前期集中大量近根施用，减少与土壤的接触面，从而减少土壤对磷的固定，还可利用中耕培土时追施复合肥进行适量补充。常见的磷肥中过磷酸钙、磷酸一铵属酸性磷肥，钙镁磷、磷酸二铵属碱性磷肥，施用时须根据土壤酸碱性进行合理选择，避免发生中和反应而降低肥效或加剧土壤酸化程度。

(3) 钾肥的施用技术要点

钾元素作为植物代谢传导信号、蛋白载体、组织器官结构组分和渗透调节因子等诸多角色参与了植物60多种代谢酶系统的活化,促进了光合作用和同化产物的运输,促进蛋白质、脂肪的合成,增强作物的抗逆性(抗寒、抗旱、抗倒伏、抗病虫),改善了品质(糖分),作用十分重要。

钾肥一般易溶解、肥效快、土壤易吸收,且不易流失。一般甘蔗全生育期氧化钾用量为180～225 kg/hm^2。钾肥的使用以基肥追肥结合为宜,前期促生长,抗旱、寒等逆境胁迫,后期促抗逆生长及糖分代谢。常用的钾肥中,硫酸钾在石灰性土壤中可反应生成硫酸钙,应注意防止土壤板结,增施有机质,持续改良土壤结构和质地;硫酸钾在酸性土壤中可反应生成硫酸,应注意增施石灰,中和酸性。氯化钾在酸性土壤中生成的盐酸不仅会增加土壤酸性,还可能造成活性铁、铝的毒害作用,应注意配合施用石灰中和酸性,减轻毒害。

5.4.3.3　甘蔗的需水特征与水分管理

甘蔗生长量大、生长期长、代谢需水量大、蒸腾量大,总体上是需水量较大的大田作物。其阶段性需水特征可归纳为润—湿—润—干,即萌芽、苗期、分蘖初期应保持干湿交替,30 cm土层的相对含水量在55%～70%即可;分蘖盛期至拔节时30 cm土层的相对含水量略提高至60%～75%;拔节至伸长后期需水量为全生育期最高阶段,40 cm土层的相对含水量在75%～85%为宜;伸长后期至糖分积累初期,40～45 cm土层的相对含水量降低至65%～75%;工艺成熟期则应控水保持干爽,45 cm土层的相对含水量以50%～65%为宜。在土壤耕作技术上,深耕深松增厚耕层,增加土壤有机质、增加团粒结构都是防旱保水的有效技术措施。

5.4.4　机械化中耕管理作业技术要求

5.4.4.1　机械化中耕

为减少土壤耕作次数和节约作业成本,机械化中耕现常将传统的苗期中耕追肥与分蘖初期的小培土作业结合进行。一般在甘蔗分蘖初期适墒进行,萌芽出苗期受寒、旱、涝影响,基肥用量少,甘蔗萌芽出苗慢、长势较差或有脱肥现象,分蘖力弱的品种可适当提早进行;采用速效氮肥或高氮复合肥同杀虫剂混拌施用,其施氮量一般占全生育期总施氮量的15%～25%,施钾量占全生育期总施钾量的15%～25%。同其他兼有施肥功能的作业机具一样,机械化中耕施肥配备的肥料箱所使用的颗粒状肥料含水率应不大于20%,小结晶粉末状肥料含水率不大于5%。采用拖拉机悬挂犁铲式中耕施肥器进行作业,一般犁铲入土深度为15～25 cm,旨在疏松耕层,促进大气与土壤的空气交换与温度协调,创建耕层水分合理分布与利用的良好条件;中耕施肥器的肥药出料口可略加提高,以保证肥料、农药施于甘蔗根区,利于吸收。机械化中耕作业对培土高度没有要求,以松碎耕层、不伤苗、不盖没分蘖为宜。作业质量抽查应达到甘蔗损伤率≤5%,分蘖覆盖率≤5%,肥药覆盖率

≥85%，施肥断条率≤4%的技术要求。

5.4.4.2 机械化(大)培土

机械化培土作业一般在甘蔗分蘖盛期至拔节期间进行，以抑制无效分蘖、促进分蘖成茎、攻茎保尾、抗倒易收和虫害防控为目标，以作业时拖拉机底盘及中耕施肥培土机机架不伤蔗梢为原则，结合甘蔗品种长势和作业机具条件，一般在株高50 cm之前适墒进行(见图5-3)。

图5-3 机械化中耕培土

蔗梢易折断、植期早、分蘖过旺、伸长速度快、有脱肥现象、虫情预警临近、中耕后突发灾害影响的品种宜早进行培土作业，以及时补充甘蔗生长对养分、水分吸收利用的需求，提高甘蔗生长和抗逆境的能力；植期晚、茎蘖数不足、配备有高地隙拖拉机和高架体中耕施肥培土机、地力、气候条件适宜的可略推迟进行，以确保后期的甘蔗有效茎蘖数和收获产量。全生育期所需的剩余养分可结合大培土全部施用，一般建议采用高氮、高钾、低磷、富有机质的复混肥或缓控释肥组成，长势不佳的地块可配施速效氮肥，使用的颗粒状肥料同样要求含水率不大于20%，小结晶粉末状肥料含水率不大于5%。机械化培土作业大多采用拖拉机悬挂犁铲式中耕施肥培土器作业，在耕层深厚松碎或沙质土也可采用圆盘犁式中耕施肥培土机进行。一般犁铲的入土深度在25～35 cm，同时兼具行间深松的功能，以保证甘蔗生长中后期对土壤深层水分的有效利用，提高抗旱生产能力。对于采用宽植沟匀铺蔗种等行距种植方式的甘蔗，培土高度一般要求≥8 cm，但不超过20 cm，并填实蔗丛基部，避免蔗丛中部空陷，形成“低垄馒头形”的培垄形态，这对于保证后续的机械化收割质量具有极显著的改善效果；对于采用蔗垄深埋式滴灌或宽窄行种植方式的甘蔗，培土作业的目的以行间深松为主，培土为辅，亦须尽量填实蔗丛基部。作业质量抽查应达到甘蔗损伤率≤5%，肥药覆盖率≥85%，施肥断条率≤4%的技术要求。

5.4.5 化学除草与农药喷雾作业

5.4.5.1 蔗园杂草防除的技术策略

采用机械化宽行距种植的甘蔗封行较慢，如果未能采取系统性的杂草防除策略，则极易出现草害，特别是遇到雨水较多的年份，化学除草、机械除草均难以适时进行，甘蔗处于田间生态位竞争的劣势地位，长势差，最终给产量造成无法弥补的损失,所以蔗园杂草的控制尤为重要,通过科学的耕前除草、芽前除草、中期除草及应用除草地膜等技术可有效控制蔗园杂草。

（1）耕前灭生除草

耕前灭生除草是在甘蔗收获并清理完毕田间蔗叶、残茬后至新植蔗之前进行的。常用除草剂为内吸传导型慢性广谱灭生性除草剂,如草甘膦,通过植物的茎叶吸收,可用于防除单子叶和双子叶、一年生和多年生、草本和灌木等 40 多科植物,但由于草甘膦对土壤中的杂草种子无明显的杀灭效果,因此最好在杂草萌生后结实前使用。对于蔗区常见的一些多年生恶性杂草,如香附子,若能在新植蔗前进行耕前灭生除草一两轮即能达到理想的防除效果。

（2）芽前封闭除草

芽前封闭除草一般在甘蔗种植后、萌芽前进行,多采用选择性除草剂,最常用的有乙草胺、莠去津,但二者的作用机理有所不同。乙草胺对一年生禾本科杂草,如马唐、狗尾草、牛筋草、稗草、千金子、看麦娘等有良好的控制效果,对藜科、苋科、蓼科、鸭跖草、牛繁缕、菟丝子等阔叶杂草也有一定的防除效果,但对多年生杂草的防除效果不佳。乙草胺在土壤中的移动性小,主要保持在 0 ~3 cm 的土层中,持效期约 45 d 左右,植物通过根系吸收可使幼芽、幼根停止生长,进而死亡。甘蔗播种后覆土的厚度一般为 5 ~8 cm,从甘蔗根系和萌芽生长的空间分布、时序上基本能够保证用药的安全,但也应注意在有利于促进植物萌芽和生根的气候、土壤、水分条件和蔗种状态下,应适早进行芽前封闭除草,以免除草剂残效对早生的甘蔗萌芽和幼苗产生不同程度的药害。莠去津的作用机理是通过杂草根部吸收并向上传导,通过抑制杂草的光合作用,使其枯死。它可防除多种一年生禾本科和阔叶杂草,对某些多年生杂草也有一定的抑制作用。莠去津在土壤中移动性较大,易被雨水淋洗至土壤较深层,对某些深根杂草亦有防治效果,它可从杂草种类、土层分布、防治时效等方面与乙草胺进行互补,配施可以达到较理想的苗期除草效果。但与此同时,莠去津可能造成的下渗污染和潜在药害的隐患也须加以重视。

为了指导芽前除草剂,尤其是莠去津的安全有效使用,我们曾对除草剂莠去津、乙草胺的不同喷施浓度、不同土壤紧实度和喷施后不同时期的药效影响进行了研究。结果显示,喷药后土壤中莠去津总含量存在着显著的喷施浓度和土壤紧实度处理效应,尤其在喷后 15 d,二者分别及其互作效应均显著。适中的土壤紧实度对喷后 15 d 莠去津的吸附性能有重要影响,能够在各土层形成有效的梯度分布;相对紧实的土壤适当增加喷施浓度有利于提高表土层(0 ~2 cm)的初始吸附量;莠去津在过于疏松的土壤中下渗十分迅速,从除草剂药效的角度揭示了植蔗覆土后适度压实的必要性;喷后 15 ~30 d,土壤中莠去津总含量的迅速下降主要集中于 0 ~6 cm 土层,揭示了该土层药效期短不利于冬、早春植蔗田的杂草控制的技术问题。研究显示，喷后 15 d，结合对全土层，尤其是 6 ~ 8 cm 土层的分析可作为莠去津在蔗田土壤中的吸附、挥发或渗漏动态效应的研究适期和适宜的土层区位研究对象。研究还表明乙草胺较稳定地保持于 0 ~ 3 cm 土层，降解速度亦较稳定，喷后 15 d 或 30 d，结合 0 ~ 2 cm 土层的分析可作为乙草胺在土壤中的吸附、降解动态效应的研究适期和适宜的土层区位研究对象。

(3) 中期除草

除耕整地前的灭生除草、种植后的封闭除草外，在甘蔗 3 ~ 4 叶期、大培土期及封行前均有进行化学除草的选择。

甘蔗 3 ~ 4 叶期常用的触杀型除草剂百草枯，在同期杂草基本出齐，杂草株高 5 ~ 15 cm 时，定向喷洒防除效果好；低日照强度有益于其药效的发挥，所以一般建议在晴天的傍晚喷洒，不宜在露水较重时喷洒，喷后半小时内无雨为佳；该时期喷洒百草枯一般不须添加敌草隆，在禾本科杂草为害严重的地块可添加敌草快。

大培土后常用的内吸传导型除草剂磺草灵对甘蔗安全，不须采用定向喷洒，但敏感性品种或长势较弱的甘蔗接触后可能会出现叶片轻微变黄的外观现象；其对于正常生长，株高在 20 ~ 25 cm 间的杂草防除效果好；作业时空气湿度以 80% 以上为佳，气温 17 ~ 25 ℃ 为宜，喷洒后 3 h 内无雨为宜。

封行前常用广谱触杀型除草剂配施残效型除草剂进行定向喷洒，杂草不超过 3 叶龄为佳。沙质土不宜使用敌草隆与百草枯混剂，尤其喷洒后如遇暴雨可造成严重药害；莠灭净与阿特拉津混剂不宜在干热季使用，宜在土地湿润时喷洒；上述除草剂喷洒后有降雨量 25 mm 或 3 ~ 4 d 内等雨量喷灌有利于除草剂与土壤结合，喷后进行土壤耕作或漫灌会降低药效。

喷洒苯氧基除草剂如 2,4-D、使它隆、二钾四氯等须使用粗雾滴喷头，避免飘移造成敏感作物的受害。

5.4.5.2 农药喷雾作业技术要求

在进行大面积的农药喷施之前，一般需先进行测试，以匹配和优化拖拉机前进速度、施药液量、作业喷幅、单个喷头的喷量和喷头数量等参数。喷头的喷雾区域形状和作业压力对于药效的发挥具有显著影响，一般喷施除草剂采用扇形雾喷头，使用喷杆式喷雾机喷施除草剂时还应注意选用装有防滴阀的喷头，喷施除草剂的工作压力一般不大于 0.3 MPa；而喷施杀虫剂、杀菌剂则多选用圆锥雾喷头，工作压力为 0.3 ~ 0.5 MPa。

农药喷施作业的安全操作十分重要。一般应在顺风速小于 8 km/h，气温低于 32 ℃ 的条件下进行作业，不允许逆风作业。作业人员应穿戴安全防护服和配备适用器具，避免人体与药液的直接接触。喷洒作业结束后，喷雾机具应在田间生产用水区域洗净，严禁在生活区进行清洗。

5.5　机械化收获

5.5.1　甘蔗成熟期的生物学基础

所谓甘蔗的成熟可分为工艺成熟和生理成熟。在原料蔗制糖生产上所需的是甘蔗的工艺成熟,即甘蔗蔗糖分的积累达到高峰期,且蔗汁纯度适于制糖要求(重力纯度达 85% 以上)。而在甘蔗杂交育种过程中则需要在甘蔗开花后进行杂交、结实,采集花穗,这属于甘蔗的生理成熟。理论上,甘蔗在长出 4 个节以后,日照时长达到 12 ~ 12.5 h,白天温度达到 20 ~ 30 ℃、夜间温度达到 21 ~ 27 ℃即可通过光周期诱导甘蔗的花芽分化,使生长锥细胞由营养生长转向生殖器官的发育,从而孕穗、抽穗、开花和结实,因此在生产上也能见到某些品种抽穗开花的现象。

甘蔗播种种植后,经萌芽期、苗期、分蘖期和伸长期的生长,至冷凉干燥的冬季开始进行蔗糖分的积累,成熟期的甘蔗从外观上可见叶片逐渐落黄,新生的叶片因气温下降而生长缓慢,甚至停止生长,狭小而直立,甘蔗停止拔节,蔗梢部节间也基本停止伸长,梢部叶片着生节位较密集,呈簇生状,蔗茎茎色经全年曝光逐渐变深,茎皮蜡粉脱落,节间表面光滑。

甘蔗成熟期蔗糖分在蔗茎中是自下而上逐节积累的,直至达到各节间的蔗糖分近等的水平;一般甘蔗的主茎先成熟,分蘖茎略晚成熟。为了较准确地判断甘蔗是否成熟适于砍收,除了做外观的初步判断外,可随机选取主茎、分蘖茎若干条,用糖度计测试蔗茎上下部节间的锤度值,以蔗茎上下部节间锤度的比值 0.9 ~ 0.95 为工艺成熟的初期,0.95 ~ 1.0 为工艺成熟的全熟期,可部署砍收入榨,而大于 1.0 则过熟,达到蔗糖分高峰期的甘蔗未及时砍收,蔗茎中的蔗糖分会发生转化,尤其是在升温多雨的情况下转化更加迅速,蔗糖分降低,还原糖增加,蔗汁纯度下降,这就是业界常说的“回糖”现象。

甘蔗砍收前也可对蔗茎产量进行理论测算。甘蔗产量的构成因素包括群体数量和个体水平。群体数量即单位面积内的甘蔗有效茎数,包括株高 1 m 以上的主茎和分蘖茎,个体水平可用甘蔗单茎重表示,其理论测算公式如下:

$$单茎重(kg) = 株高(cm) \times 茎径^2(cm^2) \times 0.785$$

$$单位面积蔗茎产量 = 单位面积有效茎数 \times 单茎重$$

$$单位面积产糖量 = 单位面积蔗茎产量 \times 甘蔗蔗糖分$$

现代甘蔗生产中,不再单纯考虑单位面积内的蔗茎产量和产糖量,特别是对于实施全程机械化生产的种植业主,其单位种植面积的纯收益逐渐成为最终的评价指标,不仅蔗农和制糖企业,农机和其他专业化服务业者的收益也逐渐纳入了评价范围,以利于产业整体利益平衡机制的建立和实施。

5.5.2 甘蔗机械化收获技术

收获是甘蔗生产全过程中单位面积消耗工时数(又称劳动量)最大、作业成本支出最高的环节。人工收获和机械收获的劳动量分别占甘蔗生产全程总劳动量的49.75%和51.41%;人工作业收获成本占甘蔗生产总成本的19.89%,机械作业收获成本占甘蔗生产总成本的15.46%。此外,不同的机械化收获方式决定了甘蔗种植和中耕管理方式,反映出不同类型的机械化生产模式和特点,也决定了相应的机械装备选型和使用效果,体现出不同的农艺技术策略和效益目标。因此,甘蔗机械化收获及其农机农艺融合技术作为保障我国蔗糖生产安全和产业可持续发展的重大关键技术受到广泛重视。

甘蔗机械化收获涉及种植、加工、收割作业、运输四类主要的经营主体,技术系统衔接性要求高,利益交织程度复杂,我国甘蔗机械化收获长期在固有体制和机制制约下运行,也导致甘蔗生产的全程机械化推进缓慢,短板频现,代价沉重。然而,作为蔗糖产业发展的必由之路和技术发展的必然趋势,高效率的甘蔗机械化收获作业如何与中小规模、较分散的机械化收获作业经营模式实现有机结合,是我国甘蔗生产全程机械化亟待解决的问题。

我国甘蔗机械化收获的方式,目前无论是从机型还是从应用的成熟程度,都以切段式收获方式为主流,这种方式实现了甘蔗切梢、扶倒、切割、输送、切段、排杂、装卸和运输工序的联合作业。本节仅就切段式甘蔗联合收获作业进行分析。

5.5.2.1 作业行长与蔗茎产量对机械化收获效率的影响

尽量延长机械化收获作业行长是提高机收作业效率,保证作业数量和收益的有效手段。我们曾经对机收作业行长与蔗茎单产分别为260 m(4.2~6.7 t/亩)、520 m(4.4~6.5 t/亩)和780 m(4.6~5.9 t/亩)共20个处理,在行距1.5 m,未采用田间转装,单车次装载量9.5 t,收割机行走速度4.0 km/h,发动机转速1 800 r/min下的有效收割时间占总工作时间的比例进行研究。结果显示,作业行长为260 m、520 m和780 m的地块平均有效收割时间占比分别为60.8%,77.8%和89.5%,行长与机收有效作业时间呈显著正相关;而随着行长的增加,甘蔗单产水平对有效收割时间占比的正效应越加显著,行长260 m、520 m和780 m的地块蔗茎亩产每增加1 t,有效收割时间占比分别提高(绝对值)2.7%,5.6%与21.9%;在该试验装载方式下,行长260 m和520 m的地块分别在蔗茎单产5.2 t/亩和4.6 t/亩时达到最高有效收割时间占比,分别为65.7%和82.4%,高于上述单产水平时,产量效应不显著,反映出合理配置机收装载量的重要性,表明规模化高产蔗园应用联合收割机—田间转运车—公路运输车的机收系统是作业经济性的必然选择。

作业行长和甘蔗产量水平对机收效率的影响研究结果显示,行长为260 m(5.5 t/亩)、520 m(5.4 t/亩)和780 m(5.2 t/亩)的地块平均机收效率分别为31.5 t/h,38.5 t/h和40.7 t/h,延长作业行长的连续地块作业方式对机收效率的提升效果显著,体现出机械化蔗园土地整治、田块设计,以及生产规划中种植制度、品种类型和标准化耕作的重要性;随着行长的增加,甘蔗单产水平对机收效率的正效应愈加显著,作业行长260 m、520 m和780 m的地块蔗茎亩产每增加1 t,机收效率可分别提高7.6 t/h、10.1 t/h和18.2 t/h,实现种植者和机收服务者的利益共赢。规模越大、作业行长越长的地块,以行长780 m为例,亩产每增加1 t,按2014/2015年榨季原料蔗价格,种植者亩增产值400元,若机收服务费以当时90元/t计,机收服务者每天作业10 h,平均每亩可增加机收服务费558元。

5.5.2.2 甘蔗品种特性和蔗茎产量对机收质量的影响

根据收割机作业特点,若提高排杂风扇转速,加大排杂风量,则提高了去杂效果,但强风也可能使一些轻、细原料茎段被吹至田间,使田间损失率增加。反之,若降低排杂风扇转速,则田间损失量减少,而夹杂物便不可避免地增加,2个指标之间存在着此消彼长的关系。国际上甘蔗机收的田间损失率和夹杂物率之和一般在14%~15%。

为了探索降低甘蔗机收损失的关键技术,为机械化品种种植布局、规范农机作业和配套高产农艺技术提供科学依据,我们曾对5个甘蔗品种的机收损失情况进行研究分析,结果显示,甘蔗机收的田间损失物主要为破碎的原料茎段,品种间的机收田间损失率差异显著。研究表明,田间损失率的大小不仅取决于收割机手的操作水平及与田间运输车的配合程度,也与品种特性,如蔗茎组织的松脆程度有关。5个参试品种的机收田间损失率平均为4.7%,产量表现较好的品种中,粤糖55号、福农39号的机收田间损失率均在平均水平以下,不到4%;而福农15号的田间损失率较高,达5.4%,进一步分析是因为该品种蔗茎组织较松脆,易机械破裂所致;机收此类品种时应匀速谨慎行驶,避免过高速行驶造成收割不完全及引擎超负荷造成通道拥堵挤压破损,在保证茎段完好的基础上可适当调大排杂风量,以减少夹杂物含量。品种产量较低的地块机收田间损失率均偏高,都在平均水平以上(5.2%~6.2%),分析原因:低产地块收获机与运输车掉头次数增多,田间驻留时间增加,为追逐利益,收割机提高行驶速度,引擎超负荷使得收割机通道拥堵造成蔗茎挤压破裂所致,是操作技术可控的。

夹杂物率(含杂率)是另一个反映甘蔗品种适宜机收特性的重要指标,夹杂物主要为甘蔗嫩梢部及原料蔗中所夹带的碎叶、叶鞘、严重病虫害腐败茎段、根须、蔗蔸等。机收夹杂物率的大小与品种特性,如成熟度、脱叶性、抗倒伏性密切相关,也与机手操作水平,如行驶速度、切梢器高度的调整有关。我们测试的5

个参试品种的机收夹杂物率平均为 7.2%，品种间差异极为显著。产量表现较好的品种中，夹杂物率从低到高依次为粤糖 55 号（6.7%）、福农 39 号（7.8%）、福农 15 号（9.4%）。试验当年受台风影响，甘蔗均有不同程度的歪斜或倒伏，3 个品种中粤糖 55 号较直立抗倒，福农 39 号、福农 15 号的倒伏程度则重于粤糖 55 号，特别是福农 15 号的株高又显著矮于粤糖 55 号和福农 39 号。而试验中采用的 Austoft 7000 型甘蔗联合收割机切梢器的可调高度范围为 96 ~ 360 cm，若甘蔗倒伏严重，则可能造成收割机切梢器在可调高度的最低点还无法完全切除非原料蔗梢，从而使夹杂物率提高，福农 15 号、福农 28 号均属此类情况。而粤糖 00-236 的株高更矮，夹杂物却最少，分析显示，该品种的单茎重最轻，田间损失率最高，表明对该品种而言，收割机排杂风量过大，除少量包茎较紧的叶鞘外，嫩梢及其他杂物，甚至细小茎段都被吹落至田间，故而夹杂物极少，而田间损失严重。在提高单产的前提下，对该品种机收时减小排杂风速可望进一步改善机收效果。

5.5.2.3　发达产蔗国家和地区的高效减损机收技术应用

在澳大利亚，机械化收获的农机农艺融合研究与实践为高效减损的机收作业提供了科学的参考依据，其理念和思路十分值得我们借鉴，一些研究结果和技术观点也与我们基本相同。近年来，随着机收市场的日益饱和，澳大利亚甘蔗机收作业者将提高收割效率视为增加收益的主要手段，平均收割效率从 1997 年的 80 t/h 提升至 2014 年的 150 t/h，与此同时，平均夹杂物率也从 4% 增加到 12%，作业不当造成公顷损失蔗糖 0.25 ~ 2.5 t，经济损失高达 1 500 澳元/hm^2，引起了糖业界研究人员的高度重视。进一步试验研究发现，蔗田收割条件和收割速度是原料蔗进厂夹杂物率的主要影响因子，而排杂风扇转速则是田间损失率的主要影响因子。蔗田收割条件包括甘蔗倒伏情况、田间湿度、甘蔗脱叶性、适宜的行距和垄形等，研究结果显示，对同一品种 Q117，在潮湿、全倒伏的蔗田收割条件下进行机收的甘蔗夹杂物率超过 14%，远高于蔗茎直立、干爽的田间条件下 2% 的机收夹杂物率，以及甘蔗半倒伏、干爽的田间条件下 5.5% 的机收夹杂物率；而试图通过加大排杂风扇转速的方法来降低甘蔗夹杂物率的效果并不显著，对于甘蔗直立、田间干爽的收割条件下，排杂风扇转速从 950 r/min 提高到 1 350 r/min 时，夹杂物率仅下降约 1%，而对于甘蔗倒伏、田间潮湿的恶劣收割条件下加大排杂风扇转速对于降低甘蔗夹杂物率的效果更是微乎其微。

研究还显示，在澳大利亚甘蔗平均收割速度达 80 t/h 的机收夹杂物率约为 4%，收割速度提高到 120 t/h 的机收夹杂物率则升至 8%，收割速度达到 160 t/h 的机收夹杂物率则高达 12%，亦即澳大利亚的甘蔗平均收割速度每提高 40 t/h，甘蔗夹杂物率便增加约 4%，巴西甘蔗的平均机收速度现为 70 t/h；澳大利亚的研究者们还发现，在保持稳定的收割速度的情况下，排杂风扇转速从 800 r/min

增加到1 400 r/min时，平均夹杂物率下降约2%。针对不同年代、款型甘蔗收割机的机收适应性参数研究显示，近年进入市场销售的新款甘蔗联合收割机排杂风扇转速达到800 r/min后，甘蔗机收的田间损失率便开始快速上升，而旧款机型的排杂风扇转速达到1 000 r/min之后，甘蔗机收的田间损失率才开始快速上升。上述研究结果对我们开展甘蔗的高效减损机收都具有重要的指导意义和实践价值。

国外同行认为，甘蔗的高效减损机收以及宿根蔗蔸的保护，对于蔗株基部土壤填充的充实度，适宜收割机基切刀片切割角度的垄形，基切刀片的安装、调整和适时更换都有较高的要求。对基切刀片的作业状态研究显示，新刀片在单行种植、蔗株较直立、环境干燥的良好环境下，作业行驶速度达9 km/h时对蔗蔸造成的损伤率最小。当刀片边角磨损2.5 cm后，作业行驶速度宜控制在6 km/h以内才不致造成明显的蔗蔸损伤；而当刀片前端进入全刃磨损时，作业行驶速度须控制在1 km/h以内才不致造成蔗蔸损伤；刀片整体长度磨损接近一半时就应停机更换新刀片。

一般在7 km/h的正常作业行驶速度下，各种甘蔗联合收割机的底刀盘转速在580～650 r/min，如果底刀盘转速过快往往容易造成重复切割和刀片的磨损，转速过慢则容易产生"破头"现象，拉扯、损伤蔗蔸，从而影响下一季宿根蔗的生长和产量，还会增加进厂的泥块杂物。此外，底刀片的角度应调校以适应垄高和垄形，蔗茎基部切断应贴地切割，这样既减少留茬的蔗茎产量损失，又尽量减少连带土壤进入蔗槽，影响制糖效率、质量和增加制糖成本。上述研究结果使得机收作业的技术规范性日益受到重视，与此同时，卫星导航自动驾驶等现代技术应用日渐普及。巴西的研究结果显示，应用卫星导航自动驾驶系统的机收损失比未采用该技术的可减少53.5%，通过遥感技术的整合，已可实现漏播检测、均匀性测土、实时变量施肥、定点除草，实现农场全自动管理。

5.5.2.4 机械化收获作业的农艺技术要求

甘蔗机械化收获是涉及种蔗、机收、运输和制糖加工各环节有机衔接的系统工程。根据我国蔗区布局特点和品种基础，在传统的甘蔗生产规划基础上，亟须针对机械化的特点和要求，从种植布局上因地制宜地进行品种产能类型区分、熟期安排和机械作业面一致性布局，将品种形态特征（如脱叶性、抗倒伏性、蔗茎组织松脆度）、生长特点及田管周期、肥水需求特性、成熟期相近的品种集中种植，以便于机械化管理和机收的高效、减损、降耗作业，也便于针对不同的生产水平类型配套必需的设施、装备及管理技术，实现集约化生产经营。

如前所述，机收应尽量选取植期相同、成熟度一致、产量水平相当、品种特征（如脱叶性、抗倒伏性、蔗茎组织松脆度）相近的连片地块集中作业，留宿根地块应避免在久旱或久寒期收获。田头应有 6 m 以上转弯掉头空间，田面、路面无明显高差，机具可顺畅通过，适宽路面可作为转弯掉头空间，但需预先规划好转装与运输路线，消除交通安全隐患；在地头留得不够宽的地块，须先行收割田头甘蔗以留出转弯掉头空间，收割后须整平垄沟，便于机具行走。检查清理田间石块等有损机具的杂物和障碍物，填实明暗凹坑深沟，铲平土包。

田间如遇甘蔗倒伏，收割机应顺倒伏向逐行收割，倒伏严重、产量较高、青叶多的地块或收割机刀具磨损未及更换的，应适当减缓收获速度；田间转装车须由田头出入，沿沟内行驶，不得横跨垄沟碾压蔗蔸。对机收后的两个宿根季蔗蔸受不同程度碾压的品种产量影响情况进行的试验研究结果如表 5-3 所示，因作业规范性缺失造成的重度碾压对下一季的甘蔗生长和蔗茎产量均构成显著影响，蔗茎单产比正常区域减少 13.2% ~49.4%；不同品种对碾压的敏感性有差异，如桂糖 03-2287 不仅群体数量下降 14.2% ~20.8%，个体生长速度也受到显著抑制，在规范机收作业质量要求的前提下，这类品种需尽早进行破垄松蔸，重攻蘖、茎肥；而桂糖 29 的破垄松蔸和中耕促蘖对机械化高产稳产显得尤为重要；粤糖 53 号则对机械碾压程度较钝感，田间管理上就易于轻简化。

有条件的机械化蔗园建议采用卫星导航控制设备在预设线路进行高效、优质、节能、减损收获作业。甘蔗进厂即时入榨，放置时间不超过 24 h。

表 5-3　不同品种机收后的两个宿根季蔗蔸受不同程度碾压对产量的影响

品种及生产季	处理	株高/cm	茎径/cm	单茎重/kg	亩有效茎数/条	蔗茎亩产/t
桂糖 03-2287 宿 1	正常区域	261	2.73	1.53	3 190	4.87
	失误碾压（轻度）	242	2.84	1.53	3 054	4.68
	规范性缺失碾压（重度）	212	2.57	1.10	2 737	3.01
桂糖 29 宿 1	正常区域	200	2.69	1.14	4 275	4.86
	失误碾压（轻度）	192	2.74	1.13	3 921	4.44
	规范性缺失碾压（重度）	189	2.85	1.21	2 298	2.77
桂糖 03-2287 宿 2	正常区域	256	2.88	1.67	3 190	5.32
	失误碾压（轻度）	235	2.81	1.46	2 932	4.27
	规范性缺失碾压（重度）	195	2.64	1.07	2 528	2.69
粤糖 53 宿 2	正常区域	261	2.62	1.41	3 014	4.24
	失误碾压（轻度）	249	2.62	1.34	2 673	3.59
	规范性缺失碾压（重度）	253	2.63	1.37	2 676	3.68

5.6 宿根蔗的机械化管理

5.6.1 宿根甘蔗生产的生物学基础

5.6.1.1 宿根甘蔗的概念和意义

宿根甘蔗是上一季甘蔗收获后，留在地下的蔗蔸侧芽萌发出土，经栽培管理而成的新一季甘蔗，由新植蔗收获后留下的蔗蔸萌发长成的宿根蔗称为第一年(季)宿根，从第一年(季)宿根蔗收获后留下的蔗蔸长成的甘蔗称为第二年(季)宿根，以此类推。

宿根蔗生产省去了耕整地和播种种植环节，节约了蔗种、基肥、机耕、机种及配套的辅助用工等成本，且由于地下根系群体已于新植季建成，吸收养分、水分和抗逆境能力比新植蔗强，单位土地面积内的蔗芽数也显著高于新植蔗，因此宿根蔗同新植蔗相比往往更早生快发、苗情健壮，高产高糖，用肥数量比新植季至少可节约10%以上，在经豆蔗轮作、碎叶深埋还田、保护性耕作条件良好的蔗园，宿根蔗用肥量甚至可比新植蔗用肥量节约1/2以上。所以延长高产、稳产的宿根蔗年限是甘蔗产业降成本、增产增收的关键，宿根年限短恰恰是我国同世界发达产蔗国家之间竞争力差距大的重要原因，我国甘蔗宿根年限比发达国家平均水平少2~4年，由于品种的适应性、地力的退化、病虫生态环境压力、极端气候以及生产管理不当，我国的甘蔗生产中能够维持一新两宿高产稳产的蔗园数量日渐减少，相当部分蔗区甚至不得不采用年年翻种、增加投入成本来勉力维持甘蔗产量以弥补其宿根季大幅减产造成的经济损失，从而使甘蔗生产成本居高不下。反观发达产蔗国家，如巴西的甘蔗宿根年限一般都能达到5~7年，其大部分蔗区以蔗茎单产低于85 t/h(5.67 t/亩)作为是否进行重新翻种的产量依据，其高产水平由此可见一斑，甘蔗生产成本的优势自然凸显。

5.6.1.2 宿根甘蔗生长的特点

(1) 宿根甘蔗地下部的生长特点

宿根甘蔗的根系在全生长期的前中期(7月份前)因兼有上一季生长的老根和新发根两类根系，故吸收能力、抗逆性均较强，因此与新植蔗相比往往表现出前中期生长较快的明显特征。由于垄面以下的浅土层(0~7 cm)通气性相对深土层为佳，一般又是施肥管理上养分较集中、充足的区域和便于人为调控土壤水分的区域，所以宿根蔗的新生根也多萌生于该浅土层内较密集的节上的根带，从而形成宿根蔗的新生根群分布较浅的特点，如果未进行有效的中耕深松或破垄深松，或未进行深土层施肥，就难以改善和活化深土层的结构与功能，难以促进新生根向纵深生长，难以维持上季老根的吸收功能，以致老根逐渐老化甚至死亡。因此，生产上常见宿根甘蔗生长后期,承担着主要的吸收功能的新生根系因对土壤深层的养分和水分吸收能力不足,从而导致宿根蔗前期生长虽快,但后期生长速度趋缓,甚至提早滞长,且容易受旱,易有翻蔸倒伏的现象发生。因此,上一季甘蔗大培土追肥时的深松、深施肥是保证宿根季良好的根系吸收功能和支持功能的关键技术。

由于甘蔗具有分蘖的特性,无论是主茎还是分蘖茎,理论上,只要温湿度条件适宜,每根蔗茎在土壤中的健康芽都可能萌发成株,这也是一般分蘖性较强的品种宿根性表现亦较好的原因,因此宿根蔗的蔗蔸里一般都有充足的地下芽数。调查显示,甘蔗砍收后蔗蔸内的地下芽数至少为新植蔗基本出芽数的 4 ~ 5 倍,其中具有生活力的芽约占 1/2,芽龄和生理状态适宜、能够及时萌动出苗的芽又约占这其中的 60% 左右,因品种而异,高的可达 80% ,低的在 30% ~ 40% ,其余的芽则处于未发育成熟或休眠状态,即便它们后发出芽,也会在群体竞争和耕作管理过程中被淘汰。因此在我国的甘蔗生产实践中,宿根发株数一般约为新植蔗基本苗的 1 ~ 2 倍。从芽位情况看,宿根蔗蔸中的高位芽易受不良环境生态条件,如干旱、寒冻、积涝等灾害的影响,且易遭受机械损伤,低位芽往往生理成熟度更高,储存营养较多,如能及时破垄深松,创造适宜的温湿度条件,低位芽一般萌动发株较快,成株也较粗壮。在生产全程机械化作业条件下,对品种宿根性强弱的评价应更加强调发株时间的整齐度和苗情的整齐度,即要求在尽量短的时间内达到预期的宿根发株数,且株龄、健壮程度较整齐一致。

(2) 宿根甘蔗地上部的生长特点

宿根甘蔗地上部的生长特点很大程度上与地下部根系的生长特点相关联。可归纳为以下 3 个特点:

① 前期生长快、中后期渐慢、容易早衰。这种现象正是因为宿根甘蔗的新生根系多分布在 0 ~ 7 cm 浅土层,而深土层老根系随着生长期的推移而逐渐老化,使得宿根甘蔗生长后期根系对深层土壤的养分和水分吸收能力不足,且甘蔗生长中后期也不可能持续地追施、补施肥料,所以对宿根甘蔗的生产管理,尤其是机械化收割后,应在适宜的气候和土壤墒情条件下及早进行破垄深松,尽量将前一季培高的蔗垄破松、降低垄高,也便于后续培土时有足够的培垄土量。促新根的同时延续老根的生活力,促进已萌动的低位芽早发成株,尽早形成良好的自养光合群体能力,节约前期用肥,重攻中后期营养。宿根蔗中后期应足量施肥,将甘蔗易吸收的速效肥与长效缓控释肥配施,以保持宿根甘蔗的生长后劲,不早衰。宿根甘蔗机械化管理分为破垄深松施肥和大培土施肥两次为宜,不鼓励将破垄和大培土合二为一的一次性作业法。

② 发株及生长不均匀。造成这类现象,甘蔗自身的原因主要是不同芽位蔗芽成熟度的差异,造成萌动发株的时间早晚不同,以及形成的强、弱苗之间的个体竞

争。造成发株及生长不均的外在原因则较为复杂，影响因素繁多，多数是人为管理和作业不当造成的，也是可以避免和改善的。如进行机收时收割机或装载运输车辆未严格遵守作业规范，造成碾压蔗蔸，从而影响宿根甘蔗的发株；上一生产季的培土质量不佳造成机收时的蔗蔸损伤或破坏；收割机手操作不当造成蔗茎基部切割留茬高度不一致，使得田间高位芽、低位芽发株参差不齐、生长强弱不均；基切刀片磨损严重却未及时进行更换，造成甘蔗留茬破损而影响宿根甘蔗发株；田间局部病、虫害失控造成缺苗断垄；防灾（寒、旱、涝等）措施未全面到位造成局部灾情影响宿根甘蔗发株；等等。如宿根甘蔗田间发株不齐较为严重的，应及时补苗甚至翻种。

③ 随着甘蔗宿根年限的延长，逐年萌发的地下芽和新生根系在土壤中的生长区位逐渐抬高，亦即蔗蔸（或也称蔗桩）逐年上移，一方面造成甘蔗田间垄面与沟底的高度差逐渐增大，形成高垄深沟，在进行机收时蔗垄易刮触机具底盘，影响收割效率和收割质量。另一方面，随着甘蔗宿根年限的延长，以浅土层根系为主的根群结构使得甘蔗愈加容易倒伏。所以宿根甘蔗的机械化管理应特别注意提高破垄深松（降垄高、深扎根）和培土作业的质量。发达产蔗国家和地区实施保护性耕作技术模式的蔗园，通过垄作植蔗，减少田间耕作次数，以深松替代培土，避免出现高垄深沟而影响宿根季机收的顺利进行。

5.6.1.3　宿根甘蔗的栽培技术要点

(1)选用宿根性好的品种

优良品种是甘蔗新植、宿根季多年高产稳产的基础。尤其在生产全程机械化的条件下，仅就宿根性而言，应特别注意品种的以下优异性状表现：

① 甘蔗早生快发，分蘖势旺盛，从分蘖初期至分蘖盛期的时间较短，茎蘖数量消长的自我调控能力强，分蘖成茎率高，单位面积有效茎数对于宿根甘蔗产量构成的影响比新植季更为重要，上述性状的优异表现均有利于在蔗蔸内形成数量合理、芽体健壮的地下芽群体。

② 甘蔗根系的生长能力，尤其是深根群的生活力维持时间久，抗旱性强，耐瘦瘠、耐粗放，养分吸收利用效率高；甘蔗叶形、叶姿、叶面积指数和生理状态既要满足有机物同化制造、供应和储存的需要，又要具备良好的水分蒸腾调控结构、功能和数量的均衡。

③ 甘蔗的地下部能够在全生产期机械化作业条件下耐土壤压实、耐通气障碍，损伤率低，地下芽群体数量合理，低位芽萌动快，发株迅速，齐苗期短；蔗茎基部切割性能良好，坚韧抗倒。

(2) 科学管理

种好上一生产季的甘蔗，为宿根季高产奠定良好的基础。包括甘蔗群体数量

(有效茎蘖数)和个体水平(植株高大、健壮、茎径大小均匀)基础,针对不同分蘖性能的品种,通过中耕促蘖或培土控蘖技术的实施,创建合理的单位面积有效茎数群体,避免出现田间蔗茎大小参差不齐的现象,宿根季尤其要保证充足、均匀的甘蔗有效茎。

通过科学安排植前深松、培土深松、破垄(中耕)深松及改良土壤结构、深埋有机质,浅深结合、速效与长效缓控释肥相结合等技术措施改善和优化全土层(0 ~ 40 cm)的土壤理化基础。

做好病、虫、草、鼠害综合防控和防灾减灾,抑制不良生物竞争,抵御逆境胁迫,构建良好的蔗园生态基础。

(3)保护并管理好地下部蔗蔸

严格遵守机械化作业技术规范性要求,尤其是机收环节。有条件的机械化蔗园可采用卫星导航控制系统,在预设线路上进行固定路径行走控制作业,尽可能地减少机具行走的土壤接触面积,缓解压实和剪切效应对土壤结构的破坏性影响;严格执行砍收质量标准,根据砍收量限额适时更换刀具耗材,避免机收留茬过高、蔗茎基部破裂、损伤和蔗蔸拖拽出土等现象的发生。

甘蔗收获后应抓好“四早”管理措施。即早破垄深松蔸,促进地下芽发株,改善土壤通气性;早施肥管理,促进蔗苗和根系的生长;早查苗补苗,保证全田苗齐苗壮;早防病虫草害,抑制不良生物竞争。

对甘蔗品种粤糖 55 号、福农 39 号进行不同破垄时间处理研究的结果显示,在一定时间范围内(10 d),适宜的气候和土壤条件对宿根出苗、分蘖及产量构成的影响更甚于破垄时间的早晚。粤糖 55 号对破垄时间早晚的反应不敏感,而福农 39 号通过及早破垄对甘蔗伸长生长具有显著的促进效果。因此,宿根蔗的管理要因时、因地、因品种科学合理地实施。

5.6.2 宿根甘蔗机械化管理作业技术要求

宿根甘蔗的机械化管理包括平茬、破垄、深松、施肥、用药等作业环节,一般在甘蔗收获后先进行“清园”,即清理田间的残杂物,而后适温适墒在蔗行依稀可辨时进行破垄松蔸作业,避免误伤蔗蔸,有固定机具行走路径的机械化蔗园或采用卫星导航控制系统在预设线路作业的可提早进行,及早管理有利于宿根蔗提早发株和苗情整齐、健壮。宿根甘蔗破垄松蔸可采用犁铲式、旋耕式或圆盘式宿根破垄施肥机配套相应动力拖拉机进行。耕层深厚、较疏松或沙质土可采用圆盘式宿根破垄施肥机。有条件的情况下,宿根发株缺苗断垄的部分应尽量进行移栽补苗;若上季机收时将蔗地田头 6 m 左右范围预收割平整为转弯掉头场地的,以不影响宿根蔗田间管理和后续收获作业为原则,可择时耕整种植短季作物、养地作物、甘蔗种苗或它用。

宿根破垄松蔸作业的耕深一般要求达到20～35 cm，以达到疏解压实、通气促长、垄土还沟、增肥防虫的目的。建议采用高磷，氮、钾含量均衡缓释与速效氮的肥料组合，分为破垄和培土两次作业的宿根蔗地，破垄时的施氮量一般占全生育期总施氮量的30%左右，施磷量占全生育期总施磷量的80%以上，施钾量占全生育期总施钾量的30%左右，全生育期所需的剩余肥料在后续的大培土作业时一次性施完，作业方法与质量要求同新植蔗；为了保证肥料在机具肥料箱中的堆贮质量、刮送、下料顺畅，一般要求使用的颗粒状肥料含水率不大于20%，小结晶粉末状肥料含水率不大于5%，以防机械搅动、混拌和潮湿条件下产生黏结，影响施肥作业质量。

在气候适宜、土壤肥力条件好，宿根出苗迅速，茎蘖旺盛整齐的宿根蔗田，为减少土壤耕作次数和轻简节支，也可将破垄松蔸和大培土结合一次性完成。

5.7　甘蔗生产全程机械化对蔗园土壤结构的影响

甘蔗生产全程机械化与传统的人工栽培管理模式相比，对土壤最直接的影响就是大型机具作业与行走对土壤的压实，及其造成的土壤物理结构、化学性质、养分吸持、转化特征和微生物生态等的响应和变化。

全程机械化生产模式，尤其是采用大型机械作业的蔗田，土壤的机械压实效应可通过全生产期的中耕管理作业得以缓解，并通过持续改良土壤结构和适当的机械化耕作技术进一步改善。由于我国蔗作土壤长期连作，生产管理还欠科学，如未进行合理深松，土壤浅层滥施化肥，滥耕现象突出，长期忽视地力维护等原因，导致我国蔗作土壤的结构和功能协调性较差。在此条件下，相较于我国长期以来所采用的传统人工作业方式，生产全程机械化，尤其是机收作业后，对土壤造成的压实影响十分显著，务必及早进行破垄松蔸作业，否则将会对宿根蔗的发株和甘蔗生长产生显著的不利影响。

世界各国发展农业机械化的经验和研究结果证明，土壤过度压实会造成作物减产10%～30%。国家玉米产业技术体系通过调查发现，我国玉米地的耕层普遍只有12～20 cm，而美国等发达国家普遍达到30～35 cm，他们向农业部提交专门报告，受到高度重视。农业部由此设置了深松补贴来鼓励加深耕层。

5.7.1　在广西廖平农场等地的研究

研究比较宽行距(1.4 m)生产全程机械化模式和传统的窄行距(<1.2 m)种植管理、人工收获生产模式二者在甘蔗收获后至破垄松蔸前的土壤压实情况差异

的结果显示(见图5-4),甘蔗收获后至破垄松蔸前,宽行距机械化收获模式下的全田土壤紧实度显著大于传统的窄行距种植管理和人工收获生产模式,尤以机具行走的行沟为甚,蔗垄上部受压实的影响居次。研究显示,宽行距生产全程机械化模式下的行沟0~15 cm土层和蔗垄上部0~15 cm土层的土壤紧实度比传统的窄行距种植管理和人工收获生产模式同区位土层的土壤紧实度可高出2倍以上,也反映出机收作业的不规范,机械化收获系统机具行走路径难以统一,机具轮胎的田间接触压实面积较大,甚至有碾压蔗垄的现象发生。经过破垄松蔸和全生产期的田间中耕管理作业后,除机具行走的行沟以外,全程机械化生产模式和传统的人工作业模式蔗垄不同深度土层的土壤紧实度已无显著差异,说明机械化收获对土壤的压实效应可通过破垄、中耕作业得以改善。

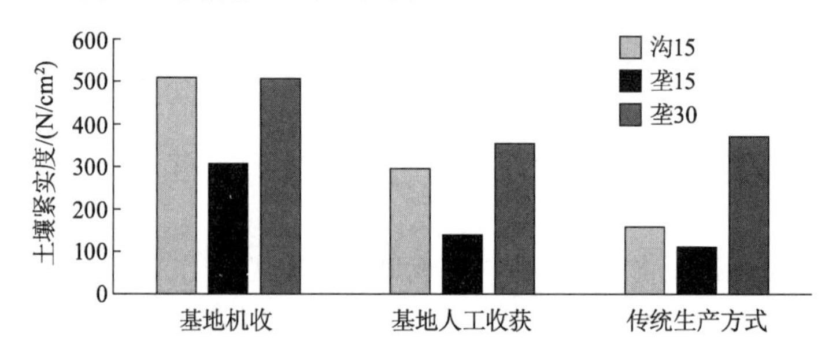

图5-4　几种模式下的土壤压实对比

我们又在宽行距(1.4 m)种植模式下,分别进行了机械化收获方式和人工收获方式对土壤造成的压实效应分析(见图5-5)。结果显示,收获后至破垄松蔸前,机械化收获对全田的压实效应显著,土壤紧实度可达人工收获的1.4~2.3倍,蔗垄上部(垄面以下0~15 cm)土壤紧实度受压实影响的变化幅度最大,可见机收作业规范性亟待提高和实施全程机械化生产作业固定路径技术的必要性。进一步研究显示,经破垄松蔸和全生产期的田间管理作业,除蔗垄深层(垄面以下15~30 cm)以外,其他区位(行沟和垄面0~15 cm)的土壤容重、土壤紧实度、总孔隙度、毛管孔隙度、空气孔隙度、固液气三相容积率等指标在机收与人工收获两种收获方式之间已无显著差异,即行沟及垄面的土壤压实情况可通过破垄松蔸和全生产期的中耕管理作业基本得以改善,但蔗垄深层的土壤紧实现象尚未得到令人满意的缓解,机收后至破垄松蔸前该区位的土壤紧实度达500 N/cm^2,经破垄松蔸和全生产期的中耕管理后,该区位土壤紧实度下降为约360 N/cm^2,仍处于紧实状态,远高于蔗垄上部甚至机具行走的行沟的土壤紧实度,导致全田土壤结构极不协调,通过对两种模式下该区位土壤的固液气三相容积率的分析结果显示,蔗垄深层的通气孔隙度急剧减少,气相容积率显著下降。土壤的通气性和透水性下降,可导致土壤的氧化还原状态、酸碱度和金属毒害、微生物生态、养分的转化和利用等受到影响，从而影响甘蔗根系的生长及其对养分、水分的吸收功能，加剧甘蔗根系的老化死亡，并严重影响地下芽，尤其是低位芽的萌发出苗，从而对宿根蔗发株生长和产量造成显著的不利影响。

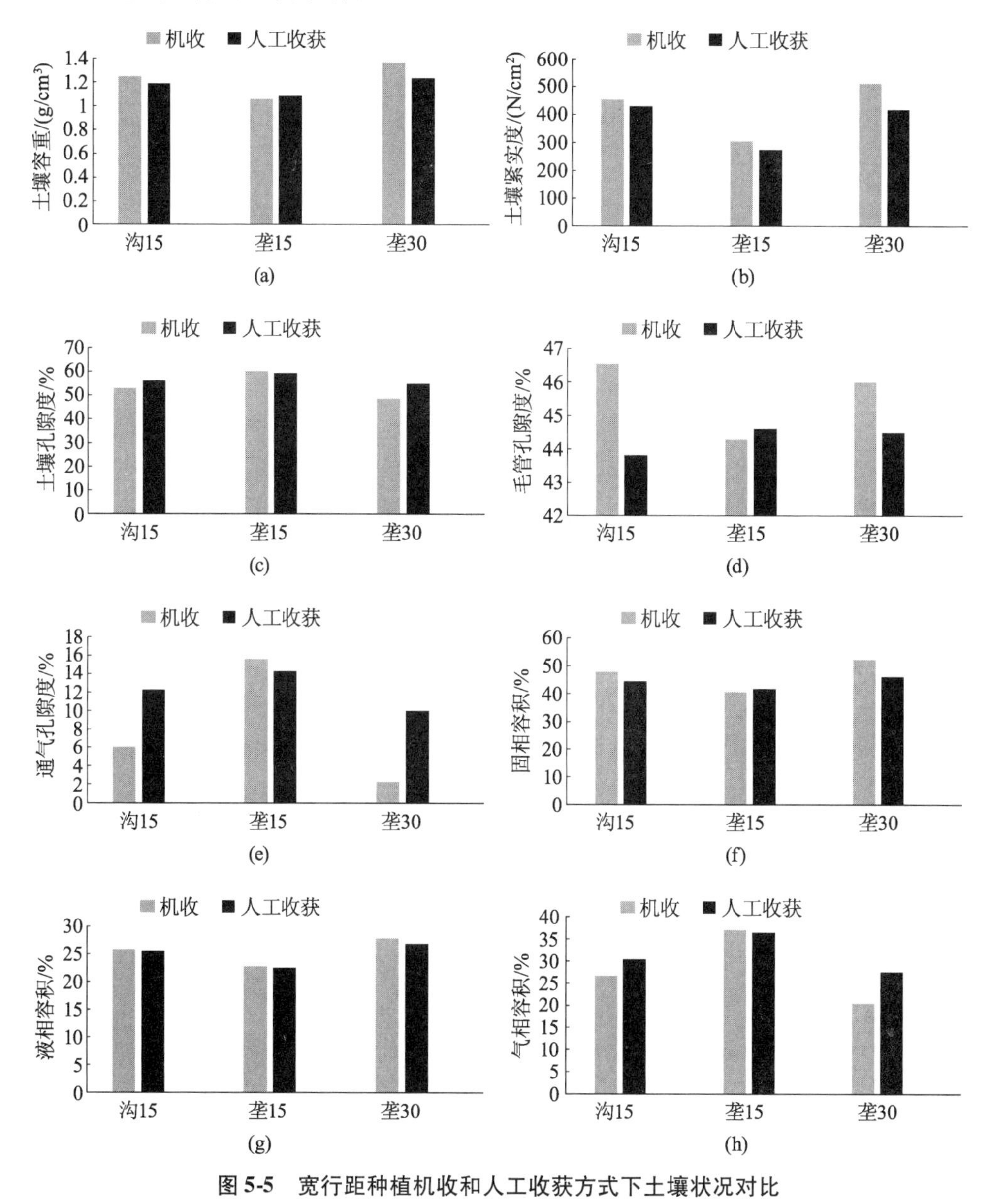

图5-5　宽行距种植机收和人工收获方式下土壤状况对比

通过对上述研究的综合分析发现，经过破垄松蔸和全生产期的中耕管理作业后，无论是生产全程机械化模式还是传统的人工作业模式，蔗垄深层（垄面以下 15 ~ 30 cm）都是全田土壤紧实度最高的区位。生产全程机械化模式下，机收后至破垄松蔸前该区位的土壤紧实度高达 500 N/cm^2，经破垄松蔸和全生产期的中耕管理后，该区位土壤紧实度下降为约 360 N/cm^2，而传统的窄行距生产模式下，该区位的土壤紧实度竟然也高达 370 N/cm^2，是垄沟、蔗垄上部（垄面以下 0 ~ 15 cm）土壤紧实度的 2.3 ~ 3.4 倍。可见蔗垄深层（垄面以下 15 ~ 30 cm）土壤结构紧实是蔗区当前不论哪种生产模式、收获方式都普遍存在的现象，反映出我国的甘蔗机械化深松存在着较普遍的作业质量问题，必须对机械行沟行走所产生的侧向剪切力对蔗垄深层的影响给予更多关注。蔗垄深层土壤结构的改良和优化是我国甘蔗生产全程机械化，乃至传统的人工生产方式下保证甘蔗高产稳产必须主攻的重要的土壤区位对象。

我们曾对我国主蔗区不同土层的相对含水量进行分析研究，结果如图 5-6 所示。

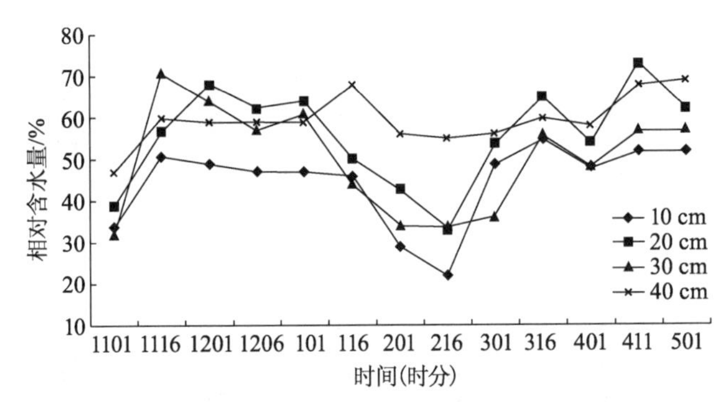

图 5-6　我国主蔗区不同土层的相对含水量

结果表明，蔗地 10 cm 土层保水性较差，蓄水抗旱能力弱，尤其容易受旱情影响，土壤团粒结构的贫乏是造成该现象的主要原因，应用地表覆盖技术（如蔗叶覆盖还田）可望有所改善，但改善和增加该土层团粒结构是根本的技术要求；蔗地 20 cm 土层在现有的土壤结构条件下处于关键的水分调控地位，对水分反应敏感；蔗地 30 cm 土层的结构较差，40 cm 土层的毛管效应差。蔗地全耕层的整体协调性有待改善，这也反映出机械化深松的重要性和质量要求，改善 20 ~ 40 cm 土层结构的协调性，保持耕层物理指标的稳定性，不仅关系到机械化宜耕性，也是甘蔗高产栽培的重要基础，这与前述的研究结果是一致的。

为了了解生产全程机械化作业对耕层土壤特性衍变的长期影响，我们对甘蔗新植和宿根连续 3 个生产季的耕层土壤特性进行了跟踪分析，结果如图 5-7 所示。

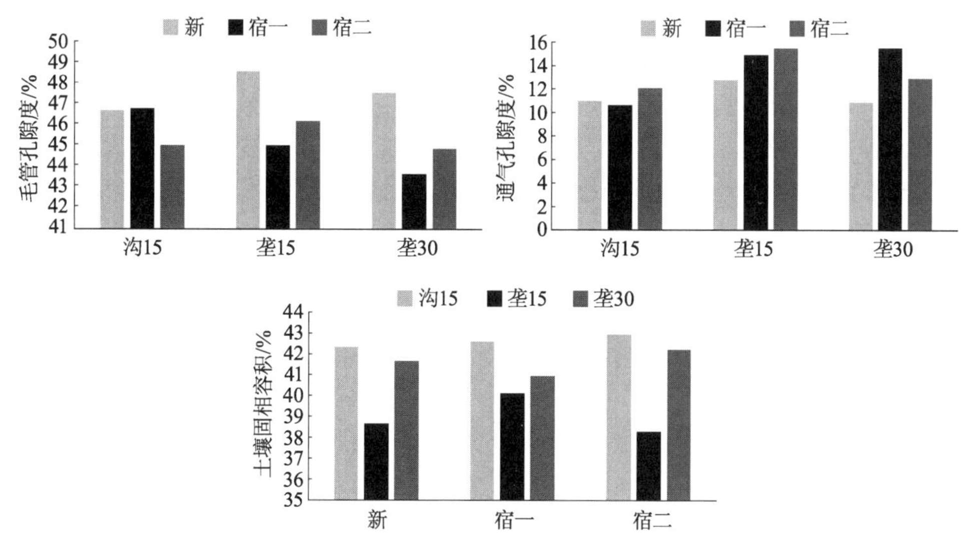

图5-7　甘蔗新植和宿根连续3个生产季的耕层土壤特性

研究结果表明:蔗垄深层(垄面以下15~30 cm)的土壤紧实程度增大,蔗垄表层(垄面以下0~15 cm)有土量不足和结构不良的发展趋势。3个生产季中,机具行走的行沟及垄底(垄面以下15~30 cm)的土壤孔隙度均显著小于蔗垄上部,蔗地不同区位的土壤孔隙度协调性随着种植年限的延长而逐渐变劣,总体上毛管孔隙度呈减少趋势,土壤的蓄水抗旱能力下降,蔗垄上下土层的毛管孔隙度均从进入第一季宿根期即迅速降低,至第二季宿根期趋于稳定;值得注意的是进入宿根季,垄面毛管孔隙度的下降和通气孔隙度的上升,反映出可能存在蔗蔸内低位芽发株状况不良,宿根蔗蔗桩位置抬升,可供培土量不足,中耕培土作业质量不佳以及表土耕作层团粒结构的破坏等问题。蔗垄上部(垄面以下0~15 cm)土壤固相容积率偏低以及至第二季宿根期的继续下降也证实了上述观点。这种现象对养分吸附与利用、甘蔗抗倒伏、宿根季产量及下生产季的宿根发株生长均会造成显著的不利影响。

研究还显示,植蔗后前2年蔗地浅层(0~15 cm)土壤比重易受外界作用,如施肥种类、机械作业等影响或干扰,表明新植和第一季宿根是土壤结构改良的关键有效期,随着宿根年限的延长,蔗地土壤各区位比重趋于稳定,通过植前深松、深施肥、深埋土壤改良物料提升土壤中的微团聚体含量,实施保护性耕作和避免滥耕,是下一步稳定机械化蔗园耕层土壤良好结构的主要方向。

为了缓解和改善上述生产全程机械化可能伴生的对土壤结构和功能的不良影响,发达产蔗国家和地区主要采取了以下几种技术策略:

① 实施保护性耕作技术模式,减少农机具下田作业次数。很显然,生产全程

机械化模式和传统的人工作业模式下蔗田土壤紧实度状态差异的最主要的作业环节和机具是大型联合收获系统机具,包括联合收割机和装载运输机具;此外,与传统的窄行距种植管理和人工收获生产模式相比,生产全程机械化模式下的中耕管理乃至种植、耕整地所匹配的大马力拖拉机都可能产生不同程度的压实效应。因此,发达产蔗国家和地区在地力维护条件较好、实施保护性耕作技术模式的机械化蔗园,仅有的可扰动土壤的作业环节包括:机械化耕整地,机械化种植或破垄松蔸,结合进行一次性施肥或用药,以及机械化收获。常采用对土壤扰动少的作业机具和作业方式,如采用圆盘破垄的方式进行宿根蔗破垄施肥管理,既减少了犁铲式或旋耕式作业对土层的扰动,节省了功耗,又有效地阻断了机具在行沟行走造成的侧向压实影响。

② 采用生产全程机械化作业固定路径行走的技术模式。借助卫星导航驾驶控制系统的应用,使得耕、种、管、收、运全流程各环节机具作业行走均在预设的全田轮胎接触面积最小、对甘蔗地下部的机械压实传导影响最小、对土壤结构性能影响最少的优化路径上进行。

③ 持续不间断地进行甘蔗地力维护和土壤改良,作为甘蔗生产最重要的基础性工作。如普遍实施作物轮作制,尤其是大豆与甘蔗的轮作。大豆在常用的豆科作物中地上部的生物产量优势最为明显,其地上部干物质重量可占其总生物量的87.8%,其中蛋白含量约为2.58%,被世界各国广泛应用为甘蔗的轮作作物。轮作制以及秸秆、农林废弃物、农家肥、生物菌肥和含有机质的加工副产品如发酵残液、滤泥等的还田,均属于土壤的生物改良措施,旨在增加土壤有机质,结合耕作后的疏松土壤环境,促进微生物活动,促进有机养分分解为便于利用的形态,并通过长期的效应积累改善土壤结构、功能的协调性和养分供给能力。土壤的生物改良措施一般宜结合土壤耕作覆入土中,与耕作土壤分散混合或深埋,对于全田土壤的改良效果更为理想。地力维护和土壤改良还包括其他多种方式,化学方式的石灰调酸,物理或机械方式的包括土壤结构调理剂、采用改沟植为垄作来增厚耕层、蔗叶地表覆盖疏解机械压实等措施。

5.7.2 在湛江农场的研究——甘蔗机械化生产导致的土壤压实

5.7.2.1 研究背景

为研究甘蔗机械化生产过程中大型机械进入地块作业后产生的土壤压实问题及应对之策,华南农业大学甘蔗机械化研究室在湛江农垦广垦农机公司广前分公司的地里,开展湛江蔗区大型农机具作业对耕作层土壤压实的研究。研究以实地调研和田间试验为主,结合所在农场的土壤物理特性,研究分析在甘蔗生产机械化过程中,农机具作业对甘蔗地耕作层土壤的影响(团队成员黄世醒以此为题作硕士论文,具体负责了这项研究)。

5.7.2.2　蔗田机械化作业内容及机具配置

湛江农垦甘蔗生产作业密集期通常为 100 多天,从当年 11 月下旬至次年 3 月上旬。在此期间,每块甘蔗地都需要进行"收获—装车—运输—撒施石灰—横直深松(深翻)—耙地(或旋耕)—开沟施肥种植—化学除草"等机械化作业(陈超平,2009)。

根据农机具作业的起止日期、作业天数、日作业量,结合蔗地实际每轮作业农机具详细情况,扣除无须进入甘蔗地块作业的机械化作业步骤,经优化后归纳出甘蔗生产机械化农机具下地作业项目、重量及相关参数(见表 5-4)。

表 5-4　农机具田间作业各项目内容相关数据记录

作业项目	机具组合	组合质量/kg	作业幅宽/m	农机具触地宽度/m(最大负荷轮胎宽)×2
1. 施石灰	1054 拖拉机 + 施石灰机	4 180 + 1 000	2.0	0.467 + 0.16
2. 深松	TM140 拖拉机 + 深松铲	5 400 + 780	2.0	0.467 + 0.08
3. 犁地	TM140 拖拉机 + 犁	5 400 + 560	2.0	0.467 + 0.15
4. 耙地(旋耕)	1204 拖拉机 + 重耙 1204 拖拉机 + 旋耕机	4 300 + 2 800 4 300 + 540	3.6 2.5	0.467 + 0.25 0.467 + 0.18
5. 种植(带运苗施肥)	110-90 拖拉机 + 播种机	4 505 + 3 600	2.5	0.467 + 0.25
7. 破垄、松土、施肥	1204 拖拉机 + 中耕施肥机	4 300 + 800	2.2	0.467 + 0.10
8. 除草	1204 拖拉机 + 喷雾机	4 300 + 1 000	18.0	0.467
10. 施肥大培土	TS6020 拖拉机 + 中耕施肥机	3 240 + 1 000	2.2	0.24 + 0.16
11. 喷雾防(除)虫	TB 90 拖拉机 + 喷雾机	2 560 + 1 000	18.0	0.240
12. 收获	CASE4000 自走式联合收获机	7 000	1.1	0.378
	CASE8000 自走式联合收获机	15 000	1.4	0.597
13. 田间装运	1054 拖拉机 + 巴西拖卡	4 180 + 6 000 + 5 000	2.2	0.467 + 0.445
	广西都兴自走式运输车	7 000 + 8 000	1.8	0.420

5.7.2.3　研究内容与方法

(1) 研究内容

黄世醒主要研究分析在甘蔗生产机械化过程中,农机具作业对甘蔗地耕作层土壤的影响,在 100 多天生产机械化作业密集期内,不断有不同的农机动力配合各类作业机具进入地块,田间作业的具体内容包括甘蔗收获、装载运输、土地耕整、开沟种植、除草施肥等,基本上能够反映出该时期整个甘蔗生产周期的情况。

(2) 农机具运动轨迹及作业区域标记与分析

农机具运动轨迹及作业区域由 GPS 轨迹记录仪在谷歌(Google)地图上标定,如图 5-8 所示。

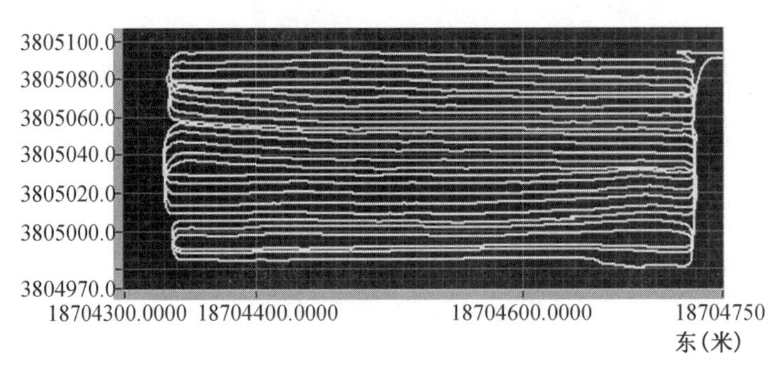

图 5-8　GPS 轨迹记录仪记录结果

观察甘蔗生产的所有机械化作业的轮压轨迹(不考虑地头转弯、机器跑偏和横直耕作等),以作业幅宽为指标,绘出农机具(拖拉机、收割机、运输车等)与地面最大接触的后轮在田间的碾压情况,结果如图 5-9 ~ 图 5-11 所示,作业幅宽越大,机具对地块碾压的面积越小。所有作业中,喷雾作业对全地块的碾压只有 5.2%,耙地为 26.1%,旋耕为 37.9%,中耕培土为 41.8%,深松作业约为 47%;收获环节碾压最严重,其中凯斯 8000 型收获后达到 83%,凯斯 4000 型收获后约 95%。

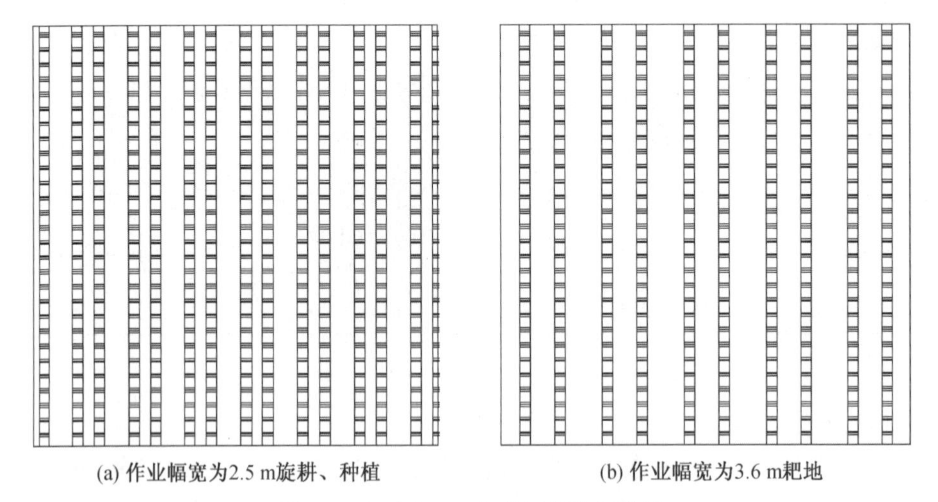

(a) 作业幅宽为2.5 m旋耕、种植　　(b) 作业幅宽为3.6 m耙地

图 5-9　各种作业农机具田间轮压情况

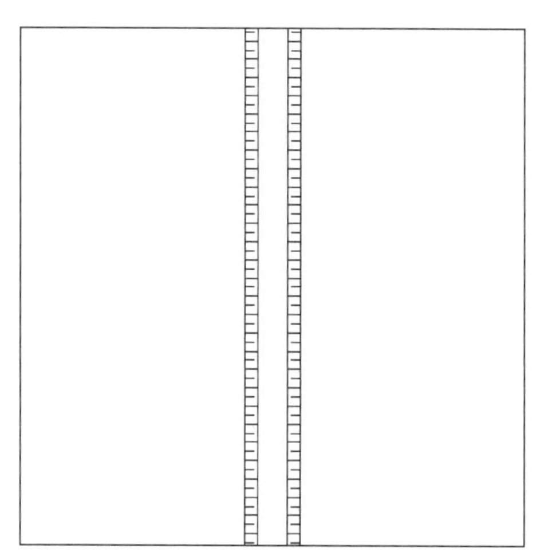

图 5-10　作业幅宽为 18 m(除草、喷雾除虫)的农机具田间轮压情况

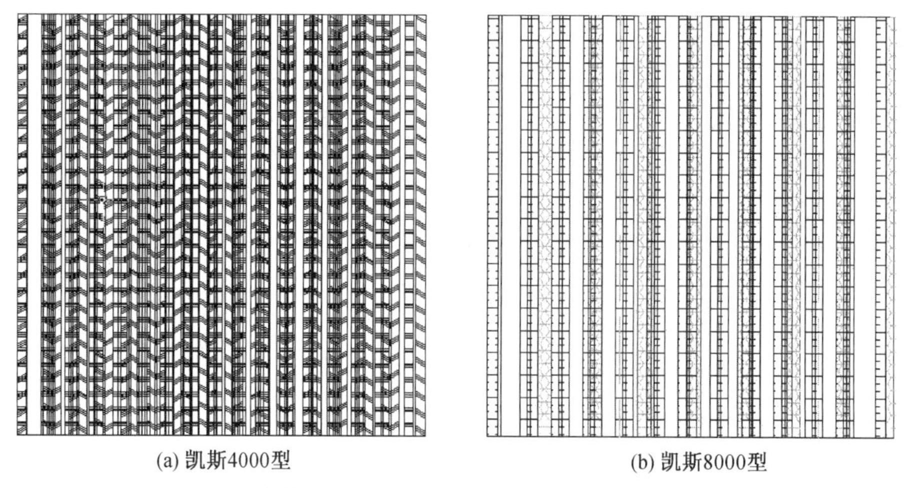

图 5-11　凯斯 4000 型和凯斯 8000 型收获后田间轮压情况

根据农机具田间作业各项目内容相关数据记录(见表 5-4),选择其中的最小值(喷雾除虫)为基准进行各项作业的对比和概略统计,求取甘蔗生产全过程机械化具体指标作用的参数。具体内容包括:① 通过农机具作业幅宽的比值,可得到行走次数之比;② 通过农机具组合的重量对比,可求得作业农机具的重量比;③ 统计单一作业对地表造成的压强,由于难以准确求取接地面积,因此考虑并选择主要承载区域概略评估农机具接触地区域压强比;④ 在评价农机具对全地块的压实时,结合农机具的重量和作业覆盖范围,提出评估农机具对全地块压实程度的参考数,并将之定义为:

$$压实参考数 = 压强比 \times 次数比$$

农机具各项田间作业参考数据见表5-5。收获阶段,各机具轮胎产生压强估算,见表5-6。

表5-5 农机具各项田间作业参考数据统计

统计项目	各农机具行走次数比	农机具组合质量比	主要承载位置压强比	农机具对全地块压实参考数(压强比×次数比)
施石灰	8.1	1.5	1.1	7.4
深松	8.9	1.7	1.3	9.7
犁地	9.9	1.7	1.2	10.1
旋耕	5.0	1.4	1.0	4.1
耙地	7.1	2.0	1.4	8.5
种植运苗施肥	7.1	2.3	1.7	9.8
破垄松土施肥	8.1	1.4	1.1	7.3
除草	1.0	1.5	1.2	1.0
施肥大培土	8.1	1.2	1.4	9.6
喷雾除虫	1.0	1.0	1.4	1.2
凯斯4000型收割机	16.0	2.0	2.1	27.9
都兴自走式运输车	16.0	4.2	4.5	59.9
凯斯8000型收割机	13.0	4.2	2.9	31.8
巴西运输拖卡	13.0	2.8	2.4	25.7

表5-6 收获阶段各机具轮胎产生压强估算

接地位置	轮胎规格	接地面积/$L \times W \times 2$(cm^2)	总质量/t	载荷分布/%	承受重量/kN	产生压强/MPa	比压
凯斯4000型前轮	10.0-16	30×25.4×2	7	25	17.15	0.113	1.00
凯斯4000型后轮	14.9-28	54×37.8×2	7	75	51.45	0.126	1.12
都兴运输车后轮	8.25-20	42×21.0×4	15	70	102.90	0.292	2.58
凯斯8000型前轮	14.5-18	34×36.8×2	15	25	36.75	0.147	1.30
凯斯8000型后轮	23.5-26	66×59.5×2	15	75	110.30	0.140	1.24
巴西拖卡轮胎	17.5L-24	46×44.5×4	11	100	107.80	0.132	1.17

收获环节土壤压实最严重,因此收获阶段各机具轮胎产生压强估算结果(见图5-12),将为后面分析农机具作业对甘蔗地耕作层土壤影响提供重要的数据参考。

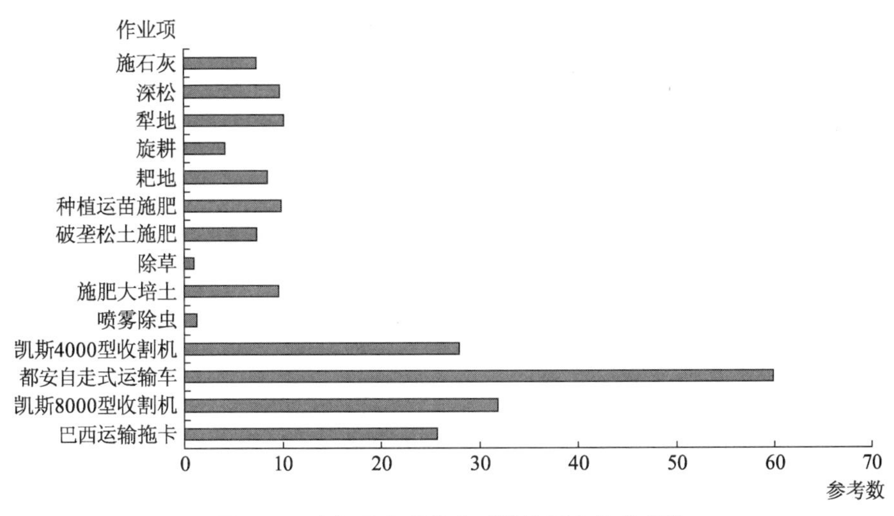

图5-12　农机具各项作业对地块压实的参考数

从图5-12可发现,在甘蔗机械化生产作业密集期内,各项作业对全地块的压实影响以甘蔗收获、装载运输最为显著;其次为耕整、种植与中耕培土;影响最小的属于喷雾。因此应选择甘蔗收获、装载运输环节作为研究甘蔗地土壤压实的主要分析对象。

(3) 湛江农垦土壤概况

湛江农垦农场最主要的土壤类型是砖红壤,占总面积50%以上;缓坡台地形占垦区42.3%的面积。研究发现雷州半岛的砖红壤黏粒含量较高、沙粒含量相对偏低,参考土壤比重平均值为2.65 g/cm^3,得到雷州半岛砖红壤的物理性质见表5-7。

表5-7　雷州半岛砖红壤物理特性

土壤类型	容重/(g/cm^3)	孔隙度/%	土壤机械组成/%(>0.01 mm)	土壤机械组成/%(<0.01 mm)
砖红壤	1.27	52.08	32.0	68.0

这种土壤(砖红壤),全剖面为均一黏土,土壤中直径小于0.001 mm的黏粒含量高达65%以上,沙黏比例为1.34∶98.66,土质黏重,结构性和透水性差、保水能力低。干燥时蒸发快,潮湿时表层土吸水膨胀,产生板结,阻止水分渗入,地表产生径流导致水资源流失,凋萎系数接近30%,砖红壤这一特殊结构和物理性状对实现甘蔗生产全程机械化有很大的负面影响。

5.7.2.4　试验结果与分析

以甘蔗生产全过程机械化作业过程中深松、旋耕(疏松土壤)和收获(严重压实土壤)3 个对土壤影响比较大环节的土壤容重和坚实度变化情况,对相应的试验数据结合试验现象进行分析。

(1) 耕整阶段土壤容重变化与分析

以人工作业地块(收获后)数据为参考,对比机械化作业地块实施深松和旋耕作业后的土壤变化情况,具体数据见表5-8 和图5-13。由表5-8 和图5-13 可知,人工作业后的土壤容重比机械化作业后的容重小,说明机械化作业会引起土壤压实。人工作业地块各层容重,最大差异为5.9%,说明人工作业对土壤的压实作用有限。机械化深松作业后,20~25 cm 土层容重与人工作业土层持平,其他两层土层土壤容重比人工作业的高,其中10~15 cm 土层容重比人工作业地块高7.9%,这种压实在随后的旋耕作业中得以消除。旋耕后10~15 cm 的土壤容重出现甘蔗机械化作业的最小值为0.919 g/cm^3,仅是人工收获后的90.3%,为深松后的83.7%。说明旋耕后在25 cm 以上土层能够形成较多土壤孔隙,适合作物根系发育与生长。在深度超过25 cm 的土层其容重变化相反,在旋耕后的30~35 cm 土层出现容重峰值1.098 g/cm^3,对比深松后增加了4.7%,说明同为机械作业,深松使底层土壤疏松,有利于保水;也说明深松的主要作用是使土壤产生局部的裂纹和孔隙,有利于水分的下渗和保存,有利于作物根系的发展,由于不是全面松土,因此节省能量。

表5-8 人工收获、深松与旋耕后各层土壤的平均容重 g/cm^3

深度/cm	人工作业地(收获后)	深松后	旋耕后
10~15	1.018	1.098	0.919
20~25	1.041	1.035	0.976
30~35	0.983	1.049	1.098

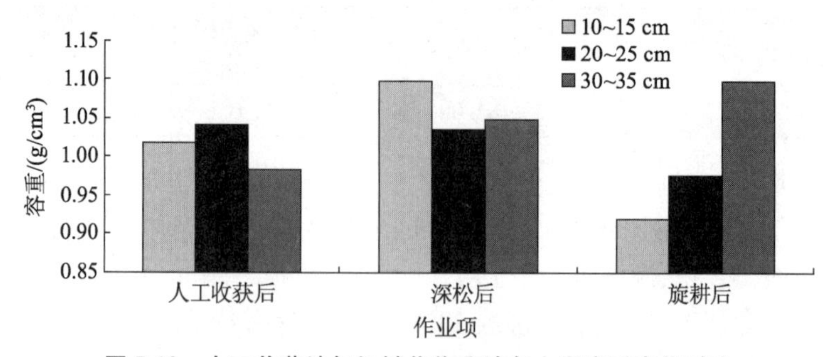

图5-13 人工收获地与机械化作业地各土层容重变化对比

（2）收获阶段土壤容重变化与分析

凯斯系列甘蔗收割机每次收获一行，且必须在旁配置一装载运输车跟随，其中凯斯 4000 型甘蔗收割机采用加高了车厢的都安公路运输卡车（见图 5-14），凯斯 8000 型甘蔗收割机则是采用宽轮胎的甘蔗专用运输车（见图 5-15）。收获甘蔗过程作业地块的表征如图 5-16 所示，在收获后的地表留下 10 ~ 15 cm 的轮辙，局部区域超过 20 cm。

图 5-14　凯斯 4000 型和广西都安产运输卡车

图 5-15　凯斯 8000 型和宽轮胎专用运输车

图 5-16　凯斯 4000 型收获后甘蔗地的碾压场景

结果表明，甘蔗收割机与运输车对土壤的压实情况严重，覆盖了 90% 以上的面积。以甘蔗地垄沟收获前的表层土壤平均容重为参考，对比不同机械收获过程前后的容重变化情况，具体如表 5-9 与图 5-17 所示。

表 5-9　收获前后甘蔗地 0 ~ 10 cm 表层土壤平均容重的对比　g/cm^3

项目	收获前	收获机压 1 次	收获机压 2 次	运输车压 2 次
凯斯 4000 型	0.934	1.204	1.310	1.347
凯斯 8000 型	1.069	1.146	1.322	1.336

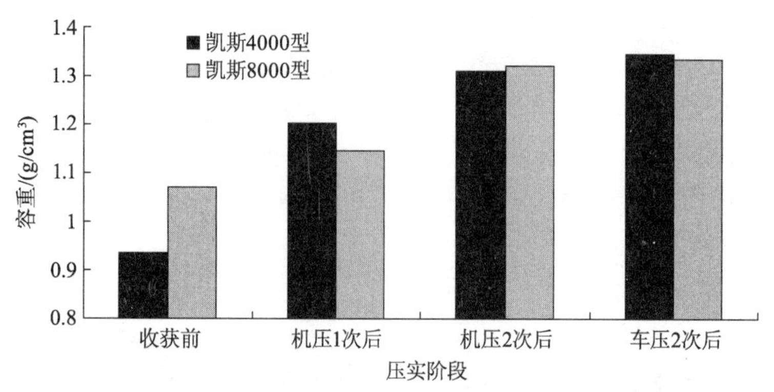

图 5-17 收获前后甘蔗地表层土壤容重变化

分析表 5-9 与图 5-17，由于凯斯 4000 型收割机工作的地块在收获前进行过中耕培土作业，在收割机压过 1 次后，质地相对疏松的土壤容重变化较为剧烈，表层土壤的容重增加了 28.9%，而凯斯 8000 型相应变化只有 7.2%；收割机压过第 2 次后容重的变化则相反，凯斯 8000 型的二次碾压所产生变化比第 1 次后增加了 15.4%，而凯斯 4000 型的只有 8.8%；随着次数增加，可以发现在两种机型及配套的田间运输车共同碾压后对表层土壤压实影响趋向一致，具体表现为土壤容重在数值上接近。在整个试验中，如不考虑非收割的多次碾压（地头转弯、田间开道等），容重的最大值一般在运输车压过 2 次后出现，两种收获组合的峰值相差不到 0.8%，收获前后土壤的容重最大增加了 44.2%。结合前文对收获阶段各机具轮胎产生压强估算，比较承受机具主载荷的后轮：凯斯 4000 型、广西都兴运输车、凯斯 8000 型、巴西拖卡，其比压为 1.12∶2.58∶1.24∶1.17，也解释了图 5-5 中表层土容重各阶段容重峰值的变化情况，比压最大的广西都兴运输车，在同样的压实次数后产生了最大的容重，可见采用普通公路运输机械下地作业会导致土壤过度压实。

（3）机械化不同阶段土壤坚实度的变化与分析

试验中除测量容重外，还使用工兵圆锥仪测得圆锥指数来反映土壤的坚实度，坚实度可从另一方面反映土壤状态变化。对甘蔗生产全程机械化作业关键环节的土壤坚实度有效值进行汇总，见表 5-10。

表 5-10 甘蔗生产全程机械化不同阶段的土壤坚实度 MPa

度/cm	人工收获后	深松后	旋耕后	凯斯 4000 型收获前	凯斯 4000 型压 1 次	凯斯 8000 型收获前	凯斯 8000 型压 1 次
5	—	—	—	—	1.207	—	1.334
10	0.948	0.476	0.396	0.752	1.842	0.919	1.817
15	—	—	0.668	—	2.446	—	2.467
20	1.438	0.891	1.287	1.279	可贯入	1.859	可贯入

选取数据较全面的深度 10 cm 的土层，进行甘蔗生产全程机械化作业关键环节的土壤坚实度对比，可反映出该深度耕作层在一系列作业后的土壤状态变化，如图 5-18 所示。通过图 5-18 的数据可知，不同作业环节对于 10 cm 深的土层土壤坚实度有较大的差异。全程机械化作业过程中（此状况下），土壤坚实度最大为甘蔗收割机压 1 次后的 1.842 MPa，次之为人工收获后，再次为甘蔗收割机收获前，深松后更小，土壤坚实度最小为旋耕后的 0.396 MPa。以最小值为基准进行对比，土壤坚实度变化如下：深松后为 1.2 倍、凯斯 4000 型收获前为 1.9 倍、凯斯 8000 型收获前为 2.3 倍、人工收获后为 2.4 倍、甘蔗收割机压 1 次后为 4.6 倍。完成收获后，工兵圆锥仪无法插入仍产生最大值 3.1 MPa，以此为参考，收获完成后土壤坚实度大于 7.8 倍。

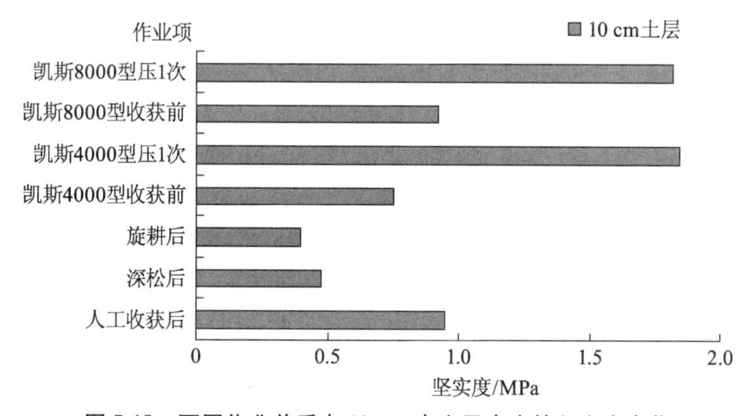

图 5-18　不同作业前后在 10 cm 表土层产生的坚实度变化

对比不同作业环节对于 20 cm 深的土层土壤坚实度（仅比较收获前的数据），发现此过程中，土壤坚实度最小为深松后的 0.891 MPa，最大为凯斯 8000 型收获前的 1.859 MPa，以最小值为基准进行对比，结果见表 5-11。

表 5-11　不同作业前后在 20 cm 土层坚实度比值

作业项目	人工收获后	深松后	旋耕后	凯斯 4000 型收获前	凯斯 8000 型收获前
比值	1.614	1.000	1.444	1.435	2.806

从表中的数据可以发现在整个机械化作业过程中，深松作业对较深层的土壤影响较大，破碎了因农机具作业而压实的底土层；旋耕作业的作用限于表土层，对于 20 cm 以下土层却起反作用。

5.7.2.5　试验结果讨论

国内外不少关于土壤状态的研究结果证明，土壤过度紧实会造成作物减产 10% ~30%。Zisa 等（1980）的实验研究说明容重超过 1.6 g/cm^3 时树苗几乎不能成活。Reisinger(1988)等发现一般农地表层土壤容重为 1.3 g/cm^3,而 1.4 g/cm^3 的容重已经成为根系生长的限制值。Berry 等的研究表明，对黏壤土的多数研究结果表明土壤容积质量大于 1.15 g/cm^3 时对作物产量发生明显的影响,而对于砂性土壤其容积质量最大可增至 2.12 g/cm^3。

本研究中,试验土壤为砂质黏壤土,在整个甘蔗生产过程中,土壤的容重有相当大的变化。分析地块 0~10 cm 的表土层,在凯斯 4000 型收获前后其容重的变化范围为 0.934~1.347 g/cm^3,甘蔗收割机压过 1 次后容重为 1.204 g/cm^3,大于 1.15 g/cm^3,因此会对作物产量发生明显的影响,其峰值 1.347 g/cm^3,相当接近限制根系生长的容重值 1.4 g/cm^3。因此,对于要留宿根的甘蔗地,为了保证第二年的产量,进行破垄作业是必要的,台湾宿根甘蔗地的管理经验也验证了这一点。

Pittenger 等研究指出一般的放牧草地当土壤坚实度达到 0.7~1.5 MPa 时,根系向下伸长的长度将降低 50%,坚实度为 2.5 MPa 时已经限制了根系生长,3 MPa 被认为是根系生长的上限值。李笃仁等(1982)通过对玉米根系的实验发现,在疏松土壤中,土壤阻力小,根系易于穿插、分布均匀,根细而长,根毛多;在紧实土壤中,土壤阻力大,根系很难穿插,根短而粗,根毛稀少。郭俊伟等(1996)发现土壤容重和玉米生长之间的关系十分密切,在一定容重范围内，根重、茎高、生物学产量、籽实产量与容重呈显著的负相关关系。

在本试验中,甘蔗地 0~10 cm 的表土层土壤坚实度的变化范围为 0.396~1.842 MPa,而甘蔗收割机压过 2 次后,工兵圆锥仪已无法贯入。进行甘蔗根茬的挖取和对比,如图 5-19 所示。

(a) 人工模式　　(b) 机械模式

图 5-19　甘蔗生产人工与机械 2 种模式收获后根系对比

比较人工与机械两种生产模式收获后的甘蔗残茬发现，人工种植地块甘蔗的根系短而粗，根毛稀少，主要根系生长深度不足20 cm；机械作业地块甘蔗的根系分布较均匀，根细而长，根毛多，主要根系生长深度达到25 cm；甘蔗机械化生产中的深松和旋耕作业后，使25 cm以上土层疏松，同时增加了土层的保肥保水能力，形成适合作物生长的土壤环境，因此根系生长与发育明显较好。

高爱民等(2007)使用纽荷兰HW 320自走式割草机(总重5.4 t、驱动轮规格16.9－24、胎压180 kPa)压苜蓿地1～10次，得出：割草机对土壤压实影响显著，碾压次数越多，影响程度越大；割草机主要压实了0～30 cm土层的土壤，表土容重增加了28.9%，30 cm处土层增加了5.59%，30 cm以下土层基本不增加。土壤坚实度增加显著，10 cm以上的土层受压实的影响较大且随压实次数的增加而增加；10次压实后，表土坚实度增至碾压前的3.7倍；40 cm以下的土层坚实度基本不受压实影响，碾压使上层土壤坚实度逐渐接近或超过犁底层坚实度。

甘蔗收割机和运输车作业过程中，对土壤压实有类似的表现。对于收获作业对地块的碾压情况，在理想状态下对全地块的压实，凯斯8000型收获后达到83%，凯斯4000型收获后达到95%以上。作业时全地块基本上被压过4次，局部特殊区域(地头、田间通道)被压的次数更多。对数据以最小值为标准，对之进行归一化转换，见表5-12。

表5-12　收获前后甘蔗地0～10 cm表层土壤容重归一化对比

项目 深度/cm	收获前	收获机压1次	收获机压2次	运输车压2次
凯斯4000型	1.00	1.29	1.40	1.44
凯斯8000型	1.14	1.23	1.42	1.43

综上所述，凯斯4000甘蔗收割机(自重7 t，驱动轮规格为14.9-28，胎压250 kPa)，凯斯8000型甘蔗收割机(自重15 t，驱动轮规格为23.5-26，胎压280 kPa)，甘蔗运输车满载时的载荷一般有15 t。试验中，收获机械累计对地块碾压4次，在甘蔗收获环节，表土层容重变化如下：凯斯4000型与凯斯8000型在收获前和压过1次后，对应容重分别增加29%和8%；在压过1和2次间，对比甘蔗收割机压过2次后和运输车压过2次后(容重峰值)容重增加2.9%和0.7%；对比收获前和运输车压过2次后的容重，凯斯4000型组合与凯斯8000型组合容重相应分别增加44%和25.4%。收获前后蔗地0～10 cm表层土壤容重对比增加了25.4%～44%；土壤坚实度增加了98%～145%，2个指标变化显著。

5.7.2.6　土壤压实问题小结

(1)甘蔗生产全过程机械化流程所有的农机具作业中，收获环节使用的机械最重：凯斯 8000 型自重 15 t、广西都兴运输车满载超过 15 t；据测算和收获后观察：凯斯 8000 型机组收获后地块有 83% 面积被碾压过，而凯斯 4000 型机组碾压面积则超过 95% 。

（2）对比人工与凯斯 4000 型机械收获两种方式，人工收获后土壤容重对比收获前增加了 10.9%，而机器收获后相比增加了 44.2%；坚实度变化如下：人工收获后是 2.4 倍，两种收割机压 1 次后约为 4.6 倍，收获完成后出现坚实度超过 7.8 倍。

（3）分析甘蔗生产的整个过程，机械耕整地、中耕等环节对土壤压实与人工作业比较，对甘蔗生产还没有形成大的负面影响，但是收获作业使土壤压实严重。尤其是广西都安公路运输车直接入蔗地作业会导致土壤的过度压实，用汽车取代配套的田间运输车去装载甘蔗的做法值得商榷。

第 2 篇

甘蔗生产机械化系统和模式

第6章 甘蔗生产机械化系统与模式

在我国，农业机械化已进入中级阶段，即从主要农作物主要生产环节机械化向全程机械化迈进的发展新时期，2012 年中央一号文件提出“探索农业全程机械化生产模式”，“充分发挥农业机械集成技术、节本增效、推动规模经营的重要作用，不断拓展农机作业领域，提高农机服务水平”，“着力解决水稻机插和玉米、油菜、甘蔗、棉花机收等突出难题”。

在新的发展时期，农业全程机械化生产对农业机械品种多样性、性能先进性和机器系统的成套完备性、配套协调性都提出了更高的要求，给农业机械化工作者提出了探索农业全程机械化系统及生产模式的重要命题。

现代农业机械化生产方式正在迅猛地发展，深刻地改变了我国农业生产的面貌，也改变了甘蔗生产的面貌。本章将对农业机械化工程技术体系、模式构建的方法和特点、生产技术分类和集成、机具和作业方式系统，以及甘蔗生产机械化模式等问题进行分析讨论。

6.1 模式理论概述

6.1.1 农业机械化系统

6.1.1.1 系统概念

“这是一个系统工程问题”是近年来行业里常说的一句话。通过实践，业内人士逐渐认识到要按一个系统来研究农业机械化问题。例如，要做好甘蔗收获机械化，就要从整地、种植机械化做起。

系统概念强调事物间的联系、整体性和统一性。在韦氏大词典中，系统是“有组织的或被组织化的整体；结合着的整体所形成的各种概念和原理的综合；由有规律的相互作用、相互依存的形式组成的诸要素集合；等等”（朱永达，1993）。

6.1.1.2 农业机械化系统

农业机械化系统是农业生产系统中的一个子系统，包括机械装备、应用技术的配套和选用、机械化生产组织，以及现代产业体系的经营及运行方式。

农业机械化系统与农业系统外部的工业系统、运输系统，以及更大范围内的经济、生态和社会系统都有密不可分的关系，受到它们的影响。

6.1.1.3　农业机械化系统的要素

农业机械化系统的要素包括作物要素、环境要素(自然条件、经济水平、农艺制度、社会体制和机制)、农业机械化技术要素(装备组合和各生产环节中农机农艺结合的作业规程)以及管理方式要素等。

6.1.2　模式

6.1.2.1　模式的概念

"模式"也是近年来常被提到的一个概念。

白人朴认为,模式是指某种事物的典型样式(有代表性的状态),或某种行为的标准方式(如生产或服务的标准范式)。将相似的样式归为一类,有利于在研究和实际行动中进行分类分析和指导。或者说,事物中的规范化、系统化并具有相对稳定性的东西叫作"模式",模式是一个事物的简化的代表,概括并提供了事物的结构和发展顺序(白人朴,2012)。

6.1.2.2　农业机械化系统的模式

农业机械化系统宏观上是指农业总的机械化系统、一个区域的农业机械化系统或某种作物的机械化系统,微观上是指一个农场、一个合作社的机械化系统。所以农业机械化系统的模式,既可以是指我国农业的机械化模式,着重于战略问题;也可以是指一个具体单位的机械化模式,着重于机械化的工程技术和管理问题。

农业机械化模式研究,既要研究模式的划分和发展战略问题,研究农业机械化系统的发展目标和相关的方针政策等,也要研究各种具体的工程技术和管理问题。而一个事物的发展目标确定以后,就要选择发展的道路或模式。一个事物可以有几种发展道路,每种发展道路都有自己的模式。

针对一个具体的机械化系统,如一个农场或一个机械化公司,需要结合该机械化系统要素(经营主体、区域、环境、作物、经营规模)的具体情况,选择合适的技术路线和装备组合,构成特定的机械化生产工程模式,实现特定环境与条件下的技术经济效果最大化。

白人朴指出,探索农业机械化生产模式,需要注意模式的生成与细分。一个事物的行为方式之所以成为模式,有其特殊性质。将这些特殊性质从理论上概括表述出来,就生成某种模式。影响农业机械化生产的因素很多,应以影响最大的、起主要作用的因素,作为区分模式类型的主导因素。区分模式类型的主导因素可以是耕作制度,也可以是联合收割机等关键机械装备等。对农业机械化生产模式来说,一个区域可能归纳出几类不同的生产模式。在实际探索和研究农业机械化生产模式时,需要分层次进行细分,具体化才具有可操作性。如按作物可细分为水稻、玉米、甘蔗等生产机械化模式；按地形地貌可分为平原、丘陵、山区生产机械化；按经济发展水平可细分为发达地区、欠发达地区农业机械化等多种不同的农业机械化生产模式。只有从实际出发，细分到当地的主要农作物机械化生产，模式探索研究才具有较强的针对性和实际指导意义（白人朴，2012）。

朱明和杨敏丽认为，模式的实质是解决某一类问题的方法论。把解决某类问题的方法总结归纳到理论高度，就是模式。模式是一种指导，在一个良好的指导下，有助于完成任务，有助于做出一个优良的设计方案，达到事半功倍的效果，得到解决问题的最佳办法（朱明等，2013）。

模式是前人积累的经验的抽象和升华。简单地说，就是从不断重复出现的事物中发现和抽象出的规律、经验的总结。只要是一再重复出现的事物，就可能存在某种模式。

模式的构建与优化建立在模式评价的基础上，是为了选择符合规律、指导实践的方法和途径，以便做出正确的决策。因此模式评价的内容、工具、指标都应是动态的。

农业全程机械化生产模式包括种植的作物、农艺农机技术、装备配备、经营/组织方式和产业模式等。

6.2　农业机械化模式理论的发展

6.2.1　早期理论

6.2.1.1　“农机系列化”和“农机化区划和机具系统”的研究

1962年开始，冯炳元等在开展“农机系列化”和“农机化区划和机具系统”研究时，以苏联理论做指导，提出农机化的探索必须因地制宜，综合考虑特定地区的自然、经济、农艺、技术水平等各方面因素，继而分析如何进行机具选型，如何测算机具的需求量，确定经济合理、互相协调而又有机联系的成套机具，以完成规定的农业生产机械化的任务。

他们对黑龙江省的农业机械化情况，以及海伦市大豆、玉米、高粱、水稻等主要作物的农艺生产过程和技术要求进行调查研究，组织开展机具适应性和技术经济的分析，期间还做了大量的田间测定，编写出《农业机械化调查报告》，提交了四大作物机械化农艺生产过程和技术要求的专题试验研究报告和综合研究报告，指出典型地区发展农业机械化的条件、情况、效益和存在的问题，并摸索出一套开展机械化调研的科学方法。进而把调查研究、试验选型、技术经济分析、机具配备研究等方法结合起来，优化目标，提炼出一种简便、科学，能够满足当时工作需要的机具配备方法——改进的分配法。

1964—1966年,他们在山西的5个专区、47个市县、31个农机排灌站、69个人民公社开展研究,对全省不同类型地区的农业、自然条件、经济状况到机械化、工具改革等情况进行全面深入的统计分析。将机具系统分为排灌、加工、运输、拖拉机、耕整地、播种、植保和脱粒等8个专题,分别研究。综合划分机械化区域,选定各区的近期、远期农机具型号、要求及其需求量,编写出8个专题的农机化区划与机具系统编制方法,以及山西省农业机械化综合区划及机具系统。

山西试点不仅为全国提供了典型经验,其成果也成为当时最为系统全面的有关农机化的基础性科研材料。接下来,以山西为范例,农机化区划与机具系统研究工作在全国各地(除西藏外)开展,并提出了编制农机化区划与机具系统的工作大纲和方法。1966年,“文化大革命”爆发,农机科研工作大面积中断,这项研究也就没了下文。

冯炳元团队开创性的工作,为以后我国在这方面的研究树立了标杆和可遵循的方法。

6.2.1.2 20世纪80年代前中国集体经济条件下的农业机械化系统和模式

余友泰在其主编的《农业机械化工程》一书中,讨论了国家统一管理下的集体化农业为主的农业机械化问题,包括国家层面上发展农业机械化的战略模式和具体单位的农业机械化工程模式两部分。总结了从中华人民共和国成立到20世纪80年代改革开放前的农业机械化的实践,以综合经济效益为总目标,全面讨论了我国农业机械化发展的科学技术体系,包括农业机器系统、农业生产能源、农机化经营管理方式、农机化技术推广服务体系、农机化技术经济等系统要素,提出了发展我国农业机械化要针对我国具体情况,按区域来划分农业机械化系统、制定发展规划,创立具有我国特色的基本模式,探索具有我国特色的农业机械化道路的观点(余友泰,1987)。

该项研究主要采取主导因素分析法。通过大量的调查研究,综合分析影响农业机械化的各种因素,找出主导因素,划分不同的农业机械化系统区域。

6.2.1.3 美国基于家庭农场实践的农业机械化模式理论

美国依利诺州立大学(Illinois State University)的 Donnell R. Hunt 在《农业生产工程模型(*Engineering Models for Agricultural Production*)》一书用系统的观点分析了以家庭农场为基础的大规模农业生产系统的农业装备(Hunt,1986)子系统,简略而全面地介绍了农业生产系统建模、工程经济评价、系统模拟的概念及其分析方法。

6.2.2　新形势下的农业机械化模式研究

6.2.2.1　白人朴的研究

2002 年出版的《中国农业机械化与现代化——白人朴教授论文选集》中的几十篇论文集中反映了中国农业大学中国农机化发展研究中心教授白人朴 40 年来在农业机械化、农业产业化、农业结构调整等方面的研究成果。农业机械化技术经济分析与系统理论方法贯穿于整个研究过程。此书为研究农业机械化系统、模式及发展战略提供了很好的指导。

2012 年,中央一号文件提出“探索农业全程机械化生产模式”。面对农业机械化的新形势和新条件,白人朴最早在农业机械化领域开展了模式的研究。他讨论了模式理论的一般概念,分析了建立农业机械化模式的主导因素,即在实际探索和研究农业机械化生产模式时,需要分层次进行细分和具体化,才具有较强的针对性和实际指导意义。

6.2.2.2　杨敏丽的研究

近年来,中国农业大学中国农机化发展研究中心主任杨敏丽教授在农业机械化模式理论的各个层面上,做了大量研究工作。发表有关农业机械化模式论文数十篇,内容涉及农业机械化的各个领域,包括农业全程机械化生产模式,各种主要农作物的机械化生产模式,农机社会化服务模式,以及美国、加拿大等国的农业机械化模式等。阐述了农业机械化模式的选择原则、构建和试验、评估等。

6.2.2.3　农业机械化工程技术集成和模式研究

朱明和杨敏丽采用技术与经济社会及环境生态相结合的研究方法,开展农业机械化工程的技术集成及模式优化的研究。在朱-杨理论中,农业机械化工程的技术体系包括农业机械化工程技术的分类和集成,农业机械化工程模式的构建、评估与优化。

该理论以农业机械化技术集成为基础,在一定的环境影响和条件的约束下,反映农业机械化工程各经营主体、服务对象、产业类型、技术装备之间的交互作用,形成农业机械化工程技术模式。

该理论根据农业机械化生产环节与特点,采用线性分类法对农业机械化工程技术进行纵向层次划分,形成了以种子处理技术、耕整地技术、种植技术、田间管理技术、收获技术等 5 个中类,种子处理技术等 9 个小类,育种技术等 24 个子类为主体的农业机械化工程的技术分类体系。以玉米、小麦和水稻等三大粮食作物为研究重点,按照生产环节将以上技术进行分解、比较和单环节技术重构,得到田间关键环节机械化生产技术模式、田间全程机械化生产技术模式和全程机械化生产技术模式,最后形成工程技术集成方案,如图 6-1 所示。

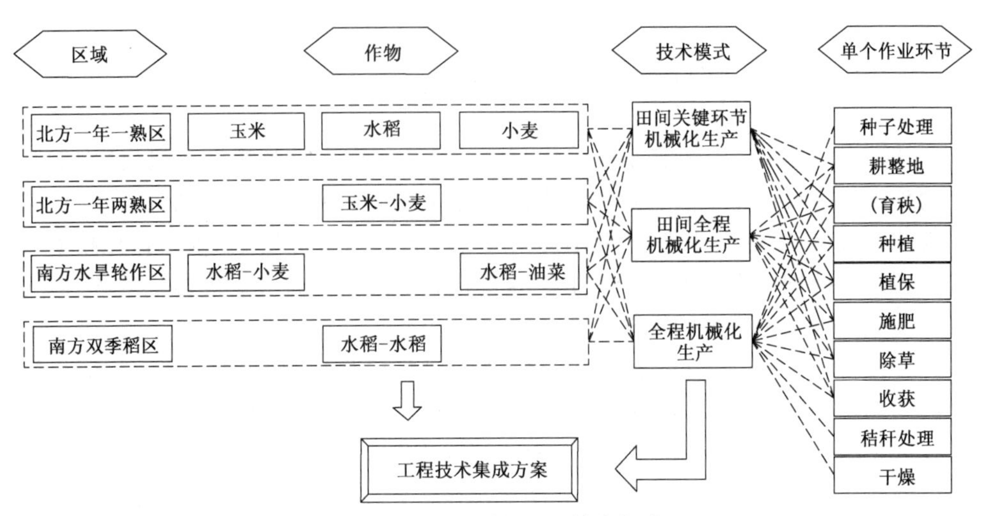

图 6-1　农业机械化工程技术集成

综合以上各方面内容,构建了以家庭农场、农机合作社、农业龙头企业等新型经营组织为依托,以产业为导向的水稻、玉米和小麦三大粮食作物全程机械化生产工程模式的系统分析模型的六维度框架(见图 6-2)。

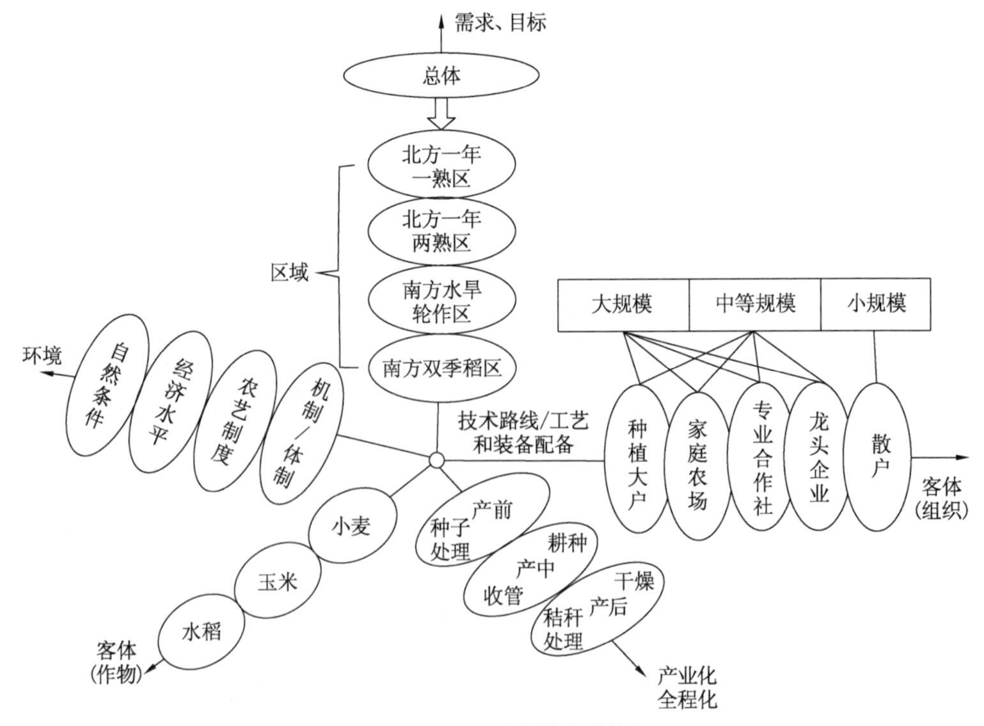

图 6-2　农业机械化模式结构图

按照科学、实用、引导、可比、可行的原则，采取问卷调查、实地调查、试验跟踪、专家咨询等多种方式方法，综合考虑模式的先进性、完备性、匹配度、经济性，以及可持续能力、农机农艺融合度、政策环境与组织化程度等多个方面，构建了以先进性、完备性、匹配度、经济性为评价指标，以生态性、融合度、政策性、组织化为分析指标的三大粮食作物机械化生产工程模式综合评价指标体系。

这套集成理论方法从农业机械化技术特点出发，以技术分类为基础，综合考虑社会、经济、环境、效益等要素影响，借助层次分析法、模糊综合评价方法，以及多目标综合评价法等手段与工具，构建农业机械化技术集成方案评价指标体系，并应用于技术集成方案的评价工作，将典型区域的社会、经济、产业环境条件和不同经营主体等的约束条件加入到技术集成方案中，通过技术模式、组织模式、产业模式耦合集成的农业工程技术模式构建与优化，将技术集成与经营主体、社会经济发展水平和环境生态可持续作为大系统整体研究，进行进一步综合评价集成，即可获得区域农业机械化技术集成模式。

该研究按照粮食安全前提下的品质提升原则、技术适宜前提下的鼓励先进原则、经济可行前提下的利润最大化原则和组织配套前提下的适度规模经营原则，结合不同区域典型工程模式评价结果和田间试验调查结果，研究提出了北方一年一熟区、北方一年两熟区、南方水旱轮作区和南方双季稻区内针对不同主体、不同生产规模的8种作物全程机械化生产工程模式的技术路线、工艺和装备配置方案。

6.2.3 “整体解决方案”

“模式”这个名词在学术界和政府部门已为大家所熟悉，而在企业界，“整体解决方案”则更为大家熟悉和常用。

整体解决方案一般只涉及技术层面的问题，特别是以本企业的产品的应用为主的技术问题，所以常为企业界引用。而模式则既讨论技术层面的问题，也常用于发展战略研究，如农业机械化的发展模式等。

现代企业不再是只卖产品的企业。它们更重视在卖产品的同时，向顾客提供使用他们的核心产品解决某方面整个系统问题的方法，就是“整体解决方案”。如约翰迪尔、凯斯以及爱科等国际大农机公司自进入中国后，这几年都提出提供整体解决方案的口号。中国福田雷诺公司也提出：“雷沃，作为中国农业装备领先企业，不仅为您提供先进可靠的产品，更为您带来各种农业生产领域‘耕种管收储运’的整体解决方案和产品全生命周期的服务。”

在2016年12月广西柳州甘蔗机械化博览会上，约翰迪尔公司的代表作了《迪尔甘蔗机技术升级及中国甘蔗生产机械收获推荐应用模式》的报告，提出为中国甘蔗生产全程机械化提供“迪尔甘蔗全程机械化全套解决方案”和专门为中国量身定做了一个农艺、农机相结合的甘蔗生产机械化收获最佳应用标准模式。

6.2.4 小结

早期的研究形成了系统框架，近期的研究分析了新形势下的自然、社会、生产规模、经营模式、机具条件等新的生产条件，提出了新的农业机械化发展模式的概念，以及评估体系和优化体系，建立了新的农业机械化工程模式，将农机化模式研究向前推进了一步。

6.3 我国甘蔗生产机械化模式

6.3.1 我国甘蔗机械化系统模式理论的发展回顾

6.3.1.1 政府部门对甘蔗机械化系统和模式研究高度重视

2008 年，农业部建立了 50 种农作物和畜牧水产品种的国家现代农业产业技术体系，为机械化系统和模式研究提供了有利的条件。

2008 年，汪懋华提出了农业机械化模式的一些基本原则，如要走引进和自主研发相结合道路，重点解决种植和收获机械化问题；培育服务主体，研究并试行各种机械化服务体系；形成和加强规范的管理；优先发展农垦大规模经营机械化，带动农户的发展。

农业部 2011 年 6 月发布《甘蔗生产机械化技术指导意见》，提出了我国蔗区生产条件差异很大，地形复杂、地块面积小、立地条件差，经营方式多样，应根据不同的自然条件和经营方式，采用不同的机械化生产模式和技术路线的指导性意见。

2012 年，中央一号文件第一次提出："探索农业全程机械化生产模式"，"着力解决水稻机插和玉米、油菜、甘蔗、棉花机收等突出难题"，表明了中央领导对探索农业机械化生产模式重要性的认同。

2014 年，广西壮族自治区人民政府发布《关于促进我区糖业可持续发展的意见》，区农机局负责制定了 500 万亩糖料基地全程机械化规划，提出全面提升甘蔗机械化系统水平，到 2018 年，实现 500 万亩耕种收运全程机械化。规划经过几年实施，已取得很大进展。

2017 年，在罗锡文主持的中国工程院《我国农业全程全面机械化发展面临的新挑战和应对策略》(中国工程院咨询研究项目)研究报告中，提出了我国甘蔗机械化发展战略和政策建议。

2017 年 6 月 12 日，农业部、国家发展和改革委员会、财政部、工业和信息化部等部门联合制定了《推进广西甘蔗生产全程机械化行动方案(2017—2020 年)》，对广西甘蔗全程机械化系统推进给予指导和大力支持。

6.3.1.2 华南农业大学开展的甘蔗机械化系统和模式研究

华南农业大学对甘蔗机械化模式的研究可追溯到1986年,当年区颖刚作为伍丕舜教授的助手,带硕士研究生郑汉林到湛江农垦调研甘蔗机械化。我国1981年从澳大利亚引进一套甘蔗生产机械设备,由湛江农垦前进农场组织2 500亩的机械化试验分场,开展全程机械化试验。这是我国第一次开展大型甘蔗机械化试验和规模化全程机械化生产实践。1987年,郑汉林以湛江农垦前进农场这次试验和实践为对象,研究甘蔗机械化的模式,完成了硕士学位论文《甘蔗生产系统机具配套最优规划模型的研究》。论文从系统工程原理出发,探讨了甘蔗生产系统机具最优配置问题,做出了甘蔗机械化能否成功主要取决于经济发展水平及劳动力能否转移的判断。

本团队也在此基础上研究了试验场的资料,总结甘蔗大型全程机械化系统的实践经验和理论。这项研究使我们从研究澳大利亚引进的机械化系统中,得到用好机械一定要注意周围各种要素的初步认识,开始了解从机械化系统的角度考虑甘蔗机械化生产系统的重要性和方法。

1996—2000年,我们参与了湛江农垦第二次大规模引进澳大利亚等国甘蔗成套设备和技术的生产实践,对甘蔗大型全程机械化系统生产模式开展研究,对机具组合、田地条件、经营方式,以及机械化系统的经济效益进行了分析,认为机械化是一项复杂的系统工程,需要合理的机具配置和高质量的现代管理,其潜在的高工效、高经济效益是人工难以比拟的。如果建立和完善管理体系和社会化服务体系,并且能够很好地解决土地清理、机具配套、收获部署及人员培训等问题,我国实现甘蔗生产全面机械化将有广阔的前景。

本团队从1998年开始,多次到澳大利亚、美国和巴西做访问学者及组团考察,访问了很多甘蔗农场,研究了大量甘蔗生产机械化资料,对甘蔗机械化生产及系统模式有了更多了解。

2002年,区颖刚等将机械化模式分成大型、中型和小型几种。小型机械化模式以农户为生产单位,一户经营1.3 hm^2 土地,以手扶拖拉机为主要动力,中型机械化模式以规模50~500亩为经营单位,采用50~100马力拖拉机为主要动力,这种模式适用于甘蔗大专业户,也可用于国有农场。大型机械化模式适用于几千至几万亩的承包户或公司经营,应采用100~300马力的大型拖拉机及配套的成套机具。他认为,小型机械化模式符合当时大部分地区农村的现状,是当时应该推广的基本模式;而大规模生产是甘蔗生产提高效益的根本保证,是今后发展的方向,应该积极开展这方面的研究和示范工作(区颖刚等,2002)。

《中国农业机械化发展战略研究(2005/2007)》(汪懋华,2008)及《我国农业全程全面机械化发展面临的新挑战和应对策略》(罗锡文,2017)中的甘蔗机械化战略研究部分，研究了甘蔗机械化的发展模式，都是由本研究室负责完成的。

区颖刚、杨丹彤讨论了机械化经营模式，认为中国农业机械化比较成功的经营模式，有规模生产机械化和机械化服务2种。其中第一种模式按全程成本核算，第二种按服务收费核算。在试验示范基地应将两种模式结合起来进行研究。其中在核心试验区采用规模生产机械化模式，按要求组织全程机械化试验示范；在辐射区采用机械化服务模式，由机械拥有单位向农户提供耕种、田管和收获服务，以及农艺方面的指导。

华南农业大学杨丹彤等2010年在甘蔗机械化行业专项建议书中提出试验示范大、中、小各种规模的6种机械化生产模式，2011年被批准立项。

区颖刚在《我国甘蔗生产机械化现状与发展》（2011年中国甘蔗学会年会论文）一文中进一步完善了关于甘蔗生产机械化系统模式的内容。

2011年1月，农业部农机化司组织有关专家专门研究甘蔗机械化问题，我们提出了根据不同的自然条件和经营方式，甘蔗生产应采用的大、中、小规模的机械化装备系统和生产模式的意见，被农业部采纳，列入农业部2011年6月发布的《甘蔗生产机械化技术指导意见》中。

6.3.1.3 其他模式研究

梁栋等提出，在丘陵山地，地块高低不平且较分散，应以发展小型组合式甘蔗生产机械为主，这样既可充分发挥小型机械灵活机动的优点，又可实现按需选用、自由搭配，且一次性投入少。在地势平缓、地块集中的地区，则应以发展大中型联合式甘蔗生产机械为主，大中型机械虽然一次性投入多，但生产效率高，配备人员少，在大块连片的蔗田里能充分发挥优势（梁栋，2002）。

广西农业机械化技术推广总站姚炜针对广西甘蔗机械化收获的状况，分析了整秆式联合收获、切段式联合收获和分段式收获模式的主要特点与应用情况，提出了广西应以发展分段式收获模式为主，整秆式联合收获、切段式联合收获为辅的观点，认为要从根本上解决广西甘蔗收获机械化的问题，就应重点解决分段式收获存在的问题，为提高分段式收获的效率，建议改变目前收割时只割铺的局面，向收割并打捆收集方向发展，剥叶则采取集中固定场地堆放，进行规模化机械作业（姚炜，2009）。

黄党源等介绍，广西农垦金光农场的地势属于缓坡低丘，坡度3°~5°，地势开阔平缓。农场甘蔗经营方式已形成"农场+基地+职工（农户）"的农业产业化经营模式。农场组建了农机服务队，进行甘蔗专业化、规模化、集约化种植经营，是广西大规模全程机械化试点基地（黄党源，2009）。

云南弥勒县农机技术推广站张应宏提出，受地形及农业基础设施等影响，在农机技术推广中，要选择先进、实用、经济性好，能短期发挥作用的新农机具进行引进试验、改装和推广。如甘蔗收获机受地形地块限制，不能在短时间内发挥作用，而小型中耕培土机具、装蔗机具，适应蔗区条件，可短期内发挥作用（张应宏，2011）。

经过多年发展，我国农业生产正由以人工、畜力和小农具为主向以机械作业为主转变，农业经营方式正由以分散的小农户为主向规模化经营的方向转变。适应这种变化，需要集成推广以机械化为载体的区域性、标准化、高产高效模式，推进农业生产的规模化、机械化和标准化。

现代农业必然是规模农业，提高农业效益也需要一定的规模。目前我国有 2.6 亿农户，户均耕地不到 7.5 亩，这样的规模显然难有高的效率。但规模经营要把握好“度”，规模过大也会出现边际效益递减。有研究指出，除东北、新疆等地多人少的地区外，从我国资源禀赋和当前工农就业收益看，一年两熟地区户均耕种 50 ~60 亩，一年一熟地区 100 ~120 亩，就有规模效益。发展适度规模经营势在必行。我们应该认真研究这种新生产方式在甘蔗生产领域机械化模式的内容和特点及其发展规律。

6.3.2　我国甘蔗生产机械化模式中的要素分析

如上所述，机械化系统要素包括作物要素（甘蔗）、社会经济和环境要素、甘蔗生产机械化技术要素及管理方式要素。

20 世纪 90 年代以来，由于东南沿海地区产业结构升级和农业结构调整，我国甘蔗生产区域逐渐向西转移，区域布局相对集中于广西、云南、广东粤西和海南北部，具体情况在第 0 章已有论述。我们讨论的甘蔗机械化模式要素，应该在这个范围内。

6.3.2.1　社会经济和环境要素的总体情况

（1）蔗区社会经济概况

甘蔗糖业是主产区经济发展的重要支柱和农民增收的主要来源，甘蔗种植涉及全国 4 000 多万蔗农的收入和地方政府的税收，具体情况在第 0 章已做介绍。

甘蔗生产至今在我国仍然是一个劳动密集型的行业。生产体制是以小农户为主，国有农场产量仅占约 1/10。生产规模小、组织化和集约化程度低，除农垦系统外，我国户均植蔗规模 4 亩，产蔗 18 t，分别为澳大利亚的 1/2 000 和 1/350，我国糖厂平均日榨蔗 3 000 t，为澳大利亚的 1/4。人力、牲畜是主要的生产手段，机械化水平低，耕种收综合机械化程度约为 45%，低于全国九大农作物平均水平 20%。特别是收获方面，机械化程度不足 2%。在整个作物生长周期仍需要大量劳动力。随着我国经济的高速发展，土地租金、人工成本和投入品等作业成本大幅度提高，使我国蔗糖生产成本远远高于国际糖价。因此，我国甘蔗生产同时面临着国内成本上升和国际市场竞争的双重压力，甘蔗糖价格高于国际市场，是我国甘蔗糖业不稳定和产业危机的关键。我国甘蔗生产成本中，人工费用已占 40% ~50%，而发达国家由于农业机械化的高度发展，人工费用不到10%。我国近年来的实践也表明，甘蔗生产机械化能有效地降低成本，提高生产的效率和效益。

(2) 蔗区环境要素概况

我国甘蔗种植区域(广西、云南、广东和海南4省区)都在热带亚热带地区，4省区的气温、农艺制度等大致一致。甘蔗种植都是一年一熟制，宿根栽培年限一般是两年，一个种植周期为3年。

我国甘蔗种植区立地条件较差，多为红、黄壤旱坡地和山地等贫瘠土壤，基础设施建设滞后。

(3) 各区域自然条件和农艺制度

1) 桂中南蔗区

地处亚热带季风气候区，光照充足，雨量充沛，雨热同季，年平均气温22.3 ℃，最高与最低的月平均温差达16 ℃，有利于糖分的积累，年降雨量1 350～1 680 mm，光照时数1 850～1 950 h，基本无霜，旱坡地资源丰富，是我国最适宜种蔗的地区之一。

桂中南蔗区平均单产4.69 t/亩，平均蔗糖分14.5%。户均植蔗面积4.5亩，小地块较多，品种单一化且退化严重；蔗区有效灌溉率低，干旱问题严重制约产业发展；施肥不够科学，过量施肥，偏施氮肥；病虫害发生日益严重；甘蔗生产关键时期劳动力紧缺，机械化发展要求迫切。经过近几年500万亩“双高”基地建设，生产条件有较大改善。

2) 滇西南蔗区

该区属热带和亚热带气候，气候类型多样，地理条件复杂，以山地蔗田为主，年平均气温18～24 ℃，大于10 ℃的积温在6 000～8 500 ℃，热量、光照充足，昼夜温差大，属甘蔗高糖区。

滇西南蔗区平均单产3.9 t/亩，平均蔗糖分14.46%。户均植蔗面积3.4亩，小地块较多，且比桂中南区更小，该区竞争产业较少，产区布局稳定，生产与加工潜力较大。该区以山地蔗田为主，灌溉成本高，抵御自然灾害能力薄弱；交通条件不便，原料蔗运输半径是全国平均的3倍以上，运输成本高；社会化服务体系建设滞后。经过加强蔗田基础设施建设，水浇地、坡改梯和改造中低产蔗田，提高了有效灌溉率和水资源利用效率；特别是部分坝子平坦水田改为种蔗，改善了滇西南蔗区的种蔗环境。

3) 粤西和琼北蔗区

粤西蔗区包括遂溪、雷州、徐闻、廉江、化州、麻章等6县(市、区)，甘蔗种植面积约200万亩。琼北蔗区包括昌江、儋州、临高等3县(市)，甘蔗种植面积近年来已降到约80万亩。

粤西和琼北蔗区地处热带－南亚热带，属海洋性季风气候区，光热资源丰富，雨量充沛，土地地势平缓，比较适宜规模化机械化种植。

粤西蔗区平均单产 4.9 t/亩，平均蔗糖分 11.66%，琼北蔗区平均单产 3.5 t/亩，平均蔗糖分 14.35%。粤西和琼北蔗区户均植蔗面积 5 亩，地块稍大，且较平坦，企业、蔗农对新技术接受程度高，适宜机械化耕作。产区紧靠食糖主销区，交通便利，运输成本较低。

雨量分布不均匀，从每年 11 月到次年 3 月，旱季长达 5 个月；台风灾害严重，病虫害发生率高，常年甘蔗减产 10% ~30%，蔗糖分损失 0.5% ~4.5%（绝对值）；施肥不合理，土壤酸化严重；机械化和劳动生产率仍较低。

（4）机械化对地形地貌的要求

从甘蔗机械化的角度说，0° ~10°的平地、缓坡地及低丘陵地，有可能使用大中型机械；10° ~15°的高丘陵地有可能使用中小型机械；15° ~25°的坡耕地则只宜使用小型或半机械化农机具。所以，从全程机械化的角度，可分为 0° ~10°的平地、缓坡地及低丘陵地和 10° ~15°的高丘陵地 2 大类。

甘蔗机械系统要能高效地工作，除了对坡度有要求，还要求地块有足够的长度和面积。大、中、小型机械对地块的长度、面积和地头掉头宽度要求不同，具体分析见后。

（5）我国甘蔗机械化系统中自然环境要素地形地貌的调查和分析

为对我国甘蔗机械化的模式做出准确的界定，我们联合广西农机院、广西农机推广总站，以及云南甘科所，对模式的自然条件要素做调查分析，得到如下初步结论：我国甘蔗产区大部分地块自然条件差，地块面积小，机械化作业特别是大型机械的作业困难很大。

1）广西壮族自治区调查数据

表 6-1 为 2009 年广西甘蔗地坡度情况。

表 6-1　广西甘蔗地坡度调查情况（2009 年）

项目	被调查的种植面积/万亩	无坡度/万亩	0° ~5°/万亩	5° ~10°/万亩	10° ~15°/万亩	15°以上/万亩
	834.141	189.433 5	204.228	171.29	149.318	119.871 5

注：本表由广西农机院根据广西农业厅的数据提供。

广西被调查的面积中，5°以下的为 393 万亩，占 47%，5° ~15°的占 38%，由于我分为 0° ~6°和 6° ~15°两类，所以可以大略地认为广西甘蔗种植地 50% 为平耕及缓坡地，35% 为 6° ~15°丘陵地。

表 6-2 为广西甘蔗耕地地块大小的调查情况。

表 6-2　广西甘蔗耕地面积调查汇总（2009 年）

	50 亩以下/户	50～200 亩/户	200 亩以上/户	500 亩以上/户	户均面积/亩	单块最小面积/亩	单块最大面积/亩
户	813 020	17 140	285	34	9.91≈10	1.7	3 342.3

注:本表由广西农机院根据广西农业厅的数据提供。

由表 6-2 可知,广西甘蔗地中,500 亩以上大户,设为户均 600 亩,所占面积约为 2 万亩,200 亩以上大户设为户均 300 亩,所占面积约为 8.5 万亩,50～200 亩的蔗农户设为户均 100 亩,所占面积约为 170 万亩,50 亩以下农户,按表中广西户均 10 亩计,所占面积约为 800 万亩。统计总数近似 1 000 万亩。

因此,广西有 50 亩以上甘蔗地的农户共有约 180 万亩,且由于户均 50 亩以上不等于每块地面积有 50 亩以上,适合大机器工作的地块大约为 100 万亩,约占 10%。另按广西户均为 10 亩计,在 50 亩以下的地块中,可设定在平均数 10 亩以上的占 50%,即 400 万亩,适合中型机器工作。

由于统计面积只占广西甘蔗面积的约 45%,以上分析中还引进了一些假设,所以结论还较粗略,仅作初步参考,今后应作更详细的调查,做出更准确的推断。

2）云南调查数据

云南调查结果见表 6-3。

表 6-3　云南省甘蔗产区机械化应用潜力基本情况调查表

项目	坡度在 2°以下的平耕地蔗区/万亩	坡度在 2°～6°的缓坡地/万亩		坡度在 6°～15°的丘陵地/万亩		坡度在 15°～25°的坡耕地/万亩		坡度在 25°以上陡坡耕地/万亩
		潜力面积/万亩	已种甘蔗面积/万亩	潜力面积/万亩	已种甘蔗面积/万亩	潜力面积/万亩	已种甘蔗面积/万亩	
合计	55.91	59.11	102.84	128.69	142.53	104.97	132.80	70.46

注:① 本表由云南甘科所提供;
② 潜力面积指可种甘蔗而未种的面积。

云南的资料,只有地形地貌数据,若按以上方法分析,可得结果见表 6-4。

表 6-4　云南省甘蔗产区各种坡度面积比例

项目	坡度在 6°以下的缓坡地/万亩	坡度在 6°～15°的丘陵地/万亩	坡度在 15°～25°的坡耕地/万亩	坡度在 25°以上陡坡耕地/万亩	总面积/万亩
合计	115.02	128.69	104.97	70.46	419.14
百分比	27.4%	30.7%	25%	16.8%	

云南的调查结果表明,甘蔗种植地 6°以下的平耕及缓坡地为 115 万亩,占 27.4%,6°～15°的丘陵地为 105 万亩,占 30.7%。

此调查中没有地块大小数据，一般认为云南户均面积为3～4亩，据农业部发展计划司《甘蔗优势区域布局规划(2008—2015年)》的数据，全国甘蔗户均面积为5亩，而广西此次调查的地区约为户均10亩，云南户均面积定为3～4亩是可以接受的。

综上分析，云南的地块大小比广西更小，适合大型机器的小于10%，户均面积不到广西一半，适合中型机器的按广西一半计，为25%。

3）广东调查数据

湛江农垦资料，广东湛江属于低台地地区，坡度都在10°以下。其中60%以上为6°以下缓坡地，30%～40%为6°～10°坡地。湛江农垦40万亩甘蔗地中，地块大、适合大型机械的可达50%以上。其他都可使用中型机械，湛江农村大部分蔗地都可使用中型以上机械。

4）海南调查数据

海南甘蔗种植面积约80万亩，其中儋州甘蔗种植面积最大，为32万亩，农垦系统约10万亩。海南省甘蔗种植以小平坡地及丘陵地为主，种植规模以中小面积(4～6亩)为主，种植大户(20亩以上)少，多以独户经营为主，生产规模小且比较分散。

5）小结

① 坡度

综合以上的数据，各种坡度的蔗地面积大致比例见表6-5。

表6-5　甘蔗产区各种坡度的蔗地面积比例

坡度	6°以下的缓坡地	6°～15°的丘陵地	15°～25°的坡地	25°以上陡坡地
百分比	27.4%	30.7%	25%	16.8%

② 地块大小

根据国外的数据和我国的经验，长度300～500 m、面积50亩以上，地头6 m以上的6°以下缓坡地，是大型甘蔗机械系统有效工作的地块条件之一；另外，在一个地区，连片的甘蔗地要有3 000～4 000亩，才适合一个大型收割机组工作。6°以下的缓坡地，但地块较小(长度50～200 m,10亩左右，地头3～4 m)，以及部分条件较好的6°～15°丘陵地，则适用中型机械系统。而地块较小(长度20～50 m)的6°～15°丘陵地，宜采用小型机械化系统。15°～25°坡耕地，地块窄小，只宜采用微耕机或畜力、背负式机具的微型机械系统，进行部分作业。

综合以上数据，从地形地貌和地块大小的角度来看，全国甘蔗种植面积中，适合全程机械化的是15°以下的平缓坡地及低丘陵地。再根据地形地貌加上地块大小因素，0°～10°的较大地块，适合应用大中型机械，10°～15°的适合中小型机械。

从面积来说，适合300 hp级收割机，如凯斯7000/8000、约翰迪尔570、汉森

HS 350、广西农机院 4GZQ-260、柳工 350 等机型为中心的大型机器系统的不到 10%；适合 75～200 hp 收割机，如凯斯 4000（180 马力）、汉升 HS180（180 马力）、中联重机 180、柳工 180、洛阳辰汉 180，以及科利亚公司的 4GZ-56（75 马力）、4GZ-91（125 马力）收割机为中心的中型机器系统的，约为 40%；其余则只适合小型或微型半机械化系统。

这只是从地形地貌的角度得出的结论，真正要推动机械化，还需要其他方面的工作配合，如土地流转、扩大经营规模是改善土地条件的重要手段。

（6）土地整治

蔗区地块的大小，有些是自然条件形成的，也有很多是在家庭承包的体制下人为分割而成的，我们经常看到一块原来很大的平地被分割成小块分到各家。在土地流转、土地入股等经营方式的促进下，通过土地整治，使地块变大、变规则、减小坡度，以适应机械化生产的需要。

目前我国最大的土地整治工程，是广西 500 万亩"双高"示范片的规划和整治。规划经过数年努力，通过降坡、填沟，炸石、捡石，清除地面以下至 40～60 cm 范围内的石头等，迁移"双高"基地糖料蔗种植地块内水泥墩柱、电杆等影响农业机械作业的障碍物，提高蔗地质量，确保农业机械作业顺利开展。图 6-3 是正在整治的土地和整治好的蔗田。

(a) 正在整理的土地

(b) 整理好的蔗田

图 6-3　广西"双高"基地建设

地块大小方面，要求糖料蔗基地相对连片面积 200 亩以上，单幅地块长度 200 m、宽度 25 m 以上、坡度 13°以下。单幅地块长度超过 1 000 m 的，原则上以 200～500 m 长度划分地块。地块内部局部起伏高差应控制在 10 cm 以内。没有出露石芽、树根、水泥墩柱、电杆等影响农业机械作业的障碍物。

田间道路方面，包括田间主干道和生产路。田间主干道路面宽度 4～6 m，路面不高于田面 5 cm，道路密度要求在 40 m/hm^2 以上。

水利方面，输水干管、配水管网工程及喷头、滴灌带、滴灌管、微灌带，水沟、水渠等田间水利设施满足全程机械化作业需要。

目前，该工程正在加紧推进，对提升广西甘蔗机械化水平起到了很大的作用。

另外，云南前几年开展了坡改梯工程，坝子地整治，大大改善了云南甘蔗机械化的条件。

（7）地形地貌要素调查中发现的一些需要注意的问题

① 除了坡度和地块大小，还应注意地块周边地形条件。一台有效运作的大型机器一个榨季能收获3 000～4 000亩甘蔗，所以最好在同一地区有较大面积连片的土地。例如云南有个公司在一个山上租用了上千亩地，并整治成连片的地，很适合大型机器使用，但附近已没有其他连片的土地，机器要转移几十公里才能到达另一片地，这样就不够理想。

② 地块大小，特别要注意长度。前几年我们到云南调研时，见到一些坡改梯工程，地块开种植行的方向不是顺着等高线方向，而是与等高线垂直，行长很短，这就不适宜使用大中型机械。

③ 即使是农垦系统，由于土地也是分到农户管理，每家20亩左右，大地块也被分成小块，给机器的使用造成困难，需要考虑。

6.3.2.2　全程机械化系统技术要素

（1）机械化生产环节和技术路线

甘蔗全程机械化技术体系按照甘蔗生长的农艺要求，通过机械化的技术环节，组成机械化技术路线，如图6-4所示。

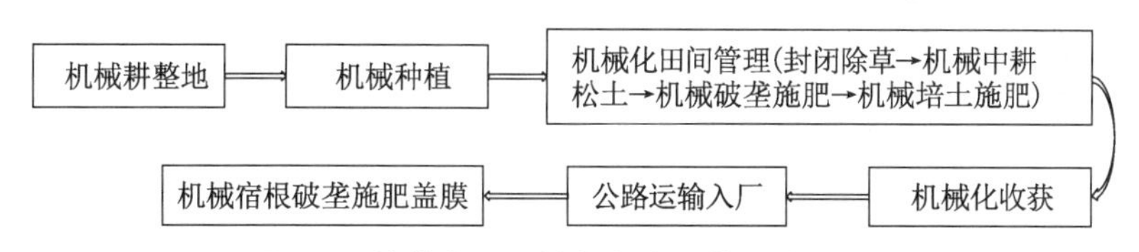

图6-4　甘蔗全程机械化生产环节和技术路线

（2）装备组合

甘蔗全程机械化生产需要的机械装备组合包括从种到收各环节的一整套机械，首先应该在各种作业机械中选出一种作为核心元素，在此基础上针对不同的区域、不同的环境、不同的经营主体、不同的经营规模，构成不同的机械装备组合，完成特定环境与条件下的全程机械化作业，实现技术经济效果最大化。

1）甘蔗机械系统的核心元素

甘蔗机械系统的核心元素是收割机。因为由作业量看，甘蔗收获占了全程生产总量的55%左右，收割作业是甘蔗生产中最重要、耗费最多的作业。由装备投资看，收割机也是机械系统中最昂贵的机具，一台进口的大型甘蔗收割机价值

200 多万元。以甘蔗收割机为核心,再配以其他机器,就集成出机器装备组合。

2）甘蔗收割机分级

甘蔗收割机的工作能力可按其动力大小分级。目前在我国应用的甘蔗收割机,可分为大型、中型、小型和微型几类。大致上,250 ~ 350 hp 的为大型机,80 ~ 200 hp 的为中型机,20 ~ 50 hp 的为小型机等。

3）甘蔗全程机械化装备组合

① 大型机械组合:

以 250 ~ 350 hp 大型切段式甘蔗联合收割机为中心,辅以大型耕整地机械、联合种植机和高地隙中耕施肥机具、施药机具和收获运输系统等。

② 中型机械组合:

以 80 ~ 200 hp 中型切段式或整秆式甘蔗联合收割机为中心,辅以中型耕整地机械、联合种植机和高地隙中耕施肥机具和收获运输系统。

③ 小型机械组合:

以 20 ~ 50 hp 收割机(包括小型甘蔗联合收割机,以及割铺机和剥叶机)为中心,辅以小型耕整地机械、种植用开沟机、小型中耕施肥机和收获运输系统。

④ 微型半机械化组合:

包括以微耕机为动力的简易开沟、培土机具,背负式微型机具,以及小型运输系统。一般不包括收割机及联合种植机。

(3）各生产环节农机农艺结合的作业规程

机械化各生产环节的作业规程必须遵循农机农艺相结合的原则,例如种植行距必须符合机具的宽度尺寸要求。

6.3.2.3　经营主体要素

(1）土地经营规模

土地规模的能力是一个经营主体的最主要特征。能经营大规模,还是中小规模的土地面积,决定了这个经营主体的全部经营活动。

(2）机具装备

经营主体可以配备全程机械化装备,能自己完成全套机械化作业,甚至具有为其他经营主体提供机械化服务的能力;也可以自己没有全套设备,而有签约服务组织为自己提供机械化服务。

6.3.3　我国甘蔗生产机械化模式

6.3.3.1　由系统要素到模式

(1）模式的构建

根据系统要素特征构建机械化生产模式,就是针对不同区域的不同环境,根据经营主体的条件,以机械化收获为核心环节,以收获机械为核心装备,以机收环节的作业方式决定整地、种植和中耕管理的作业方式,也决定了相应的机械装备选型,体现出不同的农艺技术策略和要点,以各种要素中选取出的最适合的要素组合,构成机械化生产模式,实现特定环境与条件下的技术经济效果最大化的效益目标。

(2)"型"还是"规模"

规模是机械化不可或缺的前提。一个机械化的生产模式必然和一定的规模相适应。所以,从战略制定的层面,农业部于2011年7月发布的《甘蔗生产机械化技术指导意见》,针对缓坡地、丘陵地、坡耕地类型及不同生产规模,确立了大规模全程机械化、中等规模全程机械化、小规模部分机械化及微小型半机械化4种甘蔗生产机械化的模式。

而如上所述,当我们由具体的系统要素构建具体的甘蔗机械化模式时,是以机械化收获环节及相应的收获机械为核心来构建的。所以,根据甘蔗生产机械化的情况,按采用的机械组合的大小来界定甘蔗机械化的工程模式,更能反映甘蔗机械化模式的具体特点。大型甘蔗生产机械化模式应该采用至少一套包含一台大型收割机在内的大型机械组合,其他条件必须适合大型机械组合运作。中型甘蔗生产机械化模式一般应采用至少一套包含一台中型收割机在内的中型机械组合,其他条件必须适合中型机械组合运作。小规模甘蔗生产机械化模式一般应采用至少一套包含一台小型收割机在内的小型机械组合,其他条件必须适合小型机械组合运作。

至于土地面积的大规模、中等规模和小规模,没有很确定的说法,应根据各个机械组合所能服务的土地面积来大致确定。

例如,某区域为平地和缓坡地,地块主要是大地块,连续作业面积可达数千亩。要经营这样区域的甘蔗生产机械化,应采用以250~350 hp大型甘蔗联合收割机为中心的大型全程机械化模式。

(3)甘蔗全程机械化的经营主体

甘蔗全程机械化的经营主体多为各种农业合作社,包括由所在自然村镇农民自愿组织的农民合作社、专业户租地组织的合作社、大公司租地成立的机械化农场,以及农垦和糖厂经营的生产公司等经营主体,具备一定的经营规模。

最初的上规模的全程机械化经营主体是一些有经济实力的大公司、农机企业、农垦系统等,它们通过租赁土地经营机械化农场。如广西汉森农机公司在来宾市廖平农场租赁土地经营的机械化农场,湛江农垦广垦农机公司承包的机械化试验场等,都具有为大中型规模机械化服务的能力,都是公司经营机械化农场的先驱,为探索甘蔗机械化做出了贡献。

近年来,各种农民合作社兴起,成为甘蔗机械化的主力军。例如,广西崇左市扶绥县目前的甘蔗生产经营主体多为由各村屯的甘蔗种植大户及有能力的村民代表等自发组织成立的农民专业合作社,县里通过出台扶持政策,由县里或制糖企业采取奖励、贷款贴息、作业补贴等措施,扶持合作社购买大马力拖拉机、甘蔗种植机和联合收割机等大中型甘蔗机械,使他们能迅速壮大发展。大型的农民专业合作社有一定规模的土地,一般也配备甘蔗全程机械化的各种机具,既为自己服务,也为周边的农户服务,实际上也是农机专业合作社。还有广东湛江市一批甘蔗机械化合作社,其中“好帮手”合作社有 100 多社员,承包了 1 100 多亩地,还为其他农户服务,这种得到糖厂支持、农民带土地入股的自营 + 服务的兼营合作社,是目前最好的经营主体形式。这类合作社,一般自营数千亩,年机耕作业量达万亩以上,是机械化的主力。

6.3.3.2　我国甘蔗全程机械化模式的划分

我国甘蔗主产区的广西、云南、广东等省,在地形地貌方面都很类似,即既有平缓坡地地区,也有丘陵山区和陡坡地。加上气温、种植农艺方式等大致一致,所以不能按行政区划来划分模式区域,只能按地形地貌来划分。

由于很多大中型机器,特别是大中型甘蔗联合收割机,能适应的地块坡度为10°以下。因此,可将我国甘蔗全程机械化模式按地形地貌和机器因素分为两类:

① 第一类: 10°以下的平地、缓坡地及低丘陵地全程机械化模式。

在第一类中,根据采用的机器系统,又可分出:

· 大型机器系统全程机械化技术子模式;

· 中型机器系统全程机械化技术子模式。

(同样是在 10°以下的平地、缓坡地及低丘陵地,但地块的面积较小时,适合采用这种技术模式。)

② 第二类:10° ~15°的高丘陵地全程机械化模式。

在第二类又可分出:

· 高丘陵区中小型全程机械化子模式;

· 高丘陵区小型机械化子模式。

还有一类不属于全程机械化模式,但也可以算一类机械化模式:陡坡地区微小型半机械化生产模式。

根据调查,广东粤西地区基本上为平耕及缓坡地,广西甘蔗种植地经过“双高”整治后,20% 左右为平耕及缓坡地,30% 左右为 6° ~15° 丘陵地,其余 50% 是15° ~25°的陡坡地。云南也有整治 200 万亩“双高”基地的任务,根据前面调查数据,10% 左右为适合大型机械化的平整及缓坡地,且面积较大。另有 30% 左右为适合中型机械化的丘陵地。

6.3.3.3 平缓坡地及低丘陵地区甘蔗全程机械化模式

（1）模式概述

1）区域特征

本区域中平缓坡地区主要包括广东粤西地区、海南的琼北、广西桂中南中的部分较平的地区（主要是农垦、农场以及近年来在崇左、来宾、柳州等地集中平整整治的地块），以及云南滇西南地区的坝子地；丘陵低地主要有广东的粤北蔗区、广西桂中南的低丘陵地、云南滇西南的低丘陵地等。

这些地方的环境要素和制约本区域机械化水平快速发展的因素前面已做分析，这里不再赘述。总的来说，我国甘蔗机械化水平总体较低，但此区域由于自然条件和社会经济条件相对较好，甘蔗机械化水平相对来说较高。如机耕达到90%左右、广西和粤西的有关区域机收达到了10%左右。

2）作业环节与技术路线

平缓坡地与低丘陵地区全程机械化生产模式以耕整地、种植、田间管理（中耕施肥、植保）、收获、运输进厂、宿根管理为重点作业环节。根据生产地域特征，形成甘蔗全程机械化技术路线、机具配套方案、技术要点、操作规程运行机制，通过集成农机化技术和农机农艺融合，形成了两套比较完备的机械化工艺流程和装备体系的技术路线，推动这些区域的甘蔗生产集约化和规模化，实现轻简作业环节、减少能源消耗、降低生产成本，达到节本增效增收的目的。

图6-5是甘蔗生产机械化技术路线框图，图6-6是各环节作业状况。

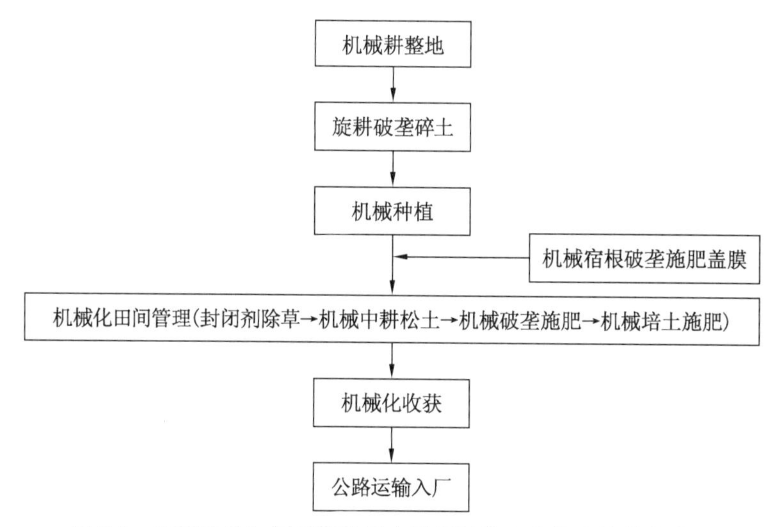

图6-5 平缓坡地与低丘陵地区全程机械化生产模式的技术路线

图 6-6 各环节作业状况

3）经营主体方面

以大型合作社为主，亦如前述。

4）农艺措施要点

该模式属于以“装备成套化、机具大中型化、作业标准化”为特征的现代化大生产模式，也是可望实现我国最高蔗茎产量、最节本、最长宿根年限的一种应用模式。全程机械化对品种选择的要求较高，除传统的优良种性外，应首要关注分蘖成茎在产量构成中的主导作用。要求品种分蘖性强，成茎率高，在生长特性上选择前期生长快速，先促蘖，后伸长，主茎、分蘖整齐均匀的品种，避免使用主茎伸长较早，分蘖出生较晚的品种，以保证中耕培土的作业适期和作业质量。田间管理的重点在于植前深松、中期浅耕和宿根破垄，其目的都是在不打乱土层的前提下改善土壤结构，创造适合甘蔗和有益微生物生长的水、肥、气条件。植前深松辅以蔗叶还田，种植配合增施有机质、地膜覆盖都是我国蔗区现有土壤肥力和气候条件下必要的增产措施。灌溉系统不仅应发挥抗旱的功能，还要成为调节土壤宜耕性、水肥药一体化管理，特别是保证甘蔗进入伸长期后管理的必要辅助手段。因此，在有条件的生产单位，大田自走式灌溉机械将会有更大的应用前景。

（2）大型机械化系统子模式及机具配备

根据甘蔗机械化的实践，所谓“适合大型机械化系统的技术规范及机具配备”，主要是指与 250 kW 级的切段式甘蔗联合收割机生产能力相适应的经营面积下的技术规范和机具配置。

1）适合大型机械化系统子模式的地块面积

一台 250 kW 级的切段式甘蔗收割机在我国目前的生产能力一般为 200 t/天。

按亩产 5 t 计,则一天可收 40 亩。一个榨季平均收获工作时间按 80 d 计,则一台大收割机一个榨季的生产能力约 3 000 亩。同一地区最好有适合两套大机器系统工作的连片的土地,于是 6 000 亩地就是可实施大经营规模的全程机械化机具配置方案的较合适的面积下限。单块地块长度达到 300 ~ 500 m,地块大小 100 亩以上。目前主要是在广东粤西地区和广西的农垦、农场,以及近年来在桂中南中崇左、来宾、柳州等地部分较平且集中整治的大地块,还有云南滇西南地区的大片的坝子地。

2)机具配套方案

① 耕整地:采用进口液压重耙或国产超重耙耙地,动力为 100 kW 以上四驱拖拉机。犁地采用 75 kW 以上拖拉机带悬挂犁。旋耕用大型旱地旋耕机作业。

② 种植:中大型的甘蔗种植机采用 100 kW 以上拖拉机牵引,在大田块工作效率可达 30 ~40 亩/d。

③ 田间管理:中耕施肥松土,一般采用 100 kW 左右的高地隙中耕拖拉机,配相关农具进行。

大型高地隙喷药机,主要是进口机。甘蔗长高后多采用专业无人多旋翼直升机喷药。

④ 机械化收割:普遍采用大型切段式甘蔗联合收割机收获。配套田间运输拖卡(4 ~8 t)。

⑤ 公路运输入厂:由田间转运车将甘蔗由田间拉到公路边,倒入公路运输车(载重 15 ~20 t),运到糖厂。

⑥ 破垄平茬施肥盖膜及相关设备:宿根蔗以 35 ~45 kW 中型轮式拖拉机为配套动力的破垄施肥盖膜机。

(3)适合中型机械化系统的子模式及机具配备

1)适合中型机械化系统的地块面积

根据甘蔗机械化的实践,所谓“中型机械化系统”主要是指 130 kW 级的切段式甘蔗联合收割机及相应的机器系统。一般是指凯斯 4000 型(132 kW/180 hp)以及洛阳辰汉 130(130 hp)这种马力挡的机具。

一台 130 kW 级的切段式甘蔗收割机在我国目前的生产能力一般为 65 t/d。按亩产 5 t 计,则一天可收 13 亩。一个榨季平均收获工作时间按 80 d 计,则一台 130 kW 级联合收割机一个榨季的生产能力约为 1 000 亩。1 000 亩地就是可实施中型经营规模的全程机械化机具配置方案的面积。另外,单块地块长度达到 100 ~200 m,地块大小 30 亩以上。目前主要是在广东广西湛江市地方农户、桂中南的部分面积较小的“双高”基地,以及云南滇西南地区的坝子地中的中小块地。

2)机具配套方案

① 中型机械系统及相关农艺:以 130 kW 级中型收割机为中心,辅以其他中型

作业机具。

② 农艺方面:要求种植行距在1~1.2 m。

③ 耕整地:机具应选择90 kW(120马力)以上的大马力拖拉机,配套深耕犁、深松器进行作业,再用配套36~60 kW轮式拖拉机的旋耕机进行旋耕整地。

④ 种植:甘蔗种植可以采用目前应用较多的中型双行实时切种式甘蔗联合种植机,配套大于80 kW轮式拖拉机为动力。

⑤ 田间管理:中耕培土施肥作业相关装备:36~47 kW中型轮式拖拉机为配套动力的甘蔗中耕培土机。

⑥ 植保及相关装备:喷杆式喷雾机或无人机。

⑦ 收获及相关设备:甘蔗联合收割机主要以130 kW级中型切段联合式收割机为主,配田间转运车。

⑧ 公路运输及相关设备:与大型机械化系统公路运输设备相同。

⑨ 破垄平茬施肥盖膜及相关设备:与大型机械化系统公路运输设备相同。

6.3.3.4 高丘陵地区(10°~15°)甘蔗全程机械化模式

(1) 模式概述

1) 区域特征

本区域主要包括广东粤北地区、广西桂中南中的部分(10°~15°)坡耕地地区,以及云南滇西南地区的高丘陵地等。

从地形上来说主要是10°~15°高丘陵地,地块长度50~100 m,面积为较大家庭经营规模的10~30亩。

环境要素和制约本区域机械化水平快速发展的因素前面已做分析,这里不再赘述。总的来说,本区域由于自然条件和社会经济条件相对较差,甘蔗机械化水平相对来说较低。

2) 作业环节与技术路线

本地区全程机械化模式同样以耕整地、种植、田间管理(中耕施肥、植保)、收获、运输进厂、宿根管理为重点作业环节。根据生产地域特征,形成甘蔗全程机械化技术路线、机具配套方案、技术要点、操作规程以及运行机制,通过集成农机化技术和农机农艺融合,推动了这些区域的甘蔗生产集约化和规模化,实现轻简作业环节、减少能源消耗、降低生产成本,达到节本增效增收的目的。

本模式的生产技术路线与前面没有大的区别,只是具体技术规范和采用机具有所不同。

3) 经营主体方面

这些地区以中小型合作社为主。

4）农艺措施要点

与平缓坡地及低丘陵地区甘蔗全程机械化模式的农艺措施大体相同。

（2）适合高丘陵地区中型全程机械化系统子模式及机具配备

1）适合此系统的地块面积

根据甘蔗机械化的实践，所谓“中型全程机械化系统”主要是指 90 ~ 130 kW 级的中小型切段式甘蔗联合收割机及相应的机具系统。

一台 100 kW 级的切段式甘蔗收割机在我国目前的生产能力一般为 65 t/d。按亩产 5 t 计，则一天可收 13 亩。一个榨季平均收获工作时间按 80 d 计，则一台中小型收割机一个榨季的生产能力约 1 000 亩。1 000 亩地就是可实施中型经营规模的全程机械化机具配置方案的面积。另外，单块地块长度 100 ~ 200 m 以上，地块大小 30 亩以上。目前主要是在广东广西湛江市地方农户、桂中南的部分较小面积的“双高”基地，以及云南滇西南地区的坝子地中的中小块地。

2）机具配套方案

本区域的机具配置方案与上述的中型机械化系统配置方案类似或稍小。由于坡度较陡，收割机宜采用自带集蔗装置（较大的蔗斗、网带等）的切段式收割机，不需要转运车跟随，如洛阳辰汉 130 型、科利亚 4GZ91 型等，或自带较小型的集蔗斗的整秆收割机，能采用履带式收割机效果会更好。

（3）适合高丘陵区小型全程机械化系统子模式及机具配备

1）适合此系统的地块面积

根据甘蔗机械化的实践，所谓“小型全程机械化系统”主要是指 50 kW（68 hp）以下级的甘蔗联合收割机及相应的机具系统。

一台 50 kW 级的切段式甘蔗收割机在我国目前的生产能力一般为 25 t/d。按亩产 5 t 计，则一天可收 5 亩。一个榨季平均收获工作时间按 80 d 计，则一台小型收割机一个榨季的生产能力约 400 亩。400 亩地就是可实施小型经营规模的全程机械化机具配置方案的面积。另外，单块地块长度达到 30 ~ 50 m，地块大小 10 亩以上。目前主要是各地高丘陵地的小农户。

2）机械装备

以 50 kW 以下级收割机为中心，包括小型甘蔗联合收割机、割铺机和剥叶机，小型耕整地机械、种植用开沟机，小型中耕施肥机。

① 整地：采用旋耕机旋耕或铧式犁耕地、小型轻耙碎土平整地。

② 种植：采用手扶拖拉机配开沟机。

③ 中耕培土：采用手扶拖拉机配中耕施肥机。

④ 植保：采用小动力植保机。

⑤ 收获：采用 20 ~ 50 kW 级收割机、割铺机，进行整秆砍倒、剥叶机剥叶、人工

或小型装载机收集装车、运输作业等分段机械化收获作业。

3）农艺措施要点

小规模部分机械化及微小型半机械化模式是适应我国甘蔗生产者地块面积偏小、地形复杂的条件下，以减轻劳动强度、提高劳动效率为主要目标，以蔗农互助和小型服务组织为主要形式的一种生产方式，在区域种植结构、地方蔗糖经济短期内难以调整的情况下具有相当的普遍性。保护性耕作技术和培肥地力是这类模式下实现高产稳产的关键。由于抵御自然灾害和肥水调控能力相对薄弱，品种的抗旱、抗寒性尤显重要，应予优先考虑。为适应分段式收获作业，产量构成应在考虑单位面积有效茎数的同时重点兼顾单茎重因子，选用直立抗倒、中大茎、早发快长、封行早的品种，以及早形成高产苗架，控制杂草，减少水分蒸腾散失。要充分发挥人工作业环节"选"的作用，确保种苗质量和有效下种量；利用好传统的农村废弃物田边堆沤池、田头水窖等，在生产全程注意增加有机质、生物肥使用比重，逐年改善耕层结构，保障甘蔗稳产。

6.3.3.5　陡坡地区微小型半机械化生产模式

（1）土地地形地貌

从地形上来说主要是15°～25°的坡耕地，由于地形复杂，坡度大，地块细碎，只能进行部分机械化作业。

（2）机械装备

① 整地：采用微耕机或畜力犁地、碎土平整地。

② 种植：采用微耕机配开沟机开沟，人工施肥、摆种、覆土、盖膜。

③ 中耕培土：采用微耕机中耕除草、松土、培土，机械或人工施肥。

④ 收获：用10 kW割铺机或人力手推式微型甘蔗割铺机，进行砍倒、剥叶机或人工剥叶、人工收集装车等作业，部分地区加装索道运输系统。

6.3.3.6　适合各类机械化模式的总面积和区域分布

从地形地貌和地块大小的角度，综上所述，全国甘蔗种植面积中，适合大型机器的不到10%，适合中型机器的约为40%。

农垦，包括湛江农垦和广西农垦，从地形地貌、面积和管理体制来说，适合大型机器。但农垦由于内部仍采取蔗农户承包为主的形式，也存在大农业与小经营的矛盾，也应该大型模式和中型模式共同发展。

粤西琼北，除湛江农垦外，适合中型机械化模式。

广西，除广西农垦外，在500万亩高产示范区，计划中的30个1 000亩基地，其中甚至有万亩成片的大基地，分布在南宁、崇左蔗区、柳州、来宾、贵港桂中蔗区，以及北海、钦州、防城蔗区，是计划用大型机械系统的地区，如农垦的农场、东糖公司崇左基地、汉森公司来宾农场等。这些区域的其他部分，以中型机械系统为主；500

万亩以外,白色和河池丘陵山区片的坡地小地块,以小型为主。

云南,主要是丘陵山地,应以小型机械系统为主。其中坝子地,从地形地貌来说,适合大、中型机械系统,但由于社会经济条件限制,应以中型为主,少数如英茂糖业公司的基地及迪尔公司的机收队,采用大型机械系统。

6.4　模式方案的技术评估

所选用的模式是否适合应用单位或区域的实际情况,就要看是否能取得好的效果。在评价时应根据收集的资料,做出科学的判断。

6.4.1　田间机具系统效率和质量分析

(1) 农机与农艺结合的效果

如品种与农机作业适合与否,包括抗倒伏性,蔗叶是否易脱落,是否中小径,砍切是否易断裂,农艺的行距是否与机器要求一致等。

(2) 效率

单个机具的效率与系统效率,含机具选配的型号与数量的合理性。

(3) 作业质量

① 耕整地(深度、能耗、松碎程度是否达到要求等);

② 种植(伤芽率、漏播率、行走是否直、耗用人工情况);

③ 收获运输(含杂率、损失率、破头率,收割机与运输车的配合);

④ 对环境的考虑、系统运行的组织化因素、使用的安全性等。

6.4.2　经营效益——产出/投入比

(1) 经济效益

作为一个农业生产单位,按照美国 Hunter 教授(Hunter,1986)“现代农业生产系统的主要前提是利润”的说法,评价一个甘蔗生产系统的主要准则是利润,也就是经营效益,可用简单公式表述如下:

$$利润 = 产量 \times 价格 - 成本$$

具体来说,应考虑以下内容:

土地规划后的规模化程度、机器系统对规模化程度的适应性、机器系统各作业在符合作业性能要求下系统作业时间的节省、机具系统本身的匹配度、对资源的利用率、对土地产出的提高等等。

(2) 单考虑农机服务组织的效益

甘蔗生产系统包括甘蔗生产单位、农机经营单位和糖厂。

我国在试验示范的几种甘蔗机械经营模式：

① 服务型：拥有农业机械，对用户开展营业性服务，收取服务费。

② 自营型：购置农机自用，农机作业无直接收入，费用计入生产成本。

③ 兼营型：自营为主 + 服务，服务为主 + 自营。

农机经营单位的效益，包括机具配置的合理性，即能否合理有效地完成任务；以及采用这种模式的系统的总效益。

(3) 考虑整个甘蔗生产系统的效益

除了农机单位自身的效益外，还要看整个系统能否获益。

6.4.3 做法

跟踪监控典型地区甘蔗生产机械化技术模式应用情况，收集有关数据，并对机具性能、机械化系统的效果进行评估。

① 研究并提出甘蔗生产机械化技术模式与效果综合评估指标与方法；

② 比较分析机械化技术模式的效果，分析和确定技术模式的适合度；

③ 区域社会经济条件对模式的影响；

④ 提出需要改进的问题及优化技术模式方案。

第 7 章 我国甘蔗全程机械化生产实践与模式研究

本章以我国主要的甘蔗全程机械化生产实践为例，讨论我国大、中型甘蔗全程机械化的模式问题。小型机械化还未有很成功的全程机械化经验，故本章不予讨论。由于本研究室前期的甘蔗机械化试验研究主要是在湛江农垦进行，在 2009 年进入国家甘蔗产业技术体系后，才将工作的视野扩展到全国范围，所以本章讨论的内容也从湛江农垦开始。

7.1 湛江农垦平缓坡地大型全程机械化模式的生产实践

7.1.1 湛江农垦甘蔗生产全程机械化要素与模式

7.1.1.1 社会经济要素

蔗糖业是湛江农垦的支柱产业之一，湛江农垦是国家《全国优势农产品区域布局规划(2008—2015 年)》确定的甘蔗优势产区之一，现有甘蔗种植面积 35 万亩，常年甘蔗产量保持在 200 万 t 左右。湛江农垦也是我国最早开展甘蔗大型机械化生产的地方，农垦领导曾说，当年王震将军规划的农垦农业机械化，树立了“北有友谊、南有广前”2 个样板，在湛江农垦建立了全国最早、规模最大的甘蔗机械化试验示范基地。2010 年农业部批准湛江垦区为首批国家现代农业示范区。

湛江农垦是我国甘蔗机械化的排头兵，多年来一直大力开展甘蔗机械化的研究和推广，努力探索甘蔗生产的机械化方式。20 世纪 80 年代初、1996—2000 年以及 2003—2008 年，湛江农垦以进口大型机械为中心，开展了 3 次大规模机械化试验，经过 20 多年努力，在甘蔗耕整地、开种植沟、运输等生产环节的机械化已达到较高水平，2009 年湛江农垦机械耕整地已达 95% ~98% ，开种植沟、运输已基本实现机械化。

联合种植、中耕、收获等环节机械化程度仍很低。2009 年机械联合种植约 1 万亩，仅 1.4% 。中耕培土以中型中耕培土机为主，2009 年达到约 6 万亩，约 15% 。

实时切段式甘蔗种植技术逐步被蔗农接受，湛江农垦 2011/2012 年榨季完成机种植面积 3.6 万亩，其中机开沟人工种植 3 万多亩，联合机械种植 0.61 万亩，2012/2013 年榨季实现联合机械种植面积约 1.1 万亩。

农垦机械化收获采用进口的凯斯型切段式甘蔗收割机,2011/2012 年榨季完成机械化收获甘蔗 0.53 万亩,约 2.3 万 t。2012/2013 年榨季实现机收 0.87 万亩。2015/2016 年榨季机收 2 万亩、6 万 t 蔗,收获数量是垦区历史上最多的一个榨季。当年农垦有凯斯 7000/8000 型机共 10 台。

7.1.1.2　自然条件要素

湛江农垦所在地广东湛江市属南亚热带季风气候区,年平均气温 23 ℃,有效积温 8 000 ℃,年降雨量 1 600 ~ 1 800 mm,丰富的光热资源和充沛的雨量,为发展甘蔗生产提供了得天独厚的条件。从地形上说,湛江属于低台地地区,坡度都在 10°以下。其中 60% 以上为 6°以下缓坡地,30% ~40% 为 6° ~ 10°的丘陵地。从地块来说,面积较大,除了 1 000 亩以上的大承包户外,一般家庭承包面积也在 20 亩以上,适宜发展大型机械化生产。

也有如下一些不利于甘蔗生长和机械化生产的因素:

(1) 降雨量不均匀

蔗园为旱坡地,雨量因素是提高产量的一大关键,而该地区雨量不均匀,如图 7-1 所示,多集中在 4—10 月,占年降雨量的 90%。11 月至次年 3 月降雨量只占 10%,有明显旱季,经常出现长期干旱,非常不利于甘蔗种植。

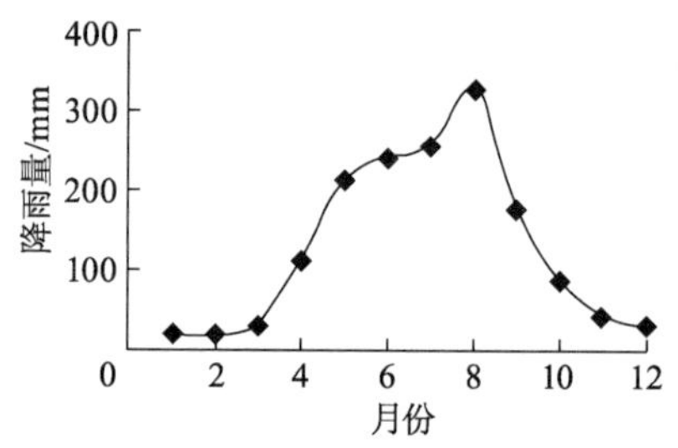

注:各月的数据为 2004—2013 年共 10 年间的平均值;各年降雨量为 1 000 ~ 1 980 mm,平均 1 577 mm;数据由广前农科所气象站提供。

图 7-1　湛江地区 2004—2013 年间各月降雨量的平均值

(2) 台风影响

蔗区靠近海边,6—9 月份台风频繁,经常出现暴雨,甘蔗被吹断或吹倒,影响机械化作业。

(3) 土壤类型

土壤类型主要是砖红壤土,土层深厚,但质地黏重,土壤剖面缺乏团粒结构,层次不分明,物理性质差,蓄水能力低,保水保肥能力差,“下雨一团糟,晴天一把刀”,旱天易板结,一遇暴雨则极易引起地面径流,冲刷土壤。土壤中的 N,P,K 失调,严重缺磷少钾,影响甘蔗生长。

（4）温差影响

昼夜温差小，甘蔗生长后期不易积聚糖分，含糖量低。

7.1.1.3　经营主体和管理要素

农垦的甘蔗生产经营主体是农业总公司下的各分公司，机械则由农垦下属的机械分公司管理，共同推进甘蔗生产机械化。

7.1.1.4　机具要素

由于地形、地块大小，以及管理体制的特点，湛江农垦的甘蔗机械基本上采用以 350 hp 大型甘蔗收割机为中心的大型机械组合。耕整地采用进口液压重耙或国产超重耙耙地，动力为 140 hp 以上的四驱拖拉机。犁地采用 100 hp 以上拖拉机带悬挂犁。旋耕用大型旱地旋耕机作业。种植采用目前国内最大的 120 hp 以上拖拉机牵引的中大型甘蔗种植机，在大田块工作效率可达 30～40 亩/d。田间管理采用 120 hp 左右的高地隙中耕拖拉机，配相关农具进行。植保则主要采用大型高地隙喷药机，甘蔗长高后多采用专业无人多旋翼直升机喷药。机械化收获用大型切段式甘蔗联合收割机，配套田间转运车，将甘蔗由田间拉到公路边，倒入公路运输车（载重 15～20 t），运到糖厂。

7.1.1.5　甘蔗生产全程机械化模式

综上所述，湛江农垦的机械化模式，按第 6 章的分类，属于平缓坡地大型全程机械化模式。并且，其几次大规模实践都是在引进机具和技术的基础上，按照国外大型全程机械化系统的模式、参考我国的具体情况运作的。

这种甘蔗生产机械化模式的形成，经历了几十年的探索。下面从全程机械化模式的角度，对试验情况进行分析研究。

7.1.2　湛江农垦第一次大型全程机械化农场模式的探索和实践（20 世纪 80 年代）

7.1.2.1　项目的背景与概况

1976 年 6 月，澳大利亚总理佛雷泽访华，与中国总理商定协助中国开展大规模甘蔗生产机械化。1979 年 2 月 21 日至 3 月 4 日，澳方派出由 11 名专家组成的代表团，在我国广东、广西进行了实地考察。1979 年 8 月，我国派出由广东省农委副主任吕白带领的 11 名专家代表团访澳。回国后提出引进澳大利亚甘蔗机械的具体方案。1980 年 5 月，李先念副总理访澳，进一步推动了这项工作。在此基础上，经国家农委、计委、科委、进出口委、农垦部、外贸部、农机部及广东省人民政府正式批准，确定了引进计划。

根据原农垦部〔1980〕农垦（计）字 523 号和广东省人民政府粤府函〔1981〕16 号文件精神，作为重大科研项目和对外友好项目，由农垦部拨款 70 万美元（折合人民币 221.4 万元)作为引进国外甘蔗生产机械化设备的资金。从澳大利亚引进一套甘蔗生产机械设备,包括整地、种植、中耕施肥、收获和自卸拖车等 21 种 50 台(件),从美国引进 JD-420、JD-2040 型 4 轮驱动轮式拖拉机进行组合配套。广东省农委拨款人民币 105 万元,作为国内配套机械和基本建设投资,国产配套机械设备包括铁牛(TN－55CD 型)55 马力轮式拖拉机、东方红 75 推土机、宽幅植保喷雾机、重耙、轻耙、自卸卡车、修理设备,以及工具车。共计有机具 28 种 83 台 1 973 马力,机械设备固定资产总值 259.69 万元。在这套机械系统中,收获机械投资约占 78%,种植机械投资约占 12%,两项合计占总投资的 90%。

在广东省湛江国营前进农场建立甘蔗生产机械化试验基地。试验农场从 1981 年底抽调力量组建,有职工 54 人,其中管理干部 7 人,机手 27 人,辅助农工 20 人,管理蔗田约 2 500 亩。

项目从 1982 年初正式开展,整个试点工作大体经历了 3 个阶段:

(1) 1981—1982 年摸索试验生产阶段

设备到场后重点搞好安装、调试,组织人员技术培训,摸索经验,掌握各项机具的使用与保养等技术。同时搞好土地规划,水利建设,并按农艺技术要求试种了第一批甘蔗。

(2) 1983—1984 年整顿、调整、改革阶段

针对试生产发现的问题,改革经营管理方式,推行了经济承包责任制。对农艺措施进行调整,对部分不适用的机具进行改进,对试点进行了全面整顿。

(3) 1985－1987 年稳定、推广和提高阶段

通过生产实践,认真总结了经验,巩固已取得的成果,使机构、人员、规模、管理制度、农机农艺措施相对稳定,不断提高试点的经济效益。

项目历时 6 年。这是我国第一次探索大型甘蔗全程机械化的道路。项目主要成果:首先是对全套机具的适用性进行了试验,试验报告认为,引进的机具结构合理,性能可靠,操作灵活,维修方便,作业质量好,工效高,显示出机械化大生产的优越性;其次是通过试验探索,摸索出了适应机械化生产的规模、管理制度和农机农艺措施,不断提高试点的经济效益;同时把试点的深松技术、旱坡地化学除草技术和机耕作业技术等向前进农场全场推广,起到了服务和示范作用。这次试验为我国大规模机械化积累了宝贵的经验(见图 7-2)。

图 7-2　湛江农垦大型机械化

7.1.2.2　土地规划和整理

(1) 土地规划

按照机械系统的工作能力,原规划 6 000 亩的规模,通过 1982 年一年的摸索,由于资金不足、多余劳动力一时无法转移消化、糖厂加工喂入输送系统与机械切段式收获不相适应等问题,只能将试验场规模降到 2 500 亩开展试点工作。

(2) 土地整治

为适应机械化作业,整体规划参照澳大利亚喷灌蔗田设计,地块规格为 400 m × 80 m,喷灌道路宽 3 m,机车转弯地头 10 m,共整治 2 500 亩。

7.1.2.3　机械系统技术集成

(1) 农机农艺融合甘蔗生产全程机械化生产技术路线

新植蔗:深松—(犁地—耙地)—复耕—耙平—种植—化学除草—第一次中耕—第二次中耕—施肥—培土—少叶—砍收—运送—卸入糖厂输送槽。其中括号内的犁地—耙地环节,可用重耙耙地环节代替。

宿根蔗:清场—深松破垄—施肥—中耕除草—施肥—培土—砍收—运送—卸入糖厂输送槽。

其中先用重耙耙地以减少毛细管水分蒸发的作业环节得到广泛认同并被沿用至今。

(2) 机具选配

机具引进与国产机具配套情况见 7.1.2.1 节。

(3) 设施与机库

建设了一批配套的喷灌工程设施和机库、油库、肥料仓库和宿舍等。

7.1.2.4　经营主体与管理模式

1981—1983 年,经营主体是湛江农垦前进农场,实行统收统支的管理模式,一切收支由农场负责,统一管理,统一指挥。这样有利于机械化生产和机务管理,但农场职工积极性不高。

1984—1986 年,经营主体改为机械化试验场,对试验场实行“定额上交,超收分成,费用自理,自负盈亏”的承包方法。内部实行机组承包,生产管理权下放到生产组长,提高了职工的生产积极性。

1987 年实行“定包基数,保证上交,超收全留,自负盈亏”的承包经营方法,进一步调动了干部职工的积极性。

以上几种方式,虽然细节有变化,但总体上都是机械化农场承包的经营管理模式。

7.1.2.5 系统评估

(1) 机器系统生产效果

这是我国甘蔗生产采用大型全程机械化的第一次试验,没有可比的对象,机械系统的生产效果可由与人工作业的各项指标对比来反映。

试点机械作业各项指标和场内人工对比见表7-1。

表7-1 机械作业各项技术指标与场内人工对比

序号	项目	机械工人	农业工人	对比情况
1	人均年管面积/(亩/人)	91.80	13.59	提高5.75倍
2	人均年产甘蔗/(t/人·年)	326.28	63.27	提高4.16倍
3	平均单产/(t/亩)	3.59	4.66	低22.96%

结果表明,机械化生产的效率(人均面积和人均年产甘蔗)都优越于人工。5年间(1982—1986年)试点种植甘蔗面积累计10 101亩,亩产4.5 t以上的有2 562亩,占总面积的25.36%,其中5~6 t产量的有150亩,占总面积的1.5%。开始时机械作业的甘蔗单产水平低于人工作业的,原因是当年劳动力没有别的出路,农业工人对甘蔗精耕细作,加上农垦的耕整地大都已使用拖拉机,化肥农药使用量也和机械化一样,所以产量较高。1985年以后,摸索出了一套机械化生产措施,1986年新老蔗平均亩产达到4.57 t,比1982年的2.38 t提高了92%,高产地块已达到亩产6 t,达到了人工作业的产量水平。这说明甘蔗机械化生产是有潜力的。

试验农场的成果还向整个前进农场推广。20世纪50—70年代,20多年间,前进农场的甘蔗亩产量一直在2.2~2.6 t之间徘徊。1981年以后,推广深松、选用良种、保障基本苗等6项技术,使1982—1985年全场甘蔗平均产量上升到4 t以上。1986年推广应用6.9万亩,平均亩产5.44 t,总产量373.5 kt;1987年推广6.8万亩,平均亩产5.97 t,总产量410 kt。

其中深松作业一项,经当时估算可增产10%。

(2) 系统经济效益(投入产出)

试点机械作业各项经济指标和场内人工对比详见表7-2。

表7-2 机械作业各项经济技术指标与场内人工对比

序号	项目	机械	农业工人	对比情况
1	平均每吨甘蔗成本/(元/t)	36.62	51.83	降低29.35%
2	平均每亩甘蔗成本/(元/t)	134.29	241.37	降低44.36%
3	平均每亩甘蔗利润/(元/亩)	112.40	77.87	提高44.34%
4	人均年甘蔗产值/(元/人·年)	22 532.30	4 337.16	提高4.16倍

另外，机收效果，1987 年人工收获成本 7.5 元/t，机收 5 元/t，吨成本降低33%。

试点总投资343万元，1982—1986年共上缴利税113.54万元，提取折旧26万元，5年间投资回收率为40.68%。

（3）系统模式的先进性

① 甘蔗生产从传统的以人工为主发展到全程机械化作业，使人们开阔了眼界，认识到甘蔗生产完全能够且必须走机械化的道路。这是这次甘蔗生产全程机械化破冰之旅的最重要成果。

② 提出了“甘蔗生产全盘机械化试验，是一项农机与农艺、科研与生产、种植与加工密切联系的系统工程”的重要观点。摸索出了一套机械化生产措施，提出在当时机械化条件下实行人均50亩的承包经营面积，管理定额为人工种植的3.5倍，实际达到91.80亩，比人工提高5.75倍。

③ 这次试验最后还形成了湛江农垦应用至今的管理模式：把机务与生产分开，甘蔗生产由农场统一经营，土地按国家的家庭承包政策分给农工家庭承包，实现了农场套家庭农场的双层经营体制；农机方面，则组织成农机服务组织，全面完成农机化的各项作业，搞好服务，向社会化、专业化迈进。内部实行单机核算，全面考核。

④ 认识到了甘蔗生产全程机械化的关键是解决好收获问题。

7.1.2.6　问题分析

实践结果表明，引进的机具不论是单机还是机器系统，工作效率都是好的，但机器系统是按收割机生产效率6 000亩/台的能力设计的，而最后机械化农场总面积只达到2 500亩，远远达不到机器的能力水平，影响了系统的能力发挥，照机器能力推算，机械化系统规模化生产的效益远胜人工作业系统。

当时对农机的社会化服务还未形成，如机具用油、化肥农药的供应等，对机械化生产的支持不够。而机器在内部面积不够的情况下，外部条件又使机器系统未能很好地通过对外服务发挥出效率。

最重要的是，当时劳动力充裕，剩余劳动力没有出路，还由农场发工资，增加了系统的生产成本。另外，土地分给农工承包，农场套家庭农场的双层经营体制，在当时是有积极作用的。但运作到现在，这种方式将大型机器系统放置在小农户土地分散经营方式下，对机械化的推广有一定的阻碍作用。地方上都已经在向土地流转和土地入股等规模化生产的方式转变，而农垦还是以小规模的家庭承包为主，是否合适，值得考虑。

综上所述，最根本的原因是当年劳动力充裕，还不具备全面开展大型机械化生产的各种条件，大型机械化只能以项目研究的形式开展。因此，到了1988年，项目结束，试验农场也停止了运作。

机械化试验场的总结报告认为，甘蔗收割机和播种机只要稍做改进并将糖厂的加工和喂入输送装置配套好，就可正常使用，这点过于乐观了。从一开始就有的切段式收获与糖厂生产方式不适应的问题，是至今仍未解决的困惑甘蔗机械化的主要障碍之一。

这项研究使我们从研究澳大利亚引进的机械化系统中，开始逐步了解从机械化系统的角度考虑甘蔗机械化生产模式的重要性和方法。初步形成了甘蔗生产机械化模式的概念。

7.1.3 湛江农垦第一次大型全程机械化甘蔗生产系统机具配套多目标优化(20 世纪 80 年代)

1987 年，华南农业大学硕士研究生郑汉林以湛江农垦前进农场 1980—1987 甘蔗全程机械化试验农场为对象，应用系统工程原理，研究探讨大型全程机械化甘蔗生产系统机具配套的最优规划问题。通过建立多目标混合整数规划模型，确立了当时系统生产机具及动力的最优选型及配备量(郑汉林，1989)。

7.1.3.1 研究对象系统的确定

① 设计甘蔗种植面积为 6 万亩。其中每年宿根及新植面积各占一半，亩产量以 5 t 计，当地劳动力投入量为 4 000 人，蔗地离糖厂的平均运距为 16 km。

② 耕作制度遵守当时当地的传统方法。参考该场 11 年的统计资料。所有作业都有时间限制，并考虑气候不稳定因素的影响，各种机具的技术性能参照其设计说明书。

7.1.3.2 甘蔗生产工艺方案及可供选择的机器

按照粤西地区传统耕作制度，将甘蔗生产划分为两大类，即新植蔗生产及宿根蔗生产。前一类的主要作业项目有深松土、犁地(2 遍)、耙地、种植、田间管理(包括查苗补缺、中耕除草、施肥、培土等)、收获运输等；后一类的主要作业项目有清场、破垄平茬、田间管理、收获运输等。整个系统按实际需要共分为 23 个作业项目，每个项目初选若干种能胜任该项作业可供选择的机组，以 x_i 代表第 i 种机组应选择的数量，人畜力作业也以一个机组看待。按照作业性质，可将每一个种植年分为 4 个作业阶段：第一阶段是从 12 月 1 日开榨到约次年 1 月底，为收获和耕整地阶段；第二阶段是 1 月底至 4 月初，除了继续收获到 3 月底外，还于 2 月初开始种植阶段及宿根蔗的破垄平茬；第三阶段是 4 月初至 6 月底，是田间管理松土除草施肥阶段；第四阶段是 8 月初至 9 月中，施最后的壮尾肥。其中第二阶段是作业的高峰期。

7.1.3.3 系统机具配套多目标混合整数规划模型

(1) 目标函数

本模型选取年作业总成本(TC)最小、年作业总油耗(TFC)最小、农机具总投

资(TI)最小和农业生产中闲置劳动力(IL)最小为4个优化目标。其目标函数分别为:

目标一:年作业总成本(TC)最小

$$M_{in}TC = \sum_{i=1}^{60} C_i \cdot TS_i \cdot PS_i \cdot X_i$$

式中:C_i为第i机组的作业成本,元/亩;TS_i为第i机组可作业总天数,d;$TS_i = PW_i \cdot D_k$,PW_i为第i机组可下地作业的时间概率($0 \leqslant PW_i \leqslant 1$),$D_k$为第$k$项作业的日历天数,d;$PS_i$为第$i$机组生产率,亩/d;$X_i$为第$i$机组配备量(决策变量)。

目标二:年作业总油耗(TFC)最小

$$M_{in}TFC = \sum_{i=1}^{60} UP \cdot OC_i \cdot TS_i \cdot PS_i \cdot X_i$$

式中:UP为燃油混合单价,元/kg,对汽油机具取$UP = 1.084$,柴油机具取$UP = 0.847$;OC_i为第i机组作业亩油耗,kg/亩;TS,PS,X_i意义同前。

目标三:农机具总投资(TI)最小

$$M_{in}TI = \sum_{j=61}^{95} OV_j \cdot X_j$$

式中:OV_j为第j种机器原值,元/台;X为第j种机器配备量(决策变量)。

目标四:农业生产中闲置劳动力(IL)最小

$$M_{in}IL = \sum_{l=1}^{4} TD_l \cdot X_{95+l}$$

式中:TD_l为第l阶段可作业天数,d;X_{95+l}为第l阶段中闲置劳力数(决策变量)。

设置这个目标,是考虑到当时农业劳动力没有其他出路,安置是个大问题。希望农业剩余劳力尽量少,以解决劳动力的出路问题。为了使目标四的量纲与前面3个目标一致,在此目标前面加入一个权系数ω。本文取ω为劳动力日工值(元/工、日),可以理解为对闲置劳动力所付给的补贴,即对剩余劳动力也照样付出同样的报酬,以尽量减少劳动力的闲置,使之与机械化带来的效益相权衡,从而进行优化选择。

至此,模型成为有4个目标的多目标规划问题。取综合目标函数为:

$$\begin{aligned} M_{in}A &= TC + TFC + TI + \omega \cdot IL \\ &= \sum_{i=1}^{60} (C_i + UP \cdot OC_i) \cdot TS_i \cdot PS_i \cdot X_i \\ &\quad + \sum_{j=61}^{95} OV_j \cdot X_j + \omega \cdot \sum_{l=1}^{4} TD_l \cdot X_{95+l} \end{aligned}$$

(2)决策变量

模型决策变量见表7-3。

表 7-3　系统机具配套模型决策变量

机器名称	决策变量 Xi	机器名称	决策变量 Xi
东方红-75 拖拉机	X_{61}	3ZL-1 甘蔗中耕松土犁	X_{79}
铁牛-55 拖拉机	X_{62}	LXD-4-35 重型四铧犁	X_{80}
铁牛-55 高架拖拉机	X_{63}	LXD-3-35 悬挂重型三铧犁	X_{81}
东风-50 拖拉机	X_{64}	PZQ-2. 2 型二十片重型缺口耙	X_{82}
上海-50 拖拉机	X_{65}	PQZ-2. 5 型二十四片缺口重耙	X_{83}
丰收-35 拖拉机	X_{66}	双行开沟犁	X_{84}
丰收-35 高架拖拉机	X_{67}	庆丰 2CZ-1 甘蔗联合种植机	X_{85}
工农-12 手扶拖拉机	X_{68}	清场机	X_{86}
东风 EQ-140 载重汽车	X_{69}	3PZ-1 甘蔗破垄平茬机	X_{87}
解放 CA-10 载重汽车	X_{70}	丰收 35 甘蔗施肥机	X_{88}
5 t 拖卡	X_{71}	丰收 5 型手摇喷粉机	X_{89}
3 t 拖卡	X_{72}	3ZF-1 型甘蔗中耕培土机	X_{90}
1 t 拖卡	X_{73}	工农-12-1 型甘蔗中耕培土机	X_{91}
役牛(黄牛)	X_{74}	4GZ-35 型甘蔗联合收割机	X_{92}
胶轮大车	X_{75}	庆丰 4GZ-1 腹挂式甘蔗联合收割机	X_{93}
3ZL-2A 多用深松犁	X_{76}	畜力犁	X_{94}
3ZL-1 型甘蔗沉松开沟犁	X_{77}	畜力耙	X_{95}
3ZL 甘蔗行间松土犁	X_{78}		

（3）约束条件

1）作业量约束

每一作业项目各机组作业量之和不得小于该项作业应完成的作业量。

$$\sum_{i=k} TS_i \cdot PS_i \cdot X_i \geqslant A_k \ ,k=1,2,$$

式中:A_k 为第 k 项作业应完成作业量;TS_i,PS_i,X_i 意义同前。

2）拖拉机、载重汽车配备量约束

由于同一种动力在不同作业阶段所使用台班数可能是不同的,也就是说,有些机具某些阶段可能闲置。因此,有必要对各阶段机具需求量加以限制,只允许等于或小于其保有量,而保有量的多少正是本文关心和研究的主要内容。

规定:每一作业阶段内所有各项作业所需某型号拖拉机或载重汽车的作业台

班数之和不得大于该型号拖拉机或载重汽车在此阶段内提供的台班数。

$$\sum_{i(t)} TSW_i \cdot X_i(t) \leqslant TSS_{l(t)} \cdot X_{j(t)}$$

式中:TSW_i 为第 i 机组在第 l 阶段应作业天数,d;$X_{i(t)}$ 为主机型号的第 i 机组的配备量;$TSS_{l(t)}$ 为 t 机型主机在本阶段内能提供的总作业天数,d;$X_{j(t)}$ 为同型号主机的配备量。

3）农具配备约束

对用于多项交叉作业的农具而言,其约束方式与约束2类似,即交叉作业所需某种农具的作业班数之和不得大于该种农具在此阶段内可提供的总班数。

对仅用于单项作业农具,其约束条件设为:该项作业农具的配备量不得大于同种农具的总配备量,即 $X_{i(t)} \leqslant X_{j(t)}$。

4）役畜配备量约束

每一作业阶段内各项作业所需役畜作业的班数之和不得大于役畜在本阶段可提供的总作业班数。

$$\sum_{i(c)} TCSW_i \cdot X_{i(c)} \leqslant TCSS_l \cdot X_{j(c)}$$

式中:$TCSW_i$ 为第 l 阶段第 i 项作业役畜应作业天数,d;$X_{i(c)}$ 为第 i 项作业役畜组配备量;$TCSS_l$ 为第 l 阶段役畜可提供的总作业天数,d;$X_{j(c)}$ 为役畜总配备量,头。

5）劳动力约束

各作业阶段内每一作业项目所需的辅助劳动力班数与本阶段内剩余劳动力的班数之和应等于总劳动力在此阶段内可提供的总工作班数。

$$\sum_{i} TSW_i \cdot AL_i \cdot X_i + TD_l \cdot X_{95+l} = TD_l \cdot TNL$$

式中:AL_i 为第 i 项作业机组辅助劳力数,人/台班;TNL 为总劳力数,人;TNL = 4 000;其他意义同前。

6)运输工具配备强制约束

对于所研究的农场来说,由于农业生产中生产资料运输的需要,按预算,至少应配备10部以上载重汽车才能完成这一任务。因此,模型中设立运输工具的强制约束,即 $X_{69} + X_{70} \geqslant 10$。

至此,模型共有99个决策变量和119个约束方程(略)。

7.1.3.4　模型运行与结果

(1) 模型运行

运转获得各种作业项目所需选择的机组及配备量($X_1 \sim X_{60}$)、总体机具配备($X_{61} \sim X_{95}$)以及各阶段闲置劳力数($X_{96} \sim X_{99}$)等,具体运算略。

(2) 结果

$$年作业总成本\ TC = 262.34(万元)$$

其中:机械作业成本 174.46(万元);人畜作业成本 87.88(万元)。

$$年作业总油耗 = 873.48(吨)$$

$$系统总投资\ TI = 675.26(万元)$$

其中:机械投资 633.95(万元)。

$$综合农机化程度\ MD = 84.6\%$$

7.1.3.5 结果分析

① 在劳动力投入量一定(4 000 人)的情况下,系统的机械构成较高,机械总投资为 640 万元左右,作业机械化程度达 84.6%。

② 在作业高峰期(第二阶段)劳动力缺乏甚为突出。此阶段的主要作业是甘蔗的收获,由结果知,将其他作业必须投入劳力之外的劳力全部投入到收获作业中,系统还需投入 36 部甘蔗收割机(或雇用相当于 36 部收割机工作能力的人工)才能完成任务。

③ 在系统的机械投资中,收获机械投资约占 78%,种植机械投资约占 12%。因此,研制和完善适合我国生产系统的甘蔗收获机和甘蔗种植机甚为必要。

④ 单一作物系统不能充分发挥人力和机力的作用。从作业负荷图及结果可知,除作业高峰期外,其他阶段有大量的人畜力及机力闲置,人力、物力的使用极不平衡。所以,在一业为主的基础上,还必须考虑发展适应本地条件的不同生长周期的其他作物,才能充分发挥整个系统的功能,取得更高的经济效益。

7.1.3.6 结论

作为农业生产系统,农业机械化必须与经济发展水平相适应。但即使在当时劳动力比较充裕的情况下,也有一个合适的规模与劳动力投入量的关系。通过对生产过程的 23 个项目建立多目标混合整数规划模型,经过运算确立了当时条件下系统生产机具及动力的最优选型及配备量。结果表明,规模在 5 000 亩以上的生产系统,配备大型机械系统就比较经济。同时还研究了系统决策中劳动力及生产规模对机具配套系统的影响。灵敏度分析表明,在当时经济发展水平处于较低阶段、劳动力充裕且没有大规模转移出路、劳动力成本低的条件下,应采取人力加机械化的模式。粤西农垦局前进农场 6 万亩规模的甘蔗,投入 4 000 个劳动力比较合理,这时系统可达到最佳的技术效果和经济效果。

雇工值是甘蔗生产系统中机器系统配备不可忽略的影响因素。模型运作结果表明,当时条件下雇工与采用机械的临界点为雇工值 11 元/(工・d),即当劳动力的价格超过此数时,就应该考虑增加系统的机器投资而不是扩大雇工量来解决农忙季节劳动力紧缺的问题。当劳动力投入减少到 2 600 人以下时,系统的综合机械化程度已达到88.5%,如劳动力进一步转移,则传统的作业农艺就要向机械化作业的要求转变。

在机械系统的投资中,收获机械投资约占78%,种植机械投资约占12%,两项合计占总投资的90%。在劳动力未能转移时,机械的使用应从那些人畜力不能完成的作业项目如深松土、耕整地入手。随着劳动力转移的增加,那些机械投资额较小的作业项目如植保可以首先向机械化发展,然后是种植,最后是收获。未雨绸缪,及早引进或发展适合我国甘蔗生产系统的收割机和种植机十分必要。

甘蔗收获是整个生产过程中作业量最大、劳动强度最高的作业项目,人工收获生产率很低。但是,模型运作结果却把收获机械作为最后投资项目,这不仅是因为收割机项目投资大,更为重要的是,在当时剩余劳动力不能大量转移的情况下,采用机器必须为闲置的劳动力支付大量补贴。因此,收获机械的使用,取决于经济发展水平及劳动力转移的可能性。

探讨甘蔗生产系统机具最优配置是一个相当复杂的问题。第一,它牵涉气候的适应性、土壤类型与条件、作物种类及其耕作制度、种植规模、管理水平、经济水平,以及机具零配件及油料供应等诸多因素对机械化生产系统的影响。第二,机具作业费用不仅仅与某一台机器或某一项作业相关联,而且与整个系统密切相关,如甘蔗收获,其砍收量和运输量就受到糖厂生产能力的限制,而耕整地面积就受到已收获面积及前道工序的制约。第三,适用于甘蔗生产有多种类型的机器,使得选择合适的机具去进行一种特定作业变得复杂化。大型机器可以提高生产率、降低劳动力成本,更易于保证作业的及时完成,但其优势很可能被机器相对的高费用抵消。第四,使用机器的经济效益与人畜力相比是否合算,与劳力资源量和劳动力价值,以及是否能大量转移有密切关系。这些都是机器系统配置时需加以考虑的问题。

创造和完善社会化、专业化服务是实现农业机械化和现代化的基本条件。20世纪80年代前进试验场碰到的主要困难之一就是当时社会化服务条件差,跟不上机械化大生产的需要,生产资料如肥料农药的采购,油料物料、零配件的供应,机械维修等得不到基本保证。这需要各方面密切配合,建立和完善农机化的服务系统。

7.1.4 湛江农垦第二次大型自营全程机械化农场模式的探索和实践(1996—2000年)

7.1.4.1 项目背景与概况

1996年广东湛江农垦属下的广前糖业发展有限公司与美国AGPRO公司及香港英之杰工程设备公司,签订了合作进行甘蔗生产机械化试验的合同,共同引进全套国外机器在该公司前进农场进行第二次全程机械化试验。华南农业大学工程技术学院和美国麻省州立大学被邀请对该机械化项目的执行及结果进行技术性能和经济效益评估,对还需改进的方面及今后发展甘蔗生产机械化的道路提出建议。

根据外方专家的推荐,引进的机械主要来自澳大利亚 Austoft 及 P&H – Bonel 公司,包括九齿深松机具、方形犁、旋耕机、牵引耙、蔗段种植机、中耕和施肥机械、石灰撒播机、切段式联合收割机(325 hp)、自卸式拖斗以及自走式自卸运输车,如图 7-3 所示。同时引进 4 台分别为 255,165,104 和 80 马力的福格森拖拉机作为农具的动力。机器于 1996 年底引进,1997 年初开始进行试验,到 2000 年 4 月基本结束,共经历了 3 年时间。原计划试验面积 667 hm^2(10 000 亩),由于各种原因,3 年实际完成总计 262 hm^2(3 930 亩)。

图 7-3　引进的主要机具

3 年的甘蔗生产机械化试验表明:在引进的甘蔗机械中,机具总体性能是好的。但作为一个先进的甘蔗生产机械化系统,要在中国应用,完成全程机械化的任务,除了机具本身具有功能外,还需要良好的环境条件, 不但有从人工到机械的变化,而且还有农艺和思想观念乃至糖厂整个生产管理体制的深刻变化。需要很好地解决土地清理、机具配套、管理、人员培训及糖厂设备改造等问题。因此,短期得到期望的结果是不现实的,需要不断积累经验。机械化的高工效人工难以比拟,发展是有潜力的。我国实现甘蔗生产全面机械化,将有广阔的前景。

7.1.4.2 土地规划和整理

(1)土地规划

由于广前公司希望在甘蔗地、林地等各种条件的地及离糖厂不同远近距离的地进行试验,所以共安排了6块试验地,约3 000亩。

对安排的地进行了规划。理论上,如果甘蔗的产量是6 t/亩,而运蔗车的载重量是6 t,则理想的行长是450 m。当一台收割机走进新的一行,一辆运蔗车跟随其后,这样,在这行的尽头,运输车将装满,当收割机转弯时,另一空车将开过来代替已装满的运输车,这样就能减少换车时收割机的等待时间。

按照以上原则对安排给机械化的6块地进行了规划,其中5号地如图7-4所示,共29.12 hm^2,分为A、B、C和D 4块,其中D块地1.77 hm^2,为人工种机器管的对照地,其他几块试验地都是450 m以上,形状规则。

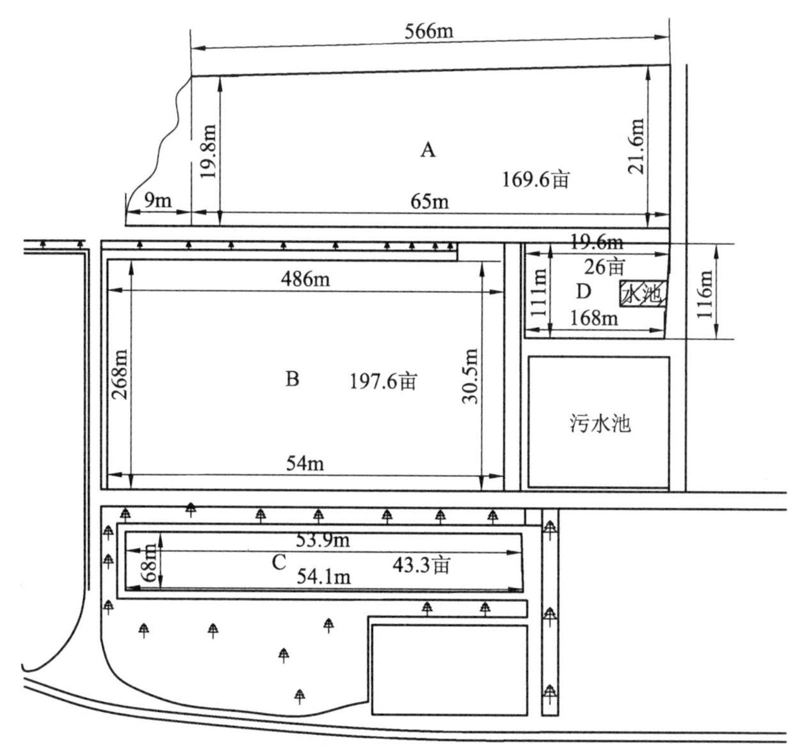

图7-4 5号地田块图

(2)机械化田块的清理

机械化试验的地块很多原来是橡胶树地,有大量石头、树桩,需要将50~60 cm以上土层中的石头、树桩、大树根等翻到地面后再另行清走。这样做既是保护机械不受损害也是为了提高工效。虽然清理田地要花费大量人力、物力,但这是一次投入百年受益的事,必须引起足够的重视。

7.1.4.3 农机农艺融合甘蔗生产全程机械化技术集成

(1) 农机农艺融合甘蔗生产全程机械化生产技术路线

新植蔗:深松—犁地—耙地—复耕—耙平—种植—化学除草—第一次中耕—第二次中耕—施肥—培土—砍收—运送—卸入糖厂输送槽。

宿根蔗:清场—深松破垄—施肥—中耕除草—施肥—培土—烧叶—砍收—运送—卸入糖厂输送槽。

其中先用重耙耙地以减少毛细管水分蒸发的作业规程得到广泛认同并被沿用至今。

(2) 机具系统

引进的机具情况见7.1.4.1。

7.1.4.4 管理主体和模式

试验从1997年开始到2000年结束。1997年为预备试验,1998年开始按签约合同运行。经营主体是外方和中方共同经营。由农场拨出3 000亩土地,外方提供机具,组织机械化生产和调度,包括机务和农艺措施。中方负责营运资金(机具资金在达到合同要求后支付),以及生产资料、后勤保障和劳动力。所以,这次试验的经营模式,基本上是湛江农垦广前公司监控下的全程机械化农场模式。

1998年机械化种植面积达到2 700亩,基本完成原计划3 000亩的任务。

由于干旱及经营经验不足和配合不好等原因,当年机械化试验地产量只有4.5 t/亩,未达到合同6 t/亩的要求。1999/2000年榨季,经过合作三方的协商,决定在原机械化5号地437.8亩地里继续进行机械化试验。具体经营方法如下:由外方负责劳力、工人和司机的费用,以及所有的诸如燃料、农药和化肥等农业投入的组织安排和费用;从原机械化3号地收获甘蔗作为蔗种种植,并按照与当地农民同样的方式和数量支付广前公司蔗种款;外方支付每亩1.5 t的地租,收获时,甘蔗以与当地农民相同质量的蔗的价格卖给广前公司。

7.1.4.5 系统评估

(1) 机具系统工作效率和质量

1) 耕整地

耕整地工艺规程:根据澳大利亚经验,先用重耙耙地,横直深松各一遍,再用重耙耙地一次,进一步打碎土块,最后用轻耙或旋耕机整地一次,提供细碎的种床。开始用重耙主要是为了耙掉老茬,并将地表的土整碎,防止深松后造成土壤水分蒸发过快。几年的实践证明,这种做法对于像广前公司农场这种春天备耕时干旱少雨的地区是很有效的。整地时配以撒石灰,除了可使磷和钾等肥料由植物不易吸收的形式转变为植物可以吸收的形式外,还可改变土壤酸性、给作物提供钙质、改善黏土的物理状况。

2）种植

① 种植作业效率

甘蔗种植采用 B110 型蔗段式种植机可一次完成开沟、下种、覆土、施肥等工序（见图 7-5），作业效率比人工大大提高。1997 年种蔗期间对种植机工作效率进行了田间测试（行距 1.6 m）。

图 7-5　Bonel 公司 B110 蔗段式种植机在工作

测定结果：纯工作效率为 1 hm^2/h，而实际工作效率仅为 0.42 hm^2/h。原因是砍种供种未配套，靠人工砍种及装运（用了 2 150 个人工将蔗种切成段、1 020 个人工装蔗种），整个田间工作过程中约 37% 的时间被用于田间人工装种（见图 7-6）。加上未清理干净的树头损坏机器，肥料农药供应不够及时，肥料受潮结块堵塞机器等原因，造成另外约 15% 非正常作业时间损失，使得蔗段种植机的田间作业效率仅为 40%。若能用机器直接将种装到种植机里，使实际工作效率达到 80%，则每天可种植 80 ~ 100 亩。

图 7-6　种植机田间人工装种

② 种植作业质量

种植机的性能影响整个机械化工作的结果。1997 年种植期间试验发现，机械化田中缺苗现象严重，田间调查结果表明：缺苗率达到 12%，其中 3.69% 是蔗种没发芽。机器种剩的蔗苗后来用人工播下，据观察，出苗情况良好。这说明3.69%的不发芽率很可能是机器提升卷筒伤芽造成的。即使排除这点，8%的漏播率也较高。1998年和1999年种植期间同样出现缺苗和伤种现象，苗数不够，对产量有很大影响。3年来的试验结果表明，该型种植机的使用要求较高，不太适应中国当时相对粗放的环境，如：整机显得较脆弱，下肥机构易堵塞，最重要的是易伤种。澳大利亚使用蔗段种植机也存在伤种现象。结合我国情况及参考澳大利亚的做法，如果继续采用这种蔗段式种植机，就应考虑增加播量，以弥补因此造成的甘蔗产量损失。从我国实际情况看，整秆实时切段式种植机较实用，而从长远考虑，应着力改进预切段式种植机，提高其性能，作为新一代种植机。

3）中耕施肥

进口的中耕施肥机具包括喷药机、行间施肥机、废弃物搅拌/施肥机、中耕机等，总体的工作性能是较好的。多行中耕机开沟作业时，由于机手操作不熟练，行距不准，引起中耕伤苗多。可见管理和机手素质是引进机械化生产技术时必须考虑的重要因素。

对喷药机进行的作业效率调查发现，牵引式喷药机行走稳定性较差，造成实际工作效率相差很大，可以是1.67～3.33 hm^2/h(25～50亩/h)不等。1999年将牵引式喷药机改进为悬挂式，工作稳定性较好(见图7-7)。

4）收获

收获试验的测定是在试验的最后一年进行，各种条件已基本成熟。收获试验参照部标NJ－79“甘蔗收割机械田间试验方法”及具体情况进行。行长为270 m，行距为1.4 m，试验地面积29.12 hm^2，平均单产(扣除含杂)95 t/hm^2。

甘蔗收割机组作业效率测定的机组组成：凯斯7000型收割机；运输车用5 t自卸卡车改装(见图7-8)；运输距离为6 km(试验地到糖厂距离)，卡车数为5台。

图7-7　悬挂式喷药机

图7-8　收割机与国产卡车改装的运输车

① 甘蔗收割机组作业效率：

纯工作效率 0.76 hm^2/h，实际工作效率 0.6 hm^2/h。

田间系数 = 实际工作效率/纯工作效率 = 0.79 ≈ 80%

这说明只要田块大小合适、操作合理熟练，运输车接驳及时，收割机组的田间作业系数是不错的。而且实际作业面积达到 4.8 hm^2/d（72 亩/d），若按产量 4.5 t/亩计，每天收获量达到 324 t。虽然与国外（如澳大利亚一天可收获500 t，美国某案例达到 1 000 多 t 每天）比还有差距，但一方面他们的产量普遍达到 90～100 t/hm^2，另一方面行距为 1.6 m 以上（行距越宽，收获单位面积所需行走的路程越短），除去这 2 个因素的影响，达到 324 t/8 h 可以接受。

② 收割机组作业质量：

a. 田间含杂率测定现场如图 7-9 所示，测定结果总平均含杂率为 3.76%。

图 7-9　田间含杂率测定

b. 田间损失测定：试验时在地上铺上塑料薄膜，收集收获系统开过后掉下的蔗段和碎块，以及留在砍过的行里没收到的蔗茎。平均损失率为 5.89%。

c. 收获质量分析：

根据区颖刚赴澳大利亚考察期间向澳大利亚 BSES（Bureau of Sugar Experiment Stations，糖业试验站管理局）及南昆士兰大学 Harris 咨询得知，当时澳大利亚产的切段式收割机总体水平一般为含杂率 7%，损失率 7% 左右。本次田间测定，由于工作时间一般在 9 点以后，已比较干燥，含杂和损失率较小是合理的。

5）其他进口机具配套机组作业效率的分析

除蔗段种植机和甘蔗收割机以外的其他进口机具作业效率见表 7-4。

机器的理论生产率由幅宽和作业速度确定，实际生产率则受到机器设计幅宽的利用率、作业过程中田间时间的损失等因素的影响，与理论生产率相比，一般应乘上一个 0.6～0.8 的田间作业效率系数。从表 7-4 可知，多数进口机具的工作状况还是比较好的。但少数还需改进，如 MF9240 拖拉机没有配重，车身附着力不够，难以发挥出其应有功率。

表 7-4　进口农机具工作效率计算与测定结果

作业项目	机具	实际生产率/(hm^2/h)	理论生产率/(hm^2/h)
深松	9240 + 5 齿松土器	1.67	1.95
	8140 + 5 齿松土器	1.33	1.95
撒石灰	399 + 撒石灰机	1.33	
重耙碎土	9240 或 8140 + 299 偏置重耙	1.87	3.84
轻耙整地	3655 或 399 + 约翰·迪尔轻耙	2.33	
	399 + 约翰·迪尔轻耙	2.33	
种植施肥	3655, 8140 或 399 + 播种机	0.53	0.84
中耕	8140 + 中耕施肥机	1.33	2.23
施肥	3655 + 施肥机	1.67	2.23
培土	8140 或 399 + 旧培土机	0.67	
培土时施肥	3655 + 施肥机	1.20	2.23
化学除草	399 + 喷药机	1.67 ~ 3.33	5.88

6）机具配置合理性分析

通过广前机械化试验项目的实践可看出，机具配套还需改进。系统中大马力拖拉机多，中小马力的拖拉机少，生产中一些相对较轻的工作如运肥、运种等应使用国产中小马力拖拉机，不必使用进口大马力拖拉机；从工作效率看，蔗段种植机砍种装种不配套，虽然理论生产率很高，但实际生产率不理想。有必要按照以上讨论的几个原则，对机具的合理配套进行模拟研究，在此过程中重点考虑进口机具与国产运输车相结合的作业方式。

（2）经济效益分析

1）第一年机械化试验经济分析

第一年种植面积为 50 hm^2（750 亩）。

① 第一年成本

a. 设备总投资

进口设备：669 404 美元，折成人民币 5 556 053 元（按 1 ∶ 8.3）。

国内配套：200 000 元，其中厂房用原有的，不用另建。

合计：5 756 053 元人民币。

b. 固定成本

(a) 利息支出：

设备投资：进口设备费用全部由外国公司预付，广前公司只先给 50 万美元信用证。国产设备与工程费用采用国内银行贷款，年利率为 10%，则国内配套部分的利息为：200 000 × 10% = 20 000 元 = 2.0（万元）。

流动资金：流动资金向国内银行贷款，年利率为 10%，按需要借 100 万元计，则 100 万元 × 10% = 10 万元。

利息支出总计：12.0 万元。

(b) 折旧费：进口设备按 8% 计算年折旧率，国产设备按 10% 计算年折旧率。

当年折旧费共计：5 556 053 × 8% + 200 000 × 10% = 465 000 元 = 46.5（万元）

(c) 修理费：进口设备按年维修费 1.6%，国产设备按年维修费 5% 计算，得当年修理费为 9.9 万元。

固定成本共计：

(a) + (b) + (c) = 12.0 + 46.5 + 9.9 = 68.4（万元）

c. 可变成本

(d) 劳动报酬：包括驾驶员、修理工和辅助人员等生产人员的劳动报酬及按规定提取的医药卫生福利，共 12 万元。

(e) 油料用量：3 万元。

(f) 蔗种成本：9.8 万元。

(g) 农药和化肥：11.85 万元。

可变成本共计：

(d) + (e) + (f) + (g) = 12 + 3 + 9.8 + 11.85 = 36.65（万元）

d. 作业 50 hm^2（750 亩）地总成本：

固定成本 + 可变成本 = 105.05（万元）

e. 平均成本：

105.05 万元/50 hm^2 = 21 010 元/hm^2（1 400.7 元/亩）

② 第一年总收入

甘蔗单价为 250 元/t，实测机械化地单产为 67.5 t/hm^2（4.5 t/亩），则总收入为

50 hm^2 × 67.5 t/hm^2 × 250 元/t = 84.38（万元）

③ 亏损

总收入减去总成本，则总亏损：105.05 − 84.38 = 20.67（万元）

每公顷土地亏损：20.67 万元/50 hm^2 = 4 134 元（275.6 元/亩）

2) 3 年经济分析

① 三年盈亏情况

按照以上方法,可计算出 3 年的盈亏情况,如表 7-5 所示。

表 7-5　3 年经济分析参数表

年份	面积 S/hm^2	总成本 C/万元	可变成本 V/万元	固定成本 F/万元	经营收入 Q/万元	盈亏平衡点 S_0/hm^2
第一年	50.00	105.05	36.65	68.40	84.38	71.65
第二年	184.00	311.95	119.08	192.87	310.50	185.40
第三年	29.12	227.72	37.35	190.37	52.42	367.90

② 分析

由于这 3 年的机械化试验每年都种新植蔗,因此上述经济分析中机耕费和蔗种费都全部按当年费用计算。但实际上应是第一年新植蔗,第二年甚至第三年都是宿根蔗,2 ~ 3 年一个周期,因此机耕费和蔗种费应按 2 ~ 3 年分摊,成本还可降低。

从上述经济效益分析可知,机械化种植面积规模太小,是引起亏损的主要原因。这次的机械化作业系统是设计用于大规模面积种植,以产生规模效益。种植规模太小,单位面积上分摊的机械化作业成本就会很高,造成机械化经营亏损,其规模效益难以体现。从上述数据看出,第二年种植面积最大,与盈亏平衡点的面积已基本一样,所以每公顷亏损最少,基本达到收支平衡。如果把机器的折旧费和利息支出等按照机器的作业能力 666.7 hm^2(10 000 亩)分摊计算,则机械化种植甘蔗是盈利的,说明规模效益的重要性。

这次大规模试验于 1997 年初开始,到 2000 年 4 月结束,共经历了 3 年时间。原计划要达到 667 hm^2(10 000 亩)的面积,实际上没有达到。由于试验面积不够,加上配套条件及管理上还不适应,在经济效益上没达到预期效果。试验期间由于国际市场糖价的变化及国内改革,试验进行中遇到很多困难。但广前公司的甘蔗生产机械化试验项目不但试验了先进的农业机械,也试验了澳大利亚的农艺措施在我国条件下应用的可行性,是一项国外先进农机与我国国情相结合的甘蔗生产机械化实践,其意义已经超出引进机械本身。这次大规模机械化试验的得失与经验,对推动我国甘蔗生产机械化的发展,提高机械化水平很有意义。

7.1.4.6　两次试验对我国甘蔗机械化的启示

(1) 从整体看,这两次进口的机具大多数是澳大利亚和美国当时正在使用的机具,采用的是 100 ~ 300 马力的大型拖拉机及与它们配套的耕作、田管、收割等成套机具,基本上反映了当时世界上甘蔗机械的水平,这种系统适用于几千至几万亩以上的承包户或公司经营。

（2）试验过程表明：甘蔗生产机械化是一个复杂的系统工程，不单单是引进几台先进的甘蔗机械或者是全盘引入国外甘蔗种植农艺就能解决的问题，必须按照我国实际情况，将整个生产过程作为一个系统来抓，才能取得好的效果。

在甘蔗大型机械化系统中，机械系统是重要因素，大型机具的购置费用非常高，机具的操作、维护技术难度大，折旧费高，用不好反而会增加成本。

经营管理方式是决定性的要素。机具的高效使用需要适应经济社会条件的合理的管理系统，需要与农艺、规划配合，使用不当将会造成机械使用效率低，相对成本增加。如前所述，机械化生产系统包括整体经营、机械化提供服务和兼营 3 种方式。试验表明，整体经营机械化，大面积是赢利的关键。在我国整体上实行家庭联产承包的体制下，虽然也提倡新型经营主体扩大经营，但短期内不会成为主要模式。机械化经营主体提供服务的模式，更适合我国当前的农村生产体制的实际。但如何处理好机械化服务主体和生产主体间的关系，特别是大型机械化系统和家庭承包土地小生产方式的矛盾，是今后进一步探索的重要问题。大多数机械的工作性能，从单机的角度来看，都没有大问题。但是，组合成一个机械化系统，却运转不灵，这就是系统经营的问题。经济分析表明，由于大规模机械化生产一次性投入较大，小规模作业限制了机组能力的发挥，只有大规模作业才能收到可观的效益。

（3）机械化的核心问题是提高工作效率从而提高经济效益，但是我国当时的甘蔗机械化生产强调产量，相对忽视了提高机械化作业的规模效益，这种观念需要改变。

（4）土地清理被证明是非常重要的一项机械化基础措施，在湛江农垦被沿用至今。

（5）这 2 次试验时，糖厂都是由湛江农垦单独经营，还没有明显的糖厂与机收的矛盾。而这是在农村推进机械化将碰到的大问题。

7.1.5　湛江农垦第二次全程机械化甘蔗生产系统机具配套多目标优化

如上所述，与选购的机具系统的规模相比，试验示范面积不够大是这次试验不够成功的关键因素。为进一步探索这个问题，华南农业大学硕士研究生张亚莉以原设定的甘蔗种植规模 666.7 hm^2（10 000 亩）为基础，根据对广前公司机械化试验过程中各机器的性能、作业效率以及农机具配置，应用整数线性规划法提出新的农机具配套模型并进行优化，以寻求适合广前公司具体情况的最优解决方案（张亚莉，2000）。

7.1.5.1　概述

在进行机具配套模拟时，考虑甘蔗种植面积 666.7 hm^2（10 000 亩）中，每年新植蔗及宿根蔗面积各占一半。机械化试验每年都种春蔗,但由于冬植蔗产量较春植蔗为高,只种春蔗是不合理的。如果冬蔗、春蔗都种的话,机器在同样作业量的情况下作业时间长,则所需农机具投资将减少,产量也比春植蔗高。

因此,为了选取最佳种植方案,建立机具配套模型时,采用了只种冬蔗、冬植蔗和春植蔗都种 2 个方案。参考实际数据,冬植蔗每公顷产量计为 97.5 t(6.5 t/亩),春植蔗每公顷产量计为 82.5 t(5.5 t/亩),冬植蔗和春植蔗都种每公顷产量计为 90 t(6 t/亩)。机械化收获的损失率计为 8%,加上路途损失等,收获总损失计为 15%,则实收为:冬植蔗单产 82.875 t/hm^2(5.53 t/亩),冬蔗和春蔗都种产量为 76.5 t/hm^2(5.1 t/亩),只种春蔗产量为 70.125 t/hm^2(4.675 t/亩)。

模型中所有作业都有时间限制,并考虑气候的不稳定性因素的影响,影响因子根据前进农场气象站 1987—1997 年共 10 年的气象记录数据统计确定,具体表现为机组可下地作业的时间概率 PW_i 上。

甘蔗生产分为新植蔗与宿根蔗两类。

新植蔗的主要作业项目:撒石灰、耙地、深松(2 年 1 次)、种植(带运种施肥)、除草、运大培土肥、施大培土肥、收获、田间及公路运输等;

宿根蔗的主要作业项目:破垄平茬、蔗头松土、施肥回垄、除草、运大培土肥、施大培土肥、收获、田间及公路运输等。

冬、春种和只种冬种两个方案的生产系统都分为 15 个作业项目,每个作业项目初选若干种能胜任该项作业的机组,组成甘蔗生产工艺方案。

根据典型生产工艺方案和各项作业项目的作业量,还需要绘制出甘蔗生产田间作业负荷图,为机具选型和数量配备用,图 7-10 是冬蔗、春蔗都种的田间作业负荷图。

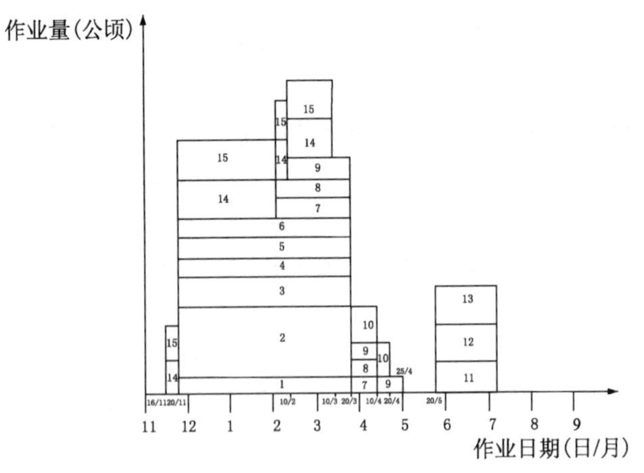

图 7-10　甘蔗生产田间作业负荷图(冬蔗、春蔗都种)

这里所用的方法和 7.1.3 中的一样，故省略机具配套模型、决策变量及参数选择、目标函数的建立等部分内容。

7.1.5.2　模型运行与结果

使用 Microsoft Excel 的规划求解工具对模型进行运算，结果如下。

(1) 经营 666.7 hm^2 的甘蔗生产规模且冬蔗、春蔗都种方案的模型运算结果

撒石灰：1 套 MF399 拖拉机 + 石灰撒布机机组；

耙地：1 套 MF8140 拖拉机 + 圆盘耙机组；

深松：1 套 MF3655 拖拉机 + 深松器机组；

运蔗种：1 台国产卡车；

运肥料：1 台国产卡车；

种植：1 套东方红-75 拖拉机 + 双行开沟犁，人工下种、施肥等；

破垄平茬：1 套 MF399 拖拉机 + 破垄平茬机机组；

蔗头松土：1 套 MF3655 拖拉机 + 中耕机；

施肥回垄：1 套 MF399 拖拉机 + 行间施肥机；

除草：1 套 MF399 拖拉机 + 喷药机机组；

运大培土肥：1 台国产卡车；

施大培土肥：2 套 MF399 拖拉机 + 行间施肥机机组；

大培土：1 套 MF3655 拖拉机 + 培土机机组和 2 套 MF399 拖拉机 + 培土机机组；

收获：1 台切段式甘蔗联合收割机；

收获后运输：10 台国产卡车。

年作业总成本为 510.8 万元，系统总投资为 846.54 万元。

(2) 只种冬蔗方案的模型运算结果

撒石灰：1 套 MF399 拖拉机 + 石灰撒布机机组；

耙地：2 套 MF8140 拖拉机 + 圆盘耙机组；

深松：1 套 MF3655 拖拉机 + 深松器机组；

运蔗种：1 台国产卡车；

运肥料：1 台国产卡车；

种植：1 套东方红-75 拖拉机 + 双行开沟犁，人工下种、施肥等；

破垄平茬：1 套 MF399 拖拉机 + 破垄平茬机机组；

蔗头松土：1 套 MF3655 拖拉机 + 中耕机；

施肥回垄：1 套 MF399 拖拉机 + 行间施肥机；

除草：1 套 MF399 拖拉机 + 喷药机机组；

运大培土肥：1 台国产卡车；

施大培土肥:1 套 MF3655 拖拉机 + 行间施肥机机组和 1 套 MF399 拖拉机 + 行间施肥机机组;

大培土:3 套 MF399 拖拉机 + 培土机机组;

收获:1 台切段式甘蔗联合收割机;

收获后运输:10 台国产卡车。

年作业总成本为 431.3 万元,系统总投资为 983.95 万元。

7.1.5.3　新的 666.7 hm^2 规模的机械化经济分析(冬蔗、春蔗都种)

(1) 成本分析

由模拟结果得,机械化作业总成本为:510.8 万元。

每公顷平均成本:

510.8 万元/666.7 hm^2 = 7 662 元/hm^2(合 510.8 元/亩)

(2) 经济效益分析

总收入:甘蔗单价为 200 元/t,扣除损失后冬蔗、春蔗都种实收单产为 76.5 t/hm^2(5.1 t/亩),则总收入为:

666.7 hm^2 ×76.5 t/hm^2 ×200 元/t = 1 020(万元)

总盈利:总收入减去总成本,得 1 020 − 510.8 = 509.2(万元)

每公顷土地盈利:509.2 万元/666.7hm^2 = 7 638.4/(元/hm^2)(合 509.2 元/亩)

7.1.5.4　新的 666.7 hm^2 规模的机械化经济分析(只种冬蔗)

(1) 成本分析

由模拟结果得,只种冬蔗的机械化作业总成本为 431.3 万元。

每公顷平均成本:

431.3 万元/666.7 hm^2 = 6 469.2(元/hm^2)(合 431.3 元/亩)

(2) 经济效益分析

甘蔗单价为 200 元/t,扣除损失后只种冬蔗的实收单产为 82.875 t/hm^2(5.53 t/亩),则总收入为:

666.7 hm^2 ×82.875 t/hm^2 ×200 元/ = 1 105.1(万元)

总盈利:总收入减去总成本,得 1 105.1 万元 − 431.3 万元 = 673.8(万元)。

每公顷土地盈利:673.8 万元/666.7 hm^2 = 10 106(元/hm^2)(合 673.8 元/亩)

7.1.5.5　运算结果分析

① 系统都以机械化作业为主,冬蔗、春蔗都种和只种冬蔗 2 个方案的年平均作业成本分别为 7 662 元/hm^2(510.8 元/亩)和 6 469.2 元/hm^2(431.3 元/亩),都远远低于广前公司 3 年来机械化试验每年的平均作业成本,说明只有大规模生产,实行机械化才有较高的经济效益。

② 只种冬蔗的每盈利为 10 106 元/hm^2(673.8 元/亩),冬蔗、春蔗都种每公顷

盈利为7638.4元(509.2元/亩),因此只种冬蔗比冬蔗、春蔗都种的经济效益好。但只种冬蔗的农机具总投资较高。所以农场应结合本场的实际条件,在解决资金问题的前提下,尽可能多种冬蔗。

③ 经过整数线性规划求最优解,模型中剔除了MF9240拖拉机和蔗段式种植机。MF9240拖拉机功率虽然较大,但在广前公司的实际生产中其耙地、深松等作业的效率与MF8140相同。究其原因,MF9240拖拉机没有配重,大功率没有发挥出来。另外在轻负荷作业如撒石灰、喷雾除草中,MF9240常常闲置或用来运水运树枝等,都造成极大的浪费。蔗段式甘蔗种植机由于砍种装种不配套,实际工效很低。使用两台机的经济效益都较低,模型的选择与实际情况甚为符合。

④ 单一的作物生产系统不能充分发挥人力和机力的作用。从作业负荷图上可看出,一年中的空闲时间很长,人力、物力的使用极不平衡。因此,在一业为主的基础上,还必须考虑发展适应本地实际条件的不同生长周期的其他作物,或为农垦外的生产单位提供机械化服务,才能充分发挥整个系统的功能,取得更高的经济效益。

7.1.5.6　讨论

这次大型全程机械化生产实践,在借鉴国际上先进经验的基础上,为研究和形成我国甘蔗大型平缓坡地全程机械化模式做了有效的探索。

作为一个先进的甘蔗生产机械化系统,在中国的应用还有一些需要解决的问题:需要一个良好的环境条件,需要很好地解决土地清理、机具配套、管理及人员培训等问题。在我国推行甘蔗生产机械化的过程中,不但是从人工到机械的变化,同时还是农艺和思想观念乃至整个生产管理体制的深刻变化。因此,在这一过程中瞬间得到期望的结果是不现实的,需要不断积累经验。

机械化的核心问题是提高工作效率从而提高经济效益,而不是单纯提高产量。这次实践首先将目标定位在将单位产量从4.5 t/亩提高到6 t/亩,就有点偏差。应把采用机械化的观念从提高产量转变到提高经济效益上来。但在我国,人们往往过多地注重产量,不顾成本地追求产量。这种计划经济的思想观念需要改变。

但是,提高效益不是有了几台机器就可以做到的。机械化是一项系统工程,各个环节的问题都会影响整个系统的工作。首先,机械化作业机组要合理配置。拖拉机的功率要大小配套,重活由大拖拉机干,较轻的工作则应由小马力拖拉机干,提高拖拉机的利用率。而收获时要使每小时能收获50 t甘蔗的大型收割机能真正高效地工作,收割机和运输工具必须组合成一个合理的系统,才能保证收割机正常连续工作。田间燃料供应不足,作业区肥料、农药和水供应不及时,这些都浪费了有限的田间作业时间。田间临时休息中心和设备晚间停放需合理设置,否则员工远离工地去吃饭,农机具存放在远离工地的机库里,每天开始工作就得在仓库和工地之间的公路上长距离奔波而浪费燃料和田间作业时间等。所以,需要加强管理,加强对机械化管理人员及操作人员的培训。

适度规模经营。目前蔗农种蔗效益低,主要是因为家庭经营规模太小,靠人工作业成本高。实践证明,种蔗专业大户经营的甘蔗靠机械作业,成本较低,效益较好。所以可在蔗农自愿的基础上,采取机械服务的方式,适度规模化、集约化连片种植,有利于蔗地水利化、机械化,有利于砍、运、榨、种等专业化生产服务,降低生产成本,提高规模效益。

和20世纪80年代那次试验比,这次劳动力转移问题没有再成为严重的约束,这与我国当时开始工业化城镇化建设的形势有关。

7.1.6 湛江农垦第三次大型全程机械化实践和模式探索(2003—2008年)

7.1.6.1 项目背景与概况

2003年,广东省湛江农垦丰收糖业发展有限公司被农业部列为甘蔗生产机械化试验示范项目基地。2003—2008年,在农业部项目的支持下,引进国外成套机具进行甘蔗机械化试验示范基地建设。这也是在湛江农垦开展的第三次大规模甘蔗全程机械化试验示范。该基地建设为探索我国甘蔗生产全程机械化提供了典型示范作用。湛江农垦丰收公司是以甘蔗糖业为主的国有大型企业,拥有耕地12万多亩,大部分为缓坡地,地势较平坦,每年种植甘蔗面积近7万亩,年收获原料甘蔗近40万t。

这次基地建设和试验示范累计投入3 000万元,其中购置国内外设备2 600多万元,引进及配套生产设备90台(套)。完善了一批用于机械化的农田路网建设,建立了甘蔗预处理系统,建成了存放、保养、维修大型农机具设备的机库和停放场所,培训了一批农机技术人员和机手,经过3年的努力,初步建立了1 000 hm^2 的甘蔗生产机械化试验基地。

2003年6月份以来,公司聘请了北京、华南农大、湛江农垦科研所等农业机械化专家对公司的机务、机修以及相关人员进行了系统培训。通过培训使机务人员充分掌握农机设备原理和操作规程,为今后甘蔗生产机械化大面积推广使用、维护和修理打下坚实的基础。

7.1.6.2 机具系统

大型机械以引进为主,主要有大马力拖拉机凯斯MXM 190、法国库恩公司的液压翻转犁MMT 1515T和液压圆盘重耙XM 40H、美国大马力拖拉机约翰迪尔8220和深松犁915V-RIPPER-5X-(5STDS)、纽荷兰110-90型拖拉机、巴西DMB整秆甘蔗种植机和牵引用纽荷兰TM140轮式拖拉机、美国约翰迪尔4710型自走式喷药机、澳大利亚凯斯7000切段式甘蔗联合收割机、巴西E900T田间运输拖车、法国

8141TR型牵引型撒肥车、牵引用凯斯MXM190轮式拖拉机、自行研制的WG-2.85型多功能中耕施肥机。

7.1.6.3　经营主体和模式

在这次探索实践中，丰收公司是经营主体，拥有规模化的土地、劳动力(农场职工)、资金、生产资料，包括农业机械。

为了高效运作好这些全程机械化作业所需的大型机械设备，成立了公司属下的农机经营服务组织，以服务形式单独运作，具体是国有资产，集体租赁，股份参与，核定上缴，独立核算，接受上级公司指导，自主经营，自负盈亏的模式。

7.1.6.4　湛江农垦局组织项目评估

为了促进湛江农垦甘蔗生产全程机械化发展，应湛江农垦局邀请，湛江农垦局和华南农业大学甘蔗生产机械化研究室于2008年7月22—24日对湛江农垦机械化项目的执行情况进行了实地调查，就甘蔗机械化现状问题进行了深入探讨，提出意见供湛江农垦局领导决策参考。经过这次考察，使我们对湛江农垦第三次甘蔗全程机械化的情况有了较深入的了解。

经过调研讨论，提出湛江农垦甘蔗生产机械化发展存在的主要问题有：

① 管理体制问题。目前这种管理体制，机器统一管理，但生产调配由农业公司负责，而农业公司又是大农场套千家万户的家庭农场，很难统筹到位，造成机械作业量不高。根据2008年7月调研的数据，实际机器配备完全可达到机种甘蔗1万亩，但5年的机械化种植甘蔗总数都未到5 000亩。特别是机械收获，每年机收量不到1万亩，即不到公司7万亩甘蔗的1/7。这说明条块分割不利于协作，影响机械化发展。

② 农机服务公司问题。农机服务公司要靠经营服务、靠效益才能生存。

以甘蔗种植为例，实行农机、配套辅助工为生产队提供机械化种植服务，辅助人工多，成本高，提高工效是降低种植成本的主要途径；需要改进机具性能及作业方式，尽量减少辅助工。

机械化收获方面，适合机械化砍收的甘蔗面积有限。机械化收割的一般工效是每班150 t，功效太低，服务面积也不够，致使折旧费和成本很高。

总体来说，甘蔗生产机械化只有降低成本，增加效益才值得推广。但在目前体制下，农业地块被分割得很小、规划不好、土地清理不足，使适合全程机械化作业的面积较小。另外，进口设备的折旧成本太大、维护费用高、柴油升价太高，收益很少，严重制约了全程机械化的发展。

③ 农艺配套问题。机械化生产甘蔗品种一定要选好，要宿根性好，适宜宽行距种植。目前甘蔗种植行距为0.75～1.2 m，大多行距为1 m左右，不能满足机械作业要求。但推广到1.4～1.5 m很难，行距为1.2 m是农户和机器都能接受的折

中办法。在当前蔗农的种植水平下,必须重视并进一步试验和分析行距和配套农艺。对大型收割机来说,近 2 年出现的(1.4 + 0.5) m 宽窄行种植模式有新的突破。

④ 地块的整治规划问题。现在的状况是很多地块很短,机械工作几十米就掉头,大大降低了效率。因此,首先要对机械化作业地块进行科学的规划设计。其次,土地中石头、树枝、树根残留较多,大型机械深耕及快速作业时,会损坏工作部件,缩短机具的使用寿命,大大降低作业效率,必须进行较细致彻底的清理。

⑤ 甘蔗生产全程机械化的成功实施,不但需要经济、技术上的支持,更需要最好的经营管理方法,以及政府、公司、糖厂和蔗农之间的协调与合作。为了进一步推进湛江农垦甘蔗生产全程机械化的发展,可以从技术和管理两个方面做出努力:

a. 技术方面:进一步加强土地规划和土地整治,以利于全程机械化高效运作;优化机械设备配套,以利于提高全程机械化经营效益和降低生产成本。

b. 管理方面:需要改进经营管理体制,协调农业公司、蔗农家庭承包、农机公司服务,以及糖厂配合等各方的关系,从经营管理上提高生产效益和降低成本;立足现有体制进行创新。

⑥ 糖厂协作问题。糖厂对于机械化收获甘蔗应予以配合。糖厂卸蔗除杂配套装备是解决甘蔗生产机械化可行与否的关键环节。

7.1.7 广垦农机公司专业机械化服务模式的实践

7.1.7.1 湛江农垦新的全程机械化模式

根据丰收公司甘蔗机械化基地建设项目(2003—2008 年)的经验,湛江农垦于 2008 年成立了农垦属下的广东广垦农机服务有限公司,广垦农机集中管理和使用湛江农垦全部国有农机资产。该公司在丰收、华海、广前 3 个农业分公司成立了 3 个机械化分公司,为这 3 个农业分公司及周边其他分公司提供全程机械化服务,服务覆盖的甘蔗地面积约 20 多万亩,并辐射到湛江农垦近 35 万亩甘蔗地。

这种模式的特点是:湛江农垦各个农业分公司是生产经营主体,广垦农机公司是独立于农业分公司以外的机械化服务机构,为农业分公司提供全程机械化服务并按标准与农业分公司结算收费。广垦农机公司各分公司采用兼营的经营模式,即 3 个机械化分公司除为 3 个农业分公司提供专业农机化服务外,自己分别经营一定面积的机械化农场。

(1) 广垦农机公司的机器系统

广垦农机公司接受了湛江农垦所有国有农机资产,又在农垦支持下,购置了一批新机具,包括各种马力拖拉机 100 多台,大型甘蔗收割机 6 套。大型机械化系统的机具并不一定都是大机器。一是大型农场也有一些作业不需要大马力机械,二是在家庭承包为主的大型农场,也有一些地块不适合大型机器高效作业。所以大中型结合,或称大中型机械化系统,更有灵活性。

(2) 机械化生产技术路线、主要作业环节和配套农艺

1) 品种和农艺

通过试验示范推广,筛选了台糖22号、台糖89-1626、粤糖92-2817等适合机械化生产的甘蔗品种;开展3种行距(1.2 m、1.2 m+0.6 m、1.4 m+0.8 m)试验,探索出既保产量又方便机械化作业的甘蔗种植行距和最佳种植时期。

2) 技术路线和作业环节

湛江农垦确定的甘蔗生产全程机械化技术路线:

① 新植蔗作业技术路线1:

撒施石灰—耙地—深松—犁地—旋耕—种植—喷药除草或喷叶面肥—中耕松土—施肥培土—人机配合除草—收获—公路运输—糖厂预处理等作业环节。

② 新植蔗作业技术路线2:

蔗叶粉碎—蔗头破碎—撒施石灰-犁地—耙地—开沟施肥种植—化学除草—中耕培土施肥—喷雾防虫—脱叶—收获—装车—运输。

根据土地的容重、肥力、干湿等情况选择其中一种。

③ 宿根蔗作业技术路线:

破垄(松土)施肥—化学除草—中耕培土施肥—喷雾防虫—脱叶—收获—装车—运输。

(3) 土地规划和整理

为做好服务区的机械化服务,广垦农机与各有关农业分公司合作,对机械化作业地进行了规划和整理。

如前所述,湛江农垦的地形大部分是6°以下的平地和较平坦的旱缓坡地,适合机械化作业。所以土地整理的工作是按机械化的要求对土地进行地块大小规划、水利和道路配套建设和土地清理。

按照适应甘蔗生产全程机械化作业的要求,使甘蔗田园方格化。大中型机械化设备的功率大、油耗高,为充分发挥机械化的作业效率,避免频繁掉头造成大的空耗损失和时间损失,地块长度300~400 m,宽度100 m以上,面积达到50亩以上较好;根据目前大型收割机作业水平,同一地方的面积在3 000亩左右(一个收割机组的服务面积)为宜,以减少因移动设备而造成的时间损失。另外,为了更好利用甘蔗收割机系统各种机具的最佳性能,需要在地块中间约200 m处留出3 m宽临时道,使种植和施肥机具及其他车辆能够有空间进出补充种肥和运送物资。具体的规格要依据具体情况定。

例如,种植行距1.2 m时,长555 m的一行蔗就是一亩地,双行种植机的装蔗

车厢、肥箱一次只能装4亩地的蔗种和肥料,机器种一个来回,刚好种4亩地;收割机的田间装蔗拖车一次只能装6 t蔗,大约就是一亩地的产量。这种情况下,田块长度400~500 m较合适,既能使主要机具高效工作,又留有一点余地。设计不合理的话,机组效率会大打折扣,同时也造成机组过多压实地块。

对田间杂物进行清理和按地形地势平整土地。土表面以下45 cm内的石块、树头等杂物要清除干净,属橡胶、林带地的应砍伐清理,挖清树根并填平土坑。避免在深耕及快速作业时对农机具工作部件造成不必要的损坏。特别是甘蔗收割机,如果遇到较大石块或树桩时会严重损坏机器。对影响机械作业的电线杆等进行搬迁或改造。田间道路建设,按适应运输和机械化田间作业分别考虑,运输用道路按适应载重汽车运输甘蔗原料和生产资料设计,路宽8~10 m;田块间的机耕道路按适应大型拖拉机及配套的各种作业机械设计,道路宽8 m左右。

雷州半岛虽然雨量充沛,但不均匀,因此需考虑灌溉问题。最主要考虑的是在种植季节遭遇特大干旱时的节水抗旱种植或保苗灌溉问题。近几年就近利用区域内的水源和打大机井,建设抽水供水蓄水设施,铺设地下供水管道,用滴灌、喷灌等方式进行灌溉(见图7-11)。

(a) 滴灌

(b) 指针式喷灌

图7-11　滴灌和指针式喷灌

(4) 农机具使用情况

1) 动力装备使用情况

大马力拖拉机在耕整地、带种植机种植、喷药等作业中都有很好的表现,性能好、功效高、使用率高,如纽荷兰T7040配套四铧犁,工效达70~85亩/d;约翰迪尔8220型拖拉机配套九齿深松犁和28片重耙,工效高,省油,故障少,性能优异;纽荷兰TM140拖拉机犁地工效达60~70亩/d,种植甘蔗工效30亩/d,耙地工效达100亩/d。凯斯7000、8000型甘蔗收割机工效45~55亩/d,200~250 t/d,凯斯4000型甘蔗收割机工效20~30亩/d,80~150 t/d,在国内还算高。但收割机利用率不高,远没达到机器的实际作业能力。凯斯4000型甘蔗收割机稳定性稍差,在坡地和地势坑洼地带必须降低速度,否则易翻车。

2）农具使用情况

耕整地机械，中重耙、铧犁、深松犁等耕整地农具性能较好，使用率高；但旋耕机性能差、刀片磨损大，轴也易损坏，没有合适的旱地旋耕机。

甘蔗种植机，种植性能稳定，效果较好，工效达30～40亩/班，但种植机因经常接触肥料容易被腐蚀，且种植效果控制不够精确，使用人工多。

中耕培土施肥机性能好，使用效果好，但使用时间短、使用率不高，使用辅助工将几种单一肥搅拌均匀和装进肥箱用工多。

喷药机性能好，可进行除草封闭和喷施叶面肥，但大面积地块不多，使用率不高。

（5）湛江广垦农机公司在湛江农垦全程机械化中的作用

如上所述，在湛江农垦前两次甘蔗机械化试验中，基本上是采用机械化农场经营的模式。到2008年成立广垦农机公司后，甘蔗生产的经营主体是各个生产分公司，广垦农机公司则是为各个生产分公司提供全程机械化服务，但为了更好地开展机械化，广垦农机也自营机械化农场。下面对这两种经营模式做进一步分析。

7.1.7.2　广垦农机公司机械化服务经营模式

（1）概述

甘蔗生产全程机械化经营模式主要为职工和大包户承包土地种植甘蔗，广垦农机公司提供农机服务并按标准收费。服务内容包括机械化备耕、种植、田管和收获。公司自2008年成立以来，以做好高质量机耕服务，提供甘蔗种管收机械化示范推广为明确目标，使服务区内甘蔗耕整地、开种植沟施肥、铺埋滴灌管、中耕施肥等方面基本实现了机械化，在甘蔗的机械化种植、收获方面也取得了初步的成效。

广垦农机公司与各农业分公司签订了甘蔗全程机械化服务协议，如在种植环节，明确了服务方式、服务时间、双方的权利及义务。农机公司负责雇请机种蔗所需的辅助人员（喂蔗工、肥料工、地膜工），建立专业种植队伍。农业分公司承包户负责将选好的种苗、肥料等农资运输到地头。农机公司提前察看要机种地块的土质、水分、机耕情况，以及种苗准备和质量状况，备好专门水车，随时满足抗旱需要，以确保不误工误时，种一块成功一块。

（2）经济效益分析

1）农业分公司蔗农购买机械化服务的经济效益与人工对比分析

① 购买机械化服务的成本：共2 055元/亩，包括以下几方面：

机械化服务队每亩机械作业费605元/亩，包括：

a. 耕整地作业92元/亩+剥叶选种75元/亩+运输费10元/亩+机械种植70元/亩+封闭除草10元/亩+机械除草12元/亩+中耕松土14元/亩+培土施肥22元/亩+收获及田间运输（60×5）元/亩；

b. 种苗费用0.8×500=400元/亩;

c. 肥料费450元/亩;

d. 蔗农租地费,1.5 t/亩,约600元/亩。

总计2 055元/亩。

② 传统人工生产成本,包括:

a. 整地和人畜作业费853元/亩:

整地作业(多了开沟)100元/亩+剥叶选种75元/亩+运输费10元/亩+人工种植125元/亩+人工封闭除草15元/亩+人工除草20元/亩+牛松土20元/亩+人畜施肥培土38元/亩+收获装车运输(90×5)元/t;

b. 种苗费用0.6×500=300元/亩(人工种植用种苗比机器种植少0.2 t);

c. 肥料费450元/亩;

d. 租地费600元/亩。

总计2 203元/亩。

所以,机械化服务的成本比人工作业成本稍低。但产量上,经过几年的对比分析,传统人工种植整体上相对较为稳定且高些。

总的来说,两者效益效果基本持平。这就使得农场蔗农购买机械化作业服务对比传统的人工作业没有太大的优势,这是机械化在还有人工的情况下推进困难的重要原因。

2) 广垦农机公司机械化服务的经济效益分析

① 由上面分析可知,机械化服务每亩收费为605元。

② 机械化服务的作业成本:

a. 机械化种植环节

以广垦农机华海分公司2011年的情况为例,农机分公司负责雇请机种蔗所需的辅助人员(包括喂蔗工、肥料工、地膜工),建立专业种植队伍对生产队开展机械化种植服务,具体内容包括:接送辅助工、甘蔗选种、拉肥、拉水、拌肥、种植机上的辅助用工、地膜工,共约14人/组。

机械化种植作业的成本结构:种植部分为TM140拖拉机和种植机(各2台)、拉肥、拉水车的油耗成本每亩约13元,折旧费为15元/亩(2台拖拉机+2台种植机共约120万,算60% 用于种植,则为72万,折旧按10年算,每年种植100 d,每天按50亩计,则:720 000÷10÷100÷50=14.4,约15元/亩),拖拉机手1人(开2台拖拉机)140元/d,则140÷50=2.8,约3元/亩。

总计:13+15+3=31元/亩。

每组辅助用工14人×70元=980元/d,每天按种50亩计,每亩为约20元/亩。

管理费约3元/亩。

所以,机械化队种植的总成本为54元/亩,机械化种植按67元/亩收费(机械化种植44元/亩,辅助工23元/亩),则利润为23元/亩,设种50亩/d,23×50 = 1 150元/d。种植环节机械化队有较好的利润。

亩成本及利润取决于每天的工效,提高工效是降低种植成本的主要途径。如能在降低成本的基础上降低收费,则能吸引更多需要服务的客户。

b. 机械化收蔗环节

广垦农机公司机械化收割的一般工效是每班150 t。

砍蔗成本构成情况:耗油率为3.5 L/t,工效为150 t/班,按一年作业时间120 d计。

机手费用:300÷150 = 2元/t,管理费:300÷150 = 2元/t,油料费:3.5×7.8 = 27.3元/t,机具修理保养费:27.3×45% = 12.29元/t,副油费:21.3×5% = 1.37元/t,机具折旧2 600 000÷15÷120÷150 = 9.6元/t,共计54.6元/t。

还有田间运输车驾驶员及其他辅助人员等劳务费用未算,机收费为60元/t。所以,全面核算的话,机收几乎没什么利润,甚至会亏本。

c. 耕整环节、中耕环节

这2种机械化作业在农垦已推行多年,是受欢迎和有利润的。

· 耕整环节,按上面的收费,耕整环节收费为92元/亩,设成本占80%,则成本为74元/亩,利润为18元/亩。

· 中耕环节,收费为58元/亩,同样设成本占80%,为46元/亩,则利润为12元/亩。

③ 粗略估计,广垦农机机械化服务总利润为53元/亩。

3) 小结

以上分析了农业分公司购买农机服务的成本与人工作业的对比,以及广垦农机本身几个主要生产环节的生产成本和利润情况。可以看到,农场购买广垦农机的机械化服务与人工作业比,从经济上说没有太大优势,这是机械化推进不快的一个重要原因。人们常说,没有劳动力就能顺利推进机械化,是有道理的。另外,从广垦农机本身来说,机械化服务在种植环节及耕整等环节是有利润的,但在收获环节则基本没利润。原因是甘蔗收获机械价格很高,造成折旧费很高,而目前机械化收获由于各种原因,收获面积很少,这就使得作业成本很高。粗略估计,总的利润为53元/亩。

经济分析表明,农机化服务的成本和利润,取决于定价和作业的效率。定价降低,就能提高农业公司的利润,赢得他们对机械化服务的需求;提高效率则是机械化服务组织降低定价且提高自身收益的关键。

(3) 拓展服务

广垦农机公司在认真做好垦区三大糖业公司农业机械化服务工作的基础上,为了充分发挥公司技术和农机装备优势,补充服务面积不足,需要积极向垦区其他农场和垦区外拓展业务,包括机种植、机收蔗和机耕作业等。他们一是积极拓展垦区周边农村农机作业。二是在韶关翁源县开展了新的甘蔗机械化服务。2013/2014 年榨季,公司与韶关翁源糖厂签订了 5 年期甘蔗生产全程机械化技术服务协议,开展甘蔗机械化代耕代种作业服务,首期完成机械种植、机耕作业和机械化田管面积各 1000 多亩,实现作业产值 30 多万元。三是主动为广西蔗区甘蔗全程机械化的发展提供技术服务和支持。这些工作都在探索之中。

7.1.7.3 广垦农机公司自营基地经营模式

(1) 项目概况

2010—2015 年,华南农业大学甘蔗机械化研究室主持农业部公益性行业(农业)科研专项"甘蔗全程机械化生产技术与装备开发"课题,湛江农垦广垦农机公司前进分公司 1 000 亩自营基地被选为行业专项试验示范基地,研究室与农垦广垦农机公司合作开展了新一轮以引进和开发国产大中型装备为核心,机械化服务公司专业自营模式的探索研究。

(2) 经营体制新特点

建立一套完善规范的经营管理模式,是搞好基地建设的前提。这次自营试验农场的经营管理体制的特点,是采取股份制的经营管理模式,广垦农机公司的职工(农户)、干部和技术人员(含拖拉机手)共同入股,在基地经营建设过程中既有统一管理,又可相互协助和互相监督,进一步加强管理的透明度,调动了各方人员的工作积极性,增强了利益共同体的运作能力。华南农大研究室负责提供课题研究经费、技术指导和对经营管理提供参考意见。

(3) 机械化系统技术集成

1) 土地整治

基地 1 020 亩地原来有大大小小地块共 20 多块,部分地块小、地势不平、石头杂物多,为适应机械化作业需求,对该基地进行了全面规划,开展了土地整合、地面清理、道路平整等工作,整合后基地整体分为九大地块,地表清理干净,为开展甘蔗全程机械化作业提供了保障。

2) 机械系统

广垦农机广前分公司拥有广垦农机公司很大一部分农机具,包括各种拖拉机 20 多台,凯斯 7000/8000 型收割机 2 台,凯斯 4000 型收割机 1 台,M4710 喷药机 1 台,配套农具 1 批,总动力 3959.67 kW(5 310 hp)。这些机械除了为这块自营基地服务外,还要为整个广前分公司服务。

3）农机农艺融合全程机械化生产技术路线

采用的生产技术路线为：机械耕整地→机械种植→地表灌溉→机械化封闭和除草→机械中耕松土→机械破垄施肥→机械培土施肥→机械化收割→公路运输入厂。

4）主要生产环节

① 耕作环节：采用的作业工序为重耙（或旋耕）→横直深松→重耙（或旋耕），作业时耕深达到 35 cm 以上，耕后土地平整，有利于甘蔗种植。基地机耕作业全部采用 100 ~ 220 马力的拖拉机。

② 种植环节：自 2011 年开始，机种已逐步大面积推广。使用的种植机为实时切种式种植机。一般采用 4 个辅助工随车放种，1 名辅助工跟车观察，主要是做好地头压膜、地中观察下种、下肥、盖膜和覆土等工作，还要 4 人在田头拌肥。一般一个机组要 10 ~ 12 人。

③ 田管环节：田间管理贯穿于甘蔗生长全过程，甘蔗产量高不高，关键在田管。种植完后，在蔗草未萌芽前及时封闭，防止蔗草出芽。及时松土、破垄施肥和培土施肥。

④ 收获环节：大型收割机收获甘蔗，必须根据甘蔗产量、地块长度以及运输距离等因素，做好收割机—田间运输车—公路运输车的合理配置和衔接，以保证收割机能连续工作，发挥最大效率；在收割甘蔗时要根据不同的甘蔗品种调节好收割机风机转速和底刀角度及高度，减少甘蔗含杂量和收割时拔起蔗头；要时刻注意刀具的锋利度，以保证斩蔗时蔗茎上刀口齐整，不爆裂、不破碎，减少糖分的损失。

（4）自营基地项目评估

甘蔗全程机械化自营基地相对于人工承包经营种植甘蔗，其优势主要体现在两个方面：一是工作效率大幅度提高，工人劳动强度大幅度降低；二是机械化作业成本较人工作业明显降低，经济效益较人工承包要高。

1）工作效率与经济效益

① 1 台机械与 1 个劳动力分别工作 1 d 计算，机械作业与人工作业对比分析见表 7-6。

表 7-6　机械化作业与人工作业 1 d 的效果对比

		种植	封闭除草	破垄	化学除草	培土施肥	收获
机械作业	工效	30 亩	500 亩	200 亩	200 亩	80 亩	250 t
	成本	91 元/亩	8 元/亩	18 元/亩	18.5 元/亩	25 元/亩	56 元/t
人工作业	工效	2.5 亩	10 亩	20 亩	10 亩	15 亩	1 t
	成本	120 元/亩	10 元/亩	25 元/亩	20 元/亩	25 元/亩	120 元/t

综合分析：机械封闭、除草、破垄、施肥费用与人工相当，但工效为人工 10 倍左右；机械种植效率是人工 12 倍，费用节省 29 元/亩；机械收获效率为人工 250 倍，每吨节省 64 元，每亩节省 300 多元。甘蔗全程机械化作业较人工作业每亩降低成本超过 400 元。

② 经营效益

以基地 2012/2013 年度数据为例。基地种植原料甘蔗面积 860 多亩，余下 160 多亩用于夏秋季繁殖种苗。按 860 亩原料甘蔗种植面积计算，甘蔗结算价格为 406 元/t，具体情况见表 7-7。

表 7-7　试验基地各地块甘蔗收成及收益表

地号	面积/亩	品种	种植时间	产量/t	亩产/t	收益/元	蔗类
1 号地	133.04	粤糖 60	3 月初	706.4	5.31	301 562	优 1
2 号地	125.62	台糖 F66	2 月初	766.3	6.10	313 018	1
3 号地	141.08	台糖 128	2 月底	741.3	5.25	302 806	1
4 号地	157.52	台糖 978	3 月初	789.8	5.01	322 238	1
5 号地	45.60	台糖 978	3 月中	237.1	5.20	96 850	1
6 号地	124.14	台糖 2668	3 月中	633.1	5.10	250 732	2
7 号地	85.00	台糖 978	3 月底	425	5.0	173 604	1
8 号地	48.00	台糖 978	4 月初	216	4.50	88 231	1
合计	860.00			4 515	5.25	1 849 041	

注：甘蔗价格按类区分：优一类为 426.9 元/t，一类为 408.48 元/t，二类为 396.04 元/t。

a. 基地甘蔗生产成本

自营基地的生产成本不能按服务模式中的收费方式计算，而应按实际运作成本计算。上面计算机械化服务效益时已得知 2010/2011 榨季的机械化作业成本，包括：种植为 54 元/亩，机收为约 60 元/亩。

耕整环节机械化已在农垦推行多年，是受欢迎和有利润的。按上面的收费，耕整环节收费为 92 元/亩，设成本占 80%，则成本为 74 元/亩；

中耕环节，收费为 58 元/亩，同样设成本占 80%，则为 46 元/亩；

租地：1.1 t/亩，设收购价为 410 元/t（依据见下文），则为 450 元/亩。

种苗费用：0.8 × 500 = 400 元/亩；

肥料费：450 元/亩；

管理费：3 元/亩；

其他：设为 100 元/亩；

合计：1637 元/亩。

总费用为：1637 × 860 = 1 407 820 元。

b. 基地各地块甘蔗收成及收益情况(见表 7-7)

总利润为 1 849 041 - 1 407 820 = 441 221 元,自营农场部分的平均每亩收入是 1 849 041/860 = 2 150 元/亩,自营农场的每亩利润为 2 150 - 1 637 = 513 元/亩。

2）影响自营基地经营效益因素分析

经济效益:该基地种植甘蔗平均产量为 5. 25 t/亩,与当地人工种植平均产量水平相当,基地经营效益为 441 221 元,按种植面积 860 亩计算,每亩效益为 513 元。相比机械化服务的效益来说大很多。

这还只是很粗略的计算和分析,还有一些因素未考虑进去。例如计算时是按有足够的作业天数和作业面积考虑的,而且整个广垦农机的机器只有直接使用的几台的折旧费算在自营基地上。这里计算的每亩经营成本是 1 683 元/亩,广垦农机一份报告中估算说基地第一年全部为新植蔗时,费用高达 2 044 元/亩,则利润只有 106 元/亩。但以上分析大致上可以说明:在现在这种以家庭农场为主的经营体制下,自营农场对于大规模机械化系统来说,比服务有更好的成效。问题是要集中流转大面积的土地给机械化服务组织,还有很多困难,湛江农垦自营机械化农场几次都因面积不够而导致效果不理想。

影响该基地经济效益的主要因素有以下两个方面:

① 自营农场的面积;

② 糖业市场价格。例如, 2012/2013 年榨季甘蔗价格较上一榨季平均每吨下降 60 元左右,按 5. 25 t/亩计算,基地收入减少达到 315 元/亩。

7. 2　广西农垦金光农场全程机械化生产模式

广西农垦金光农场推进甘蔗生产全程机械化的措施和湛江农垦类似:一是建立农机服务队为农业农场和农户提供机械化服务;二是与广西农机研究院合作,在农业部行业科研专项“甘蔗全程机械化生产技术与装备开发”(2010—2014 年)的支持下,建立试验示范基地,开展甘蔗大中型全程机械化自营模式研究。

7. 2. 1　广西农垦金光农场的社会经济状况和地形地貌

甘蔗糖业是广西农垦集团的支柱产业之一,广西农垦蔗区面积总共 108 万亩,年产蔗糖约 60 万 t。金光农场是广西农垦集团的主要甘蔗产地之一,有土地 15. 4 万亩,已开发利用 7 万亩。其中甘蔗种植面积达到 5 万多亩,主要种植在农场的 13 个分场。农场地形属于缓坡低丘,坡度 3° ~ 8°,地势开阔平缓,土地连片平整。农场地块跨 3 个县市,农村地与农场地交叉,是红壤土,甘蔗地租一般为 210 元/亩,甘蔗种植户 1 700 户,甘蔗地块长度 100 m 以上的很多。

金光农场甘蔗生产在备耕、种植开沟、培土、施肥几方面基本实现了机械化，但在甘蔗收割和联合种植方面，机械化水平还很低。

7.2.2 项目研究实施概况

2010—2015 年，在金光农场友谊分场确定了 1 000 亩核心示范区，示范区有较好的基础条件，土地相对较为平整、连片，单块面积较大，较适宜机械化作业。核心示范区从 2010/2011 年榨季开始全面实施机械化作业。

机具方面的特点是大中型相结合。主要利用金光农场农机服务队已有的装备条件，包括大中马力拖拉机、铧式犁、旋耕机、开行犁、种植机、破垄施肥培土机、喷药机、大中型联合收割机等（见图 7-12），基本上能满足全程机械化作业的需要。

图 7-12　金光农场机具系统

犁耙整地机械:5 台维美德 180 马力拖拉机及与之配套的 5 台四铧犁;5 台天津迪尔 120 马力拖拉机及与之配套的 5 台三铧犁,1 台法国库恩旋耕耙。

种植机械:北京现代农装产中型双行种植机 1 台,广西农机院产双行种植机 1 台。

植保机械:浙江产,宽度为 8 m 和 18 m 的悬挂式喷药机,芬兰产高地隙拖拉机 1 台及与之配套的可以自动放肥的中耕培土机 1 台。

收获机械:凯斯 7000 大型切段式甘蔗联合收割机 1 台,与之配套的田间运输车 5 台,公路运输车 3 台。田间运输车可装载 5 t,装满后在地头将甘蔗倒入公路运输车。公路运输车可装载 16 t 左右。另外,还引进广西农机院研制的 4GZQ-180B(180 马力)中型收割机 1 台。

从以上机具配置可知,除了收割机既有大型凯斯 7000 型(350 马力)和广西农机院研制的中型机 4GZQ-180B(180 马力),拖拉机和配套农具也都有大、中型两类。

7.2.3　系统评估

系统作业的作业量和成本见表 7-8。

表 7-8　金光农场 2011/2012 年榨季及 2012/2013 年榨季机械作业量及成本表(广西农机院材料)

2011/2012 年榨季(种植面积 2 315 亩)											
	犁地		耙地		种植盖膜		施肥培土		收获		
	亩/d	成本/(元/亩)	亩/d	成本/(元/亩)	亩/d	成本/(元/亩)	亩/d	成本/(元/亩)	大型机/(t/d)	中型机/(t/d)	成本/(元/t)
新植蔗	50	68	80	38	20	150	60	28	160	80	68
宿根管理					松蔸施肥盖膜		施肥培土		收获		
					亩/d	成本/(元/亩)	亩/d	成本/(元/亩)	大型机/(t/d)	小型机/(t/d)	成本/(元/t)
					20	28	30	28	160	80	68
2012/2013 年榨季(种植面积 2 562 亩)											
新植蔗	50	68	80	38	20	150	30	28	160	80	70
宿根管理					松蔸施肥盖膜		施肥培土		收获		
					亩/d	成本/(元/亩)	亩/d	成本/(元/亩)	大型机/(t/d)	中型机/(t/d)	成本/(元/t)
					20	28	30	28	160	80	70
2013/2014 年榨季											
		46.13		35.21		160		17.07			41.71

注:1 日以 8 h 计;大型收割机为凯斯 7000 型,中型机为广西农机院研制的 4GZQ-180B(180 马力);大型机组往年实测实际每吨蔗耗油(柴油)2.97 L,包括主机和两台田间运输车的耗油。

在农垦以家庭承包为主的经营环境下，该公司的大中型结合、兼营的模式，适合当前的发展。

7.3 农垦全程机械化生产模式分析

从上面湛江农垦和广西农垦甘蔗全程机械化的实践来看，农垦在推行新机具系统的试验，以及全程机械化生产的试验示范方面，有其独特的优势。但从作为经营主体、全面经营甘蔗全程机械化来说，农垦的现行体制还有很多不适应的地方。

农垦的甘蔗产业的生产经营，由相互独立的3个同级部门分别负责：各农业公司是甘蔗生产的经营主体，农垦的全部国有甘蔗机械化机具和装备由农垦直接管理的机械化服务公司经营管理，而糖厂则由农垦参与管理或控股。他们的关系如图7-13所示。

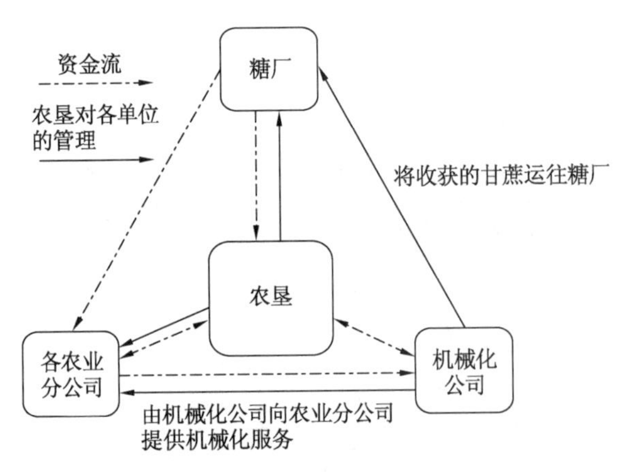

图7-13　农垦甘蔗机械化管理系统

(1) 农业公司

土地：拥有土地经营权。湛江农垦有土地80多万亩，其中甘蔗35万亩。下属的大型农业公司，有土地10万亩。按国家政策，土地以职工家庭承包为主，每户约20亩。近年来随着土地流转，大承包户增多，有的大包户包地3 000～5 000千亩从事甘蔗生产，但承包主体仍是农场职工家庭。

劳动力：农场职工承包土地，负责甘蔗生产的日常工作，只是在收获季节时，由于劳动力不足，雇请外来劳动力或机械化公司收获。

(2) 机械化服务公司

集中管理农垦的农机具和装备，向农业公司或农户及大包户提供从整地、种植、田管到机收的全套机械化服务。

(3) 糖厂

以前糖厂是直接受农垦领导。近年来引进民营资本,农垦只对糖厂控股或参与管理。

正是由于这种复杂的管理关系,以及目前机械化服务还是买方市场的现状,是否需要机械化服务还是由农场和农户说了算,使得农垦的甘蔗生产全程机械化事业推进艰难。由于机收甘蔗含杂较多且切段后糖分易损失,糖厂不愿意改人工收蔗为机械收蔗。由于糖厂的态度及对机收蔗不熟悉,农业公司也更愿意以人工收蔗,使得机械化公司的服务功能难以发挥。这种情况在前几章都已有分析,这里只是从模式的角度再简单审视一下,加深理解。

2015年,中共中央、国务院关于农垦系统改革,发布了《进一步推进农垦改革发展的意见》(2015年11月27日)的文件。文件指出:

广东、广西、海南、云南垦区要建设成为国家天然橡胶和糖料基地。

农垦要创新农业经营管理体制。坚持和完善以职工家庭经营为基础、大农场统筹小农场的农业双层经营体制,积极推进多种形式的农业适度规模经营。强化国有农场农业统一经营管理和服务职能,建立健全农场与职工间合理的利益分享和风险共担机制。积极培育新型农业经营主体,发展股份制、公司制等农业经营形式,既要防止土地碎片化,又要防止土地过度集中。

文件还提出,要加快推进农垦现代化农业发展。建设大型农产品生产基地。鼓励农垦企业通过土地托管、代耕代种代收、股份合作等方式,与农户形成紧密型利益联结机制,提高规模经营效益。结合实施全国高标准农田建设总体规划,积极推进农垦高标准农田建设。

加强农垦现代农业示范区建设,试验示范农业新技术、新装备和生产经营新模式,为推进中国特色新型农业现代化积累经验。引导农垦企业开展多种形式的垦地合作,为周边农民提供大型农机作业、农业投入品供应、农产品加工和购销等社会化服务,增强对周边区域的辐射带动能力。

这个文件指出了农垦现代化建设的发展方向。也说明在甘蔗种植区域,农垦既要保持以职工家庭经营为基础,又要发展大型机械化,引领整个甘蔗产业向全程机械化的方向发展,虽艰难却值得探索的。

7.4 广西汉森公司大型全程机械化生产模式

7.4.1 基地的经济社会和自然条件

该基地原为柳州汉森公司租地经营的甘蔗农场,2011年与农业行业专项子项目3(广西桂中地区中等规模全程机械化生产技术和关键装备的开发和试验示范)

合作，成为专项的试验示范点，由中国农业大学主持，广西云马汉升公司等单位执行，公司聘请福建农林大学甘蔗研究所教授、国家甘蔗产业技术体系专家张华为生产技术指导。行业专项结束后，该点由柳州汉森公司负责，在张华指导下，一直坚持开展甘蔗全程机械化的试验示范工作。

柳州市汉森机械制造有限公司成立于2004年，主要从事甘蔗生产机械的研究、开发和生产，以及甘蔗生产机械化的成套技术研发。2009年与其他公司合资成立云马汉升公司，2013年恢复柳州市汉森机械制造有限公司建制。

2011年2月，柳州汉森机械制造有限公司、来宾市北回归线农业科技有限公司联合当地农机专业合作社，在广西宾阳县廖平劳改农场租赁土地2 100亩，建立了甘蔗生产全过程机械化示范基地。该农场原来就是种植甘蔗的农场，有良好的自然条件，土地连片，便于机械作业；符合国家和地区经济的发展规划，有当地政府和糖厂大力支持和配合；交通便利，电力资源丰富，供水条件优越，能满足基地工作的需求。

2013年后，汉森公司为了更好地与行业专项合作，并试验和验证公司产品的性能和系统应用等，在桂中廖平农场基地继续研究公司自主经营模式下的甘蔗全程机械化生产技术和关键装备，该公司董事长陈特青说："如果我们自己都用不好自己生产的机具，又怎么要求农户将他们用好呢？"汉森公司的产品随着形势的变化，由研制和生产中型收割机等中型农机具为主，转向研制和生产大型切段式甘蔗联合收割机为主，基地的研究内容也由研究中型机械化系统转向研究大中型机械化系统及其应用模式，基地种植面积也扩大到4 000亩。

7.4.2 基地的大中型甘蔗机械化试验示范研究

7.4.2.1 土地整治

基地从2011年开始运作，首先平整地头及田间道路，着力开展了作业效率优先的田块规划、机具作业无障碍化的土地整理。尽量把蔗地与田间道路修在同一平面上，并留出机耕道，便于各种甘蔗机械尤其是甘蔗收割机作业。要求田块连片100亩以上，长500 m、宽100 m以上，以便充分发挥机械化效益。

7.4.2.2 基地机械化系统技术集成

(1)机具系统

基地拥有蔗地耕整机、液压翻转深松犁、液压重耙、甘蔗联合种植机、盖膜机、甘蔗中耕施肥机、喷药机、宿根管理机、甘蔗联合收割机、专用装载厢以及系列马力拖拉机等，基地还配备了2台美国维蒙特大田自走式圆形喷灌机，实现高效节水灌溉全覆盖，其中一台单机灌溉规模达1 200亩。保证耕、种、管、收全程机具配套。

前期主要农机设备以中型为主，经过改进后以大型为主（见表7-9）。

表 7-9　汉森公司大型机械化机械设备

柳州市汉森公司甘蔗全程机械化生产农机产品介绍		
机具名称	特点	机具图片
1. 耕(耕整地)		
1GFH－250 耕整地机	① 发动机:195 kW(260 hp) 6 缸电喷柴油机; ② 采用复式作业方式,马力大,工作效率高,能同时完成秸秆还田、灭茬、深耕(30 cm)、碎土和开行的全套整地作业,耕整质量好,单位能耗低;机具投资低;蔗叶粉碎还田。	
液压双向翻转犁	可以液压双向翻转,耕深可以达 50 cm。建议匹配动力 180 hp。	
“W”形开沟施肥机	国内首台可调不同行距、不同播幅的碟式“W”形开行器,解决了“V”形植沟蔗种堆叠造成用种浪费、徒增无效茎和蔗茎变细的问题。 工效可达 1.5 hm^2/h。建议匹配动力 120 hp 以上。	
2. 种(种植)		
预切种式 2CZD-2500 甘蔗种植机	单机就可以完成施肥、用药、下种、覆土、喷除草剂、淋水等繁复的种植工序。 采用动力:165 马力以上拖拉机作牵引动力。	
3. 管(田间管理)		
宿根管理器	适用于砂质土壤宿根蔗破垄,可同步完成破垄松蔸、深松、施肥用药、除草等工序。 工效可达 0.7 hm^2/h。建议匹配动力 120 hp 以上。	

续表

柳州市汉森公司甘蔗全程机械化生产农机产品介绍		
机具名称	特点	机具图片
盘式甘蔗中耕机	适用于砂质土壤甘蔗小培土及大培土，可同步完成深松、培土、深施肥、用药、除草等工序。工效可达 1 hm^2/h。建议匹配动力 120 hp。	
犁式甘蔗中耕机	可用于破垄（黏质土壤）、苗期中耕、小培土及大培土等甘蔗生产全程管理，可同步完成深松、培土、深施肥、用药、除草等工序。工效可达 1 hm^2/h。建议匹配动力 100 hp 以上。	
喷药机	用于植保、喷洒农药等。 建议匹配动力 100 hp。	
4. 收（收获）		
4GQ-350 甘蔗收获机	① 发动机：261 kW（350 hp） 6 缸电喷柴油机； ② 生产率：40～50 t/h； ③ 后轮轮边液压行走驱动。	
甘蔗田间收集转运挂车	双斗甘蔗田间转运车改变了传统的单斗结构，采用兼顾整车卸料的稳定性、大容量、卸净率、可调容量卸料给切段式种植机等功能的组合模式。使得 HSGTZ5T-S 双斗甘蔗田间转运车对甘蔗地的适应性更强，与其他甘蔗机械的配合更协调、匹配。 每斗容量 2.5 t，共 5 t。 建议匹配动力 120 hp。	

续表

柳州市汉森公司甘蔗全程机械化生产农机产品介绍		
机具名称	特点	机具图片
甘蔗田间收集运输挂车	配合切段式甘蔗收获机进行田间收集甘蔗作业,收集满后可以直接运输到糖厂,带自卸功能。 容量12 t。 建议匹配动力120 hp。	
5. 节水灌溉		
大田自走式喷灌机	自走指针式节水喷灌机,单机覆盖面积可达1 500亩。	
6. GPS精准高效农机作业		
GPS精准农业管理系统(与美国天宝(Trimble)公司进行GPS精准农业管理技术的合作运用)	提高机械作业标准;基于预先设计的线路生成导航进行自动驾驶,杜绝车辆碾压作物的情况;高效率进行夜间作业。	

(2)甘蔗全程机械化生产的技术路线

新植蔗:机械深耕或深松—机械盖膜—机械覆土—机械旋耕整地—机械开行—机械播种施肥—机械覆土—机械中耕施肥培土—机械化田间及植保管理—机械收获。

宿根蔗:蔗叶粉碎覆盖还田—蔗地行间深松破垄或行间翻土断根(破垄)—机械中耕施肥培土—机械化田间管理—机械收获。

(3)农机农艺融合的技术集成

甘蔗种植行距从2011/2012年生产期的1.2 m,逐步扩大至2013/2014年生产期全面推行的1.4~1.5 m。通过适应机械化的品种选择,土壤改良,营养管理和水肥一体化,虫、草害综合防控等技术集成,建立了以宽行宽幅播种技术,耕前、芽前和苗期除草技术,中后期水肥一体化技术为“三重点”的机械化农艺模式,连续两个榨季甘蔗单产均超过当地平均水平,经廖平糖厂抽测,部分地块超过8 t/亩。

截至2013/2014年生产期的短短3个榨季以来,桂中(廖平)全程机械化示范的2 100亩基地已从局部小规模机械化试验阶段迈进大规模全程机械化示范推广阶段;已全部推行适宜中大马力联合收获机作业的 1.4 ~ 1.5 m 宽行距种植,2013/2014 年榨季开始全部实行凯斯 7000 型联合收获机作业,自育良种已全面替代目前我国栽培面积最大、造成严重单一化局面的品种新台糖 22 号;研究建立了一套以宽行宽幅播种技术,耕前、芽前和中期除草技术,中后期水肥一体化技术,宿根机械破垄管理技术为“四个重点”的机械化农艺模式。

7.4.2.3 系统评估

(1) 基地运作效果

1) 取得了增产稳产的良好效果

几年来,增产、稳产、节本效果显著。2012/2013 年榨季工业单产 5.0 t/亩,2013/2014 年榨季截至 12 月 9 日的工业单产(全机收)达 5.3 t/亩,均超当地平均水平,11 月下旬糖厂抽测部分地块农业单产超过 9 t/亩。甘蔗平均亩产比基地开始前提高 35%。

2) 节省人力、效率高

在示范区,机械作业使得整地、耕地、施肥等环节作业时间大大减少,工作效率也明显提高。

在甘蔗种植阶段,用甘蔗种植机进行开沟施放基肥、下种等工序,效率是人工作业的 5 ~7 倍,成本约为人工作业的 60%。

在甘蔗生长期,用甘蔗中耕施肥培土机进行除草、深施肥、培土以及杀灭地下害虫,效率是传统人工作业的 100 ~ 120 倍,成本是传统作业的 25%,肥效也提高了 20%,使用该设备可以节省 90% 以上的人工。

收获阶段,在相关农艺的配合下,凯斯 7000 型联合收割机的作业已熟练可靠,有较好的作业效率和水平(见表 7-10)。

表 7-10 凯斯 7000 型甘蔗联合收割机工作性能检测表

地块长度及甘蔗生长状况	亩产	收割机行走速度	纯收获效率	糖厂检测含杂率	田间损失率
260 m,甘蔗倒伏	6.3 t/亩	4.0 km/h	52.92 t/h	6%	0.3%

从全田作业查定的情况看(见表 7-11),由于工作时间利用率约为 57%,从而导致实际收获效率从纯工作效率 52.92 t/h 拉低至实际生产效率 21.11 t/h,尚有明显的改进空间。从装载方式上看,未采用田间转装,而是由装载卡车(前二后八自卸车)在田间装蔗直接进厂,吨蔗运输油耗约 1 L,经对糖厂蔗槽进料口进行改造,单车卸蔗时间从 30 min 下降到 5 min,单车从田间装蔗到卸入蔗槽约耗时 30 min(糖厂距蔗地较近,约 9 km),收割时装满一车蔗需耗时 12 min,一个作业周

期为50～60 min,则一个收割机组需配5～6台运输车。

表7-11 凯斯7000型甘蔗联合收割机机组运作查定表

收割一车甘蔗耗时(运输车装载量平均9.5 t)	收割机组田头掉头总耗时	工作时间利用率	实际收获效率	收获机吨蔗油耗	运输车吨蔗耗油(田间装载及公路运输,运距9 km)
12 min	约9 min	57%	21.11 t/h	2.1～2.3 L	1 L

实践表明,糖厂和农场的配合是提高甘蔗机收效率的重要环节,应进一步协调完善糖厂和农场在机收系统方面的配套和对接。

(2)廖平机械化示范基地模式要点

1)模式特点

经营主体为农机公司,以公司生产的甘蔗生产机具为主,组成大中型机械化系统,在农机农艺专家的合作和指导下,自主经营一个机械化示范农场,使之成为一个能盈利的大型机械化示范农场。

2)开展机械化生产的几个技术要点:

① 机具作业无障碍的土地整理。

按甘蔗生产全程机械化的要求进行土地连片化整治,以便农机行走,减少转弯掉头的误时、耗能与田头碾压等损失。

② 作业效率优先的田块规划。

根据产量为基础、机收类型与装载方式为主要依据、种管机械类型和最高物料用量为参考的原则,科学规划农机、物资、管理等库房与田间作业便道布局,形成了连片、连续机械化高效作业的土地生产单位。

③ 作业质量的农艺标准。

在机械化配套农艺技术方面,采用宽行宽幅播种技术,耕前、芽前和中期化学除草技术,水肥一体化技术,宿根蔗机械破垄管理技术为"四个重点"的机械化农艺模式。推行适宜中大马力联合收割机作业的1.4～1.5 m宽行距种植,全部实行大马力联合收割机作业。选育适应机械化作业的新良种替代传统生产中不太适应的品种,增收、节本效果显著。

④ 高效的节水灌溉。

采用美国维蒙特大田自走式喷灌机,不影响大规模机械化农机具作业,实现高效节水灌溉、水肥一体化全覆盖。

⑤ GPS精准农业管理。

全程机械化作业采用卫星导航与驾驶控制系统,从种植规划、田管作业到收获装运,都在规划线路中进行,最大限度地提高了土地利用率、机具作业效率和作业效果,避免了传统机械化作业时种植不规范和机手失误造成的甘蔗损伤和蔗垄碾压等,不误农时地进行田间作业,为甘蔗全程机械化增产增效提供了关键装备支撑。

(3) 甘蔗生产全程机械化效益分析

经济上,通过使用机械化设备和科学的种植管理技术,基地甘蔗总体产量提高35%以上,节省80%以上劳动力,成本大约降低20%,投入产出比大约为1:1.5。

生态上,采用切段式机械化收获技术,能将蔗叶切碎还田,可增加土壤中的有机质,改善土壤性状,提高土地肥力和蓄水保墒能力。

基地在甘蔗增产节支方面,每亩收益比传统生产方式提高20%以上。表7-12给出了具体的经济分析比较数据。

表7-12　甘蔗生产模式成本效益比较

	传统甘蔗生产模式		全程机械化甘蔗生产模式	
科目	内容	价格	内容	价格
1. 耕整地	使用80~90 hp马力拖拉机作业,耕深25 cm以下。 缺点是不保水。 注:价格为3年平摊。	50元/亩	耕整地使用165 hp马力以上拖拉机作业,耕深45 cm以上。 优点是保水,提高抗旱能力。 注:价格为3年平摊。	50元/亩
2. 种植	人工种植,种植行距在70~110 cm,作业效率低。每人每天种植1~2亩,不适合大马力机械作业。 注:价格为3年平摊。	45元/亩	机械种植,预切种式种植机,每台每天种植90亩,采用宽窄种植,种植行距为1.6 m,适合大马力机械作业。 注:价格为3年平摊。	30元/亩
3. 宿根蔗管理	小型机械作业,每台微耕机每天作业10~12亩,机收地目前不适合作业机械。	35元/亩	大型机械作业,能一次性完成深松、施肥,透气性好,促进蔗芽萌动、发芽,每台设备每天可作业100~120亩。	20元/亩
4. 中耕管理	小型机械作业,浅施肥,培土不变,缺点是作业效率低,肥料不易吸收,抗倒伏效果不理想。每台设备每天作业10~12亩。	55元/亩	大型机械作业,深施肥,培土高,优点是肥料利用率高,释放周期长,每亩地可节约复合肥50~60 kg、利于甘蔗生长且抗倒伏。每台设备每天可作业100~120亩。	30元/亩
5. 植保	人工作业,作业效率低,效果不理想(因为不能统防统治),每人每天作业15~20亩。	10元/亩	采用大型设备,作业效率高(能做到统防统治),每台设备每天可作业350~400亩。	5元/亩

续表

	传统甘蔗生产模式		全程机械化甘蔗生产模式	
科目	内容	价格	内容	价格
6. 收割	人工收割,平均单价 140 元/t,每亩收割成本 840 元(按亩产 6 t 计算),效率低,每人每天收割 1 t。	840 元/亩	机械收割,平均收割单价 50 元/t,每亩收割成本 300 元(按亩产 6 t 计算),效率高,每台设备每小时收割 40 ~ 50 t。	300 元/亩
结果	传统种植适合丘陵地区小地块耕作,不适合大马力农机具作业。效率低、产量低、靠天吃饭,抗风险能力低,产量一般在 4 ~ 4.5 t。		现代全程机械化种植适合大面积平缓地区作业,机械程度高,抗风险能力强,产量高,一般平均单产可达 6 ~ 8 t,经济效益明显。可大量解放劳动力,降低工人劳动强度。是解决我国甘蔗种植面临的成本高、效益低等问题的有效途径。	
合计		1 035 元/亩		435 元/亩
比较:从两者的价格比较中可看出,采用甘蔗全程机械化种植比传统人工种植每亩节约作业成本 600 元,在提高肥效、节约支出和增加产量方面还有较大的提升空间。				

7.5　东亚糖业公司大型机械化生产模式

7.5.1　概况

广西南宁东亚糖业集团由亚洲规模最大的制糖企业泰国两仪集团于 1993 年始分别与中国广西南宁地区 5 家国营糖厂合资成立。旗下 9 家公司分布于中国最大的甘蔗种植基地——崇左市各县区,压榨能力为 86 000 t/d,榨季压榨量年均近千万吨,产糖量年均 100 万 t。近几年,为了响应广西壮族自治区政府建设 500 万亩甘蔗“双高”基地的规划和要求,以及推进东亚糖业的稳定蔗源,发展糖业生产,该公司大力支持甘蔗生产全程机械化,探索了一条糖厂支持下的甘蔗生产全程机械化道路。

7.5.2　东亚糖业甘蔗现代农场模式

2015 年,东亚糖业引进两仪集团澳大利亚甘蔗现代农场模式,由广西扶南东亚糖业有限公司承包土地成立农业示范园,然后以同样价格转租给农业合作社经营,探索现代农场的发展道路。农业示范园一期面积 350 亩,到 2017 年,已发展到近万亩。示范园引进国外先进的甘蔗作业机械,实现了甘蔗耕、种、管、收的全程机械化。

7.5.2.1　土地规划和整理

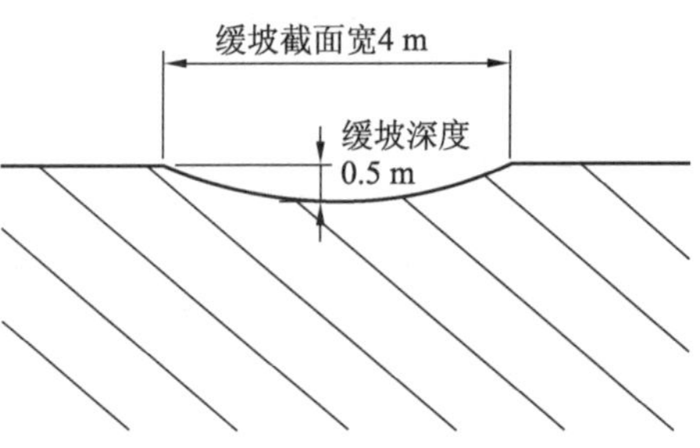

图 7-14　现代农场的大缓坡水沟

原地块路网建设太多，浪费土地，路面高于田面太多，影响农业机械作业，水利设施建设不合理，三面光水沟沟面宽度 0.7～1.1 m，深度 0.50～0.75 m，农业机械无法直接通过，影响机械化作业等情况，为方便农业机械作业，"双高"基地建设平整了土地、重新设计了田块和路网；水沟采用大缓坡的形式（见图 7-14），即缓坡的截面宽度达到 4 m，缓坡最低处到地表面深度 0.5 m，能起到和水沟相同的作用，且缓坡坡面坡度约 10°，农业机械可正常通过而不影响作业；对于高出地面、阻碍机械作业、掉头的水利设施出水管道，都重新布置。

7.5.2.2　机械系统技术集成

（1）农机农艺融合甘蔗生产全程机械化生产技术路线

新植蔗：耙地碎蔸—深松—耙地碎土—平地—深松—耙平—起畦种植—化学除草—中耕除草—施肥—喷灌—砍收—运送—卸入糖厂输送槽。

宿根蔗：机收后 10 d 内进行施肥—除草—中耕—喷灌—砍收—运送—卸入糖厂输送槽。

（2）机具选配

根据两仪集团澳大利亚农场的模式，引进了一套以 350 马力凯斯 8000 型自走切段式甘蔗收割机为核心的大型机械系统，开展从耕整地、种植、中耕到收获与运输的全套作业。

（3）作业环节

① 耕整地：不用犁耕翻土，采用重耙和深松结合的方式，减少耕作的频率和力度，保护土壤。

② 种植：采用起畦种植而不是开沟种植后培土。通过匹配机械轮距和行距，从起畦开始就采用固定道作业，提高机组配合的水平，并减少土壤压实（见图 7-15）。

图 7-15　甘蔗起垄种植

③ 田间管理：中耕除草、松土、施肥，起畦种植能省去培土工序。

④ 收获：使用凯斯 A8000 型带导航系统收割机作业，可沿着固定道收割，不压

实耕作区。图 7-16 所示为广西扶绥东亚扶南糖厂支持的现代农场的甘蔗地和大型收割机收获作业情况。

图 7-16　广西扶绥东亚扶南糖厂支持的现代农场的甘蔗地和大型收割机收获作业(扶南糖厂覃宁提供)

表 7-13 所示为东亚糖厂 2017 年 12 月—2018 年 2 月进厂的机收蔗情况。东亚糖厂该榨季已进机收蔗 54 000 多 t,按广西平均亩产 4.5 t 计算,已机收甘蔗 12 000 多亩。相比往年有很大的进步。

表 7-13　东亚糖厂 2017 年 12 月—2018 年 2 月进厂的机收蔗情况

年 - 月	进厂机收蔗量/t
2017 年 12 月	19 302.018
2018 年 1 月	29 690.418
2018 年 2 月	11 018.126
总计	54 610.562

(4)其他农艺技术

① 豆科作物轮作和有机肥改良土壤,降低化肥用量。

② 蔗叶还田。

(5) 经营管理模式

通过租地自营、扶持服务队完善配套农机具,为现代农场提供机械化服务;扶持大户扩大面积,农场提供机械化服务,降低服务成本。

7.5.2.3　模式评估

(1) 机器系统性能

引进的都是现在世界上正在采用的先进机具,在农场的使用证明效果很好。

(2) 经济效益

与一般农户成本、效益对比见表 7-14。虽然东亚现代农场投入了很多经费进行土地改良和水利建设,但由于机械化提高了生产率,农场总的效益比一般农户仍有很大提高。

表 7-14　东亚模式现代农场与一般农户经济效益对比表　　单位:元/亩

项目	内容	现代农场 一个种植周期平均成本（5 年）	一般农户 一个种植周期平均成本（3 年）
投入	土壤改良	60	
	机耕、种植、喷药	92	157
	蔗种、肥料、农药	322	595
	中耕、喷药	85	100
	收获	558	682
	水利	200	
	管理费	200	
	合计	1 517	1 533
产出	单产（t/亩）	6	5
	产值	3 000	2 350
效益		1 483	817

注:本节资料由东亚糖业公司提供。

7.6　中型全程机械化生产模式

7.6.1　概述

按照第 6 章的分类,甘蔗在 10°以下的平地、缓坡地及低丘陵地的全程机械化模式,根据地块大小和管理方式,采用的机器系统可分为大型机器系统全程机械化技术模式和中型机器系统全程机械化技术模式。而在 10° ~ 15°的高丘陵地区,有高丘陵区中型全程机械化模式。适合这两类中型机器系统模式的面积,据调查占我国甘蔗种植面积的 40% 左右。所以这是我国甘蔗机械化很重要的部分。

7.6.2　行业专项对广西中型全程机械化服务模式的研究

7.6.2.1　概述

行业专项在前面已作介绍。其中子课题 5“广西农村中小规模全程机械化生产技术和关键装备的开发和集成试验示范”,由广西农机推广总站负责执行。他们对问题进行了深入研究,取得了一系列成果。

该课题自 2009 年至 2013 年,实施了 4 年多,建立试验示范基地 572 亩,其中扶绥基地 50 亩、武鸣基地 205 亩、来宾基地 317 亩。在 3 个试验基地内分别开展甘蔗中小型全程机械化各环节的对比试验,通过设置机械作业与人工作业对比、不同机械作业方式对比、不同机械作业农艺标准对比等几方面的试验，对甘蔗生产各环节机械化作业技术、标准、机具选择等进行研究。

7.6.2.2　基地区域的自然和社会经济条件

课题基地所在地经济条件较好，地势较为平坦，有的是 5°以下缓坡地，也有 6° ~ 10°条件较好的丘陵地和缓坡地。

7.6.2.3　经营模式

以合作社为依托开展机械化作业服务。选择有经济实力、有组织能力、管理能力强的农机合作社，为示范基地及周边农户甘蔗生产提供机械化犁、耙、开沟、种植、中耕培土和植保、收获等各项服务，走“政府 + 糖厂 + 农机专业合作社 + 种植户”的产业化模式，该模式是目前在广西低丘陵地区运用效果最好的模式。

7.6.2.4　机械化系统技术集成

（1）机械装备系统

本系统作业装备配置适合种植面积在 150 ~ 350 亩，5°以下缓坡地，以及 6° ~ 10°较好的丘陵地和缓坡地区，即广西当前大部分种蔗地区；适用于甘蔗种植专业户、企业基地、农场生产经营。该装备系统在各个生产环节相关设备如下：

1）田块整理

基地部分是农村大块地，部分是农场的小地块、小平坡地。整理后连片种植面积 200 ~ 300 亩，以 50 ~ 200 m 长度划分地块。

2）耕整地

耕整地包括深耕、深松和整地过程。为达到深耕、深松效果，机具应选择 89 kW(120 hp)以上的大马力拖拉机，配套深耕犁、深松器进行作业，再用配套 36.7 ~ 58.8 kW 轮式拖拉机(50 ~ 80 hp)的旋耕机进行旋耕整地。

3）种植

甘蔗种植可以采用目前应用较多的双行实时切种式甘蔗联合种植机，配套大于 81 kW(110 hp)的轮式拖拉机为动力。

4）中耕培土施肥

中耕培土施肥作业相关装备：36.8 ~ 47.8 kW(50 ~ 65 hp)中型轮式拖拉机为配套动力的甘蔗中耕培土机。

5）植保及相关装备

喷药相关装备：背负式手动喷雾器、背负式机动喷雾机和机载式喷秆喷雾机。

6）收获及相关设备

项目开展期间广西甘蔗联合收割机有切段式和整杆式两类，以 60 ~ 130 kW (80 ~ 180 hp)中型切段式甘蔗联合收获机为主。

7）装载运输及相关设备

按糖厂要求，公路运输车1次装12～16 t甘蔗，平均运输距离50 km，同时考虑糖厂测含糖质量和卸车时间等影响因素，按收割机实际功效计，一台收割机需配3～4台公路运输车。

8）破垄平茬施肥盖膜及相关设备

采用以50～60HP中型轮式拖拉机为配套动力的破垄施肥盖膜机。

9）以中型拖拉机30～89 kW(40～120 hp)为主要动力。

(2)农机农艺融合全程机械化生产技术路线

农艺要求：农艺要求采用高产高糖、抗逆性强、宿根性好、抗倒伏好、易脱叶的品种，种植行距1.1～1.2 m，每亩种芽量达到当地农艺要求，采用相应的栽培和施肥技术，保证稳产高产。

全程机械化生产技术路线：机械化耕整地—机械化联合种植—机械中耕施肥培土—机械化植保—机械化水肥管理—机械化收割（切段式、整秆式联合收获）—机械宿根破垄施肥盖膜。

（3）主要生产环节

① 耕整地：采用66 kW拖拉机牵引四铧犁翻耕，耕深30 cm左右，同样用66.2 kW轮式拖拉机牵引中型旋耕机或轻耙碎土平整，碎土深度不低于25 cm，使土壤细碎疏松。重新翻种的宿根蔗地，先用拖拉机牵引旋耕机打碎蔗兜，再进行翻耕和碎土。

② 种植：采用66.2 kW动力的双行实时切种式联合种植机具，进行开沟、施肥、播种、施药、覆土、盖膜等联合作业。种植机开沟深度30～35 cm，种植深度25～30 cm。配备熟练的机手和工人，机械行进匀速稳定，蔗种喂入及时、均匀。

③ 中耕培土、施肥：使用配套33.1 kW轮式拖拉机的甘蔗中型耕培土机。中耕培土作业施肥深度15～20 cm，培土高度15～25 cm，要求肥料分布均匀，覆土严密。

④ 机械化收获：以切段式甘蔗联合收割为主、整秆式联合收割为辅的收割方式。采用发动机功率130 kW的切段式甘蔗联合收割机，配套动力为58.8 kW的侧卸式田间运输拖卡和公路运输车（载重12～16 t），按实际收割量、田间运载量和公路运输距离，配备合理的田间运输拖卡和公路运输车，保证收获甘蔗在24 h内进厂压榨。整秆式联合收割采用65 kW的整秆式联合收割机。

⑤ 收获时或收获后将蔗叶粉碎还田。

⑥ 宿根破垄施肥盖膜：选用33 kW以上的拖拉机牵引平茬破垄施肥盖膜机进行作业。

以上生产环节的6个主要步骤如图7-17所示。

(a) 深松　(b) 种植　(c) 田管

(d) 收获　(e) 蔗叶粉碎还田　(f) 宿根蔗破垄铺膜

图7-17　甘蔗中型全程机械化作业

7.6.2.5　系统评估

主要对比合作社甘蔗全程机械化和农户传统甘蔗生产两种生产模式的经济效益。这两种模式的主要差异在生产主体和生产机械化程度上,因而生产成本和收入差异较大。

（1）种植户采用机械化服务与人工作业的效益对比

1）机械化成本计算

采用机械化服务,按规定价格交的作业费(元/亩):

耕地:120 元/亩, 整地: 30 元/亩,种植:150 元/亩, 中耕培土:60 元/亩,机械收割:450 元/亩,宿根蔗破垄覆膜:60 元/亩,总计成本:870 元/亩。

2）种植户传统甘蔗生产模式成本

传统生产方式,其中只有耕整地和种植时的开沟为机械化作业,其余为人工作业。该模式下甘蔗生产作业成本为 1 134 元/亩。

3）收入

按照亩产 5 t 甘蔗,收购价 450 元/亩计算,两种模式收入都为 2 250 元/亩。

4）经济效益结果分析

从结果可以看出,如果农户采用全程机械化作业,则其作业成本为 870 元/亩,相比传统模式成本 1 134 元/亩,甘蔗生产作业成本能降低 23.28%。

（2）农机合作社机械化服务的效益

1）成本计算

采用此种模式的成本主要包括:机具的折旧、燃油消耗、贷款利息、维修费、管理费、用工费等。按照平均值来进行计算,即元/亩。成本各项指标的计算根据农业机具作业成本分析原则,利用广西农业研究院农机作业成本计算方法进行分析计算。

平均成本(元/亩)=用工量(元/亩)+燃油费(元/亩)+折旧费(元/亩)+贷款利息(元/亩)+维修费(元/亩)+管理费(元/亩)。

① 机械作业用工费

按机械作业需要作业人数,结合作业效率和当地当时用工价格进行计算。

② 机械化作业燃油费

燃料费包括主燃油消耗费和副燃油消耗费。

燃油费=主燃油消耗量(L/亩)×主燃油价格(元/L)+[副燃油消耗量(L/年或kg/年)×副燃油价格(元/L或元/kg)]/[年工作时间(h)×作业效率(亩/h)]

可根据机械作业基本参数、作业效率、油耗来推算出费用。副燃油包括黄油、齿轮油、机油、液压油等。

③ 机械折旧费

折旧费(元)=机械价格×[1-机械报废时残值率(%)]/[机械折旧年限×机械年工作时间(h)×作业效率(亩/h)]

国产农业作业机械折旧年限取8~10年,残值率取5%~10%。

④ 机械贷款利息

购买机器的资金是通过折旧费逐年收回的,没有回收的部分就是占用资金,固定资金占用后每年付的利息为1/2(机器购价+机器残值)×农业贷款利率7.9%。即:

机械贷款利息={机械价格×[1+残值率(%)]×7.9%}/[年作业时间(h)×作业效率(亩/h)]×1/2

⑤ 机械作业维修费

按调查参照农业联合作业机械1年作业维修费为总投资的3%,则:

机械作业维修费=机械价格×3%/[年作业时间(h)×作业效率(亩/h)]

⑥ 管理费

经营管理机械的管理费主要包括交通费、通信费及其他杂费,经考核农业联合作业机械管理费为总投资的1%,则:

机械作业管理费=机械价格×1%/[年作业时间(h)×作业效率(亩/h)]

通过计算可以得出该模式下甘蔗生产成本为587.65元/亩(具体计算略)。

2)收入

农机合作社的生产收入主要为合作社提供作业服务的收费,按照上述项目执行的几年平均作业收费标准来进行计算,甘蔗生产收费收入为870.00元/亩。

3）效益

效益为 870 - 587.65 = 282.35 元/亩。

（3）经济效益分析

从以上的分析可知,采用中型机械化模式,种植户和农机合作社都有比较好的收益。

需要注意的是,以上计算中的农机合作社的生产成本都是以项目试验时耕整地2 000多亩,收获1 000多亩这样的服务面积下的数据取平均值计算的。服务面积越大,农机合作社的效益越好。

（4）不同经营模式下劳动力投入分析见表7-15。

表7-15　不同模式下甘蔗生产劳动力投入表

作业环节	合作社中等规模模式/(人·d/亩)	传统模式/(人·d/亩)
耕地	0.05	0.05
整地	0.02	0.02
种植	0.35	2.08
中耕培土	0.12	0.62
机械收割	0.37	5.00
宿根蔗破垄覆膜	0.12	0.62
总计	0.91	8.39

合作社中规模全程机械化生产模式每亩甘蔗生产需要投入0.91个人·d,而传统模式需要投入8.39个人·d,劳动力投入减少89.15%。在劳动力日益紧缺和价格上涨的情况下，这对中型机械化模式也是有利的。

（5）小结

此模式适合在经济条件较好、地势较为平坦,5°以下缓坡地或6°~10°较好的丘陵地和缓坡地区域应用。连片种植面积200~300亩,以50~200 m长度划分地块,效果较好。

应以合作社为依托开展机械化作业服务。选择有经济实力、有组织能力、管理能力强的农机合作社,为农户提供全程机械化服务,走“政府+糖厂+农机专业合作社+种植户”的产业化模式,该模式是在广西低丘陵地区目前运用效果最好的模式。总的来说,中型机械化模式因其适应的地形地貌占甘蔗总种植面积的约40%,随着土地整治和流转的加快,这个面积还会加大,加上农机服务组织和种植户都受益,劳动力投入也大幅减少,这种模式值得重点推进。

第 8 章　甘蔗收获机械化系统模式试验评价和分析

收获机械化是甘蔗全程机械化中最重要也最难实现的环节。本团队在这方面做了大量的研究,一些工作在第 4 章和第 7 章已做介绍,本章进一步讨论各种收获系统在一定模式下的性能试验评价和理论分析。

8.1　切段式联合收割机系统性能试验研究

8.1.1　凯斯 7000(8000)型收割机系统性能试验研究

在湛江农垦前两次大型机械化试验中,对大型切段式甘蔗收获系统都做了初步测试,为了深入研究分析大型甘蔗收获系统的性能和影响因素,陈超平、杨慈香等于 2008 年在湛江农垦丰收公司甘蔗机械化基地进行了进一步的性能试验研究(陈超平,2009)。

8.1.1.1　凯斯 7000(8000)型收割机系统

在湛江农垦实际投入使用的切段式收割机是凯斯 7000 型和凯斯 8000 型。凯斯 8000 型在马力、工作性能方面和凯斯 7000 型类似。主要区别是配备了更多的电子自控装置,能更精细地操纵和更适合于精确农业 GPS 导航系统的应用。

试验采用两台凯斯 7000 型甘蔗收割机,配置 3 个田间运输拖卡(凯斯 E900T 型拖卡 1 台,7YZ4 型国产拖卡 2 台)和 2 台国产道路运输拖车,糖厂配有一套国产 6G2 型甘蔗喂入设备。凯斯 7000/8000 型的主要技术参数见 4.2.4.1"凯斯系列切段式收割机"。田间运输拖卡和公路运输拖车的主要技术参数以及甘蔗接收输送设备技术参数如表 8-1、表 8-2 和表 8-3 所示。

表 8-1　田间拖卡主要技术参数

项目	参数	项目	参数
配套动力	纽荷兰 110-90 拖拉机(110 hp)	工作油缸类型	双作用柱塞式
外形尺寸(长 × 宽 × 高)/mm	6 150 × 3 300 × 3 550(运输状态)	油缸数量	2
升举高度/mm	1 933 mm	载重量/kg	8 000

续表

项目	参数	项目	参数
底盘高度/mm	1 215	容量/m^3	21
轮胎规格	600/50—225 12层	轮距/m	2.7
翻卸形式	侧卸	整机质量/kg	12 000(装满蔗)
倾翻角度	103°		

表8-2　公路运输车技术参数

项目	参数	项目	参数
配套动力	纽荷兰110-90拖拉机(110 HP)	拖卡自重/t	6
外形尺寸(长×宽×高)/mm	5 500×2 400×2 500	每车拖卡数	2
载重量/t	10		

表8-3　甘蔗接收输送设备技术参数

项目	参数	项目	参数
接受台宽度/mm	5 500	输送链线速度/(m/s)	0~0.16无级可调
输送方式	刮板式输送链	电器控制方式	PLC可编程控制器控制
链条节距/mm	154	系统操纵方式	手动+自动触摸屏操纵
衔架最大跨度/mm	6 000	机组外形尺寸/mm	16 000×10 000×9 400
装机总容量/kW	≤100	理论生产效率/(t/h)	0~280
接受台最大堆存量/t	18	整机重量/t	60

8.1.1.2　试验条件

试验地块都较大,平均在180亩以上;地形较平坦,大多数坡度小于3°;两块坡度稍大的(小于8°),采用顺坡种植;地块平均长度在400 m以上,地头留有机行道。种植行距为1.2 m或1.3 m,甘蔗品种为台糖22号或25号。甘蔗采用机械培土,培土高度平均15 cm,甘蔗较整齐一致,倒伏较轻。机械收获时天气为晴天或阴天,土壤水分适中,不陷车,田间没有障碍物。

8.1.1.3　收获系统性能试验测试结果

(1)收割机性能测试结果

1)作业速度

最快可达7.5 km/h,平均6.0 km/h。

2)甘蔗切割质量测试结果

收获甘蔗的割茬合格率平均97.25%,切梢合格率67.50%,破头率平均7.56%。

3）甘蔗损失率测试结果

总损失最高为 146.95 kg/亩，最低为 52.78 kg/亩。其中碎片损失最大为 59.82 kg/亩，最小为 10.27 kg/亩，倒伏、堵塞引起的其他损失最大为 120.21 kg/亩，最小为 41.41 kg/亩，平均总损失约 106.73 kg/亩，平均总损失率为 2.10%。

纯人工砍收一般比机械砍的蔗头要高出 3 ~ 5 cm，经测试，仅此项平均亩损失蔗 82.54 kg/亩，加上漏捡等其他损失，平均总损失为 120 kg/亩。可见，机械收获甘蔗的损失不比人工多，技术熟练的机手机收甚至比人工砍收效果还要好。

4）含杂率测试结果

含杂率与作业天气、种植方向、地块杂草多少、甘蔗品种、收割机风机转速、切梢率、作业速度等有关。晴天正常作业情况下，含杂率为 6.85% ~ 7.32%，雨天、地块杂草多时的含杂率稍高些，平均含杂率 10.11%。

5）油耗测试结果

在生产试验期间对该机的经济性能指标进行了多个班次的生产测定跟踪。

收割机的油耗是综合因素作用的结果，是一个综合指标，与机器行驶速度、地块规划长度、清理整治、甘蔗倒伏程度、田间杂草、甘蔗产量、作业天气、田间拖车及公路运输车的配备合理性等状况密切相关。要发挥出机组本身的最佳性能指标，必须确保各环节处于较理想状态。

在地块长度 1 000 m，甘蔗不倒伏，种植行距 1.2 m 的同一地块，收割机在不同配套和行驶速度下，在田间杂草少、没有石头、甘蔗生长好的地段，收割机的最低油耗为 1.86 L/t；在杂草多、甘蔗生长差的地段，收割机的最高油耗为 3.07 L/t。收割机的总平均油耗为 2.28 L/t。1 台收割机配 1 个田间拖卡作业时的平均油耗为 2.57 L/t，时间利用率为 42.13%；配 2 个田间拖卡作业时的平均油耗为 2.09 L/t，时间利用率为 59.95%，工作可靠性平均为 98.19%，收获成本为 29.68 元/t。

6）工效测试结果

按 1 台收割机配 2 个田间拖卡计算，机组平均速度是 6 km/h，种植行距为 1.2 m，甘蔗产量按平均 90 t/hm^2 计，理论纯工作效率可达 64.8 t/h。

实际上，地块一般按长 500 m 规划，则机组每走 500 m 就要调一次头，机器调一次头要 2 min，这样每走 6 000 m 要调 12 次头，机组正常状态下的综合效率实际为 46.29 t/h，每班按 8 h 计，折合 370 t/班。

地块有石头的情况下，机器的刀片极易变形或断裂，杂草多时，容易造成机器堵塞或甘蔗产量低等情况，机组的工效都会大大降低。所以要发挥机组的最大效益，必须做好地块的规划清理，田间杂草要处理干净。

收割机的作业效率经测试，配 2 个田间拖卡时，平均综合工效为 35.82 t/h，折合 287 t/班；配 1 个田间拖卡时，平均综合工效为 22.76 t/h，折合 182 t/班。

（2）甘蔗田间运输拖卡性能测试结果

引进的凯斯 E900T 型田间运输拖卡与一台凯斯 7000 型切段式甘蔗联合收割机从 2006/2007 年榨季开始同时投入田间试验及生产应用，至 2013 年共完成装卸甘蔗约 55 000 t。国产 7YZ4 型田间运输拖卡 2008 年开始投入生产应用，到 2013 年共完成装卸甘蔗约 25 000 t。

连续性生产试验查定结果如下：田间运输拖卡的行驶速度与收割机相适应，平均为 6 km/h，一般一次装蔗约 5 t，收获杂草多、蔗叶多的地块一般含杂较高，可装量相应减少。如果地块按 555 m 左右规划，行距 1.2 m，以单产为 90 t/hm^2 计算，砍一行就装满一个运输拖卡，时间约 6 min。公路运输拖卡停在种植方向的地头两边，卸蔗及就位时间约 4 min，即每 10 min 可装卸甘蔗 6 t，正常作业小时生产率可达 30 t/h。而收割机在同等作业条件下的作业小时生产率可达 46.29 t/h，因此，一台收割机配两台田间运输拖卡比较适宜。经测试，田间拖卡平均耗油率为 0.43 L/t。

（3）甘蔗道路运输拖卡性能测试

图 8-1 为道路运输卡车装卸料的情况。

(a) 道路运输卡车装料

(b) 公路运输卡车在糖厂卸料

图 8-1　道路运输卡车装卸料

应用测试结果：一台纽荷兰 110-90 四轮驱动拖拉机挂 2 个道路运输拖卡，一次可装载甘蔗 20 t，平均公路行驶速度 20 km/h，平均耗油率为 0.83 L/t（平均运输距离 10 km）。

（4）6G2 型甘蔗接收输送设备性能测试

6G2 型甘蔗接收输送设备如图 8-2 所示。

图 8-2　6G2 型甘蔗接收输送设备

6G2 型甘蔗接收输送设备于 2006/2007 年榨季正式投入使用,当年处理机收蔗约 25 000 t,2007/2008 年榨季共约 55 000 t。经测试,正常工作效率为 200 t/h,工作可靠性为 100%。

(5) 整套设备性能测试

配套参数:一台收割机配 2 个田间拖卡,上述机组最佳综合工效 47.4 t/h,公路运输车一次装 20 t 蔗,平均运输距离10 km 计,公路运输车路上单程时间约需 40 min,在糖厂过磅、卸蔗、称皮需要 20 min,则公路运输车来往总时间至少要 100 min,考虑其他影响因素,一般需要120 min。在 120 min 内机组可砍 94.8 t 甘蔗(装满约 5 车),所以一台收割机在正常工效下,需配 6 台公路运输拖车才能接上。若工作条件较差,考虑堵塞、排石头、换刀等故障时间,实际综合工效只能达到 35 t/h,则 4 台公路运输车都可以接上。另外,公路运输车的配置还与距离及路况有关。

8.1.1.4 凯斯 7000/8000 型收割机大型系统收获经济分析

(1) 机械化收获的实际成本分析

凯斯 7000 型切段式甘蔗联合收割机组包括收割机、田间运输拖车、道路运输拖车。机组作业平均行驶速度为 6.0 km/h,配 2 个田间拖卡作业的平均实际综合工效为 35 t/h,一班可收获甘蔗 280 t(按正常作业 8 h 计),较理想状态下可达 380 t/班。机组平均油耗 3.35 L/t(指从砍到运输至糖厂,平均运输距离 10 km)。

一般情况下,一个机械化收获系统包括 1 台收割机、2 台田间运输拖车、4 台公路运输拖车(每台拖车挂 2 个拖卡,共 8 个拖卡),需配 7 个机手。经核算每吨蔗的收获及运输成本共计为 42.33 元,成本具体费用见表 8-4。

表 8-4 机收作业成本组成

元/t

项目	机手工资	油料费	机具折旧费	机具修理保养费	副油费	管理人员工资	总成本
收获成本	0.64	15.62	10.00	2.34	0.78	0.3	29.68
运输成本	0.86	5.15	5.50	0.77	0.26	0.1	12.64
合计	1.50	20.77	15.50	3.12	1.04	0.4	42.33

各项费用计算情况:

① 机手人员工资:按一般情况来算,一台收割机组一天收获甘蔗 280 t,机手人员工资当年按60 元/d 计,7 个机手人员的工资为 7×60 元/d = 420 元/d,折算每吨蔗工资成本为 $420 \div 280 = 1.50$ 元;

② 油料费:收割机耗油率为 2.09 L/t,田间拖车耗油率为 0.43 L/t,公路运输车耗油率为 0.83 L/t(按运输距离 10 km 计),每吨蔗耗油量为 3.35 L,油料费成本为 $3.35 \times 6.2 = 20.77$ 元;

③ 机具折旧费：收割机价值为 230 万元/台，2 台田间拖车共 106 万元，4 台公路运输拖车为 184.8 万元，以上机具共计价值为 $230 + 6 \times 33 + 2 \times 20 + 8 \times 6.6 = 520.8$ 万元，按 10 年、一年按 120 个作业日计折旧，机具折旧费为 $5\ 208\ 000 \div 10 \div 120 \div 280 = 15.50$ 元；

④ 机具修理保养费按油料费的 15% 计，每吨成本为 3.12 元；

⑤ 副油费按油料费的 5% 计，每吨成本为 1.04 元；

⑥ 管理人员提取 0.4 元/t。

以上总成本为 42.33 元/t（指从收获到运输至糖厂）。

（2）综合评价

1）优点

机械化收获系统的关键设备凯斯 7000/8000 型切段式甘蔗联合收割机测试结果表明，该机型马力足，性能指标优良，特别是损失率能保持在较低水平，平均为 2.10%，砍蔗效果理想。能在较恶劣的田间条件下以较佳的速度工作，能自行开道和双向作业，操作性能好；对弯曲或倒伏的甘蔗，均能进行收获，适应性较强；底切割器和输送辊系能做正反转，当发生严重堵塞时，整机可倒退，切割器和喂入辊系反转吐出堵塞蔗茎，便于排除堵塞；底切割器切割高度可任意调节，收割后留茬低、蔗头整齐；蔗茎集运方便，比传统的砍收节省了捆扎、装车、卸车 3 项中间环节，比较适合大型甘蔗生产模式，综合经济效益较好，值得推广应用。

国产田间运输拖卡卸料快捷，主要性能和相关技术参数达到国外同等水平，而价格比进口的便宜一半，经济实惠好用。公路运输拖卡设计合理，使用方便。整个系统的配置符合我国国情，工作可靠性高，生产效率较高，运行成本低，有推广应用价值。

2）存在的问题及原因分析

从测试资料看，收割机的油耗最低为 1.86 L/t，最高为 3.07 L/t，收割机的运行性能指标变动范围很大，是综合因素作用的结果，要发挥出机组本身的最佳性能，必须从各个环节上协调好。机组运行的经济指标（油耗、工效等）不甚理想，机组本身的最佳性能未能充分发挥。

分析主要原因有：

① 机组运行的配套不太合理。

榨季忙时各项作业同时进行，机手人员不够时，收割机作业只配 1 个田间拖卡；机手人员够时，单机配 2 个田间拖卡或 2 台收割机同时作业。

从测试数据可知，1 台收割机配 1 个田间拖卡作业时的平均油耗为 2.57 L/t，时间利用率为 42.13%；配 2 个田间拖卡作业时的平均油耗为 2.09 L/t，时间利用率为 59.95%。特别是 2 台收割机在同一地块同时作业时，前面的机组经常要等后面的机组砍完一行才能调头入行，浪费很多时间，机组工效只有 20 t/h，平均油耗高达 3.46 L/t。可见,合理配套关系很大。

② 机组班次工作时间短。

糖厂未设机械化甘蔗专用通道,甘蔗公路运输车要排队入厂,从糖分检测、农务过磅到卸蔗、称皮等环节经常需 2 h。受运输环节限制,收割机平均班次工作时间只有 5.07 h,停机等待浪费许多时间,机组的效率未能充分发挥。

③ 收割机的调头时间长。

经测算,收割机的平均调头时间占机组纯工作时间的30.74%。由于地头机行道规划不够宽,受地势及电线杆等影响,机手操作水平不够熟练,一般调一次头至少2 min。有些地块规划长度太短(300 m 左右)也严重影响机组的工效,机组的调头时间就占纯工作时间的50%左右。

④ 田间拖卡跑空程时间多。

道路运输车为了不压实地,只能停放在运输路上,受甘蔗产量、地块规划长度等影响,田间拖卡装满位置有时在地中,有时在地尾,田间拖卡来回跑的空程很多,影响工效和油耗。经测算,等待田间拖卡卸蔗及就位时间占班次工作时间的31.59%,占纯工作时间的62.20%。

⑤ 田间杂草影响。

机械化收获地块,总体来说都有杂草,其中一半以上杂草较多,收获杂草多的地块时,机器行驶中砍蔗刀盘及通道极易堵塞,行驶速度相对要慢些,堵塞严重时,整机要倒退,使切割器和喂入辊系反转吐出堵塞蔗茎,既造成甘蔗的浪费,也严重影响机组的工效和油耗,机手也相当辛苦,经常要下车清理、搬开堵塞物。

⑥ 机手的操作水平对整个系统的效率有很大影响。

1996—2000 年的试验,很多时候是由国外合作公司的熟练机手操作,效果明显比国内的新机手好,所以机手的培训是十分重要的。

8.1.1.5 改进意见、采取的措施和建议

甘蔗收割机械化是一个系统工程,要按大型机械化模式运作好一个大型机械化系统,涉及面广,所需配套的设备多,耗资大,一套收割机组的资金就达 500 万元左右(不含糖厂甘蔗接收输送设备),每一个环节都直接影响到系统的模式正常运行或效益发挥,为此,必须协调、配合做好每一个相关环节的工作,以充分发挥设备的最佳性能。

① 土地的合理规划、彻底细致的清理是关键。

大型收割机工作时切刀转速高,碰到石头就会变形或断裂,同时石头也容易被吸入机器,撞击机器的相关部件使之变形,造成机组频繁停机,而排除石头一般都比较麻烦,严重影响机组的运行效益。

地块规划长度设计为 500 ~ 600 m 较适宜(规划时综合考虑风向对甘蔗种植方

向的影响，以避免倒伏），面积在 150 亩以上，土地清理要彻底，用机械将深度小于 45 cm 地块土中的石头、树枝、树根清理干净，园地方格四周应留有供机械行驶的道路，运输道路宽至少 6 m，地头转弯调头道路宽至少 6 ~ 8 m，方便大型机械调头转弯，提高工效。路面应与田面平，高差不应大于 10 cm，否则妨碍作业，甚至引起翻车（见图 8-3）。

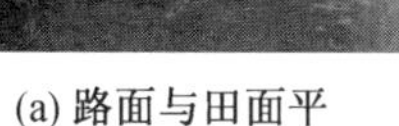

(a) 路面与田面平　(b) 路面太高且太多石头　(c) 路面太高引起车辆侧倾

图 8-3　路面要求

② 加强机手的技能培训，提高驾驶操作和相互配合的熟练性，减少待机和调头空行时间，提高时间利用率。

甘蔗收割机和田间运输车组田头掉头比较合理的方式如图 8-4 所示。

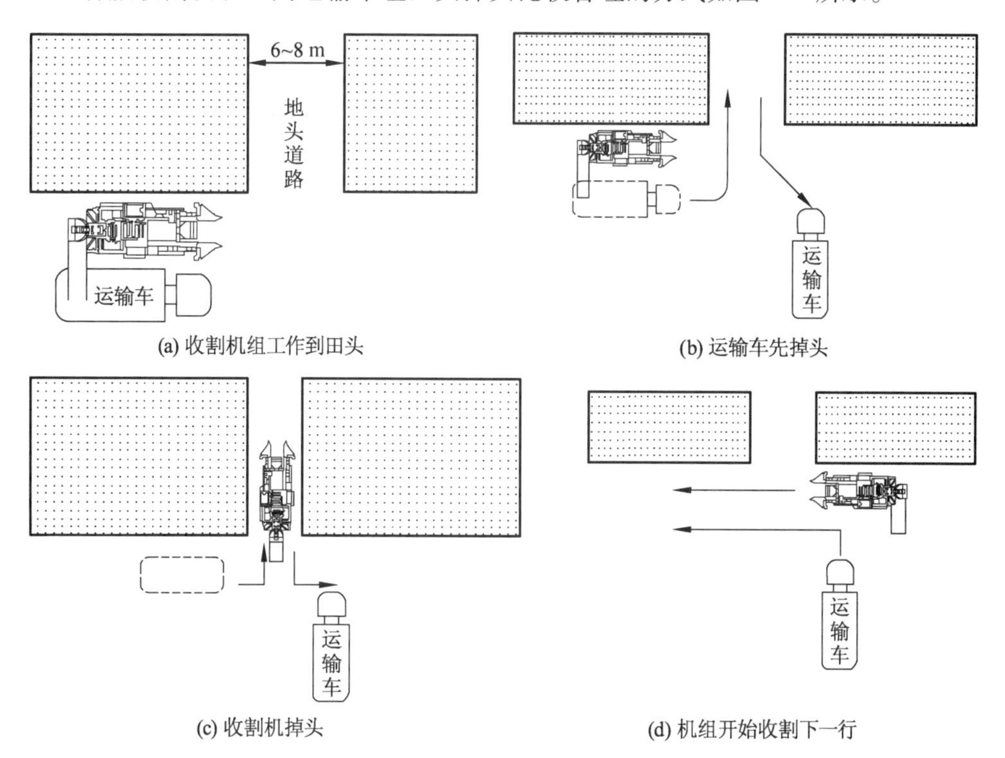

(a) 收割机组工作到田头　(b) 运输车先掉头

(c) 收割机掉头　(d) 机组开始收割下一行

图 8-4　甘蔗收割机和田间运输车组田头掉头方式示意图

③ 进一步完善设备配套,除了要有合适的机具,还要根据各种条件,配好合理的数量,使整个系统配套运行更加科学合理。

④ 加强农机农艺融合,摸索选择适应机械化生产要求的甘蔗优良品种。

⑤ 甘蔗生产田间管理水平要进一步提高加强,进一步探索科学田管,做好田间杂草的清除和病虫害的防治。

⑥ 努力做好各个环节的协调工作,特别是运输环节的畅通很重要,糖厂要设有机械化甘蔗运输专道,以发挥出甘蔗机械化收获系统的最佳效益。

8.1.2 凯斯4000型收获性能测试

湛江农垦甘蔗种植大部分种植行距都是1 m左右,凯斯7000型收割行距最窄的只能调到1.2 m,不能适应对种植1 m行距的甘蔗的收获。为探索甘蔗窄行距的砍收,广垦农机公司于2010年引进了凯斯4000型收割机进行适应性试验。该机型主要技术参数见第4章"凯斯系列切段式收割机"。

8.1.2.1 试验条件

试验在广垦农机公司的甘蔗机械化基地进行,凯斯4000型收割机1台,配套为适应糖厂的甘蔗接收输送设备专门设计改造的自卸式公路运输车4辆,每辆载重10 t,动力为52 kW。试验地面积约80亩,地形有一定坡度,采用顺坡种植,地块平均长度在200 m左右,地头留有机行道,种植行距100 cm和140 cm,甘蔗品种为脱毒台糖22号、台糖98-2817和台糖00-236。全部采用GZGZK-50型高地隙中耕机培土,甘蔗垄高25 cm左右,甘蔗培土高度平均15 cm;但培土不够理想,受台风影响,造成甘蔗倒伏。机械收获作业时的天气几乎都是晴天,土壤水分适中,不陷车,田间没有障碍物。2010年2月21日开始至3月15日,共工作119 h,收获甘蔗478 t。

8.1.2.2 甘蔗收割机作业性能测定

(1) 甘蔗切割质量测定

在培土不好、泥土覆盖不均匀、不到头、高低相差很大的地块,平均破头率为51.84%。而在培土较好、泥土覆盖一致、高低均匀的地块,平均破头率为7.45%。

(2) 甘蔗含杂测定

收割含杂率与作业气候、甘蔗品种、甘蔗倒伏情况、地块中杂草多少和机械行走速度有关。试验的地块无杂草,因甘蔗倒伏,蔗尾偏行和高低不一,切梢器不能偏向转,在测试时难以切到蔗尾,被切下的蔗尾不能向外飞出,而是掉在蔗行内直接被收割机收集,增加了含杂率,所以测试中未使用切梢器。晴天正常作业情况下,含杂率为8.46%。

（3）甘蔗损失测定

甘蔗损失测定是收集测定区内落地蔗段、蔗碎、割茬蔗茎等损失蔗茎质量与包括损失蔗茎的全部蔗茎质量进行对比。因收获的甘蔗切段较短，约 20 ~ 23 cm，损失碎蔗率为 5.09%，本测试还检测了收下的蔗段的破头情况，测得破头率为 6.59%。

（4）收割机的油耗测定

收割机的油耗与地块的大小、甘蔗产量、田间杂草、甘蔗倒伏程度、土地清理、作业天气和运输连接有关。收割时的地块比较短，地头窄，甘蔗倒伏，产量约 67.5 t/hm^2，机器前进速度 2.5 km/h。通过用计量加油器进行实地现场测试，得耗油为 2.2 L/t。

（5）收割机生产效率测定

收割机收获时是直接用翻斗车跟随接运甘蔗，行走速度平均为 2.5 km/h，甘蔗种植行距 1 m、品种为台糖 22、亩产 61.5 t/hm^2，地块长 200 m，砍一行需时间 4.8 min，纯工作小时平均 15.46 t，班次工作小时平均 6.61 t。收割机顺倒伏收割时行进速度较快，堵塞少，但回头时逆倒伏收割堵塞较多，行进的速度较慢。工作速度最快可达 2.9 ~ 3.1 km/h，平均 2.5 km/h。

8.1.3　4GZ-56 中型履带式甘蔗切段式联合收割机收获系统试验

2008—2010 年，广东科利亚公司在华南农业大学协助下，在引进国外样机的基础上，研制出 4GZ-56 型（56 kW）履带式中型切段式甘蔗联合收割机，根据该公司企业标准《4GZ-56 型履带式甘蔗联合收割机》和 JB/T 6275—2007《甘蔗收割机械试验方法》的要求在博罗县进行了性能测定，并在广前公司前进分公司进行了性能和生产试验，其间委托广东省农业机械鉴定站对样机进行了现场检测。

8.1.3.1　4GZ-56 型履带式甘蔗联合收割机的技术特征

4GZ-56 型履带式甘蔗联合收割机（见图 4-46）的主要技术指标和技术特征见第 4 章 4.2.3.5 节。

8.1.3.2　性能测定结果

测定结果见表 8-5。

表 8-5　性能测定结果

测定项目	测定值 1	测定值 2
作业挡位	工作挡	工作挡
测定区长度/m	20	20
机器通过测定区时间/s	9.4	10.6

续表

测定项目	测定值 1	测定值 2
机器作业前进速度/(m/s)	0.47	0.53
损失率/%	3.72	4.16
宿根破头率/%	16.2	10.4
蔗茎合格率/%	95.8	90.6
切割高度合格率/%	92.1	92.3
纯工作小时生产率/(亩/h)	0.07	0.08

测试地点:广东省博罗县杨侨镇

测试日期:2008 年 11 月 1 日(测定值 1),2009 年 2 月 21 日(测定值 2)

测定人:黄世醒　周勇　牟向伟　解福祥　莫肇福　彭钊　陈天波

8.1.3.3　生产查定

2009 年 2 月 9 日至 4 月 1 日,共计 52 d,在此期间,收割机在广东省遂溪县广前公司前进分公司进行了收割演示、生产适应性试验等,并由广东农机鉴定站在湛江条件下进行了性能检测。根据工作记录,在这 52 d 中,由于接待参观考察、大雾下雨、调试转场等停机、糖厂停榨、运输车和收割机损坏维修等状况,实际正常工作时间约 15 d 左右,收割甘蔗约 200 亩(有记录的 172 亩)。

从试验的情况看,甘蔗垄的平整度对切割高度合格率和宿根破头率影响较大,由于收割机操作人员看不清楚前方切割刀的入土深度,因此不能随时调整切割刀的入土位置,会造成切割高度不合格。切割位置高于地面时,也容易产生宿根破头现象。

由实验记录可知,在近 2 个月的演示及试验中,机器本身基本没出过问题,工作可靠性是好的;当甘蔗产量较高、倒伏较严重时,感到机器的马力不够。

生产查定表明,4GZ-56 型履带式甘蔗联合收割机使用可靠,作业质量稳定,具有较好的应用前景。

8.1.4　4GZ-91 履带式中型切段式甘蔗联合收割机试验

8.1.4.1　概述

根据 4GZ-56 型履带式甘蔗联合收割机的试验,科利亚公司进行了改进设计,并将动力提高到 91 kW。根据湛江田块情况,华南农业大学甘蔗机械化研究室将该机由袋装甘蔗改为输送臂送蔗、卡车接蔗的形式,改型为 4GZ-91 输送臂式甘蔗收割机(见图 4-47)。该机于 2012 年 1 月 1 日—3 月 31 日在广前农场牧场队和岭东队进行了试验和检测。

8.1.4.2　检测甘蔗地的基本情况

检测甘蔗地位于湛江遂溪广前农场岭东队，属于广垦农机公司的机械化试验地。试验地块总体长度 186 m，呈直角梯形，蔗地较为平整，总面积 54.37 亩。甘蔗品种为 93/128，于 2011 年 1 月种植，种植行距 1.4 m，进行过 1 次机械培土施肥。甘蔗由北向南倒伏，倒伏程度中等。

检测前对该地块甘蔗进行了测产。测定方法：在待收获的甘蔗行随机选择 9 个 10 m 长的测试点，记录下该段甘蔗的有效植株数目后，再抽样 10 根甘蔗测定以下 5 个参数：甘蔗高度（土面以上到生长点）、甘蔗直径（甘蔗高度的中间位置）、甘蔗总重、甘蔗净重、蔗梢重量（生长点以上），比较农学家常用的甘蔗测产法，确定较为准确和便捷的甘蔗测试方法。最终根据单株甘蔗的平均重量和 10 m 段甘蔗有效植株数目，进行试验甘蔗地的产量预测，结果见表 8-6、表 8-7。

表 8-6　每 10 m 甘蔗数目统计

编号	1	2	3	4	5	6	7	8	9	平均
有效植株数	57	56	82	90	96	71	78	92	91	79.2

表 8-7　甘蔗基本参数测定（统计 10 m 段甘蔗）

甘蔗平均高度/mm	甘蔗平均直径/mm	单根甘蔗总质量/g	单根蔗茎质量/g	单根蔗梢质量/g
2 275.2	27.53	1 338.12	1 192.8	145.32

由此可推算出检测地的平均亩产为 4.498 8 t/亩。但根据糖厂实际收蔗数，扣除 7% 的含杂，平均亩产是 5.549 0 t/亩。差异主要在于抽样误差和行距不准，很多地方行距可能小于 1.4 m。由此也说明种植机手培训的重要性，或者种植机安装卫星导航系统的重要性。

8.1.4.3　收获作业性能测定

按照 JB/T6275—2007 甘蔗收割机械试验方法，对 4GZ-91 输送带式甘蔗收割机收获 1.4 m 行距的甘蔗进行测试。按农业机械作业质量、甘蔗机械收获、机械还田等有关标准的规定进行检查、测试和调试。

（1）作业效率测试

根据甘蔗向一个方向倒伏的状况，采用单向收割的作业方式，3 台运蔗车运蔗。收割时天气基本晴好，详细记录了甘蔗收割机的正常工作时间、空行程的时间、停机检修或休息的时间。工作效率测试数据见表 8-8。

表 8-8 工作效率测试表

	总记录时间/min	工作时间/min	空行程时间/min	停机时间/min	收获蔗量/t	纯工作效率/(t/h)
1	405	219	91	95	49. 884	13. 67
2	186	72	48	66	13. 187	10. 989

注:平均纯工作效率为 12. 3 t/h。

(2) 油耗测试

总蔗地面积 54. 37 亩,总共加油 791 L,其中收割机从机库到田间及返回双程共需 4 h,耗油 50 L,甘蔗收割生产总计耗油 741 L,见表 8-9。

表 8-9 油耗数据表

总加油量	总收获甘蔗量/t	平均每亩耗油量/L	平均每吨甘蔗耗油量/L
741	301. 7	13. 628 8	2. 456

按油价每升 7. 5 元计算,机收甘蔗每亩耗油需要 102. 216 元,每吨甘蔗耗油需要 18. 42 元。机收面积总计 54. 37 亩,机收总蔗量 301. 7 t,平均亩产量5. 549 0 t。(注: 这是糖厂收蔗的工业产量,已扣 7% 的含杂)。

(3) 作业质量测试

在测试蔗田中随机选择 10 m 的长度作为测试段,测试过程中所收获的甘蔗由输送带送出,落在预先铺放好的帆布上,落在外面地上的甘蔗作为落地损失。对收获的蔗段按要求人工分类整理出合格蔗段、爆裂蔗段、破碎蔗段和杂质。测试数据见表 8-10。

表 8-10 作业效果测试数据 kg(%)

测试序号	合格蔗段	爆裂蔗段	破碎蔗段	杂质	落地损失
1	100. 8(80. 69)	10. 21(7. 88)	9. 84(8. 73)	2. 82(2. 26)	1. 242 4(0. 99)
2	82. 4(73. 52)	12. 376 4(11. 04)	13. 5(12. 04)	2. 158(1. 93)	1. 64(1. 46)
3	96. 42(79. 70)	9. 87(8. 16)	10. 54(8. 71)	2. 68(2. 22)	1. 462 4(1. 21)
4	79. 960(73. 64)	12. 580(11. 58)	10. 710(9. 86)	2. 947(2. 71)	2. 392(2. 20)

注:括号内数据为百分数含量。

测试过程中,很少有甘蔗破头现象出现,没有发现甘蔗被连根拔起的情况。运蔗车辆与收割机的配合好坏是造成甘蔗损失的主要原因,特别是在运蔗车辆即将装满的情况下,由收割机输送带输送到运蔗车辆上而又掉落蔗田的甘蔗会明显地增加。试验现场如图 8-5 所示。

(a) 试验段甘蔗收集

(b) 试验段甘蔗分类处理

(c) 合格蔗段

(d) 爆裂蔗段

(e) 破碎蔗段

(f) 甘蔗杂质

图 8-5　性能测试现场

8.1.4.4　顺、逆倒伏收获作业测定结果和分析

分别测试收割机按顺倒伏和逆倒伏收割时的作业性能，具体结果见表 8-11。

表 8-11　4GZ-91 输送带式甘蔗收割机作业质量

作业速度/m/s	落地损失率/%	破头率/%	含杂率/%	蔗段合格率/%	蔗茬高度/mm
0.24（顺倒伏）	2.96	9.41	7.34	57.57	≤30
0.13（逆倒伏）	8.32	14.58	7.23	55.46	≤30

由上述试验的数据可以发现：4GZ-91 输送带式甘蔗收割机在含杂、蔗段合格和蔗茬高度方面是比较稳定的，与机器的收割方向无关，可以通过更换切段刀具、提高风机效率和功率的方法来提升指标；在作业速度、落地损失和破头率方面则与机器的收割方向关系比较大，顺倒伏切割优势明显。

8.2　整秆式甘蔗联合收割机系统性能试验研究

8.2.1　概况

由华南农业大学主持的公益性行业（农业）科研专项（2010）“甘蔗全程机械化生产技术与装备开发”中的子课题 5“广西农村中小规模全程机械化生产技术和关键装备的开发和集成试验示范”（广西农机推广站主持），对整秆式甘蔗收获技术进行了研究。

2010年以来,我国曾出现并用于实地收割的整秆式甘蔗联合收割机代表机型:广西云马汉森机械制造股份有限公司生产的“汉升”牌自走整秆式甘蔗联合收割机(配套动力180 hp,整机重量9 t);浙江三佳农业机械装备有限公司生产的“三佳”牌整秆式甘蔗联合收割机(配套动力90 hp,整机重量4.8 t);浙江温岭市宏顺机械有限公司生产的“宏顺”牌自走整秆式甘蔗联合收割机(配套动力90 hp,整机重量4.5 t);河南省坤达农业机械设备有限公司生产的“坤达”牌履带式甘蔗联合收割机(配套动力100 hp,整机重量4.5 t)。这4类整秆式甘蔗联合收割机的具体指标详见表8-12。

表8-12　不同型号的整秆式甘蔗联合收割机指标

型号	动力/hp	适应行距/m	耗油/(L/t)	宿根破头率/%	含杂率/%	总损失率/%	标称生产率/(t/h)
坤达牌	100	0.9~1.2	1.25	≤10	≤10	≤3	15
宏顺牌	90	0.65~1.2	1.25	≤10	≤8	≤3	12
汉升牌	180	0.9~1.2	1.2-1.3	≤15	≤10	≤5.9	18
三佳牌	90	1.0~1.2	1.5	≤16	≤4	≤10	10

实际生产中,由于各种因素的影响,实际生产率一般只能达到标称生产率的60%左右。广西推广总站对一些样机进行了试验,包括河南坤达公司的4GZD-75型履带式甘蔗联合收割机、柳州汉森公司的汉升HS180型整秆式收割机和柳州翔越公司的4ZL-1型整秆式收割机,还有浙江三佳的4ZL-1型整秆联合收割机。这些机型效果都不太理想,与切段式收割机有较大差距,所以一直未能打开市场。

8.2.2　柳州翔越4ZL-1型整秆式甘蔗联合收割机

2012/2013年榨季,课题组对该型号收割机进行了收获试验,经试验应用,该机每天可收割25亩左右,配合人工4或5人,收割效率中等。

缺点:① 工作中传动输送系统容易塞蔗叶,影响作业效率;② 切断刀片高低控制只能靠机手时刻俯视一个小孔查看,不易看清且机手容易疲劳;③ 主机和挂车长度超过9 m,在小面积或者地头不够宽的地块使用受限;④ 甘蔗损失率高,剥叶环节容易将蔗折成小段随蔗叶排出,损失率为8%~13%。

使用柳州翔越整秆式甘蔗联合收割机收割示范区25亩蔗田,由扶绥县农机局组织技术人员进行测试,数据见表8-13。机械化收获工作效率为2亩/h,机收作业成本80元/t,人工收获成本120元/t,节约成本40元/t;机收损失率10%,人工收割损失少,可忽略;机收甘蔗宿根平均破头率为20.7%,人工收获平均破头率3.8%。

表 8-13　柳州翔越 4ZL-1 型整秆式联合收割机作业记录表

测试内容		结果
测试小区面积/亩		0.31
测试小区生长密度/(株/m)		8.2
测试小区甘蔗总产量/t		1.25
甘蔗亩产量/(t/亩)		4.03
收获时间/h	纯作业时间	0.516
	辅助时间	0.223
	合计时间	0.739
用工量/人		4
耗油量	测试小区作业耗油量/L	4.06
	单位重量耗油量/(L/t)	3.25
收获效率/(t/h・人)		1.69
作业费/(元/t)	人工作业费	17.8
	机械作业费	28.2
	总作业费用	46

试验地点:扶绥昌平乡八联甘蔗示范基地;种植品种:柳城 031137;行距:1.2 m;使用机型:柳州翔越 4ZL-1;机械收获方式: 整秆式;收集方式:随行机械收集。

8.2.3　浙江三佳 4ZL-1 型整秆式甘蔗联合收割机试验与适应性研究

4ZL-1 型整秆式甘蔗收割机总体结构如图 8-6 所示,该收割机主要包括动力系统、操作系统、前收拢机构 1、切割机构 2、(多级)传输轮 3、碎叶装置 4、剥叶装置 5、断尾装置 6 和收集装置 7。

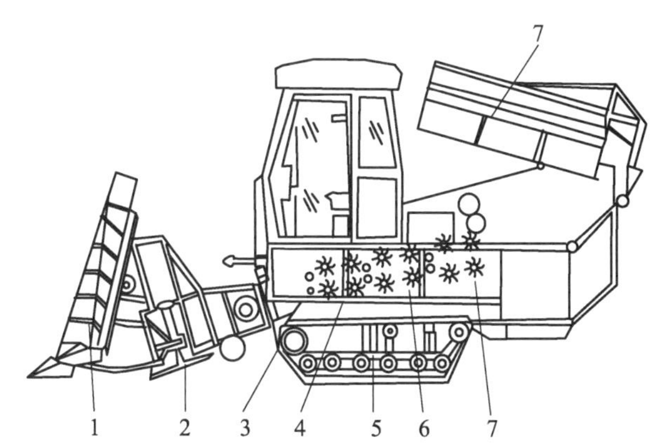

1-前收拢机构;2-切割机构;3-传输轮;4-碎叶装置;5-剥叶装置;6-断尾装置;7-收集装置

图 8-6　4ZL-1 型整秆式甘蔗联合收割机总体示意图

机构的工作原理:在切割机构 2 后设置有甘蔗传输通道,甘蔗传输通道内依次设有第 1 传输轮 3、碎叶装置 4、第 2 传输轮、剥叶刷装置 5、第 3 传输轮以及断尾装置 6。甘蔗通过前收拢机构 1 和切割机构 2 从地面被截断,经过甘蔗传输通道内碎叶、剥叶和断尾后,输送到收集装置 7。

4ZL-1 型整秆式甘蔗收割机配套动力为 66 kW,整机质量 4.8 t,适应行距 1 ~ 1.2 m,耗油 1.5 L/t,宿根破头率 <16%,总损失率 <10%。测试数据见表 8-14。

表 8-14　4ZL-1 型甘蔗收割机性能

喂入量/(kg/s)	作业前进速度/(m/s)	纯工作小时生产率/(hm^2/h)	实测收获量/(t/h)
1.14 ±0.11	0.21 ±0.02	0.061 ±0.006	5.11 ±0.47

8.2.4　整秆式甘蔗联合收割机的特点

中小型整秆式甘蔗联合收割机与切段式甘蔗联合收割机相比,有以下特点:

① 收获的甘蔗断口少,可储存较长时间,且损失较少,工作效率高,适应于目前糖厂的制糖工艺。

② 整秆式甘蔗联合收割机机身重量较轻,轮距(履带距)相对切段式机型窄,对地块压实和碾压蔗蔸作用轻,不会对来年宿根蔗的生长造成大的影响。

③ 能独立作业(收割时不用运输车在旁跟进),适合在较小的地块和一定的坡度(≤15°)以下作业。

由于受到甘蔗种植地块、农艺、行距及糖厂压榨工艺的限制,在小地块及山坡地种植的蔗区还是适合使用中小型整秆式甘蔗收割机。因此,目前及今后相当长的一段时期内,中小型整秆式甘蔗联合收割机还有生存空间。

8.2.5　整秆式甘蔗联合收割机存在的问题

① 如前所述,由于剥叶效率低,整秆联合收割机作业效率与同等大小马力的切段式收割机比,有较大差距。

② 整机适应性差。通过试验发现,整秆式甘蔗联合收割机对生长弯曲、倒伏严重的甘蔗,收割时的适应性较差;由于我国主产蔗区大多分布在热带、亚热带季风气候影响区,每年夏季受到台风、大风、暴雨的影响,甘蔗倒伏率高达 30% ~40%。

③ 整秆式甘蔗联合收割机故障率较高,花费的维修时间较多。

④ 蔗区前期工作主要采用人畜力劳作、管理粗放,导致蔗地起伏不平,影响收割机行进的稳定性,造成割茬不齐、破头率高,影响收割效果,同时不利于来年宿根蔗的生长。

8.3　整秆式分段收获机械化系统研究

8.3.1　广西小型分段收获割铺机系统经济效益研究

王晓鸣、莫建霖(2011)报道了由广西生产的 4GZ-9 型甘蔗割铺机、6BZ-5 型甘蔗剥叶机以及 7TS-15 型甘蔗装载机组成的最小甘蔗收获系统的使用情况。他们从使用经济效益角度对甘蔗分段收获技术的应用可行性进行了探讨。

8.3.1.1　经济效益分析依据

(1) 设备价格

甘蔗割铺机(含手扶拖拉机) 按 36 000 元/台计,甘蔗剥叶机(含动力) 按 6 000元/台计,7TS-15 型甘蔗装载机(含动力)按 5 000 元计。

(2) 生产效率

甘蔗割铺机 2.25 亩/h;甘蔗剥叶机 2 t/h;装载机 12 t/h。

(3) 油耗

甘蔗割铺机 18 L/hm^2;甘蔗剥叶机 1.0 L/t;装载机 0.083 L/t。

(4) 柴油价格

按 6.2 元/L 计。

(5) 人工费

50 元/(d · 人)计。

(6) 设备折旧

按 8 年计。

(7) 维修费

平均每年按设备价格的 5% 计。

(8) 收获季时间

每天纯工作 6 h,每收获季节按 100 d 计

(9) 机械收获甘蔗(含砍 剥叶程序)

服务费按 50 元/t 计。

(10) 人工收获甘蔗(含砍、剥叶、装车)

成本按 70 元/t 计。

(11) 设备配置

4GZ-9 型甘蔗割铺机 1 台;6BZ-5 型甘蔗剥叶机 4 台;7TS-15 型甘蔗装载机 1 台。

(12) 甘蔗平均产量

按 5 t/亩计。

（13）每台配备工人

割铺机1人；甘蔗剥叶机2人；装载车4人。

8.3.1.2　直接经济效益分析

直接经济效益是指购买4GZ-9型甘蔗割铺机、配套6BZ-5型剥叶机、7TS-15型甘蔗装载机的专业户用于收获作业服务时的获利情况。

（1）年作业成本计算

甘蔗分段作业年成本估算见表8-15。

表8-15　甘蔗分段收获年作业成本估算表

	项目	成本/（元/t）		
		割铺机（1台）	剥叶机（4台）	装载机（1台）
1	折旧	0.83	0.67	0.14
2	燃料费	1.49	6.20	0.51
3	维修	0.40	0.26	0.06
4	人工费	1.11	8.88	2.22
5	小计	3.83	16.01	2.93
6	合计		22.77	
7	年作业成本/（元/年）		102 465	

（2）直接经济效益

分段收获服务年总收入＝1.5×5×6×100×50＝225 000元/年

收获服务年获利＝收获服务年总收入－年作业总成本＝122 535元/年

可见，对于购机专业户来说，使用1台4GZ-9型甘蔗割铺机、4台6BZ-5型甘蔗剥叶机和1台7TS-15型装载机组成的甘蔗收获系统，每年可为其创收约12.25万元（含税），具有很好的经济效益。

（3）与人工收获比较

人工收获甘蔗（含砍割剥叶装车）成本，平均约为70元/t，使用由4GZ-9型甘蔗割铺机、6BZ-5型甘蔗剥叶机和7TS-15型装载机组成的甘蔗收获系统，由专业服务队提供收获服务，其综合作业成本约为22.77元/t，每吨甘蔗可节省收获费用47.23元。

8.3.1.3　社会效益分析

长期以来，我国的甘蔗收获都是传统的人工作业，从砍蔗、剥叶，直到装车都要耗费大量的人工，生产效率低下，收获成本高，蔗农劳动强度大。此外，传统收获方式每收获1 t甘蔗约需1个人工；而采用上述机械收获系统，则每收1 t甘蔗约需

0. 24 个人工，效率提高约 4 倍。

可见，使用机械进行甘蔗收获作业，一方面可减轻蔗农的劳动强度，提高劳动生产率，降低甘蔗生产成本，增加蔗农收入；另一方面，可大大减少用工量，解决收获季节劳动力紧张的矛盾，保证原料蔗能按进度计划砍伐进厂压榨。

但这种小型系统使用时劳动强度仍较大，在目前我国甘蔗生产劳动力老龄化的情况下，推广使用有一定难度，只适用于部分山区小田块。实际上，目前在生产上很少见到这种小型收获系统在发挥作用。

8. 3. 2 华南农业大学甘蔗分段式收获系统性能试验研究

2005—2006 年榨季，按照 JB/T6275—2007 甘蔗收割机械试验方法，在广前农场陈华金承包的蔗田进行收割试验。

（1）4ZZX-48 型悬挂式整秆甘蔗收割机试验结果见表 8-16。

表 8-16 4ZZX-48 型悬挂式整秆甘蔗收割机试验结果

测试项目 \ 地块号	1	2	3	4	5	平均值
拖拉机工作挡位	M1	M2	M3	M4	M5	
测试区间长度/m	10	10	10	10	10	10
实际测试长度/m	7	6	6	7. 9	6. 23	6. 626
机器工作速度/(m/s)	1. 43	1. 67	1. 67	1. 27	1. 61	1. 53
甘蔗和混杂/kg	102. 5	93	63. 5	51. 5	71	76. 3
纯甘蔗重量/kg	79. 8	73	49	42	56. 5	60. 06
收割速度/(kg/s)	20. 94	25. 89	17. 67	8. 28	18. 35	17. 62
测试范围内总株数	90	79	46	55	72	68. 4
切割高度合格的株数	80	65	33	47	60	57
切割高度合格率/%	88. 89	82. 2	71. 7	85. 4	83. 3	82. 33
宿根蔗破损株数/株	2	2	1	6	2	2. 6
宿根蔗破损率/%	2. 22	2. 53	2. 17	10. 9	2. 78	4. 122

记录人：路易斯、姜玉林、陈华金。

（2）甘蔗剥叶机的试验结果

喂入量：≥0. 5 kg/s；燃油消耗量：≤0. 8 kg/h；纯工作小时生产率：≥1 500 kg/h；含杂率：≤7%；蔗茎破损率：≤18%。

8.3.3 小结

本研究室几年的研究表明,分段式收获方式有如下特点:

① 采用中型整秆扶起夹持直立输送式割铺机在甘蔗直立或轻微倒伏时是可行的,且有较高的工作效率,达到 4 ~6 km/h。

② 这种收获方式在甘蔗倒伏较严重时效果较差。本研究室对各种倒伏扶起机构进行了大量研究,结果表明,中小型整秆扶起夹持直立输送式割铺机,由于夹持通道狭窄(宽则夹不住),不适应倒伏情况严重的甘蔗的收获。

③ 小型剥叶机有较好地剥叶效果,但工作效率较低。实际使用表明,6 ~8 台 12 hp 拖拉机带的剥叶机,才能赶上一台 50 ~60 hp 拖拉机带的割铺机的工作效率。在生产上还未见很成功的事例。

8.4 甘蔗机械化生产收获 - 运输系统配置与调度

收获系统包括收割机、田间运输车和公路运输车。收获系统装备的配置与调度,影响着系统的作业效率与运行成本。团队成员、华南农业大学余平祥在其博士论文中讨论甘蔗机械化收获 - 运输系统的配置与调度。

8.4.1 非线性规划配置模型

(1) 问题简述

设有大规模作业面积为 A,研究如何组织该收获 - 运输系统,以使该系统作业生产效率最高、系统作业成本最低,并保证按期完成生产任务。

(2) 变量设置

X_1 表示收割机台数(台),X_2 表示田间运输车台套数(套),X_3 表示公路运输车台套数(套),X_4 表示作业期天数。

(3) 约束方程的建立

1) 总作业量约束

对于收割机组有:$HA_h X_1 X_4 \geqslant A$,

对于田间运输拖拉机组有:$\left(\frac{\tau_f H v_f}{2d_f}\right) W_f X_2 X_4 \geqslant AO_s$,

对于公路运输机组有:$\left(\frac{\tau_r H v_r}{2d_r}\right) W_r X_3 X_4 \geqslant AO_s$,

式中:H 表示每天作业小时数(h/d);A_h 表示收割机每小时作业面积(hm^2/h);A 表示规模作业面积(hm^2);τ_f 表示田间运输时间利用系数;τ_r 表示公路运输时间利用系数;v_f 表示田间运输车工作速度(km/h);v_r 表示公路运输平均速度(km/h);

d_f 表示田间运输平均运距(km)；d_r 表示公路运输平均运距(km)；W_f 表示田间运输载重量(t/套)；W_r 表示公路运输牵引车载重量(t/套)；O_s 表示单位产量(t/hm^2)。

2）日作业量约束

对于收割机组：$HV_h T_h X_1 \geqslant T_d$，

对于田间运输拖拉机组：$\left(\dfrac{\tau_f H v_f}{2d_f}\right) W_f X_2 \geqslant T_d$，

对于公路运输机组：$\left(\dfrac{\tau_r H v_r}{2d_r}\right) W_r X_3 \geqslant T_d$，

式中：T_h 表示收割机每小时收割量(t/h)；T_d 表示每天要求收割量(t/d)；其余各参数含义同前述。

3）作业期天数约束

$$X_4 \leqslant 115$$

即收割必须在规定天数内完成。

4）整数约束

X_1，X_2，X_3 均为整数。

(4) 目标函数的建立

1）综合目标函数

表达式如下：

$$\min TC = \alpha_1 TC_1 + \alpha_2 TC_2$$

式中：TC_1 表示年收获－运输作业总成本(万元)；TC_2 表示年收获－运输系统机器总投资(万元)；α_1 和 α_2 表示两权系数。

2）年收获－运输作业总成本目标模型

目标函数表达式如下：

$$\min TC_1 = C_{fh} + C_{vh} + C_h$$

式中：C_{fh}表示收获机组、拖拉机运输机组年固定总成本费用(万元)；C_{vh}表示收获机组、拖拉机运输机组年可变成本费用(万元)；C_h 为公路牵引运输机组运输成本(万元)。

① $C_{fh} = (8\% + 10\% + 3\%)(X_1 OV_h + X_2 OV_t)$

式中：OV_h 表示每台收割机的原值(万元/台)；OV_t 表示拖拉机组单价原值(万元/套)，年折旧率按 8% 计，年资金占用率按 10% 计，年管理费率按 3% 计。

② C_{vh}包括工资、燃油费用、维修费等。其中，机组人员工资按每月 1 500 元计，每台机组配备 2 个机组人员；收割机组、田间运输机组按每小时 0.735 kW 耗油 160 g 计算，公路运输机组按每百公里耗油 45 L 计算，年维修费按年维修提成率 2.5% 计算。

③ $C_{\mathrm{h}}=SHv_{\mathrm{r}}W_{\mathrm{r}}$

式中：S 为牵引车每吨公里运输成本[万元/(t·km)]；其余各参数字母意义同前述。

3）收获－运输系统机器总投资目标模型

目标函数表达式：

$$\min TC_2 = OV_{\mathrm{h}}X_1 + OV_t X_2 + OV_s X_3$$

式中：OV_{s} 表示公路运输机组单价原值(万元/套)；其余各参数含义同前述。

8.4.2　0－1 整数规划调度模型

（1）问题简述

设有 M 个分区，N 台收割机，i 个距离分区 j 套收割机组工作，组成的配备方案有 ij 个，对于每个距离分区存在一个或几个优化配备方案，使收获－运输系统有最优的作业效率和收益，可以建立 0－1 整数规划调度配置模型求解。

（2）0－1 整数规划调度配置模型建立

1）变量设置

X_{ij}表示第 i 距离区 j 套收割机组作业出现情况($X_{ij}=0$ 或 1)，其中：$i=1,2,\cdots,M$；$j=1,2,\cdots,N$。

2）约束条件建立

① 资源时间量约束：

$$\sum_{i=1}^{M}\sum_{j=1}^{N} X_{\mathrm{ij}} j D_{\mathrm{ij}} \leqslant 115N$$

式中：M 表示工作分区个数；N 表示收割机台数；i 表示距离分区标号；j 表示距离分区内收割机组套数标号；D_{ij}表示距离区 j 套收割机组所需作业天数。

② 作业任务约束：$\sum_{i=1}^{M}\sum_{j=1}^{N} X_{ij} = M$ 。

③ 作业位置约束：$\sum_{j=1}^{N} X_{ij} = 1, i = 1,2,\cdots,M$ 。

3）目标函数建立

$$\min G(X) = 0.6 \times \sum_{i=1}^{M}\sum_{j=1}^{N} X_{ij}N_{ij} + 0.4 \times \sum_{i=1}^{M}\sum_{j=1}^{N} X_{ij}D_{ij}$$

式中：$G(X)$表示收割期天数与公路运输车数的加权和；N_{ij}表示第 i 距离区 j 套收割机组运输车配备数；其余各参数字母意义同前述。

8.4.3　模拟实例——广前公司大规模甘蔗收获－运输机械化系统设计

为验证模型的优化效果，将模型应用于湛江农垦广前糖业发展有限公司。该公司自 1996 年开始引进全套甘蔗生产机械，但由于缺乏有效的优化工具和组织大规模机械化收获－运输系统的经验，所以，当时在选配田间收获机具系统方面以国外经验为依据，而公路运输系统则完全没有加以考虑。现运用本系统对其进行配置调度优化。该公司属下有六大分场，一共有 65 个自然生产队，各队耕地少的几十公顷，多的近 400 hm^2，距离近的 4 km，远的 40 km，平均距离 16 km。该收获－运输系统，可设立 14 个工作分区。

系统优化结果对比见表 8-17。

表 8-17　配置与调度模型优化结果

	优化前	配置优化	调度优化
收割机台数/台	10	6	6
田间运输机组套数/套	40	30	30
公路运输机组数/套	60	72	61
最优作业天数/d	115	96.46	85.10
年作业总成本/万元	2 048.15	1 647.18	1 579.09
机器总投资/万元	7 638.7	6 731.04	6 181.04

由表 8-17 可以看出，经过机器配置模型和调度模型的两次优化，系统作业天数从 115 d 减至 86 d；系统年作业成本和机器总投资都有较大的减少，从而提高了作业生产效率、降低了系统成本，有着明显的优化效果。

8.5　甘蔗收获系统的效益研究

8.5.1　甘蔗大型机械收获系统的成本调查和分析

8.5.1.1　概述

甘蔗大型机械收获系统是指采用作业效率高的联合收获机械系统对甘蔗进行收割作业，经过田间和公路运输到糖厂的作业过程。目前全球典型的甘蔗大型机械收获系统是凯斯公司的切段式甘蔗联合收割机组收获作业系统，主要设备有切段式甘蔗联合收割机、田间运输车、田间运输拖卡、公路运输车、公路运输拖卡、糖厂卸蔗系统等。

基于澳大利亚、美国等国甘蔗大型机械收获系统的成熟高效运作，截至 2009/2010 年榨季，我国已先后从澳大利亚、巴西等国引进了 8 套凯斯 7000 型切段式甘蔗联合收割机及配套系统,在广东、广西等甘蔗优势产区开展了试验示范推广,8套收割机具体分布:广东湛江农垦局丰收公司2套、华海公司1套、广前公司1套、广东大华糖业公司1套、广西农垦局金光农场1套、星星农场1套、新兴农场1套。引进的8套凯斯7000型机已基本全部配套应用在各大糖业公司和农场的甘蔗机械化收获生产中。

为了研究清楚这些大型甘蔗收割机在我国的实际应用情况,国家甘蔗产业技术体系农机研究室于2009年初组织对这些凯斯7000型切段式甘蔗联合收割机及系统2008/2009榨季的情况进行了实地跟踪调查与分析。余平祥当时在撰写这方面的博士论文,具体负责了这项工作。

按我国有关部门的规定,农机作业成本的构成包括六项:油料费、工资、日常维修费、大修提成费、折旧费和管理费。收集用于分析的数据包括广东广垦农机公司丰收分公司、华海分公司,广东大华糖业有限公司,广西农垦金光农业实业总公司下属金光农场的试验及生产实测数据。

余平祥根据实地收集的数据,以及国内外农机作业成本计算方法,采用两种方案进行比较分析:方案一,将收获系统平均日生产效率按200 t/d进行计算;方案二,将平均日生产效率按100 t/d进行计算。

8.5.1.2　分析与讨论

经调查分析,按方案一和方案二计算的各单位2008/2009年榨季典型试验作业条件下,切段式甘蔗机械化收获试验系统成本效益情况分别整理数据见表8-18和表8-19。

表8-18　方案一:各单位试验系统成本效益情况

受调查单位	甘蔗收获量/t	机收服务费/(元/t)	收获运输成本/(元/t)*	全成本下盈亏/(元/t)	未计固定投资和利息的盈亏/(元/t)	设备折旧和利息占总成本的比例/%
广垦农机丰收分公司	10 000	37	61.8	-12.8	16.47	47.4
广垦农机华海分公司	9 500	45	37.9+13=50.9	7.1	16.7	25
广垦农机广前分公司	1 000	0	36.75+13=49.75	-36.75	-28.3	8.45
大华公司	4 000	25	>29.67+13=42.67	-4.67	8.8	56
金光农场	13 000	45	48.87+13=61.87	-3.87	14.6	37.8
广西农垦星星农场	2 000	40	>50+13=63			
广西农垦新兴农场	2 000	45	>50+13=63			

注:*表中成本包含收割和运输成本,目前一般情况下平均运输成本为独立核算的13元/t。

① 方案一中,假设切段式甘蔗收割机试验生产率平均每天收割200 t甘蔗,即假设榨季120 d情况下年收获甘蔗要求达到24 000 t,当时各试验单位没有能达到

该产量水平的。2008/2009年榨季年收割甘蔗产量最多的是金光农场的13 000 t，是唯一达到方案二中收割生产率平均每天收割100 t甘蔗的试验单位，所以实际的盈利情况还远远没达到表8-18中的结果。

② 表8-18中显示，如果切段式甘蔗收割机试验生产率平均每天收割200 t甘蔗，金光农场收获系统在各单位中该系统配套是最合理的，所以2008/2009年榨季甘蔗收获量达到13 000 t，是产量最高的。从方案二的100 t/d的低生产效率提高到方案一的200 t/d的高生产效率，其全成本情况下亏损额从22.74元/t减少至3.87元/t，亏损减幅达83%，亏损减幅是各试验系统中最高的，即按当前各系统技术配置下的经济性进行比较，广西农垦金光农场盈利能力是最强的，成本效益在200 t/d生产效率下的计算是比较合理的，但该系统油耗较高，该生产效率条件下成本还可降低。

③ 在方案一核算下，广垦农机华海分公司盈利为7.1元/t，其他各单位切段式甘蔗收获系统完全成本核算都是亏损的。如果不考虑试验时期该收获系统的固定资产投资和利息，则各单位在目前收获服务收费情况下均为正盈利。例如，广垦农机华海分公司收获每吨甘蔗盈利最多为16.7元，主要是因为他们仅投资切段式甘蔗联合收割机，田间运输和公路运输均为社会运输作用，社会运输费用各单位成本费用差不多都为13元/t，据澳大利亚研究，这种方式会对蔗田土壤压实破坏较大(Braunack, et al,2006)。这种甘蔗收获运输方式虽较经济，但不利于甘蔗农业生产的持续发展。如果考虑宿根产量损失机会成本，可能经济上也是不盈利的。

表8-19　方案二：各单位试验系统成本效益情况

受调查单位	甘蔗收获量/t	机收服务费/(元/t)	收获运输成本/(元/t)*	全成本下盈亏/(元/t)	未计固定投资和利息的盈亏/(元/t)	设备折旧和利息占总成本的比例/%
广垦农机丰收分公司	10 000	37	91.47	-42.47	16.07	64
广垦农机华海分公司	9 500	45	47.9+13=60.9	-2.90	16.30	40
广垦农机广前分公司	1 000	0	45.6+13=58.6	-45.60	-28.70	37
大华公司	4 000	25	>43.14+13=56.14	-18.14	8.8	62
金光农场	13 000	45	67.74+13=80.74	-22.74	14.20	55
广西农垦星星农场	2 000	40	>70+13=83	-30.00	-	-
广西农垦新兴农场	2 000	45	>70+13=83	-25.00	-	-

注：*表中成本包含收割和运输成本，目前一般情况下平均运输成本为独立核算的13元/t。

④ 由表8-18与表8-19比较可知，我国引进的8套凯斯7000型切段式甘蔗联合收割机的试验系统技术配套和经济效益，在不考虑固定资产投资折旧和利息的成本核算情况下一般可实现30%以上的盈利，而在当时生产效率的完全成本核算

情况下广垦农机丰收分公司亏损最高达到115%。

⑤ 广垦农机丰收分公司方案一的成本与金光农场较接近，但甘蔗收获服务费低些，为37元/t，固定资产投资折旧和利息占总成本比例较大，达47.4%，主要原因是公路运输使用拖拉机运输，投资成本高，而生产效率不高，经济上不合算，建议公路运输方式配套为更高效的公路货运方式。

⑥ 广东大华糖业公司购买台湾的旧收割机，由于设备役龄估计已过经济使用寿命期，所以根据购买价格按国内农具经济寿命期限进行折旧，设备折旧和利息占总成本的比例为56%，实际运行维护费应该会比计算中高一倍甚至更多，但调查中没有了解到相关数据，计算成本效益情况仅供参考。由于收获系统配置不当、操作不熟练等种种原因，比广垦农机广前分公司、广西农垦星星农场和新兴农场等其他单位试验系统盈利情况相对更差。

⑦ 在与当时试验系统实际情况较接近的方案二中，各单位试验系统经济上是亏损的，亏损最多的是广垦农机丰收分公司系统，因为其切段式甘蔗联合收割机系统投资最高，但系统配套不够合理，生产效率低，设备折旧和利息占总成本的比例高达64%，可见，设备高投资下生产效率低的话，经济上是最不可行的。

8.5.2 大型收割机收获作业盈亏平衡点

大型甘蔗收割机价格昂贵，农户自己购买的可能性较小，所以由农场或社会服务部门为农户提供机械化收获服务是适合我国国情的形式。了解大型收割机收获系统盈亏平衡点，有利于提高大型甘蔗收割机经营管理水平。以下对1996—2000年湛江农垦第二次全程机械化试验中收获系统相关数据进行分析。

当年人工收获甘蔗费用为25元/t。如果采用甘蔗联合收割机为农户提供收获服务，由于收割机的田间损失率较高，那么机收费要远低于25元/t，农户及工厂才可能接受。在以下分析中，设机械收获服务费为12元/t（收获损失按照8%计算）。

这台切段式甘蔗联合收割机的价格为279 500美元，当时是按正常价加上试验培训、技术传授费计算的，正常价估计为20万美元，加上关税，约为25万美元。按照正常使用10年计算折旧年限，每年支付10%的利息。砍蔗用油每吨耗1 kg柴油，约为2.5元，若算上机油消耗，砍蔗用油计为3元/t，支付机手工资为0.024元/t（每月580元，每天平均砍蔗800 t）。设每公顷甘蔗产量为90 t（6 t/亩），甘蔗收割机须工作x公顷才能达到盈亏平衡。

机械化收获成本分为固定成本和可变成本两部分，固定成本为机器折旧费用和支付的利息，可变成本为油耗费用和机手工资，则收获总成本为：

$$C=(\text{机器折旧}+\text{支付利息}+\text{修理费})+(\text{油耗}+\text{机手工资})=406\ 700+272.16x$$

收获服务收入为：

$$S = 12 \times 90x = 1\ 080x$$

平衡时，$406\ 700 + 272.16x = 1\ 080x$，可计算得出 $x = 503.44\ \mathrm{hm}^2$（7 552 亩），图 8-7 给出了甘蔗机械化收获的盈亏分析结果。

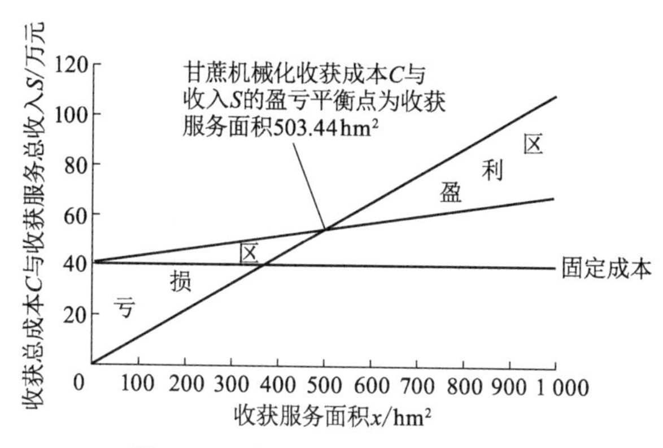

图 8-7　甘蔗机械化收获盈亏平衡图

从图中可以看出，要增加收益，必须扩大机械化收获甘蔗的面积。这是因为甘蔗收割机械价格昂贵，固定成本在总成本中占有很大的比重，只有扩大了机械化收获面积，机器分摊到单位面积上的平均成本才会降低，收益才会增加，每年最少收获面积为 $503.44\ \mathrm{hm}^2$。根据分析，一台收割机可以收获的面积可达 $600 \sim 700\ \mathrm{hm}^2$（9 000 ~ 10 500 亩）。可见，只要组织好，是能盈利的。

8.6　关于我国甘蔗收获方式的讨论

8.6.1　中型切段式甘蔗收割机成为主流

我国甘蔗收获机械化的发展历程和澳大利亚等国相似，早期也是从整秆式收割机的研制开始的。由于我国广西、广东台风很多，甘蔗倒伏严重，经过多年试验，证明扶起直立输送的整秆式割铺机不适应严重倒伏甘蔗的收割。而采用推倒式喂入割台的整秆式收割机，虽然能较好地适应倒伏甘蔗的喂入，但由于通道短，输送滚筒压住从根部输入的蔗叶，后部的剥叶机构工作效率低等问题，收获甘蔗的效率很低。由于切段式甘蔗收割机良好的性能及生产率，以及对倒伏甘蔗的适应，其迅速、广泛地得到认可。2011 年 6 月，我国甘蔗种植第一大省广西的农机局出台了桂农机科〔2011〕12 号文件《加快推进甘蔗种植及切段式联合收割机械化工作方案》，推动我国甘蔗收获向切段式方向转移，使切段式收割机成为我国甘蔗收获的主流机型。而整秆式收割机近年来陷入举步维艰、前景不明的困境。

如前所述,我国适合中型机械化系统的甘蔗种植面积约占40%。发展中型切段式甘蔗收获成为我国甘蔗收割机械化的主要方向。开始以引进国外机型为主,如凯斯4000型中型收割机(180 hp)、采用网袋集蔗方式的日本HC50-NN中型收割机等。经过近10年的发展,在国外机型的基础上,研发出了以洛阳辰汉公司的中型切段式收割机为代表、适合我国甘蔗立地条件的一批中型切段式甘蔗收割机,为提高我国的甘蔗机械化水平做出了很大贡献。

8.6.2 分段式收获系统

对分段式收获系统(整秆收割、剥叶机剥叶)进行的研究及案例分析表明,甘蔗分段式收获方式在技术上和经济上都是可行的,主要适合在小地块小规模情况下工作,如果组织恰当,与人工比有一定优势。

但实际上,目前分段式收获方式在我国蔗区,虽有一些试验报告(如广西农机院的研究报告)说分段收获会有较好的效益,但在实践中,包括农户单家独户的小田块和丘陵坡地,都没有成功连续使用的实例。究其原因,一是我国广东、广西蔗区一般甘蔗倒伏较严重,割铺机不适应这种作业条件,大大减少了它的使用空间,加之在机械化初期,大家都更趋向于选择效率更高、对用户更有震撼效果的大中型机具;二是分段式收获机具劳动强度大,不被使用者看好;三是在还有劳动力的情况下,小农户习惯上愿意采用人工。

所以,采用分段式甘蔗收获方式是值得尝试的,但是需要政府有关部门、企业和蔗农等各方联动,共同努力,才会有成效。例如,由生产厂家组织机收队,或与有关机械化服务队合作,认真试验和示范,逐步扩大影响。

分段式甘蔗收获目前的主要问题是剥叶机的效率较低 若能将剥叶效率提高,则经济效益可进一步提高,收获季节用工数也将大幅减少。

8.6.3 整秆式收获存在的问题

① 整秆式甘蔗联合收割机由收割和剥叶两套机构及两个工序组合而成,能满足剥净率要求的剥叶机构剥叶率较低,与收割机的收割效率不匹配,其工效就受制于剥叶工序的低效率。因此,今后在甘蔗整秆式机械化收割机具的研制上,应重点研究整秆联合收割机具的新的剥叶机理问题。

② 我国还处于甘蔗机械化的初期,整个机械化,包括收获机械化,都是在政府的指导和支持下开展,机械化首先是在条件相对较好的平原缓坡地进行,首先得到推广应用的自然是功效较高的切段式收获系统。甘蔗整秆式收获,包括分段收获和联合收获,由于功效都远比切段式收获低,在这个阶段自然不是机械化的首选。

③ 近年来,由于甘蔗生产成本增加,广东、广西等甘蔗主产区的很多种植户在

培土、施肥等种植管理环节的投入减少，甘蔗生长情况较差，甘蔗倒伏严重，给机械收割带来了不同程度的困难，整秆机对倒伏甘蔗的适应性仍然没得到很好的解决。另外，随着人工成本的增加，农户对实现甘蔗机械化收割的要求也明显提高。所以今后一段时间，除了在甘蔗种植农艺方面应通过培土、抗倒伏新品种的培育等农艺措施提高甘蔗的抗倒伏性能及脱叶性能外，采用切段式收割机具有明显的优势。

8.6.4　继续对整秆式收获技术进行研究的必要性

(1) 我国的甘蔗立地条件使整秆式与切段式收获技术有长期共存的必要性和必然性

我国与世界上大多数甘蔗生产国的情况不同，他们的甘蔗是他们国家农产品的重要部分，大多数是在自然条件较好的平原缓坡地种植，适宜于大中型机械发展。而我国是人口大国，粮食生产是重中之重，甘蔗等作物不能与粮食作物争地，只能在条件较差的丘陵山地发展，整秆式收获也就有了发展的空间。

(2) 天气因素

我国主蔗区很多地方在收获季节多雨。例如，2011/2012 年榨季，广西受梅雨天气影响，适合机收的时间不足 1/3。由于切段式收割后的甘蔗需要在 24 h 内送往糖厂入榨，如果全部采用切段式甘蔗收割机作业的话，糖厂将因无法在短期内完成整个榨季的作业量而使甘蔗产业受到严重影响。所以，重新审视我国整秆式收割机发展的技术路线，重点攻关适应我国甘蔗生产的整秆式甘蔗收割机关键技术，将有利于保障我国甘蔗产业的战略安全。

(3) 密切关注整秆式在我国发展的时间段和地域

由整秆式向切段式发展是世界发展趋势，但这并不表示分段式收获和整秆联合收获方式在我国一定会退出收获机械的市场。因为世界上大多数主要产蔗国甘蔗种植在平原地区，而我国以丘陵山区为主；另外，我国目前还处于甘蔗机械化收获的起始阶段，机收水平还只有 1% 左右，且主要机收作业都是在条件较好的平坦大面积的地区。随着甘蔗机收水平的提高，在一些条件较差的丘陵山区、小面积地块，具体采用哪种方式还在探索中。由于机具成熟度、农艺配合、土地条件、经营方式等还不到位，以及各方面认识上的问题，我们除了要重点关注切段式收割机、宣传切段式收获的发展趋势外，也应密切关注整秆式在我国发展的时间段和地域。例如，前几年我们到澳大利亚访问，就看到 J-150 整秆式割铺机还在一些小农场应用(收甘蔗作蔗种给种植机用)，说明即使是在澳大利亚，整秆式收割机也还有一定的使用空间。我国现阶段，在一些山区、小田块等只适宜小型收割机的地方，如广西南宁、百色等山区，以及云南省大部分地区，分段整秆式收割机系统还会有使用空间。

第 9 章　我国甘蔗机械化发展战略及相关问题的思考

历史是一面镜子，本文较详细地探讨了我国甘蔗机械化发展的历史进程，就是希望能从历史的脉络中，找出一些促进我国甘蔗机械化发展的方法。

如前所述，与其他八大主要农作物的生产机械化相比，我国甘蔗机械化的发展是滞后的，综合机械化水平比其他主要作物平均水平（70%）整整落后 20% 多。如何尽快改变这种落后状态，是我们面临的最大挑战。

9.1　我国甘蔗机械化滞后状况

9.1.1　我国甘蔗机械化的起步

由本书前面的论述可知，和其他作物相比，我国的甘蔗生产机械化开展得并不晚。早在 20 世纪 50 年代末就开始了甘蔗生产机械的研制。1981 年我国首次从澳大利亚引进成套甘蔗生产机械设备，开始了我国第一次用大型甘蔗机械进行全程机械化的探索。从 20 世纪 60 年代到 21 世纪初，我国在甘蔗机械化方面，开展了大量机具研制和性能及适应性试验。2012 年甘蔗生产综合机械化水平约为 35%；农机服务组织在壮大，一批私营企业组织了机收、机种专业服务队，促进了机械化的发展；一批国内厂家开发的种植、收割机已日渐成熟；由于农垦系统多年的努力，国外公司凯斯和约翰迪尔的大型（350 马力级）和中型（180 马力级）切段式甘蔗收割机已有几十台在我国农场、地方蔗区使用；农机农艺相融合取得进展；各种试验示范取得进展；蔗农、各级领导，以及糖厂对机械化的认识和配合有了进步。这些成果为甘蔗生产机械化下一阶段的发展打下了很好的基础。

9.1.2　我国甘蔗机械化的目标

尽管取得了一些成绩，但甘蔗生产机械化发展相对缓慢。耕种收综合机械化水平只有 40% 多，比其他主要农作物约 70% 的机械化水平落后 20% 多。为改变这种落后状况，近年来，国家高度重视甘蔗生产，各部委连续发文，规划和支持甘蔗生产机械化发展。

（1）2015 年 5 月，国家发展改革委、农业部发布《糖料蔗主产区生产发展规划（2015—2020 年）》

规划目标：到 2020 年广西、云南两主产省（区）糖料蔗面积稳定在 2 100 万亩，总产量达到 10 400 万 t，比基期增加 635 万 t。平均单产水平 4.8 t 以上，其中，糖料蔗生产核心基地单产水平达到 6 t 以上。良种覆盖率提高到 95% 以上，商品化供种水平提高到 85%，分别比基期提高 10% 和 5%。

（2）2017 年 6 月，农业部、国家发改委、财政部、工信部等部门联合制定了《推进广西甘蔗生产全程机械化行动方案（2017—2020 年）》

文件提出的行动目标：树立全产业链思维，着眼以机械化为核心的整体解决方案，支持推动广西 500 万亩“双高”基地实现全程机械化。到 2020 年（即 2020/2021 年榨季，下同），500 万亩“双高”基地糖料蔗生产综合机械化水平达到 80%，其中机耕、机种、机收水平分别达到 98%，85%，50%。带动蔗区收获机械化率提高到 16%。

9.1.3　对实现我国甘蔗机械化发展目标的分析

国家几部委提出的发展规划和行动方案，将甘蔗糖业提升到国家发展战略的高度，表明了国家对甘蔗糖业的重视，提出的目标是鼓舞人心的。但要实现，有很大难度。

9.1.3.1　规划和行动方案提出的目标实现不易

目标提出到 2020 年，广西 500 万亩“双高”基地糖料蔗生产综合机械化水平达到 80%，其中机耕、机种、机收水平分别达到 98%，85%，50%。带动蔗区收获机械化率提高到 16%。

根据广西农机局江垣德 2016 年 12 月在广西柳州甘蔗博览会上的报告，广西当年“双高”基地耕作环节全部实现机械化、完成机械新植蔗 101.6 万亩，按广西 3 年 1 个种植周期算，500 万亩“双高”基地每年约种植 170 万亩，则 101.6 万亩占到所需种植面积的 60%。2015/2016 年榨季完成机收 14.41 万亩，占 500 万亩“双高”基地的约 2.9%。“双高”基地综合机械化率为 47%。在这几个数据中，机耕率已到顶；机种已达到 60%，且短期内还有大幅提高的可能，但要在两年多内从 60% 提高到 85%，还需做很大努力，机收要从 2.9% 提高到 50%，则很困难。要带动整个蔗区机收由 2% 不到提高到 16%，也绝非易事。

9.1.3.2　建设甘蔗机械化示范县

根据《国民经济和社会发展第十三个五年规划纲要》等规划，农业部关于开展主要农作物生产全程机械化推进行动的意见要求，力争到 2020 年建成 500 个左右基本实现全程机械化的示范县。为支持甘蔗主产区建设全程机械化示范县，2017 年 11 月 10 日，国家发展改革委和农业部联合工作办公室制定了《甘蔗生产全程机械化示范县建设推进方案（讨论稿）》，提出示范县的甘蔗耕种收综合机械化率要达到70%、机种和机收机械化率均达到50%。

前面已提到，目前全国甘蔗综合机械化水平大约40%，机收水平只有2%不到。所以要在2年多的时间在示范县分别达到70%和50%，是十分困难的。2017年年底，中国农机化协会组织专家组对广西建设500万亩甘蔗“双高”基地情况开展评估。在调研中专家组发现，被提名拟创建甘蔗全程机械化示范县的扶绥县和武鸣区，虽然是广西甘蔗机械化条件最好的2个县区，但机械化水平离上述要求还相差甚远，很难在规定时间内达到示范县的要求。

2018年年初，经各方面协调，对甘蔗机械化示范县的标准做了调整。其中武鸣区改为到2020年榨季结束，全区甘蔗耕种收综合机械化率达到70%，机收面积达到40%；而绥县改为到2020年榨季结束，全县甘蔗耕种收综合机械化率达到70%，机收面积达到20万亩，即20%。甘蔗机械化示范县的标准因县而异，没有了统一的标准，似乎不太合理，另外，机收标准虽然由50%降到20%，但专家组2018年5月应邀做的调研发现，即使是做出了这样修改，要实现也有一定困难。

武鸣区甘蔗种植面积35万亩，其中“双高”基地21万亩（到2017/2018年榨季已完成17万亩）。武鸣大中型联合收割机有49台，在蔗地条件良好情况下按照每台每年作业2000亩计算，每年所有机具均服务本区域则能完成作业面积10万多亩左右，离武鸣示范区40%机收率的要求相差不远。

但扶绥县2017/2018年榨季机收作业面积仅3.696万亩，距离示范县2020年机收20万亩的目标还相差很远。

9.1.3.3 甘蔗机械化是甘蔗产业发展的必由之路

如前所述，甘蔗是制糖的主要原料，食糖需求增长而农业劳动力日益短缺且劳动力成本快速增长，对甘蔗机械化提出了迫切的需求。甘蔗机械化受到国家和主产区各级政府和领导的关注和重视，做出了很多加快发展的指示，提出了很多措施和解决方案。然而，甘蔗生产机械化，特别是甘蔗收获机械化，虽有进步，但不尽如人意。而国内外的糖价高差，引起进口糖猛增，挤压我国糖业的发展。要使我国的甘蔗糖业向高效低价发展，与国外糖价竞争，唯有发展机械化生产。

9.2 造成我国甘蔗机械化发展缓慢的原因分析

9.2.1 甘蔗产业种植地域西移，帮助了西部贫困地区发展，但基于低人力成本的生产方式影响了甘蔗机械化的发展

9.2.1.1 我国早期（20世纪30—80年代）甘蔗种植地域的历史变迁

我国早年的产蔗区在四川一带。20世纪30年代开始，广东及福建沿海蔗糖业

逐步发展，到了 20 世纪 40 年代以后取代四川发展为中国主要的产蔗区和食糖生产中心，广东珠三角一带和福建成为甘蔗的主产区。这个时期甘蔗产区包括福建、广东、广西、四川、云南、贵州、湖南及江西等省区。

9.2.1.2　改革开放以来的蔗区西移

20 世纪 80 年代改革开放之后，由于沿海地区经济崛起，农民和地方政府更愿意种植产值更高的农作物，引起规模空前的蔗区西移，甘蔗主产地从劳动力价格相对昂贵的福建、广东珠三角向具有劳动力优势的广西、云南、广东粤西等地转移。从 1992/1993 年榨季开始到现在，广西甘蔗种植面积、蔗糖产量一直居于全国第一位。同时，云南超过广东，保持全国第二的位置。现在的排名是广西、云南、广东和海南。全国甘蔗种植面积约为 2 300 万亩，以上 4 省区植蔗面积、蔗糖产量占全国植蔗总面积、蔗糖总产量的 95% 以上。21 世纪以来，农业部实施《甘蔗优势区域布局规划》(2003—2008 年，2008—2015 年)，在桂中南、滇西南、粤西琼北建设 3 个甘蔗优势区域，使我国甘蔗区域集中度提高到 98% 。

农业机械化要发展，根本的问题是有没有需要和可能，然后才是如何去实现的问题。“需要”是指国家和农民有没有在农业生产中用机器代替人畜力的愿望和要求，这是国家和农村经济发展的综合反映。我国是农业大国，人多地少，所以首先是国家有没有转移农村劳动力的需要，其次是农民离开农业是否有更好的收入，再次是留下来干农业的农民，是否能通过使用机器，得到更多的劳动收入，以及能更轻松地工作。“可能”是指从现状和发展趋势来看，是否具备发展的条件。

从我国农业机械化的发展来看，机械化发达地区有 2 类，一是地广人稀、国家需要发展粮食生产，且有能力支持发展机械化生产的地区，如东北、新疆、内蒙古等地；二是经济发达，有条件发展机械化的地区，如山东、河北及江苏等省。丘陵山区直到现在仍是我国机械化的短板。

蔗区西移使我国甘蔗产业在相当长一段时期获得了贫困地区的廉价劳动力和土地，扶持了贫困地区的经济发展。但是，低廉的劳动力和 60% 以上蔗区是丘陵山区，不利于机械化的发展，加上当时蔗区人的意识相对滞后，对改变生产条件的愿望不强。也就是说，在当时的条件下，甘蔗主产区既没有发展机械化的强烈愿望，也不具备发展机械化的有利条件，也从客观上延缓了甘蔗机械化的发展。

这种状况直到 2005 年左右国家工业化进程加快才逐渐发生变化。从全国来说，农业劳动力日益短缺，劳动力价格迅速上升，改善了甘蔗生产机械化发展的需求和空间。21 世纪初以来，进口机具的使用和国产机具的研发和应用有了突破性进展。以第一主产区广西为例，根据自治区农机局的材料，2015 年广西甘蔗耕种收综合机械化水平达到 55% ，其中机收为 1% (14.41 万亩)，机种为 6.7% (101.58 万亩)，有了很大的进展。

然而，与其他省份的机械化发展相比，甘蔗主产区的机械化形势并没有根本的好转。表9-1为2014年全国及各省农作物耕种收综合机械化水平情况，从表中可以看出，在全国综合机械化水平已达61.6%的情况下，甘蔗主产区的广西、云南、广东、海南，以及周边省份四川、贵州，综合机械化水平仍是落在全国31个行政单位的倒数10名内。另外，从第一产业农业从业人员看，广西、云南、海南以及周边的四川、贵州，仍有大量农业劳动力可以进入甘蔗主产区。所以甘蔗机械化的形势依然严峻。

表9-1 2014全国及各省农作物耕种收综合机械化水平情况 %

序号	地区	耕种收综合机械化水平	第一产业从业人员比重	序号	地区	耕种收综合机械化水平	第一产业从业人员比重
0	全国	61.60	31.40	16	陕西	56.62	37.85
1	黑龙江	100.00	44.44	17	青海	55.84	37.11
2	新疆	88.21	46.17	18	西藏	52.39	45.20
3	内蒙古	86.26	41.25	19	湖北	52.23	42.80
4	天津	83.82	8.14	20	江西	48.64	31.70
5	吉林	80.47	38.95	21	湖南	43.29	41.00
6	山东	76.26	31.70	22	广西	42.98	53.13
7	辽宁	74.76	24.15	23	广东	42.28	22.97
8	河北	73.74	33.57	24	甘肃	41.58	59.26
9	安徽	73.17	34.37	25	浙江	40.44	13.70
10	河南	72.59	40.13	26	海南	38.18	43.23
11	江苏	69.77	20.10	27	四川	27.45	40.60
12	山西	65.27	35.28	28	重庆	27.16	34.51
13	北京	60.57	4.80	29	福建	24.92	24.10
14	宁夏	59.87	47.57	30	云南	16.95	55.50
15	上海	58.31	4.07	31	贵州	12.59	63.28

9.2.2 大生产与小农经济经营的矛盾

农业机械化推行的关键是经济效益，有经济效益农民才能接受。甘蔗机械化更不同于其他作物，由于甘蔗粗长，小型机器很难有大的经济效益，只能以社会效益为主。也就是说，甘蔗是高秆旱地作物，属于大宗低值农产品，甘蔗生产需要的有效的机器比其他作物生产收获时用的机器大，只有使用大、中型甘蔗机械，实现大、中型机械化才有高的效率和效益。

（1）大型机械化模式

如前所述，根据我们的测算，我国甘蔗地适合大型机械化模式的面积只占10%左右，大部分在国营农场和农垦系统。然而，甚至在国有农垦企业，都还是以家庭承包责任制为主体。甘蔗生产仍以小农小面积单家独户经营方式为主，与商品农业、市场农业的优化生产方式还有很大差距。这就存在着大规模生产与小规模经营的矛盾。

从机械运作上来看，一个 3 000 亩以上的区域才适合一个大机组运作。从管理上说，要有 2 或 3 个大机组群，才适合管理，所以，一个地方没有 0.6 ~ 1 万亩相对连片的土地，是不适合使用大型机械的。

虽然有土地流转等一系列措施，但要达到这么大面积的流转，并不是一件容易的事。这就是甘蔗机械化推进缓慢，并需要更长时间试验示范的主要原因之一。

从世界范围看，实现了农业现代化的发达国家中，美国、加拿大和澳大利亚是大型机械化的典范，日本和韩国是较小型机械化的类型，而欧洲国家则介于中间。然而不论哪种模式，他们的管理模式都是与他们的规模相适应的。我国大型甘蔗机械化的规模处于美国模式和欧洲模式之间，但管理却是类似日本或低于日本模式。大型的机械化技术模式，却在分散小型的管理模式下运作，这个矛盾使我国甘蔗机械化的推进十分艰难。

（2）中型机械化模式

如前测算，我国适合甘蔗中型机械化的地约占 40%。一台中型收割机，按我国目前的运作水平，一年也能收获 1 000 ~ 1 500 亩，也就是说，一个区域内如果没有一个能控制 1 000 ~ 1 500 亩的生产单位，则很难发挥中型机组的效率。

然而，在 2017 年年底的甘蔗“双高”基地建设评估中我们发现，整治好的大块土地 70% 又分回农户分散经营，集中经营的只占 30% 左右。

所以，甘蔗机械化由于甘蔗本身的特点，需要比其他八大作物机械化更大的经营规模，而我们的蔗区还远远达不到要求的规模，这就限制了机械化的快速发展。

9.2.3　甘蔗机械化生产经营主体和经营管理模式现状

9.2.3.1　大型农民合作社模式

目前的甘蔗生产经营主体很多已发展到由各村屯的甘蔗种植大户及有能力的村民代表等自发组织成立的农民专业合作社，地方政府通过出台扶持政策，由政府或制糖企业采取奖励、贷款贴息、作业补贴等措施，扶持合作社购买大中马力以上拖拉机、甘蔗种植机和联合收割机等大中型甘蔗机械，使他们能迅速壮大发展。大型的农民专业合作社，自己有一定规模的土地，一般也配备甘蔗全程机械化的各种机具，既为自己服务，也为周边的农户服务，实际上也是农机专业合作社。这类合作社，一般年机耕作业量达万亩以上，是机械化的主力。

除此以外，还有各种规模的种植大户、家庭农场、专营某种作业的农机服务队等。

广西扶绥县渠芦村以自然村农户组织的甘蔗生产合作社，实行土地入股、股份分红的经营模式。还实行大中型拖拉机、甘蔗种植机、收割机等机具入股，配置了全套甘蔗机械，所以又是农机专业合作社。合作社实行“五统一”（统一整地、统一耕种、统一管理、统一收割、统一分配）的生产经营方式，达到规模化、水利化、良种化、机械化的“四化”标准，提高了产量、降低了生产成本、提高了经济效益。目前该合作社已有 1.37 万亩。

9.2.3.2　糖厂扶持社会资本经营的现代农场模式

这种模式的特点是以社会资本规模经营，面积几千至上万亩。如扶绥凯利农业有限公司，在东亚糖厂支持下，建设 1.33 万亩高标准“双高”基地，实现了精细化机耕平整、全程机械化作业、水肥一体化和测土配方施肥。因作业流程规范，节本增效效果显著，现已成为全区实施“双高”基地“四化”建设的标杆。这种模式经营的土地很多是转包糖厂从农户承包的土地，并且得到糖厂的资金支持，糖厂对实施主体补贴和预付建设资金，待项目建设完成后，由实施主体申请自治区“双高”综合补助资金后再归还，不足部分以入厂甘蔗或现金形式归还。也有自己承包流转土地的，如扶绥百甲合作社 2014 年自营土地 1 000 亩，现已扩大到 5 000 亩，并与周边其他合作社成立联社，经营面积达到 2 万亩。广东湛江的好帮手公司也是这种模式。

这种模式实际上是糖厂的合约大规模甘蔗生产基地。

9.2.3.3　中小型农场模式

这种模式的特点是一般土地规模是连片 100 亩左右。与糖厂合作，同样是糖厂对实施主体补贴和预付建设资金，待项目建设完成后，由实施主体申请自治区“双高”综合补助资金后再归还，不足部分以入厂甘蔗或现金形式归还。所以这种模式实际上是糖厂的合约中小规模甘蔗生产基地。

9.2.3.4　家庭农场模式

这种模式的特点是由家族或亲朋好友组成，经营规模一般为连片 50 亩以上。这种模式的形成，是“双高”基地土地整合后，以连片 50 亩为一个抽签单位，所以农户以家族或与亲朋好友结队抽签，得到 50 亩左右连片的土地，以各家成员为主要劳动力的农业经营主体，与以前单家独户的传统经营方式相比，提高了机械化水平，从而增加了产量，降低了成本，增加了效益。

9.2.4　规模经营与高地价

如上所述,甘蔗机械化需要比别的作物更大的经营规模,然而,由于甘蔗产业西移,甘蔗机械化错过了第一波的规模化。近年来,甘蔗生产产生了规模化经营的强烈需求。但是,走上甘蔗生产规模化经营道路的新型经营者们或通俗称为老板们,却面对着随着土地流转加快,地价急速增长的局面。据我们近两年来的调查,除了一些早几年大规模租了地的老板们能以 300 ~ 500 元/亩租到地外,近两年的地租普遍达到 1 000 元/亩,而甘蔗收购价是 450 ~ 500 元/t,也就是每亩租地费用约为 2 t 或 2.5 t 甘蔗的水平。根据中国农业年鉴的材料,我国甘蔗亩产平均为 4.5 ~ 5 t/亩,也就是收入一半交了地租,机械化规模经营的红利完全被高地价吞没。这种情况成为规模生产特别是甘蔗规模生产的最大障碍。

一般来说,以本村能人组织的农户土地入股分红的合作社,受地租的困扰较少,由糖厂承包转租给其他社会组织的,由于农民与糖厂的依存关系,受影响也稍微少点,早年低价租下大片土地的社会组织,如广西扶绥百甲合作社,受影响也较少。而在开展“双高”建设以来进入这个行业的企业,受影响最大。

所以,一般来说,村民入股合作社这种方式是目前最佳的组织方式。其次是糖厂自己承包的方式。目前广西扶绥东亚糖厂和东门南华糖厂都没有自己直接从事机种机收,而是承包后又都转包给其他社会组织,通过支持“现代农场”模式的合作社,间接介入甘蔗机械化生产。这说明他们还有顾虑,还在观望和探索,其实他们已经是全国糖厂中做得最好的了。从国外的经验来看,糖厂自己购买机具,组织机收队,与承包流转土地建农场的组织合作,从事机收甘蔗的工作,没有了含杂、损失、运输等纠纷,才是最佳的经营方式,值得我们考虑。

新的由自己向农户流转土地经营的社会组织,是最受高地租影响的。政府应考虑相关的扶持政策,使他们能在高地租下成功地经营下去。

近年来我们有幸接触和认识了一批推进甘蔗机械化的新型服务组织的人员。在高地租情况下,他们经常采取投机的态度。对于这个问题,有必要再做一点探讨:

对于大型合作社或农机化服务组织,机具装备的投入是必须考虑的。由于甘蔗机具价格昂贵,所以,大型合作社是否盈利,一般应考察较长时间,也就是说,要将机具成本分摊到较多年份中去。根据农业机械化的理论,一般机器的折旧年限是 8 ~ 12 年,而目前社会组织的老板们一般只按 2 ~ 3 年能否回本来确定是否值得经营下去。

（1）根据农业机械化学科的理论计算成本和效益

机械化服务收获甘蔗盈亏平衡关系如图 9-1 所示。就是说,在每年分摊了机具投入的固定成本后,要有较大的服务面积,才能赢利。

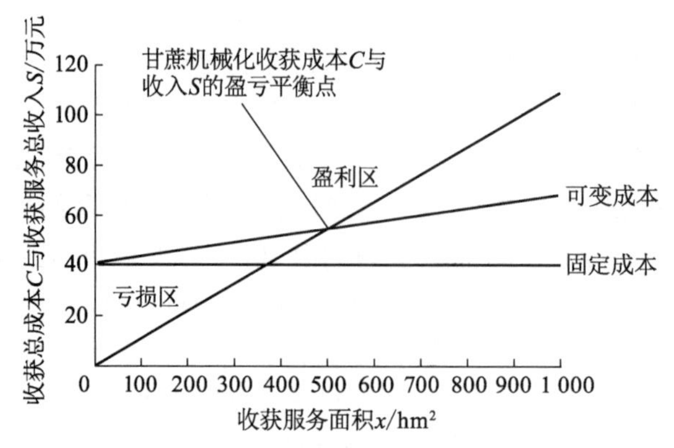

图 9-1　机械化服务收获甘蔗盈亏平衡关系图

（2）新型经营者计算成本和效益的方法

新型经营者计算成本和效益的方法如图 9-2 所示。

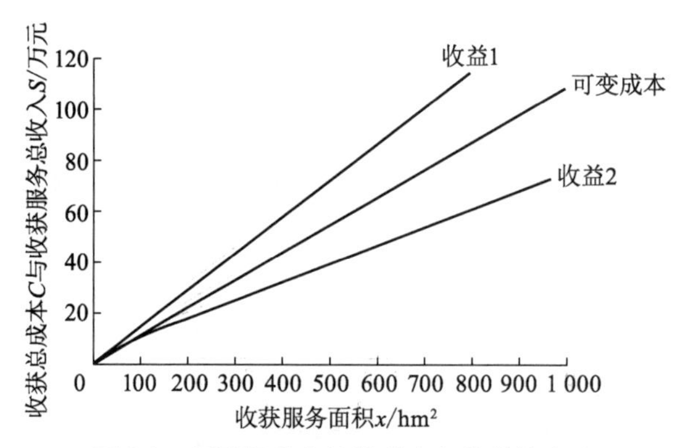

图 9-2　新型经营者计算成本和效益的方法

在不考虑购机等固定成本的前提下，如果收益 1 发生，则当年可能盈利，若收益 2 发生，则可能亏损。在收益 1 发生时，他们再考虑今年可还机器款多少，如连续 2～3 年是这个状况，并且几年的收益 1 加起来能还清购机债务，则他们认为模式可行。

他们不预先考虑购机等固定成本的理由：

① 这样不需要预设折旧年限，可以根据每年的情况确定下一步的计划，实际上是带有一种投机的心理。

② 他们经常不知道能拿到多少，以及什么时候能拿到政府补贴，所以也就不能预计有多少购机固定成本。如广西前几年规定，收割机卖了后，要等一个榨季结束后，看他们的收获量是否达到了铭牌上生产率的 60%，才决定是否给予补贴。实际上，榨季结束后不知道要多久才能得到这个数据，而且谁出这个数据、谁审这

个数据、要多久才能审批结束,都是未知数。2017 年 12 月 29 日参加甘蔗机械化评估时,我们在广西扶绥县的一家公司看到 3 台甘蔗收割机,那个老板说这个机具很好用,但收割机厂家说,几年了只拿到一台机的购机补贴。如果是农机合作社老板也没有按时拿到补贴,他自然不能确定他的购机投入是多少。

③ 对于这几年在广西租地的一些老板来说,最根本的问题在于,他们有部分人是有钱找投资项目,贸然进入农业行业的。他们并不熟悉这个行业的规律,对投资这个行业也没有长期打算,在单凭机械化种甘蔗的红利已完全被高地租吞没的情况下,他们实际上是靠国家的“双高”基地补贴来经营。一旦几年后这笔补贴用完,又没有新的额外来源,他们自然就会“跑路”,将麻烦留给政府和糖厂。

这是一个十分困难,但要有耐心想办法解决的问题。

9.2.5　努力提高各类组织的经营水平

也要注意提高社会组织的质量。有一些社会组织为了得到政府的项目资金,盲目扩大规模,这是必须注意的。应加强对这类组织的监管,提高他们的质量,发现问题及早解决。

如前所述,要提高各类组织,特别是农民合作社的经营水平,带头人很重要,是这种方式成功的关键,从目前成功的经验来看,很大程度上是要有一个本村的能人,此人最好受过高等教育,或有从事党政机关工作多年,或经商多年,具备一定的知识能力,有丰富的管理才能和工作经验。要大力发展社会化服务组织,就要支持和培养更多能人,提高他们的经营水平,从而组织起更多高水平的生产和服务组织。

9.2.6　对农民来说,甘蔗机械化的难点在于经济效益

农业机械化推行的关键是经济效益,有经济效益农民才能接受。如前所述,甘蔗机械化不同于其他作物,更需要大、中规模机械化。然而,我国基本还是以家庭承包责任制为主体。这就存在着大规模生产与小规模经营的矛盾,虽有土地流转等一系列措施,但始终未能解决主要矛盾,这就是甘蔗机械化推进缓慢,并需要更长时间试验示范的主要原因。

在糖价波动的影响下,在糖价低迷时,农民种蔗几近微利或无利,影响农民种蔗的积极性。

据产业体系经济室资料,虽然在国家扶持政策(如仓储政策等)的作用下,蔗农并没有直接感受到国际市场的压力,但仍在国家收购价(我国糖业的情况是糖价随市场变,而蔗价是由国家控制,定出最低收购价)的间接影响下,受到糖价波动的影响。根据产业体系经济室调查,2012—2015 年农民种蔗已近微利(每亩几十元)

以至亏损的程度,很多农民已纷纷转种木薯等其他作物。

2014/2015 年榨季广西全境甘蔗种植面积大幅下滑,下滑幅度为 10% ~20% 。分地区看,北部地区(包括柳州、来宾)种植面积下降幅度最大,其中柳州种植面积减少 20%,主要改种柑橘、速生桉等;来宾种植面积减少 15% 左右,大量改种速生桉。南部地区(包括崇左、南宁)种植面积下降幅度相对北部地区略小,但每年相比上年降幅扩大,其中崇左种植面积下降 10%,主要改种桉树、木薯、香蕉;南宁地区种植面积下降 11%,由于靠近一级省会城市,主要改种火龙果、桉树、景观树。

制约甘蔗种植面积的因素主要有 2 个,其一为劳动力成本,其二为每亩土地的收入。劳动力不足且机械化程度低是制约甘蔗种植的一个长期因素,农村青壮年普遍外出打工,导致人工成本大幅上涨,近两年砍蔗成本已经上涨至 120 ~150 元/t;同时我国甘蔗主产区普遍为山地、丘陵地带,平地相对很少,制约机械化种植与收割。

土地租金压力大。据广西南宁地区的调查,南宁城市周边平地的土地租金较高,未来种植甘蔗的可能性不大,而其余地区短期内甘蔗种植面积的增减主要根据农户种植收入而定。按目前价格计算,前几年农户种植香蕉、火龙果等收入最高,约 3 000 元/亩,其次为速生桉,约 1 200 元/亩,且桉树种植期间需要极少的人工护理,砍伐等工作亦有厂家专门负责,节省大量劳动力。种植收益最低的是甘蔗和木薯。但糖厂兑付甘蔗款不如淀粉厂兑付木薯款及时,广西崇左部分地区大片甘蔗地已被木薯替代。

2016—2017 年,甘蔗价格随糖价开始向上波动,情况又有了好转。甘蔗种植面积呈上升趋势,甘蔗生产向好。

9.2.7 甘蔗生产机械化是一个大的系统工程,各要素之间还缺乏协调运作机制

甘蔗茎秆内的糖是活性物质,甘蔗从田间收获后如果不尽早进行榨糖,所含的糖分会发生转化,所以甘蔗不能像粮食一样储藏。这一特性使得甘蔗生产必须考虑糖厂、蔗农和农机服务组织这个大的系统。由于这个系统中各方的利益不同,各方的话语权不同,对机械化生产的需求也不同。甘蔗机械化收获在推广使用中存在的种种矛盾源于系统内各方利益的不协调。在我国目前的政治和经济体制下,政府对甘蔗生产系统的搭建、组织和监管作用是不可代替的。所以,甘蔗生产系统的边界定义应为政府、糖厂、蔗农和农机化服务组织。甘蔗生产机械化不完全,甚至最重要的不是生产技术问题,而是协调管理问题,是需要协调甘蔗生产者、服务组织、制糖公司和政府管理部门之间关系的一个系统工程。

甘蔗是旱地作物,除了种植、收获机械,其他机械多是常规,或与常规农机具差别不大的机具,使用起来并没有太大的困难。收获机械方面,国外凯斯和约翰迪尔

公司的甘蔗收割机是在世界各地普遍使用多年的成熟大型机械,其中凯斯收割机我国近年来已引进二十多台,国内研制的中型甘蔗收割机,经过近年来的研究和使用,也已有一定成效,部分机型已达到规模使用的水平。然而,近年来甘蔗收获机械化仍处于艰难推进的状况,在很大程度上就是各方面的关系未协调好。

9.2.7.1 糖厂配合生产方式向机械化发展的积极性是问题的关键

甘蔗是工业生产(制糖)的原材料,我国制糖方法是一步法提炼精白糖,以前轻工业行业的甘蔗入厂标准是按人工收获的前提制定的,要求含杂率在0.8%以下,各糖厂也是按这个标准来制定工艺,包括所需的除杂工艺和添加的除杂原料。一旦采用机械化收割,目前世界上公认的机收含杂水平是4%~10%,平均7%左右。这样糖厂需要改进工艺技术,增加成本。距2005年中央一号文提出的“工业反哺农业、城市支持农村”已过去多年,糖厂有责任扶持甘蔗机收工作;甘蔗生产也是糖厂的第一原料车间,甘蔗生产成本高,直接影响糖厂的生产成本,即使是从糖厂本身的发展前景考虑,糖业部门也应该采取措施支持和配合甘蔗生产向机械化转变。实际上,糖厂的经营者们也明白随着劳动力日益短缺,不可能维持当前的生产状况,机械化是发展的必然趋势。但由于糖业管理部门制定的效益规则,经营者只考虑自身任期内的经济效益,为了自身的当前利益最大化,他们也就只能选择短期目标,对机械化收获采取拖延、推挡和不欢迎的态度。

调研记录:访问湛江某糖厂(2013-12-13,区颖刚等)

糖厂领导:机收蔗的泥沙多、含杂高、蔗尾多,如果全部是机收蔗,我们可以调整工艺流程,但现在的情况是一段时间来一车机收蔗,给我们的整个生产流程带来麻烦,所以我们不愿意收。我们也知道,随着人工成本增高,以后不搞机械化是不行的了。我们糖厂日处理甘蔗7 500 t到8 000 t,糖厂生产期一般应控制在100天以内,太长就不好了。如每日榨蔗少于5 500 t,甘蔗厚度不够就榨不出糖汁,不合算。现在找人砍蔗很难,有个大户说,他的砍蔗费开始时就达到了150元/t。今年12月1日开榨以来,最多一天只榨到7 100 t。今年我去泰国,当地收蔗价1 000泰铢(约250元人民币,包运到糖厂)农民就很高兴了。我们已经参与了国际竞争,原料蔗价这么高,我们的糖厂就没有竞争力,今后没有机械化是不行的。实际上,我们也不是没办法解决含杂高的问题,例如,可以加一道风选除杂装置,或在运输中途加一个除杂中转站,只是这要增加成本,现在还能应付,就先应付再说吧。

湛江农垦领导:最主观的原因还是人,现在民工少了,价钱高了,但还有人砍蔗,到找不到人了,就必须搞机械化了。2004年我刚接手时,机械化的主要问题在农业,当时农户对机械化的产量、质量都不满意。现在推行机械化的农业关已经过了,已经转到糖厂了。其实糖厂有很多办法,关键是没到时候,他们还不急。

近几年甘蔗全程机械化进步的一大特点，就是一些糖企认识到甘蔗生产作为糖业的第一车间，对糖业发展是十分重要的，因此他们也采取各种措施，扶持甘蔗生产发展。

如云南英茂糖业公司，对糖业的发展有长远的规划，几年前除了请科利亚公司来收割，还自己购置甘蔗收割机，组织机收队，探索机械化甘蔗生产的道路。但由于刚刚起步，对如何在云南组织好机械化收割还没有经验，还需假以时日，才能有大的发展。

广西扶绥县境内的东亚和南华两家糖厂，没有直接进入机种机收环节，而是积极支持甘蔗机械化生产的发展。如东亚糖厂引进澳大利亚甘蔗机械化技术，近2年来已投资支持建设“现代农场”经营模式4.05万亩。该公司还出台购买甘蔗生产机具的扶持政策，对在其辖区内进行机械化社会组织购买甘蔗种植机、大马力拖拉机的垫付95%购机款。2017年，已为东罗镇金盟农机专业合作社等服务组织垫付900多万元资金购买了3台甘蔗种植机，15台165~210马力大型拖拉机。东门南华糖厂通过支持整合土地、资金支持等方式，已吸引10家公司投入“双高”基地建设和甘蔗机械化生产，几年共投入资金1 105万元。他们还为适应切段式收获方式，对糖厂的入榨系统做了改造，促进了机械化收获的提升。

湛江恒福糖业公司对机械化也采取积极配合的态度，积极配合市里引进甘蔗收割机，使湛江市的机收水平有了很大提高。他们投入大量资金，支持合作社和公司购买甘蔗收割机。近两年扶持“好帮手”等一批合作社购买了近百台洛阳辰汉公司的中型甘蔗收割机，促进了湛江甘蔗收获机械化的快速发展。

仔细分析这几年广西、广东湛江甘蔗机械化的进步，特别是几种成功的模式，无不与糖厂有重要关系，甚至可以说是主要关系。中央一再号召要发挥社会力量的作用，目前糖厂绝大部分都以私营为主，广西的很多社会组织和农民合作社，都是在糖厂支持下取得进展的，湛江市的情况也是如此。而做不好的地方，很多也是由于糖厂的消极或抵触态度所致。

所以，要彻底改变糖厂对机械化切段式收获方式的态度，不能靠部分糖厂领导层思想转变的积极支持，而应由政府部门制定支持的硬政策，全面改变糖厂对机收的态度。

另一方面，对糖厂的支持同样非常重要。一是资金支持，如技改资金、机具补贴。二是技术指导。糖厂能够积极参与甘蔗机械化的进步，原因是什么？只有找出原因，才能更好地发挥糖厂的作用。不能只希望他们支持农业，也要考虑他们的需要和对他们进行必要的支持。

9.2.7.2　农户对机械化的认识还待提高

很多农户对产量高、人工容易收的蔗地，自己或雇人去砍；对产量很低、倒伏严重，人工不愿收的地才给机器收，增加了机器收割的难度，使机器收割的效率很低。在一些糖厂对机收蔗固定了扣杂率的地方，有些农户认为“反正只扣 7%”，还往机收的甘蔗里添蔗梢、蔗叶，甚至泥沙以增加重量，既不顾整体利益，也破坏了机械收割的声誉。

9.2.7.3　政府和管理部门的协调引导方法还在探索

甘蔗糖业税收是甘蔗主产区政府财政收入的重要部分，地方政府对甘蔗产业发展的政策是积极的。在我国目前的体制下，政府部门出面协调各方关系，特别是农业部门和糖业部门的关系，是行之有效的。广西、云南一些地方政府采取控制蔗区的方法促使糖厂采取机械化，如广西崇左市政府 2013/2014 年榨季与糖厂签订协议，要求糖厂保证接受机收的甘蔗，达不到就减少给他们提供的蔗区面积，这样做虽然有些简单粗暴，但也是一种有效的权宜之计。

9.2.7.4　建立利益共同体

以上四大原因集中到一点，即四者之间还未形成一个利益共同体。需要处理好蔗农、服务组织、糖厂、管理部门（政府或其代理机构——税收部门）四者之间的利益关系。这中间的关键是政府和糖厂，糖厂配合，农户就不会给服务组织添麻烦；政府和糖厂给服务组织和机械研究单位及生产厂家试验示范的机会，就能促进机械的快速改进。

甘蔗是加工原料，在我国糖厂是糖蔗的唯一使用部门。甘蔗糖业牵涉农业、糖业两大部门，与其他作物相比，是很不一样的。现在农业部门一直是按照其他作物的方法在推进机械化，事倍功半，没有达到预期的效果。大家都学会了一句话：“甘蔗机械化是一个系统工程”，但考虑的主要是农业内部及技术上的系统，没触动到与糖业部门之间关系这个系统问题。事实证明，甘蔗机械化要发展，光靠农业部门或是农机管理部门已经不能很好地解决。应该由政府牵头，有关部门协作联动，协调农业和轻工糖业之间的利益关系，才能加快推动甘蔗机械化的发展。

9.2.8　甘蔗收获技术难度大，科技支撑和资金投入不足

9.2.8.1　甘蔗是最难实现机械收获的作物之一，而甘蔗是小产业，所需生产机械的市场容量小

粮食作物收获的是果实，对收获作业过程中茎秆及根茬的破损无要求；青贮饲料收获过程中将整株作物粉碎；而甘蔗收获的对象是茎秆，对茎秆的破损、含杂率以及留在田间的根茬高度及破损情况都有严格的要求。所以，甘蔗是最难实现机械化收获的作物。

与小麦、玉米、稻谷等大宗作物相比，甘蔗是小宗作物，甘蔗生产机械的市场容量小。2011/2012—2016/2017 榨季以来，我国甘蔗种植面积最大的是 2013/2014

年榨季,达到 1 711 khm^2。同期,我国小麦种植面积 24 400 khm^2,玉米种植面积 35 438 khm^2,稻谷种植面积 30 351 khm^2。由于甘蔗机械的市场容量小,甘蔗机械又必须面对不同的地形地貌、土壤条件、降雨情况、种植方式、甘蔗品种、作物生长方式(直立还是倒伏)、产量(45 ~ 120 t/hm^2),一款机器很难满足所有种植者的要求。由于不确定的潜在回报无法吸引大的公司,因此我国实力雄厚的大公司投入甘蔗机械研发的愿望不强。研发和生产适合的机器的任务主要落在了一些设备和技术水平较差的小厂身上。

9.2.8.2 中小企业科技支撑和资金投入不足,使研发甘蔗收割机成为他们的滑铁卢

如上所述,我国甘蔗机械化的系统环境还不完善,企业科技水平不高,投资甘蔗机械的研发和生产就具有很大风险。特别是甘蔗联合收割机,技术含量高、价格昂贵,一台机器的价格几十以至上百万,研发经费更是动辄几百甚至上千万,中小企业投身这个行业具有极大的风险。

前几年,受我国甘蔗机械化大气候的影响,很多条件并不成熟的厂家没有经过仔细考虑和规划,就贸然进入这个领域,有的在机型还没成熟的情况下就批量生产,造成产品积压,自身经营困难以至破产,也给农民带来损失。更有甚者,使政府农机推广部门承受了渎职问责,影响了下一步的推广工作。例如,浙江三佳公司、河南昆达公司、柳州云马汉升公司、广东科利亚公司等一批企业,几年前投入了极大的热情和大量资金开发甘蔗收割机,如今三佳和昆达已破产,云马汉升已经解体,科利亚的甘蔗收割机业务也停滞下来。澳大利亚有一本描述甘蔗收割机研发历程的书,书名是 *They are all half crazy*(他们都快疯了),该书描述的是澳大利亚的甘蔗收割机艰难的研发过程,用这本书名来表述我国甘蔗收割机研制的先驱者们,也是十分贴切的。

9.2.8.3 信用缺失,产学研结合路还很远

虽然说我国甘蔗产业系统各组成要素之间缺乏协调机制而阻碍了甘蔗机收技术的推广,2000—2015 年期间我国甘蔗收割机制造企业纷纷倒闭或陷入困境的主要原因还是自身技术不成熟。这些企业在投入甘蔗收割机研发前都进行了市场调研,觉得市场还可以,又缺乏合适的机型,是一块大蛋糕,所以就一脚踏进来了。他们对甘蔗收割机的复杂性缺乏必要认识,觉得找个原型机复制一下就可以了,结果因没有掌握关键技术,样机一年又一年的做试验和改进,最终拖垮了企业。

与小麦、水稻等大宗作物生产机械化研究相比,甘蔗生产机械化发展战略研究起步晚,科研投入少。同时期从事甘蔗机收技术研究的科研院校有华南农业大学、广西农机研究院、中国农业机械化科学研究院和广西大学等单位。尽管国家提倡和鼓励产学研结合,但是农机制造领域成功的案例不多。农机制造企业习惯于走

捷径和在合作中信用缺失是产学研合作难以推进的重要原因之一。产学研有效推进之日，便是国产甘蔗收割机成功之时。

9.2.9　甘蔗机械化处于一个艰难的磨合过程

一个很令人疑惑的问题：甘蔗生产的大机器全世界都在用，为什么在中国就推进得那么困难？

问题就在于农业机械化是个系统问题，需要时间来组织和解决，也就是说，需要一个磨合的阶段，这是一个艰难的、需要时间的过程。如澳大利亚就经历了上百年的磨合过程。我国目前正处在这个磨合阶段，从总体上说，机械化应用效益不高甚至亏本，用湛江农垦陈超平处长的一句话来说就是，单机试验都好，一旦规模投入生产就不行，在大面积上推进就有困难。广东湛江农垦广垦农机公司、广西农垦金光农场、广东科利亚公司机收服务队，以及一些购机大户，这些甘蔗机械化生产的先驱者的实践都证明了这点。我们应在一定范围内开展各种形式、各种规模的试验示范，解决技术和经营瓶颈。所以现阶段可以叫作试验示范阶段，这个阶段大约还需要几年时间。

如前所述，农业机械化推行的关键是经济效益，有经济效益农民才能接受。甘蔗机械化存在着大型机械系统大规模生产与小规模经营的矛盾，虽有土地流转等一系列措施，但始终未能解决这个主要矛盾，这就是甘蔗机械化推进缓慢，并需要更长时间试验示范的另一重要原因。

另外，据甘蔗产业技术体系经济室 2013 年 9 月 10 日报道，目前土地流转仍有很大困难，主要是农民不愿流转，他们调研估计这种状况要经过 5 ~ 8 年农民没有劳动力了才能改变。广西计划的 500 万亩“双高”基地建设，也是要到 2020 年才能建成，时间上和这个判断差不多。所以说甘蔗机械化这几年还是会处于试验示范阶段，只是规模将会由研究性的试验示范扩大到政府主导的一定规模的机械化生产性试验示范。

对比水稻机械化的发展，20 世纪 70—90 年代，我国开始大搞水稻机械化，各种水稻农业机械在很长一段时间一直推进困难，农民和农学家们对机器的作业性能总是一百个不满意，究其原因，主要是系统问题没解决：农村有大量廉价劳动力、土地经营规模小、国家对农机的扶持力度不够等等。到了 21 世纪初，国家工业化、城镇化引起农村劳动力短缺，国家制定了农业机械促进法，实行了购机补贴、土地流转等一系列政策，引发了农民购置农业机械、各方关注农业机械化的热潮。在新的需求形势下，还是那些机器，农民争相购买，人们更关注农业机械的整体效果，而不是戴上放大镜来挑毛病。国外公司也开始看好中国市场，日本、韩国的公司纷纷杀入。当时，除了各厂家研制、仿制各种机器，形成了一种竞争的局面外，就是大力研究水稻生产机械化的系统,从育种、育秧、中耕施肥,一直到收获,形成了一套适合机械化作业的农艺和管理系统。同时,减少了机械中耕工序,做到了“轻简”。特别是收获,创造了一套跨区作业模式,实现了现代化机器的作业经济技术要求,机手也有钱可挣。总之,系统环境的改善,是水稻生产机械化得以快速发展的前提。

而这也是我们寄希望于甘蔗生产机械化的发展道路。我们需要按照甘蔗机械化的系统环境,走出一条适合我国甘蔗机械化发展的系统发展道路。

这个阶段的重要任务是积累经验、调整关系、改变观念。抓好试验示范中的技术问题,包括农机农艺相融合,品种、行距等问题;探索轻简技术(如采用复合肥,减少施肥次数)和机械化复式作业,如联合种植(开沟、下肥、下种、覆土、铺膜等一次完成);研究运输、糖厂收蔗系统等;政府部门特别要注意解决高地租带来的问题:不是为机械化而机械化,盈利是目标。

甘蔗机械化现在的情况:经过最近几年探索机械化的路,甘蔗机械化总体水平已有较大发展,种植机械化已有长足进展,虽然收获机械化离目标还远,但各级政府、研究单位和企业都已经在努力探索应该抓什么,主体是谁,什么发展道路,解决什么关键问题等甘蔗机械化的发展要素。相信在不久的将来,我国甘蔗机械化将会有大的发展。

9.2.10　国际和国内市场糖价周期性地大幅波动是影响甘蔗糖业发展的一个重要因素

食糖是一种在国际流通市场上较活跃的产品,其价格受各国甘蔗生产状况和国际市场上食糖的流通和需求量的影响,呈周期性大幅波动的趋势。

糖价经常处于剧烈波动的状态,大起大落现象显著。如 2008 年曾低到 2 650 元/t,之后 3 年持续上涨并高位运行,至 2011 年 8 月达到 7 810 元/t 的价格顶峰,之后 2 年价格一路下滑,到 2013 年 12 月跌至 5 015 元/t。由于国内外食糖价格传导之间缺乏“风险闸”,两者趋势一致且高度联动,使得我国成为世界上允许进口食糖的国家中进口价最高的国家,国外进口食糖总是能以低于国内糖价的价格大量进入国内市场。在进口糖冲击下,产需平衡的局面被打破,库存高位运行,2012—2014 年 3 年库存消费比分别达到 41.67%,57.97% 和 75.92%。与此同时,我国糖料与食糖综合生产成本持续增长,糖料产业出现了“产量增、进口增、高成本、高库存”并存的局面。从成本收益看,蔗农利润与制糖企业严重亏损并存。

2012/2013—2014/2015 年 3 个榨季,由于雇工费用、生产资料价格、土地成本等刚性增长,糖料尤其是甘蔗综合生产成本持续上涨。其中,由于出现了严重的“蔗工荒”,人工成本上涨了 120%,每吨砍蔗成本由 80 元上涨到 120 ~ 150 元。与此同时,受糖价下跌影响,甘蔗收购价下滑(广西甘蔗收购价由 2011/2012 年榨季的 500 元/t 下滑至 2013/2014 年榨季的 440 元/t,2014/2015 年榨季为 400 元/t),2013/2014 年榨季蔗农不赚钱,2014/2015 年榨季蔗农每亩至少亏损 100 元以上,广西大量蔗农改种其他作物,在没有做好产业转移准备下将进一步冲击其他农作物,威胁农民增收和农业稳定。

甘蔗糖业,国内外糖价差超过 1 000 元/t 以上,2012 年,进口糖价 4 000 ~ 4 500 元/t,国产糖价 5 500 ~ 6 000 元/t。由于我国甘蔗生产机械化程度低,国家为了保护蔗农,只能提高蔗价,在糖价中蔗价占 3 500 ~ 4 000 元/t,占 60% ~ 70%。

由于我国甘蔗和糖厂生产经营基本上是采用承包方式,承包者的经营意向都带有短期行为的特征,上一个榨季糖价高,大家就会增加投入、扩大生产;反之则削减。这样就更加推动了糖价的波动,增加了投资糖业的风险和国家托市的困难,影响了我国甘蔗糖业的健康发展。

9.3　国外甘蔗机械化生产系统分析与借鉴

9.3.1　概述

世界甘蔗生产主要集中在亚洲、大洋洲、南美洲和北美洲的一些国家。目前世界上甘蔗种植面积最大的国家依次是巴西、印度和中国,其他种植面积较大的国家还有澳大利亚、美国、泰国、墨西哥等。在这些甘蔗种植大国中,除了印度和中国机械化程度低之外,其他国家都不同程度地实现了机械化生产。美国和澳大利亚于 20 世纪 70 年代就已经基本实现了甘蔗生产机械化,目前巴西、日本和古巴等国也基本实现甘蔗生产机械化。南非、泰国等国家也在不同程度上实现了机械化(见表 9-2)。甘蔗宿根年限可以达到 6 ~ 8 年,产量约 100 ~ 120 t/hm^2。

表 9-2　世界各国甘蔗生产及收获机械化情况　　%

国家	巴西	印度	中国	泰国	巴基斯坦	墨西哥	澳大利亚	哥伦比亚	美国
生产规模所占比例	39	19	7	6	3	3	2	2	2
收获机械化水平	93	1	<1	25	1	20	100	50	100

注:此表数据来自约翰迪尔公司人员 2016 年 12 月在广西柳州甘蔗机械化博览会上的报告。

为了学习国际上甘蔗机械化的先进经验,本研究室和产业体系机械化研究室人员从 1998 年开始,多次到澳大利亚、美国做访问学者,以及组团考察,到巴西、泰国等国考察甘蔗生产,访问了很多甘蔗农场,研究了这些国家特别是澳大利亚的大量甘蔗生产机械化资料,与各国学者进行了技术交流,对甘蔗机械化生产及机械化系统模式有了较多了解。

9.3.2 各主产蔗国对甘蔗生产的支持政策

9.3.2.1 澳大利亚的糖业生产管理系统和食糖价格调控政策

澳大利亚有一点非常值得我们学习，即他们的生产管理、价格调控和利益分配制度。早在20世纪50年代，澳大利亚的Toft就说过，机械化最大的障碍可能还是来自甘蔗的支付系统。他说："现有的机器没有一种能满足糖厂和蔗农要求的准确和清洁程度，在价格上就会打折扣。"

澳大利亚的甘蔗糖业生产，并不是完全由蔗农自主决定的管理方式，而是由澳大利亚政府对糖业生产实施配额管理，规定各个甘蔗生产农场的生产限额，蔗农如果不按政府的配额管理安排生产，自行扩大生产规模，则扩大部分的甘蔗将会受到按低价收购或不收购的处罚。政府还对糖厂产品的内、外销比例进行控制。蔗农在地方管理机构中有代表。蔗糖业各环节的利益关系如图9-3所示。

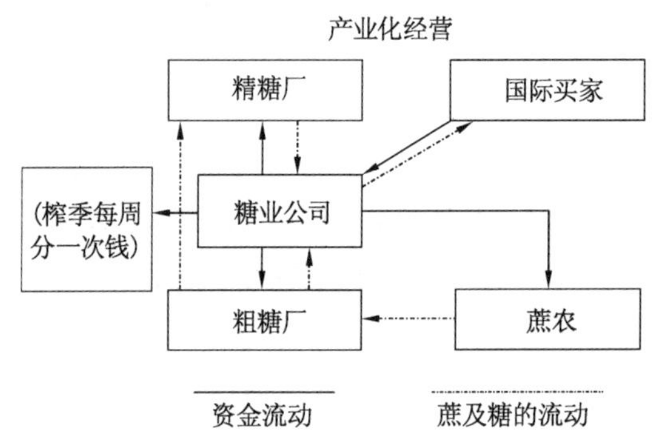

图9-3 澳大利亚蔗糖业各环节的利益关系

澳大利亚的甘蔗按质论价，在主产区昆士兰州，每年甘蔗价格沿用一个经验公式制定。甘蔗价格与甘蔗含糖分挂钩，糖厂和蔗农的收入按食糖销售收入的比例约为1/3∶2/3。而农机服务公司则与挂钩的服务对象、农户或糖厂进行结算。

在确定了整体分配原则后，为避免各环节的利益风险，从国际市场食糖的平均价格反推甘蔗价格，并由蔗农协会公布国际市场糖价和与其挂钩的不同糖分的甘蔗的价格。由于分配比较合理、利益一致，充分调动了农户、糖厂和机械化服务公司，以及代表政府利益的糖业公司各方的生产积极性。

高的生产效率、面向市场且协调一致的管理体制，造就了澳大利亚甘蔗产业的高效益，这是最值得我们学习的。

澳大利亚由糖业协会组织和协调糖业生产，负责协调协会、糖厂与农户的关系，保障签订合同、支付定金、安排收获等工作，并负责在国际上将原糖作为期货出售。州级政府对甘蔗和食糖价格进行调控，立法规定各方的利益分配。在澳大利亚最大的产糖州昆士兰,已经搞了很多年的甘蔗支付系统和价格公式是基于甘蔗的蔗糖含量和糖价,由政府决定的。1916 年这个分配公式被引入的时候,是基于当时的糖业的生产关系、商业含糖量(CCS)的回收率经验值 90%、甘蔗平均的商业含糖量(CCS)是 12 个单位这些因素决定的。计算公式为:

$$P_c = P_s \times (90/100) \times (CCS - 4)/100 + 0.578$$

式中:P_c 代表甘蔗价格;P_s 代表糖价;0.578 是一个澳元金额常数,这个常数随时间而增加,在 2000 年,它是 0.578 澳元。

此公式表明,糖厂的收益是 12 个单位 *CCS* 中的 4 个,其余的给种植者。在正常生产情况下(糖厂达到 90% 的回收效率,种植者的甘蔗的平均标准质量 *CCS* 达到 12 个单位),收益大约 2/3 归种植者,1/3 归糖厂。

体现在公式里的这种刺激措施鼓励了糖厂增加蔗糖的回收效率,因为公式假定了工厂的回收率是 90%,因提高回收效率(通常是由于资金投入)而增加的利润都归糖厂所有,而不需要把这种因提高效率而获得的利润跟蔗农分享。这鼓励了昆士兰的糖厂寻求更有效的糖提取技术。该公式同时也为种植者提供了一种刺激来提高甘蔗的含糖率。因为"三分之一的回报归糖厂"是体现在公式中的(*CCS* - 4)因子中,因此任何能提高蔗糖含量(CCS)的措施都导致甘蔗种植者的收入增加。

虽然后来政府放松了对糖业的控制,不再参与甘蔗供给安排的谈判,但一个类似上面描述的公式仍在绝大多数情况下一直被保留。现在,一些糖厂除了给种植者糖产品的收益份额,还会给一些糖蜜等产品收益的份额。例如麦凯糖业联合公司建立了一个新公式,该公式是基于将糖厂从所有来源(例如废热发电、糖蜜等)得到的收入都按固定的比例分配,支付给各个种植者。

9.3.2.2 巴西扶持甘蔗生产及甘蔗生产机械化的政策

产业体系研究室 2012 年对巴西甘蔗机械化生产进行了考察。作为世界第一大甘蔗产糖国,巴西的甘蔗生产流程却非常轻简,农场投入的生产成本很低。他们的理念是甘蔗是一种粗放的作物,不需要精细的管理。农业生产上的粗放,实际上就是将问题留给了糖厂。糖厂对入厂甘蔗的含杂率没有严格的要求,他们还支持用制糖副产品进行土壤的持续改良。糖厂的滤泥、酒精废液及收获后的碎叶根茬均回田用于土壤改良。这都是在长期进行土壤养分跟踪测定的基础上进行的。在 Usina Santa Lucia 糖厂蔗区,经历一新五宿 6 个生产期的甘蔗,上榨季平均单产为 84 t/hm^2,含新植地耕整,6 年甘蔗生产成本 222 ~ 278 雷亚尔/亩,年均 118 ~ 138 元/亩。糖厂组织机收和运输,吨蔗机收费用 13.5 ~ 15 雷亚尔,相当于 40 ~ 50 元/t。高产、低投入、高收益的农业生产与原料加工实现了良性循环,使得巴西的蔗糖产业竞争力优势难以比拟。

巴西政府 1970 年就制订了全国农业开发计划,设立地方开发银行和特别资金等措施，扩大耕地面积，提高经营规模。在农业信贷方面，以土地占有面积、农业生产值、农业生产效率和农业现代化水平作为基本依据，鼓励扩大规模和发展农业机械化。鼓励国外企业投资巴西农业，在信贷、价格、税收等方面与国内企业一视同仁。政府还鼓励合作和农业机械化，设立专门机构指导，20 户农户以上就可以向银行贷款设立合作社，购买农业机械享受低息贷款。一系列的措施使巴西甘蔗机械化得到迅速发展。

9.3.2.3　美国

（1）美国得克萨斯州糖厂对甘蔗生产的配合

2007 年，我们考察了美国得克萨斯州 Weslaco 地区的甘蔗生产。Weslaco 地区有 20 000 hm^2 甘蔗，110 户农户（每户约 200 hm^2），一家糖厂。当时粗糖价是每吨 190 ~ 200 美元。粗糖在 Louisana 精制，糖只在国内销售，糖价由农业部定。该地的甘蔗生产由各农场管理，甘蔗产量为 105 t/hm^2，4 ~ 8 年宿根期。如果当年收获时少于 30 t/英亩就重种，不然没效益。甘蔗收获由糖厂负责，糖厂拥有所有的收获和运输机械。收割主要采用约翰迪尔公司的大型切段式收割机，一次完成全部作业，由大型运载车由田间直接运抵糖厂，蔗区沿公路两侧集中在糖厂周围。收获时糖厂与农户签订合同，农户按照合同种植，糖厂负责烧蔗叶、收割、运输、制糖。糖厂买了 19 台收割机，每台 240 000 美元，收获时一般用 11 台，每天工作 24 h，每台一天收 1 000 t，总共每天收割 1 万多吨甘蔗。糖厂有 50 个固定工，收获时增加临时工 250 人，多为墨西哥人。每辆拖拉机配 2 人，9 美元/h，每周工作 5 d，每天每人工作 12 h，每周每人工作 60 h，临工工资 2 200 美元/人・月。在巴西，一个工人一个月才 125 美元，美国就贵得多。但相对于固定工，糖厂老板的付出仍然低得多。

运输采用拖拉机加 20 t 拖车，或 30 t 大运输车。每英里一个收蔗站。125 hp 拖拉机的租金为 18 000 美元/（台・10 个月），如买的话 45 000 美元/台。榨季为每年 10 月至次年 3 月，共 180 d，收获时机具一天工作 24 h，每台拖拉机一年工作约 4 000 h，一个榨糖季节需要更换二次轮胎，机具的使用被发挥到最大的程度，3 ~ 4 年设备更新。

简言之，美国的甘蔗生产效益高，一是他们的大规模生产，充分利用设备和人力；二是各部门都对甘蔗生产采取配合和支持的态度，没有相互扯皮、只顾自己利益的现象，因此能创造出很高的生产效率。

（2）夏威夷的粗放式种植

2013 年 4 月，我们考察了夏威夷茂宜岛甘蔗收获情况。夏威夷的甘蔗种植土地条件较差，蔗田内很多大大小小的石头，不利于机械化作业。所以夏威夷的甘蔗种植方式很粗放，如收获时只能留较高的根茬，以免刀片打到石头。采用整秆收获方式，甘蔗连叶带泥送到糖厂，糖厂也是采取积极配合解决问题的态度，收获的甘蔗进入糖厂后经过水洗，清除泥土和石块。图 9-4 为进厂甘蔗车和水洗工序。

(a) 运输车进厂

(b) 送蔗槽水洗

(c) 分离出的石头和泥巴

图 9-4　夏威夷进厂整秆蔗榨前水洗

9.3.2.4　日本对甘蔗机械化的扶持政策

日本甘蔗主要是种植在冲绳和鹿儿岛，自然和环境条件对于甘蔗种植来说较差，加上近年来人口老龄化造成农业劳动力缺少，使甘蔗生产发展缓慢。然而，甘蔗仍然是这些地区一个主要的作物，在支持当地农民的生活中扮演着重要角色。因此甘蔗生产机械化仍得到重视和持续改进。多年来，农业部门及企业仍投入很大力量发展各种适用的农业机械。

日本政府对价格昂贵的甘蔗高效率机械，如甘蔗联合种植机、滚筒式脱叶机和中型联合收割机等，由政府以购机价的 60% 补助给购机户和低息贷款给农协、蔗农购置，组建机械服务队上门服务，采取自负盈亏的经营方式；糖厂对甘蔗含杂率只是在收购甘蔗时进行抽检，然后做相应扣除即可，为甘蔗收获机械的应用提供了比较宽松的条件。

9.3.2.5　泰国

泰国甘蔗种植面积约 1 500 khm^2，2015/2016 年产糖约 10 000 kt，约 6 500 kt 出口，是世界第二、亚洲最大的食糖出口国，出口量占世界市场份额的 15%。有数万个甘蔗小种植户，也有一些大型甘蔗农场。全国拥有 40 多家糖厂，其中日榨能力万吨以上的有 30 多家。除少数糖厂拥有一定面积的农场外，大部分糖厂自己不种甘蔗，但与蔗农签订收蔗合同。

泰国主要是由糖厂购买并运营收割机，目前帮助蔗农收获甘蔗收取费用大约是 190 泰铢/t，约合人民币 38 元/t。泰国政府为了应对人力短缺及保护环境（禁止焚烧蔗叶）的需要，近几年大力推进机械化收割。2011 年泰国政府给农民提供了大约相当于 2 亿人民币的贷款用于购置甘蔗收割机；2012 年则继续提供约合 1.6 亿元人民币的此项贷款。据泰国农业大学一位教授介绍，自 1985 年引进第一台 Austoft 7000 型收割机至今，泰国大约拥有 1 700 台各型甘蔗联合收割机（由于很多是早期购买的二手 7000 型收割机,因此实际在用的收割机要比这个数小很多)。这些机型包括凯斯 7000 型、约翰迪尔 5320 型以及本土的一些品牌(如 SMRT、TTR、MM)等。2012 年,我们到泰国考察,见到泰国自行制造的 133 kW(180 hp)中型收割机在田间工作,对泰国中等规模的地块,已形成了较好的工作系统。

目前,政府正在支持大学开展甘蔗收获机械的攻关研究。一些糖业集团也在积极引进国外的新机型进行收获试验。

9.3.3 世界各国甘蔗机械化生产发展对我们的启示

9.3.3.1 因地制宜,结合具体情况,采用先进适用的机械化系统和机具

多种因素影响着不同机械化技术和机械化规模的选择。甘蔗生产机械化是一个历史过程,除了技术问题,还与很多社会经济问题,如原来的生产结构、蔗农及糖厂的习惯等有关。例如,在大型切段式收割机已被证明是一种高效可行的收获方式很多年后,澳大利亚很多地方还采用整秆式收割机很多年。甘蔗生产先进国家能达到现在的水平,是长期努力的结果。

(1) 甘蔗生产全程机械化应重视系统优化

澳大利亚重视整个生产过程的优化,保证甘蔗的最优生产条件。我们还处于只重视个别生产技术,而忽视系统的优化的阶段。我们应该优化生产系统提高甘蔗的宿根年限,取得最好的经济效益:一是通过防治病虫害、宿根作业,提高宿根蔗的产量;二是以经济效益为目标,提高宿根年限。

(2) 结合我国甘蔗生产的立地条件,加大机械化技术研究

世界各国甘蔗机械,特别是甘蔗收割机,都是根据各国自身的条件不断改进而发展起来的。各种机具都有自己的优缺点和适应性,各国都要因地制宜发展适合自己条件的机具和收获方式。经济效益是决定各地采用哪种收获机具的关键。

我们在学习世界各大企业的甘蔗收割机时,也必须考虑我国的具体情况。要更加注重发展复式多用途甘蔗机械。为了提高机器的利用率、降低成本,将一台机器经过简单的改装就能进行多种作业,是当前农业机械研究的一个重要课题,如甘蔗整地开沟种植一体化,中耕培土施肥复合作业等。关注适合自己的系统解决方案是采用机具的最终确定因素。

9.3.3.2 积极采用信息技术,使机械化发挥出更高的效益

澳大利亚、美国,甚至巴西的甘蔗生产很多采用 GPS 蔗田规划和自动导航,全程机械化系统作业效率高、成本低。甘蔗收割、运输计划系统由计算机控制,可使糖厂在不需积存甘蔗的前提下,保证全天连续生产。这种周密的计划需要工农双方的配合、专业化的分工服务,以及计算机信息化管理体系。

9.3.3.3 各部门协调配合,建立健全甘蔗机械化生产管理机制

国外主要是有关部门的一体化合作,包括农户、服务组织(协会和服务组织),以及糖厂。我国的甘蔗糖业目前最缺乏的就是部门之间的配合,部门内还是各做各的,农业部门和糖业部门始终是两张皮。澳大利亚和美国的经验很值得我们认真学习和借鉴。

分配制度是糖业生产中最重要的环节之一。澳大利亚等国的分配制度都是由政府出面组织利益各方确定的。这对公平公正地处理各方关系,促进糖业健康发展是极其重要的。

对于收获作业的组织,总的来说,巴西的糖厂拥有自己的大农场;美国的糖厂有机收服务队,与周边范围内的农场签订合同负责收获甘蔗;澳大利亚的糖厂没有参与甘蔗收获,而由专门的收获承包商来做,但糖厂负责运输系统。这些方式都值得我们参考。

9.4 对甘蔗机械化发展战略的思考

9.4.1 做好顶层设计

目前甘蔗产业政策不明确,甘蔗收获机械化环节需解决的关键技术,除了机具自身性能、可靠性及改进提高的问题外,还有就是如何从系统集成的角度,将已有一定成熟度的机具按不同区域的自然和经济条件,组成收获机械化系统。在试验示范的过程中,应进一步提高收获机具性能及解决好适合不同区域条件的收获机械化系统配套的问题,形成推广应用的区域技术模式。从目前各地的条件来看,首先应在桂中南、粤西的农垦农场及有条件的农村,形成以大中型联合收获机具为中心的大型高效联合收获模式,使这些地方的收获机械化在近几年有大的发展;同时积极探索适应丘陵地区使用的中小型机械化收获模式。

以前总说有规模机械化才有效益,但现在由于高地租,有规模机械化也难有效益。应该对包地种甘蔗的新型经营主体做调查,从政府的角度考虑如何通过黄箱政策,投入补贴来维持这个产业的发展,即从经济效益的角度来考虑如何支持:

① 加强政策研究,制定合理的经济分配政策和法规,使蔗糖产业的各相关方面利益共享,风险共担。

② 完善补贴政策,除购机补贴外,应通过作业补贴等支持全程机械化发展;如甘蔗机械化收获作业补贴,一般机收损失率7%,扣含杂率7%,合计约15%,一般甘蔗产量为5 t/亩,两项合计0.75 t/亩,以收购价400元/t计,这两项合计约300元/亩。实际上扣含杂的大部分是合理的,所以可以考虑按10%损失补贴0.5 t,约200元/亩计。

③ 通过科研投入(机具研发、品种培育等的投入)来支持甘蔗产业发展。

总之,通过各种手段,保证和促进甘蔗产业的生存和发展。

9.4.2 坚持走中国特色甘蔗机械化道路,重点发展中型机械化模式

作为一种经济作物,甘蔗产业的发展不应与粮食争地,这就决定了我国甘蔗机械化不能走发展大型机械化为主的道路。要根据不同区域的自然禀赋、经营模式、耕作制度和经济条件,因地制宜,分类指导,采取相应的技术路线,推进不同地区甘蔗机械化发展。发展多种形式的适度规模经营,重点发展适应约占我国 40% 地区的中型机械化模式。

9.4.3 良田、良种、良法三结合,农机与农艺融合发展

良田方面,在“双高”基地建设中发展高标准基本农田与农田基础设施;制定科学合理的机械作业规范和农艺标准,实现甘蔗产业“资源节约、环境友好和可持续发展”。品种方面,要求抗倒伏、宿根性好、适合宽行距种植。良法方面,要求发展适合机械化宽行距的种植农艺(包括单行、宽窄双行等)。机械运用方面,要采用适合机械复式作业特点的轻简种植方式。如联合种植,开沟、下肥、下种、覆土、铺膜等一次完成。提高中耕施肥机的效率,减少中耕施肥次数。通过自动化和信息技术提高农业生产经营信息化水平。

9.4.4 甘蔗机收整体解决方案

我们说甘蔗机械化是一个系统工程问题,从澳大利亚等国发展的经验看,甘蔗产业发展到一定规模后,特别凸现出系统的特征,特别需要政府协调各方利益和立法支持。例如,大力发展甘蔗收获机械化系统,必须同时抓好以下 3 个子系统,建立整体解决方案。

(1) 应该重点发展中型收割机械,特别是中型切段式收割机

从全程机械化角度,重点应发展收获机械化系统。作为一种引领、示范,首先应抓好大型收割机的试验示范。但在收获机械化系统中,重点应发展中型收割机械化。这样,就应该重点发展中型收割机械,特别是中型切段式收割机械。

(2) 抓糖厂切段式入蔗系统的改造

2017 年 6 月,农业部、国家发改委、财政部、工信部等部门联合制定了《推进广西甘蔗生产全程机械化行动方案(2017—2020 年)》,提出抓“榨糖企业前处理工艺改造行动,适应甘蔗切段式收获的要求,支持、指导榨糖企业卸蔗平台和蔗槽等前处理工艺及设备的升级改造;组织制定机收甘蔗入厂收购标准,确保切段式甘蔗 24 小时内入厂压榨,为解决甘蔗机械化联合收获提供保障;指导糖厂改善农务管

理,完善机收作业调度,探索建立机收与糖厂加工的有效衔接机制”。

这是一个好的开端。但由于高标准入蔗系统价格昂贵,很难很快铺开。建议考虑在初期要求糖厂采用各种简易的切段式甘蔗入蔗方式,在一定期限内全面开展切段式甘蔗的收购工作。

(3) 建立切段式田间及公路运输系统

如上所述,只有建立了这 3 个子系统,使甘蔗收获机械化成为不可逆转的方式,才能尽快建立甘蔗机械化收获系统。

政府在这个过程中具有不可替代的作用。

9.4.5　加强政策研究和指导

① 研究和制定我国甘蔗生产全程机械化技术路线图和中长期研发计划。

② 加强对土地整治和流转的政策研究和指导。

开展土地整治,对整治工作给予财政补贴,推进我国甘蔗机械化规模生产的进程。利用国家鼓励土地合理流转的有关政策,在有条件的地方推行规模经营、集中经营;积极探索培育各种形式的农村经济合作组织。从面积上说,我国目前数百以致千亩以上的甘蔗地(足够大型机械运作的面积)只占少量;应组织研究和提出经过土地整理和流转可达到的比例,以及如何解决流转土地中高地租的方案,推动机械化的发展。

③ 加强和规范对产业链各环节的管理。通过政策引导,组建产业协会,加强和规范对产业链各环节的管理,促使产业链协调运转,追求产业链效益最大化,进而为甘蔗生产机械化创造协调的系统环境。

④ 充分发挥农垦在机械化规模经营方面的优势,优先发展农垦机械化,并带动农户的发展。

⑤ 进一步探索土地经营方式,降低地租等成本,使机械化生产有利润,可持续发展。

9.4.6　学习和借鉴甘蔗生产先进国家的管理经验

甘蔗生产先进国家能达到现在的水平,是长期努力的结果,他们在发展中积累的很多经验,是值得我们学习的。例如美国学者 Iwai 指出,甘蔗收获技术被农民接受是一个受很多因素影响的过程,机械化收获甘蔗的成本优势受高的机械化收获甘蔗损失率和含杂率影响,只有人工收获劳力成本增加使得机械化收获甘蔗有绝对净效益优势时,机械化收获技术才能最终被农民接受。历史事实表明,即使在美国,甘蔗大型机械收获系统直到 20 世纪 80 年代中后期才被接受。而在我国,除受机收损失和含杂影响外,高地租也是一项对甘蔗规模化生产有极大副作用的因素。

如何解决这些问题,还需要我们深入探索和实践。

收获技术的发展仍未走到尽头,现代主流的甘蔗收获机械不太适合在亚洲国家的很多甘蔗地作业,小田块无法规范统一的种植模式、复杂的地理条件以及不良的交通状况使得大型收割机无法有效地工作。研究表明,Austoft 7700 在泰国很多小面积的甘蔗地内田间效率只有 42%,造成机器的收获成本高于人工收获。因此,发展成熟的适合于亚洲地区的甘蔗收获理论与机具是非常必要的。这种情况在我国也很普遍,同样需要加大研究。

参考文献

[1] MAKOTO MATSUOKA. 日本甘蔗种植和制糖业[J]. 甘蔗技术,2006,8(1):3-9.

[2] TOHRU AKACHI. 甘蔗收割机在冲绳带叶收割时的性能和特点[J]. Proc. Int. Soc. Sugar Cane,

[3] 丁启朔,Borpit Tangwongkit. 甘蔗收获技术的发展与思考[J]. 农机化研究,2001(1):5-7.

[4] 丁昆仑, M. J. Hann. 耕作措施对土壤特性及作物产量的影响[J]. 农业工程学报,2000, 16(3):28-28.

[5] 刀静梅,郭家文,崔雄维,等. 不同供氮水平对甘蔗产量和品质的影响[J]. 中国糖料,2011(2):22-23.

[6] 山本健司. 收获甘蔗的小型机械化体系[J]. 广东农机,1985(2):29-32.

[7] 方庭瑜. 甘蔗机械深松深耕技术在湛江市大面积推广的前景[J]. 广东农机,1989(4):17-19.

[8] 区颖刚,杨丹彤. 甘蔗主产区生产机械化的几个问题[J]. 广西农业机械化,2010(4):8-10.

[9] 广东湛江农垦局土壤普查办公室. 湛江农垦土壤普查[Z]. 1982.

[10] 广西壮族自治区农机研究所收获室. 庆丰 2CZ-1 甘蔗联合种植机. 广西农业科学[J]. 1978(7):47-49.

[11] 广西壮族自治区人民政府. 关于促进我区糖业可持续发展的意见[S]. 2014.

[12] 中共中央国务院文件. 进一步推进农垦改革发展的意见[S]. 2015-11-27.

[13] 中国农业年鉴. 北京:国家统计局出版社,2007—2012.

[14] 中国农业信息网 http://www. agri. cn/,2014.

[15] 中国糖业协会网站 http://www. chinasugar. org. cn/,2016.

[16] 区颖刚,张亚莉,等. 甘蔗生产机械化系统的试验和分析[J]. 农业工程学报,2000(5):74 -77.

[17] 区颖刚,杨丹彤,李伯祥. 我国甘蔗生产机械化模式及适用技术装备探讨——全国甘蔗生产机械化与产业研讨会暨甘蔗生产机械化现场演示会论文集[C]. 南宁,2002.

[18] 区颖刚. 综合节水技术在甘蔗生产中的应用研究[J]. 华南农业大学学报,2002(3):18 -80.

[19] 区颖刚. 甘蔗生产机械化[M]//农业部农机化司. 中国农业机械化科技发展报告(1949—2009). 北京:中国农业科协技术出版社,2009.

[20] 区颖刚, 刘庆庭, 等. 国家甘蔗产业技术体系历年年度报告[R]. 2009—2016.

[21] 区颖刚. 我国甘蔗生产机械化现状与发展[C]. 中国甘蔗学会 2011 年会论文[C],2011.

[22] 王小彬, 蔡典雄, 金轲,等. 旱坡地麦田夏闲期耕作措施对土壤水分有效性的影响[J]. 中国农业科学,2003,36(9):1044 -1049.

[23] 王伦旺,李杨瑞,杨荣仲,等. 不同甘蔗基因型对低氮胁迫的响应[J]. 西南农业学报,2010,23(2):508 -514.

[24] 王晓鸣,莫建霖. 甘蔗分段收获经济效益分析[J]. 农机化研究, 2011(9):49 -52.

[25] 王微,邱立春. 深松部件对深松作业质量影响的试验分析[J]. 农机化研究,2011(1):179 -182.

[26] 韦丽莉. 广西甘蔗生产全程机械化技术途径[J]. 农业机械,2012(26):57 -59.

[27] 冯炳元. 为中国农机化贡献一套靠得住的方法论[N]. 中国农机化导报,2011 -06 -27.

[28] 包代义. 甘蔗全程机械化示范推广基地建设的实践与分析[J],现代农业装备,2014(6):13 -18.

[29] 甘蔗机械科技情报网. 甘蔗机械(特辑),1977.

[30] 白人朴. 中国农业机械化与现代化——白人朴教授论文选集[M]. 北京:中国农业科学技术出版社,2002.

[31] 白人朴. 关于模式探索研究的几点思考[N]. 中国农机化导报,2012 -08

-27.
[32] 伍胜,何丽莲,王先宏,等. 氮磷钾不同配比施肥对高原甘蔗生长及耐寒性的影响[J]. 西南农业学报,2010,23(1):110-114.
[33] 全球统计数据平台. EPS:http://www.epsnet.com.cn/,中国农产品成本收益数据库.
[34] 农业部. 甘蔗生产机械化技术指导意见[S]. 2011-6.
[35] 农业部发展计划司. 新一轮优势农产品区域布局规划汇编[M]. 北京:中国农业出版社,2009.
[36] 农业部南京农业机械化研究所. 中国农业机械化年鉴[M]. 北京:中国农业科学技术出版社,2007-2012.
[37] 农业部,国家发展和改革委员会,财政部,工业和信息化部. 推进广西甘蔗生产全程机械化行动方案(2017-2020年),2017-6-12.
[38] 刘文秀. 甘蔗机械深耕深松技术是蓄水保墒增产的重要途径[J]. 广西农业机械化,2004,(5): 20-21.
[39] 刘文秀. 广西甘蔗生产机械化应用现状分析及发展趋势[J]. 广西农业机械化,2008(6):25-26.
[40] 刘文秀. 甘蔗机械收获切割质量对宿根蔗产量的影响试验分析[J]. 广西农业机械化,2010(1):12-13.
[41] 刘文秀. 甘蔗割铺机收与人工砍收对比分析[J]. 农机科技推广,2010(2):36.
[42] 刘芳建. 甘蔗收获机前置式切段装置机理及试验研究[D]. 中国农业机械化科学研究院博士论文,2018.
[43] 刘卓,等. 突破[N]. 中国农机化导报,2013-12-15.
[44] 刘欣,吕霞,王帅. 我国深松机械的现状分析与发展建议[J]. 农业科技与装备,2011(2):130-131.
[45] 刘峰,李存军,董莹莹,等. 基于遥感数据与作物生长模型同化的作物长势监测[J]. 农业工程学报,2011,27(10):101-106.
[46] 刘晓雪. 2010—2016,私人通信.
[47] 刘晓雪. 经济调查与研究. 国家甘蔗产业技术体系,2016(7),内部资料.
[48] 刘爽,何文清,严昌荣,等. 不同耕作措施对旱地农田土壤物理特性的影响[J]. 干旱地区农业研究,2010,28(2):65-70.
[49] 朱永达. 农业系统工程[M]. 北京:中国农业出版社,1993.
[50] 朱明,杨敏丽,等. 农业工程技术集成理论与方法[M]. 北京:中国农业出版社,2013.

[51] 亨特 D. R.. 农业生产工程模型[M]. 陈济勤,王珍美,译. 北京:中国农业出版社,1987.

[52] 余友泰. 农业机械化工程[M]. 北京:中国展望出版社,1987.

[53] 余平祥,杨丹彤,区颖刚. 甘蔗机械化生产收获-运输系统配置调度的研究[J]. 农机化研究,2007(3):12 - 14.

[54] 吴晓莲,林兆里,张华. 不同土壤紧实度对甘蔗品种福农 39 号苗期生长的影响[J]. 广东农业科学,2014,41(19):43 - 46.

[55] 宋淑云,晋齐鸣,张伟,等. 深松土壤病原真菌数量分布对玉米病害发生趋势的影响[J]. 玉米科学,2007,15(3):130 - 132.

[56] 美国农业工程师学会汇刊. 澳大利亚切段式甘蔗收割机的发展[J]. 宏译. 粮油加工与食品机械,1977(1):50 - 55.

[57] 张绨庆,陈济勤. 农业机器运用管理学[M]. 西安:西安交通大学出版社, 1989.

[58] 张亚莉. 广前公司甘蔗机械化试验的实践与模拟研究[D]. 华南农业大学硕士论文,2000.

[59] 张海林,秦耀东,朱文珊. 耕作措施对土壤物理性状的影响[J]. 土壤,2003, 35(2):140 - 144.

[60] 张华,沈胜,罗俊,陈如凯,等. 关于我国甘蔗机械化收获的思考[J]. 中国农机化,2009(4): 15 - 16.

[61] 张华,沈胜,罗俊,等. 关于我国甘蔗机械化收获的思考[J]. 中国农机化, 2009(4):15 - 16.

[62] 张新广,余龙,颜华智,等. 甘蔗不同行距对比试验初报[J]. 福建热作科技, 2011,36(1):23 - 26.

[63] 李笃仁,高绪科,汪德水. 土壤紧实度对根系生长的影响[J]. 土壤通报, 1982(3):20 - 22.

[64] 李宝筏,等. 农业机械学[M]. 北京:中国农业出版社,2003.

[65] 李就好,谭中文,罗锡文,等. 耕作和覆盖方式对旱地甘蔗生产的影响[J]. 农业机械学报,2004, 35(5):70 - 73.

[66] 李兰涛,郭荣发. 我国甘蔗施肥技术现状与对策[J]. 江西农业学报,2007, 19(2):19 - 20.

[67] 李如丹,张跃彬,苏火生等. 加强云南蔗区甘蔗控释肥研究和应用[J]. 中国糖料,2011(1):75 - 77.

[68] 李志红,区颖刚. 整秆式甘蔗收割机甘蔗铺放运动学分析[J]. 农业工程学报,2008,24(11):103 - 107.

[69] 李明,黄晖,邓干然. 我国甘蔗施肥机具的研究现状与分析[J]. 中国热带农业,2008(3):35 – 36.

[70] 李翔,王伦旺,方锋学,等. 低氮胁迫对不同甘蔗基因型的影响初报[J]. 中国农学通报,2011,27(4):208 – 211.

[71] 汪懋华,等. 农业机械化工程技术[M]. 郑州:河南科技出版社,2000.

[72] 沈国舫,汪懋华. 中国农业机械化发展战略研究(综合卷)[M]. 北京:中国农业出版社, 2008.

[73] 苏俊波,孔冉,罗炼芳,等. 甘蔗机械化收获后的宿根性能分析[J]. 甘蔗糖业,2016(6):22 – 28.

[74] 刀静梅,樊仙,赵俊,等. 旱地甘蔗不同类型土壤各耕层水分特征常数分析——以开远、元江为例[J]. 西南农业学报,2017(2):389 – 393.

[75] 赤地徹(私人交流材料),2017 年 1 月日本专家来访的交流信息.

[76] 邹聪明,胡小东,张云兰,等. 农田生态系统模型与保护性耕作农田耕层土壤养分含量动态变化研究[J]. 农机化研究,2011(2):97 – 101.

[77] 陈超平,阳慈香,等. 甘蔗机械化收获系统的试验与分析[J]. 华南农业大学学报,2009(3):107 – 109.

[78] 陆树华,邓兰生,张承林,等. 钾肥施用分配比例对甘蔗生长的影响[J]. 灌溉排水学报,2010,29(1):60 – 63.

[79] 陈永光,曾志强,等. 系统规划,突破瓶颈,促进甘蔗机械化生产的发展[J]. 热带农业工程,2011,35(4):23 – 27.

[80] 陈建生,黄巧义,唐拴虎,等. 坡岗地甘蔗应用中微量营养元素效应研究[J]. 广东农业科学,2010(6):74 – 75.

[81] 陈如凯. 甘蔗产业与科技发展战略研究:2001—2010[M]. 北京:科学出版社,2011.

[82] 陈渊,张兴义,李树学. 坡地和平地保护性耕作比较研究[J]. 农业系统科学与综合研究,2011,27(4):485 – 489.

[83] 陈桂芬,谭裕模,邢颖,等. 适应甘蔗机械收获的不同种植行距和品种试验[J]. 甘蔗糖业, 2014(4):11 – 15.

[84] 陈华金,张增学,等. 几种中小型甘蔗收获系统的试验研究[J]. 现代农业装备,2014(4):18 – 22, 28.

[85] 陈超平. 美国、巴西甘蔗生产机械化考察报告[J]. 热带农业工程,2004(6):1 – 6.

[86] 陈超平. 湛江农垦甘蔗全程机械化应用推广研究[D]. 海南大学硕士论文,2009.

[87] 陈超平,唐遵峰. 湛江农垦甘蔗全程机械化的实践与思考[J]. 农业机械,2012(26):44－46.

[88] 陈锋,罗国盛,等. 湛江农垦华海公司甘蔗全程机械化实践初探[A]. 2010国际农业工程大会论文集[C]. 上海,2010.

[89] 周勇, 区颖刚, 彭康益,等. 4GZ-56 型履带式甘蔗联合收获机设计与试验[J]. 农业机械学报,2010,41(4):75－78.

[90] 周勇,区颖刚,莫肇福. 斜置式甘蔗切割喂入装置设计及试验[J]. 农业工程学报, 2012(14): 17－23.

[91] 国务院关于促进农业机械化和农机工业又好又快发展的意见[S].(国发〔2010〕22 号).

[92] 国家甘蔗产业技术体系. 经济调查与研究[S]. 2013—2014.

[93] 罗亚伟,王维赞,朱秋珍,等. 甘蔗机械化种植不同宽窄行行距新植、宿根试验[J]. 广西蔗糖,2011(1):3－6.

[94] 罗凯. 雷州半岛砖红壤的理化性质[J]. 热带亚热带土壤科学,1997,6(2):140－142.

[95] 罗锡文,等. 农业机械化生产学(下册)[M]. 北京:中国农业出版社,2002.

[96] 罗锡文,等. 地面机器系统力学[M]. 北京:中国农业出版社,2002.

[97] 郑汉林. 甘蔗生产系统机具配套最优规划模型的研究[J]. 广东农机,1989(1):8－15.

[98] 郑超,廖宗文,谭中文,等. 深松对雷州半岛甘蔗产量的影响及其作用机理研究[J]. 土壤通报, 2004,35(6):809－811.

[99] 姚炜. 广西甘蔗收获机械化发展模式的研究与探讨[J]. 农业技术与装备,2009(1):36－37.

[100] 恽绵. 日本甘蔗生产的历史与现状[J]. 甘蔗,1994,1(4):8.

[101] 轻工业部甘蔗糖业科学研究所,广东省农业科学院. 中国甘蔗栽培学[M]. 北京:农业出版社,1985.

[102] 唐遵峰,胡国胜,等. ZCZY－2 型甘蔗联合种植机的设计与研究[J]. 农业机械,2007 (20):73－75.

[103] 栾贵勤,等. 发展战略概论,沪江商学丛书[M]. 上海:上海财经大学出版社,2006.

[104] 秦培钊,罗艺,米超,等. 机械收割对不同种植行距宿根蔗苗期生长的影响[J]. 南方农业学报, 2012,43(2):236－240.

[105] 谈爱和. 理清发展思路,创新发展机制,努力推进甘蔗生产机械化——全国甘蔗生产机械化与产业化研讨会暨甘蔗生产机械化现场会论文集[C]. 广

西农机化管理中心, 2002.
[106] 郭俊伟. 土壤容重对玉米生长的影响[J]. 陕西农业科技,1996,1(4):25-26.
[107] 高爱民,韩正晟. 割草机对苜蓿地土壤压实的试验研究[J]. 农业工程学报,2007,23(9):101-105.
[108] 梁兆新,莫建霖. 日本甘蔗机械考察随想[J]. 广西农业机械化,2002(6):28-31.
[109] 梁启新,罗艺,米超,等. 甘蔗机械收获中农机与农艺结合的系列问题探讨——2. 甘蔗种植行距[J]. 广西职业技术学院学报,2012(4):12-16.
[110] 梁昌贵,刘逊忠,黎彩凤. 测土配方施肥对甘蔗产量与糖分的影响[J]. 中国糖料,2011(3):30-32.
[111] 梁栋,李明,邓干然. 稳步推进甘蔗生产的全程机械化[J]. 农业机械学报,2002(3):134-136.
[112] 梁强,谢金兰,李毅杰,等. 不同收获方式对蔗田土壤容重及甘蔗宿根出苗的影响[J]. 南方农业学报,2014,45(7):1221-1224.
[113] 梁阗,方锋学,等. 广西甘蔗机械化生产现状及对策探讨[J]. 中国糖料,2011(1):71-74.
[114] 黄世醒. 湛江蔗区机械作业对耕作层土壤压实的研究[D]. 华南农业大学硕士论文,2011.
[115] 黄旭,唐拴虎,陈建生,等. 南方坡岗地土壤中不同矿质营养元素用量对甘蔗苗期生长的影响研究[J]. 广东农业科学,2010(6):70-73.
[116] 黄严,韦承坤,等. 浅析甘蔗收获机械化技术在南宁市的推广应用[J]. 广西农业机械化, 2009, (4): 4-5.
[117] 黄俊毅. 国内主要农产品价格高于国际市场,托市收储遇尴尬. 中国经济网——《经济日报》,2013-8-28.
[118] 黄党源,李缀文. 加快实现甘蔗机械化生产,全面推进现代农业进程——金光农场实行甘蔗生产全程机械化的思考[J]. 广西农业机械化,2009(2):9-10.
[119] 曾志强,区颖刚,等. 切段式甘蔗联合收获机的试验与分析[J]. 农机化研究,2012(9): 164-166.
[120] 曾志强,袁成宇,等. 甘蔗生产机械化发展现状分析与对策研究[J]. 广东农业科学,2012(19):196-199.
[121] 湛江农垦局. 2000 年全国农业机械化发展情况综述. 2010.
[122] 编委会. 中国农业年鉴[J]. 北京: 中国农业出版社,2010—2016.

[123] 谢高地,陈沈斌,等.环境的空间连续变异与精准农业[M].北京:气象出版社,2005.

[124] 蓝立斌,陈超君,米超,等.不同施氮方式对甘蔗生理生化性状的影响[J].南方农业学报,2011,42(1):26-29.

[125] 廖平伟,张华,罗俊,等.我国甘蔗机械化收获现状的研究[J].农机化研究,2011,33(3):26-29.

[126] 廖青,韦广泼,刘斌,等.机械化深耕深松栽培对甘蔗生长及产量的影响[J].南方农业学报, 2010,41(6):542-544.

[127] 谭中文,等.甘蔗高产高糖高效生产技术[M].北京:中国农业出版社, 2001.

[128] 谭宏伟,周柳强,谢如林,等.不同施肥条件下甘蔗对钾的吸收利用研究[J].南方农业学报,2011,42(3):295-298.

[129] 樊仙,崔雄维,刀静梅,等.不同磷水平对伸长期甘蔗栽培原种干物质积累的影响[J].中国糖料,2011(2):19-21.

[130] Berry. Influence of soil compact ion on carbon and nitrogenm ineralizat ion of soil organic matter and crop residues[J]. Biology and Fert ility of Soils, 2000, 30 (506):544-549.

[131] Bill Kerr, Ken Blyth. They are all half crazy - 100 years of mechanical cane harvesting[M]. Australia: Published by CANEGROWER, 1993.

[132] Chassan Al - Soboh, A. K. Srivastava, T. H. Burhardt, J. D. Kelly. A mixed - Interger linear programming(MILP) machinery selection model for navybean production systems[J]. TRANSACTIONS of the ASAE 1986,29(1):81-84, 89.

[133] D. R. Hunt. Engineering models for agricultural production[M]. the AVI Publishing Company,INC, USA. 1986.

[134] Dennis R. Pittenger, Ted Stamen. Effectiveness of methods used to reduce harmful effects of compacted soil around landscape tree[J]. Journal of Arboricultutre, 1990, 16 (3):55-57.

[135] Hogarth,D. M. , Allsopp P. G. (eds). Manual of canegrowing[M]. Brisbane: Fergies Printers,2000.

[136] J. N. Smith etc. Green cane harvesting - a review with particular reference to the mulgrave mill area[A]. Australia: Proceedings of Australian Society of Sugar Cane Technologists[C],1984.

[137] Kroes S, Harris H D, Egan B T. Effect of cane harvester basecutter parame-

ters on the quality of cut[A]. In: Townsville, Queensland. Proceedings of the 1994 Conference of the Australian Society of Sugar Cane Technologists, 1994: 169 - 177.

[138] Kroes S, Harris H D. Akinematic model of dual basecutter of a sugar cane harvester[J]. Journal of Agricultural Engineering research, 1995(62): 163 - 172.

[139] Mac Hogarth, Peter Allsopp. Manual of Canegrowing[M]. Australia: Bureau of Sugar Experiment Stations, 2000.

[140] Makoto M. Sugarcane cultivation and sugar industry in Japan[J]. Sugar Tech, 2006,8(1):3 - 9.

[141] Michael E. Salassi, Lonnie P. Champagne. Estimated costs of soldier and combine sugarcane harvesting systems in Louisiana[J]. D. A. E. Research report No. 703, 1996.

[142] Norman J. King etc. Manual of cane - growing. 2nd edition[M]. Australia: Angus and Robertson LTD, 1965.

[143] Ou Yinggang, Malcolm Wegener, Yang Dantong, Liu Qingting, Zheng Dingke, Wang Meimei, Liu Haochun. Mechanization technology: The key to sugarcane production in China[J]. IJABE,2013,6(1): 1 - 27.

[144] Pharmawardene M. W. N. Trends in farm mechanization by sugarcane small land holders in SriLanka[J]. Sugar Tech,2006,8(1):16 - 22.

[145] R. R. Downs. Preparation and planting of sugar cane Fields[J]. Australian Sugar Year Book,1981(81): 2 - 9.

[146] Reisinger, Thomas W,Simmons, Gerry L,Pope, Phillip E. The impact of timber harvesting on soil properties and seeding growth in the south[J]. Southern Journal of Applied orestry,1988(12):58 - 67.

[147] Ridge R. Green cane chopper harvesting in Australia[J]. Sugar - Journal, 1994(57): 6, 8 - 10.

[148] Wegener, M. Yinggang Ou etc. Organisation and profit - sharing in mechanised sugar cane harvesting: Is Australia's experience relevant to China? [C]. Beijing: Proceedings of CIGR International Conference, 2014.

[149] Yinggang Ou etc. Experience on sugarcane mechanization in a State Farm in China[A]. Chicago, USA: ASAE and CIGR International Conference, 2002.

[150] Zisa, Halverson, Stout. Establishment and early growth of conifers on compact soils in urban areas. U S department of agriculture forest service, northeastern

experimental station research paper NE - 451. Bromall, Pennsyvania, USA. 1980:8 - 10.

[151] TOHRU AKACHI,Performance and characterstics of the harvester under green cane harvesting in Okinana[C]. Praoeedings of Int. Soc. Sugar Cane Technol,2007(26):181 - 184.

附录　华南农业大学甘蔗生产机械化研究介绍

1　研究平台

华南农业大学是国家甘蔗产业技术体系设施与设备研究室(2008—2010 年)、机械化与加工研究室(2011—2016 年)和国家糖料产业技术体系机械化研究室依托单位(2017—2020 年),历任研究室主任和岗位科学家是区颖刚(2008—2010 年)和刘庆庭(2011—2020 年)。华南农业大学是农业部甘蔗生产全程机械化科研基地(在建,2017—2018 年)。华南农业大学南方农业机械与装备关键技术教育部重点实验室下设甘蔗生产机械分室,重点实验室主任罗锡文院士,甘蔗生产机械分室历任主任是区颖刚和刘庆庭。

在重点实验室主任罗锡文院士带领下,形成了年龄结构合理、职称结构合适、朝气蓬勃的甘蔗机械化研究学术团队。团队 1996 年开始参加甘蔗生产全程机械化试验,1998 年承担第一个甘蔗收割机项目——农业部 948 课题"小型甘蔗收获和剥叶鞘机具及技术"。之后,先后承担了科技部国家"十五""十一五""十二五""十三五"科技攻关、科技支撑计划、重点研发计划项目、公益性行业(农业)科研专项、科技部农业科技成果转化资金和国家自然科学基金等一系列甘蔗生产机械国家级科研项目(课题),先后承担了广东省自然科学基金相、广东省科技攻关计划、广东省农机化人大议案项目相关课题等一系列甘蔗生产机械省级科研项目,国家甘蔗产业技术体系和国家糖料产业技术体系建设专项等。在 20 余年的研究中,取得了一批重要的技术成果和理论研究成果。

近年来的主要研究方向:甘蔗生产机械化、甘蔗收割机设计与研究、甘蔗种植机设计与研究，甘蔗茎秆力学。

2 华南农业大学甘蔗机械化研究历史沿革

从20世纪80年代开始，华南农大工程学院便长期关注和协助湛江农垦的甘蔗生产机械化工作。

华南农学院农机系邵耀坚教授、陈邦奎和罗锡文研究团队曾在湛江农垦开展深松研究。

1985年，邵耀坚教授带英国专家到广前公司调研、咨询。

1986年，区颖刚作为伍丕舜教授的助手，带硕士生郑汉林到湛江农垦调研甘蔗机械化，在湛江农垦80年代第一次引进澳大利亚全套甘蔗机械，开展甘蔗生产全程机械化经验的基础上，协助伍丕舜教授指导郑汉林完成其硕士论文《甘蔗生产系统机具配套最优规划模型的研究》。

1996年，协助湛江农垦广前公司开展第二轮甘蔗机械化试验。编写了《广前机械化项目总结报告》和《甘蔗机械化收获情况分析报告》(中英文)。

2004—2008年，协助湛江农垦编制了第三轮机械化申报书，并应湛江农垦邀请，参与了对这轮机械化试验结果的调研和成果分析。

多年来，每年到湛江农垦开展调研，参加农垦的各种会议，陪同各级农机部门领导到湛江农垦视察甘蔗机械化工作，为湛江农垦甘蔗机械化出谋献策。

2000年开始，一直在广前公司开展甘蔗机械特别是收割机械的试验研究，包括整秆悬挂式甘蔗收割机研究、与科利亚公司合作开展切段式甘蔗联合收割机研究、华农自主研发的甘蔗收割机的试验研究等。

3 国家产业技术体系成立以来开展的甘蔗机械化模式研究

2009年1月，国家甘蔗产业技术体系成立，华南农业大学教育部重点实验室甘蔗机械化分室成为国家产业体系机械化研究室的主任单位，区颖刚担任研究室主任，甘蔗机械化研究也进入了新阶段。

我们和国家甘蔗产业技术体系机械化研究室的成员单位福建农林大学及广西农机院一起，对全国甘蔗产业的机械化情况开展了调研和服务。

2009年6月，为执行国家甘蔗产业技术体系建设任务书规定的任务，研究室和广东广垦农机就开展甘蔗机械化技术合作事宜签署了新的合作协议。协议规定，双方就国家甘蔗产业技术体系建设任务书规定的甘蔗机械化生产的战略发展、经营模式、机械化系统的组织和运用等开展的调查研究、数据收集、试验和技术培训等工作提供条件和配合开展新的合作。

2010 年,本研究室刘庆庭担任产业技术体系机械化研究室主任,对甘蔗机械化,特别是甘蔗收获机械化开展了大量研究。

2010 年,本研究室杨丹彤主持了农业部公益性行业(农业)科研专项"甘蔗全程机械化生产技术与装备开发"课题,课题的试验示范基地包括湛江农垦广垦农机公司前进农场基地、广东湛江大华公司农场、广西桂南武鸣、桂中来宾廖平农场汉森试验基地、云南甘科所试验基地等。课题组与广垦农机公司等试验示范基地单位签署了合作协议,深入合作开展了新一轮以引进和研制国产大中型装备为核心,各种机械化服务方式专业运作模式的探索研究。

2015 年,本研究室区颖刚担任农业部全程机械化推进行动咨询专家组甘蔗组组长,与国家甘蔗产业技术体系共同对甘蔗全程机械化的推进情况及模式,特别是广西"双高"基地机械化建设,以及广东、云南甘蔗机械化开展研究。

本章的内容主要是这些工作的成果和思考。第 6 章中对甘蔗机械化模式的理论做了详细的讨论,本章遵循该处提出的原则展开讨论。

4　承担的科研项目与课题

(1) 1996 年,华南农业大学工程学院参加了美国、英国、澳大利亚等国公司在湛江广前公司做的甘蔗生产机械化试验项目,负责对外国公司引进的全套甘蔗机械化生产设备的试验进行监控并对效果做出评判。

(2) 1998. 01—2001. 12,国家 948 项目"小型甘蔗收获和剥叶鞘机具及技术",项目编号:981056。

(3) 2008. 01—2010. 12,国家甘蔗产业技术体系建设项目,研究室主任/岗位科学家,区颖刚。

(4) 2011. 01—2016. 12,国家甘蔗产业技术体系建设项目,研究室主任/岗位科学家,刘庆庭。

(5) 2017. 01—2020. 12,国家糖料产业技术体系建设项目,研究室主任/岗位科学家,刘庆庭。

(6) 2017. 03—2018. 12,农业部甘蔗生产全程机械化科研基地建设。

(7) 2017. 01—2017. 12,农业部农业技术试验示范与服务支持项目。

(8) 2004. 10—2006. 12,国家"十五"攻关项目"甘蔗收获技术体系及装备研究与开发",项目编号:2004BA524B07。

(9) 2007. 01—2009. 12,科技部"十一五"科技支撑项目"特种经济作物生产关键技术装备研究与开发"子课题Ⅰ:甘蔗栽植和收获技术装备研究与开发", 项目编号:A08018。

(10) 2013.01—2017.12,“十二五”科技部科技计划项目研究任务“适合机收的甘蔗宽行种植农艺技术与机具研发”,任务编号:2013BAD08B02－04。

(11) 2010.01—2014.12,科技部公益性行业(农业)科研专项“甘蔗全程机械化生产技术与装备开发”,项目编号: 201003009。

(12) 2016.07—2020.12,“十三五”国家重点研发计划“甘蔗和甜菜多功能收获技术与装备研发”子课题“履带式丘陵山地甘蔗收割机研制”,课题编号:2016YFD0701202。

(13) 2005.01—2007.12,国家自然科学基金项目“甘蔗茎秆切割机理研究”,项目编号:50475178。

(14) 2009.01—2011.12,国家自然科学基金项目“倒伏甘蔗在机械化收获中扶起与推倒收获机理研究”, 项目编号:50875091。

(15) 2006.01—2007.12,广东省自然科学基金博士启动项目“甘蔗茎秆入土切割机理研究”,项目编号:05300334。

(16) 2011.01—2012.12,主持教育部留学回国人员科研启动项目“甘蔗茎秆仿生切割机理与关键技术研究”,项目经费4万元。

(17) 2002.01－2003.12,广东省科技攻关项目“小型甘蔗剥叶机具研究”,项目编号:2002B21703。

(18) 2007.07—2009.12,广东省科技攻关项目“基于虚拟样机技术的甘蔗收割机关键技术研究”,项目编号:2007A020300010－2。

(19) 2011.01—2012.12,广东省科技计划项目“基于虚拟样机技术的推倒－整秆式甘蔗联合收割机关键技术研究”,项目编号:2010B020314004。

(20) 2013.01—2014.12,实时切段式甘蔗种植机蔗种自动排序输送与喂入关键技术研究,项目编号:2012B020313002。

(21) 2004.01—2005.01,广东省人大议案资金项目“四轮中型拖拉机带甘蔗收割机的研究(剥叶机部分)”。

(22) 2005.01—2006.12,华南农业大学校长基金项目“甘蔗根部仿生切割机理研究”,项目编号:K05093。

(23) 2005.01—2006.01,广东省人大议案资金项目“四轮中型拖拉机带甘蔗收割机的研究(收割机部分)”。

(24) 2007.01—2008.04,广东省扶持农业机械化发展议案项目“农业机械化关键技术和设备研制”(甘蔗收割机)。

5　已授权的发明专利

（1）一种用于单芽段甘蔗种植的排种器

专利号:201310071377.1;申请日:2013-03-06;授权日:2015-01-07

申请人:华南农业大学

发明(设计)人:刘庆庭 杨丹彤 区颖刚 邹小平

主分类号:A01C14/00(2006.01)I;分类号:A01C14/00(2006.01)I

摘要:本发明公开了一种用于单芽段甘蔗种植的排种器,包括种箱、液压驱动总成、种芽输送传动装置、张紧装置、喂入通道口和导蔗口;其中,种箱一侧设有液压驱动总成,液压驱动总成给种芽输送传动装置提供动力,张紧装置调整种芽输送传动装置的张紧度,种箱内部设有喂入通道口,喂入通道口处设有导蔗口,导蔗口与种箱连接。本发明有效解决了现有技术中甘蔗种植劳动强度大、工作效率低、种植成本高及甘蔗种植效率低等问题,具有结构简单、操作简便、减少体力劳动、排种均匀、单芽段甘蔗种植连续自动喂入、机械化程度高及生产效率高等特点。

（2）菱形四轮龙门架式高地隙中耕机

专利号:201310676030.X;申请日:2013-12-11;授权日:2015-08-19

申请人:华南农业大学

发明(设计)人:刘庆庭 罗晓明 邹小平 何腾锋

主分类号:A01B51/02(2006.01)I;分类号:A01B51/02(2006.01)I

摘要:本发明公开了一种菱形四轮龙门架式高地隙中耕机,包括底盘、前机架、后机架、左侧臂和右侧臂,前机架、后机架、左侧臂和右侧臂分别设于底盘上方,左侧臂与前机架连接,右侧臂与后机架连接;底盘底部的四个车轮呈菱形分布,四个车轮分别为前轮、后轮、左轮和右轮,前轮位于前机架前端,后轮位于后机架后端,左轮位于左侧臂外侧,右轮位于右侧臂外侧,左轮与左侧臂之间通过左轮液压马达连接,右轮与右侧臂之间通过右轮液压马达连接;前轮和后轮为转向轮,同时也为驱动轮,左轮和右轮为驱动轮。本菱形四轮龙门架式高地隙中耕机具有质心高度较低、稳定性较好的特点,可适应不同种植行距作物的作业。

（3）一种喂入式实时切种甘蔗种植机

专利号:201410214774.4;申请日:22013-03-06;授权日:2014-05-20

申请人:华南农业大学

发明(设计)人:刘庆庭 李腾 邹小平 杨丹彤 区颖刚

主分类号:A01C14/00(2006.01)I;分类号:A01C14/00(2006.01)I

摘要:本发明公开了一种喂入式实时切种甘蔗种植机,包括机架以及设置于机架上的导种架、喂入机组和动力系统,动力系统与喂入机组连接;所述喂入机组包括拨指链喂入装置、喂入辊装置和切段辊,拨指链喂入装置设置于导种架的侧部,喂入辊装置输入端设置在拨指链喂入装置下方,切段辊设置在喂入辊装置输出端处;切段辊下方设置有将切段后的蔗种投入种沟中的导种槽。本发明采用拨指链喂入装置和喂入辊装置相配合,代替现有人工喂入技术,通过蔗种自动喂入,减少喂入工人数量,降低播种劳动强度和生产成本且播种连续均匀,适用于不同行距的甘蔗种植。

(4) 一种新型物流输送方式的甘蔗联合收割机

专利号:201310032322. X;申请日:2013 - 01 - 28;授权日:2015 - 05 - 20

申请人: 华南农业大学

发明(设计)人:刘庆庭 杨丹彤 区颖刚 邹小平 冯加模 李跃金 何智

主分类号: A01D45/10(2006. 01)I;分类号:A01D57/00(2006. 01)I

摘要:本发明公开了一种新型物流输送方式的甘蔗联合收割机,包括机架,机架前端依次设有螺旋分行器、推倒辊筒、割台,机架下方设有行走装置,割台后面设有一级辊筒输送与切段装置,一级辊筒输送与切段装置后面设有二级筛网式输送链提升输送装置,二级筛网式输送链提升输送装置输出端的下方设有接料斗,接料斗与输送臂连接。本发明减少了收割机内甘蔗以整秆状态输送路径的长度,有效解决了现有技术中因甘蔗输送流程太长而窜出通道、蔗茎破损或折断,导致输送通道堵塞、质量和效率低下等问题,具有结构简单、通道处理物料能力强、机械化作业效率高和收割质量好等特点。

(5) 一种用于切段式甘蔗收割机的可折叠刮板式输送臂

专利号:201410781307. X;申请日:2014 - 12 - 16;授权日:2016 - 05 - 18

申请人: 华南农业大学

发明(设计)人:杨丹彤 刘皞春 刘庆庭 区颖刚 何霖 邹小平 黄峥

主分类号: A01D57/00(2006. 01)I;分类号:A01D45/10(2006. 01)I

摘要:本发明公开了一种用于切段式甘蔗收割机的可折叠刮板式输送臂,包括上臂段、下臂段、折叠驱动部分及链条刮板机构;上臂段一端铰接在第一从动链轮轴上,另一端装有主动链轮轴;下臂段一端铰接在第一从动链轮轴上,另一端装有第二从动链轮轴,并通过第一销轴铰接在水平角度转盘上,下臂段通过第一液压缸与切段式甘蔗收割机连接;上臂段和下臂段通过折叠驱动部分的驱动,实现两者之间的折叠或张开;上臂段和下臂段分别设有用于支承物料的底板;链条刮板机构的链条有两条缠绕在第一从动链轮轴、第二从动链轮轴、主动链轮轴两端的链轮上,该两条链条之间装有用于刮底板上物料的刮板。本发明能对甘蔗段进行准确输送,在运输时能进行折叠。

(6)甘蔗收获机物流装置

专利号:201110136288.1;申请日:2011－05－24;授权日:2013－03－06

申请人:华南农业大学

发明(设计)人:区颖刚 解福祥 刘庆庭 邹小平 杨丹彤 郑丁科 黄世醒

主分类号:A01D45/10(2006.01)I;分类号:A01D45/10(2006.01)I

摘要:本发明公开了一种甘蔗收获机物流装置,包括位于甘蔗物流通道上方的依次排列的上层喂入滚筒、上层前输送滚筒、上层剥叶滚筒、上层贯流风机滚筒、上层杂质分离滚筒、上层后输送滚筒和位于甘蔗物流通道下方的依次排列的下层喂入滚筒、下层前输送滚筒、下层剥叶滚筒、下层贯流风机滚筒、下层杂质分离滚筒、下层后输送滚筒。本发明将喂入、输送、剥叶、排杂集成到一个通道的装置,本装置具有成本低、结构紧凑、机型适中、加工效率高、动力消耗小等优点。

(7)贯流风机排杂装置

专利号:201110135039.0;申请日:2011－05－24;授权日:2013－05－01

申请人:华南农业大学

发明(设计)人:区颖刚 解福祥 刘庆庭 邹小平 杨丹彤 郑丁科 黄世醒

主分类号:A01D45/10(2006.01)I;分类号:A01D57/22(2006.01)I

摘要:本发明公开了一种贯流风机排杂装置,包括夹着甘蔗的两个贯流风机滚筒和两个杂质分离滚筒,两个贯流风机滚筒上下平行放置并且反向旋转,两个杂质分离滚筒上下平行放置并且反向旋转,上面的贯流风机滚筒和上面的杂质分离滚筒平行放置并且反向旋转,下面的贯流风机滚筒和下面的杂质分离滚筒平行放置并且反向旋转,贯流风机排杂装置的上下方为甘蔗叶及杂质出口;每个杂质分离滚筒包括第一转轴、多个连接板和多个分离刷,多个连接板均匀周向排布在第一转轴外周,每个连接板安装一个分离刷。本发明排杂效果好,尤其适用于整秆式甘蔗联合收获机排杂。

(8)一种甘蔗收割机

专利号:201110384589.6;申请日:2011－11－28;授权日:2014－02－19

申请人:华南农业大学

发明(设计)人:区颖刚 宋春华 刘庆庭 王美美 曾志强 解福祥 牟向伟 周勇

主分类号:A01D45/10(2006.01)I;分类号:A01D57/01(2006.01)I

摘要:本发明公开了一种甘蔗收割机,包括机架、切割器、输送机构、动力机构、液压动力系统及相应的控制系统,其特征在于:所述甘蔗收割机的前端设有两段螺旋式扶蔗器,两段螺旋式扶蔗器包括平行于甘蔗地面的拣拾段和立起的输送段,拣拾段为一圆锥螺旋滚筒段,输送段为一圆柱螺旋滚筒段,拣拾段和输送段分别由相同型号的液压马达驱动转动,并且两液压马达的油路串联连接,两液压马达由甘蔗收割机的液压站提供液压动力,拣拾段的轴线与水平地面的角度大小和输送段的轴线与水平地面的角度大小分别通过一螺杆螺母调节结构调节。采用本发明在坡地、丘陵地带,甘蔗倒伏、弯曲较多的场合,扶蔗效果好,运行平稳。

(9) 一种甘蔗收割机

专利号:200810169658.X;申请日:2008-10-07;授权日:2010-12-01;终止日期:2013-10-07

申请人:华南农业大学

发明(设计)人:区颖刚 宋春华 刘庆庭 王美美 曾志强 解福祥 牟向伟 周勇

主分类号: A01D45/10(2006.01)I;分类号:A01D57/01(2006.01)I

摘要:本发明公开了一种甘蔗收割机,包括机架、切割器、输送机构、动力机构、液压动力系统及相应的控制系统,其特征在于:所述甘蔗收割机的前端设有扶起机构。扶起机构包括辊轴、液压马达,辊轴通过连杆机构安装在机架上,连杆机构由安装在机架上的液压装置驱动,辊轴的上端通过连轴器与液压马达相连,辊轴的下端设有三角锲块,液压马达由液压动力系统驱动。采用本发明在坡地、丘陵地带,甘蔗倒伏、弯曲较多的场合,扶蔗效果好,运行平稳,能正常工作50~100 m。

6 已授权的实用新型专利

(1) 茎秆作物收割机的圆弧轨道式柔性夹持输送装置

专利号:200620061144.9;申请日:2006-07-03;授权日:2007-11-28;终止日期:2012-07-03

申请人: 华南农业大学

发明(设计)人:区颖刚 李志红 刘庆庭 黄世醒 李伯祥

主分类号: A01D57/01(2006.01)I;分类号: A01D57/01(2006.01)I

摘要:本实用新型涉及一种夹持输送装置,公开了一种用于茎秆作物收割机的圆弧轨道式柔性夹持输送装置。本实用新型包括前圆弧轨道部件,后圆弧轨道部件,支架;前圆弧轨道部件和后圆弧轨道部件并排固定在支架上;前圆弧轨道部件包括有圆弧轨道,圆弧轨道两端设有动力杆,动力杆套装有链轮,带滚轮的链条套装在链轮上,滚轮的外侧固定有柔性夹持块;后圆弧轨道部件包括有圆弧轨道,圆弧轨道两端设有动力杆,动力杆套装有链轮,带滚轮的链条套装在链轮上,链条与链条的运动方向一致,滚轮的外侧固定有柔性夹持块。本实用新型具有结构小、功耗低、夹持输送可靠、平稳、对甘蔗或粗茎秆作物表面夹持损伤小的特点。

(2) 茎秆作物收割机的斜向式夹持输送装置

专利号:200620061145.3;申请日:2006-07-03;授权日:2007-11-28;终止

日期:2012 - 07 - 03

申请人: 华南农业大学

发明(设计)人:区颖刚 杨丹彤 李忠民 刘庆庭 黄世醒

主分类号: A01D57/01(2006.01)I;分类号: A01D57/01(2006.01)I

摘要:本实用新型涉及一种夹持输送装置,公开了一种用于茎秆作物收割机的圆弧轨道式柔性夹持输送装置。本实用新型包括前圆弧轨道部件,后圆弧轨道部件,支架;前圆弧轨道部件和后圆弧轨道部件并排固定在支架上;前圆弧轨道部件包括有圆弧轨道,圆弧轨道两端设有动力杆,动力杆套装有链轮,带滚轮的链条套装在链轮上,滚轮的外侧固定有柔性夹持块;后圆弧轨道部件包括有圆弧轨道,圆弧轨道两端设有动力杆,动力杆套装有链轮,带滚轮的链条套装在链轮上,链条与链条的运动方向一致,滚轮的外侧固定有柔性夹持块。本实用新型具有结构小、功耗低、夹持输送可靠、平稳、对甘蔗或粗茎秆作物表面夹持损伤小的特点。

(3) 一种甘蔗剥叶滚筒装置

专利号:201120103379.0;申请日:2011 - 04 - 11;授权日:2011 - 11 - 16;终止日期:20140411

申请人:华南农业大学

发明(设计)人:区颖刚 杨丹彤 李忠民 刘庆庭 黄世醒

主分类号:A01D57/01(2006.01)I;分类号: A01D57/01(2006.01)I

摘要:本实用新型提供了一种甘蔗剥叶滚筒装置,剥叶滚筒装置表面套装有均匀间隔排列的柔性剥叶元件和隔套,柔性剥叶元外侧圆周均匀分布着按一定规则排列的矩形条状凸出物,在滚筒离心力的作用下,柔性剥叶元件的矩形条状凸出物可以对蔗叶产生效果佳的打击、摩擦和揉搓作用,能够有效地剥离蔗叶,提高剥叶效果,且柔性剥叶元件与甘蔗柔性接触,可减小蔗秆碰撞损伤。

(4) 一种甘蔗切割刀盘

专利号:201320148841.8;申请日:2013 - 03 - 28;授权日:2013 - 10 - 16;终止日期:2014 - 03 - 28

申请人:华南农业大学

发明(设计)人:魏道高 区颖刚 杨丹彤 刘庆庭 史伟 胡美玲 王鹏 朱磊 马倩 李宏玲 许可 王美美

主分类号:A01D45/10(2006.01)I

摘要:本实用新型公开了一种甘蔗切割刀盘,该刀盘由一固定连接于切割器转轴的盘毂、一与盘毂固定连接的刀盘和若干均匀分布在刀盘边缘上的刀片组成,其特征在于,所述的刀盘由内刀盘、惯性盘和橡胶减振环组成,其中,所述的内刀盘固定在盘毂上;所述的惯性盘为环形,其内边缘由橡胶减振环硫化粘接在内刀盘的外边缘;所述的刀片固定在惯性盘的外边缘。在切割甘蔗时,橡胶减振环的形变作用在惯性盘与内刀盘间产生粘滞摩擦,对切割时产生的扭转振动起阻尼作用,因而大大减小了作用在切割器转轴上的扭转振幅,延长了切割器转轴的工作寿命,并提高了切割器的稳定性。

7 已通过鉴定的科研成果

(1) 4ZZX-48 型悬挂式整秆甘蔗收割机

4ZZX-48 型侧悬挂式整秆甘蔗收割机是在国家“十五”科技攻关计划项目“现代农业技术装备研制开发——甘蔗收获技术体系及装备的研究与开发”的资助下完成的,主要用于对直立或轻度倒伏甘蔗的砍切和集堆铺放,适合于平地或者小坡蔗地作业。

4ZZX-48 型甘蔗收割机配套动力为 48 kW 的四轮拖拉机,采用侧悬挂式与拖拉机连接,主要由螺旋扶起装置、甘蔗根部切割器、柔性夹持装置、甘蔗尾部切梢器、甘蔗集堆装置、收割机液压驱动系统及拖拉机组成。该机的主要技术特点:根部切割器为单圆盘形,采用矩形光刃刀片,工作时刀片入土切割甘蔗,宿根破头率低;夹持输送机构采用柔性夹持元件,对甘蔗茎秆损伤小;夹持输送机构具有横向传送部分,结合甘蔗集堆装置实现甘蔗集堆,便于后续作业;螺旋扶蔗器能对倒伏不严重的甘蔗实现有效扶起。该机采用全液压驱动,收割机的结构简单可靠,操作简便;工作平稳可靠,维修方便。

4ZZX-48 型侧悬挂式整秆甘蔗收割机于 2006 年 10 月通过了广东省科技厅组织、广东省教育厅与广东省农业厅联合主持的科技成果鉴定。该机型主要技术参数见表 1。

表 1 4ZZX-48 型侧悬挂式整秆甘蔗收割机主要技术参数

参数	参数值
配套拖拉机动力/kW	48
喂入量/(kg/s)	≥0.5
作业前进速度/(km/h)	0~5
切割器直径/mm	630
切割器转速/(r/min)	550~800
宿根破头率/%	≤18
切割高度合格率/%	≥90
适应行距/m	≥1.2

续表

参数	参数值
爬坡能力/°	≥6
质量(不含拖拉机)/kg	约 2 000
外形尺寸(长×宽×高)/mm	3 600×2 800×1 870
燃油消耗量/(kg/hm^2)	≤24
纯工作小时生产率/(hm^2/h)	≥0.2
总损失率/%	≤7

(2) 4ZBQ-9 型甘蔗剥叶机

4ZBQ-9 型甘蔗剥叶机是在国家"十五"科技攻关计划项目"现代农业技术装备研制开发——甘蔗收获技术体系及装备的研究与开发"的资助下完成的，主要用于甘蔗整秆收割后的剥叶工作。本成果包括两种动力形式的机具，一种是采用 9 kW 手扶拖拉机作为行走和驱动动力，另一种是单独采用 8 kW 的汽油发动机驱动剥叶机，以人力推动行驶，主要机构与部件有：动力输入与传动部分、甘蔗喂入及输出机构、剥叶机构等。动力由手扶拖拉机或汽油发动机输入，操纵方便；甘蔗喂入机构采用上下胶辊式，上胶辊浮动，下胶辊固定，胶辊长度比同类型剥叶机增加一倍，提高了生产率；采用高强度尼龙丝作为剥叶元件，剥叶元件寿命高，蔗茎破损少。

4ZBQ-9 型甘蔗剥叶机于 2006 年 10 月通过了广东省科技厅组织、广东省教育厅与广东省农业厅联合主持的科技成果鉴定。该机型主要技术参数见表 2。

表 2　4ZBQ-9 型甘蔗剥叶机主要技术参数

配套拖拉机动力/kW	≥8
喂入量/(kg/s)	≥0.5
燃油消耗量/(kg/h)	≤0.8(柴油)
喂入胶辊直径/mm	116
输出胶辊直径/mm	150
蔗茎破损率/%	≤18
喂入口宽度/mm	490
重量(不含拖拉机)/kg	约 215
外形尺寸(长×宽×高)/mm	1 400×1 100×1 100(自走式)、2 200×1 080×1 030(手推式)
纯工作小时生产率/(kg/h)	≥1 500
含杂率/%	≤7

(3) 切段式甘蔗联合收割机

华南农业大学甘蔗机械团队对切段式甘蔗收获技术进行了深入研究。攻克了推倒方式收获刀盘喂入、收割机内甘蔗物流和排杂3项关键技术。采用拥有发明专利授权的"切段刀辊中置式物流通道技术",对倒伏甘蔗适应性强,可以收获倒伏严重的甘蔗。收割作业时能够顺序完成将倒伏甘蔗分行、推倒甘蔗、将甘蔗从根部切断并喂入至一级输送、将甘蔗切成250~380 mm长的蔗段、输送至二级输送、风选排杂、输送至输送臂、输送至运输车等一系列作业。

1) HN4GDL-91型切段式甘蔗联合收割机科研成果鉴定

HN4GDL-91型切段式甘蔗联合收割机,2015年6月12日通过了广东省科技厅组织的科技成果鉴定。该机型主要技术参数见表3。

表3 HN4GDL-91型切段式甘蔗联合收割机主要技术参数

序号	项目		参数
1	结构形式		履带整秆式
2	配套动力名称		玉柴机器
3	配套动力/kW		91
4	外形尺寸(不包括输送臂)(长×宽×高)/mm		6 400×2 080×3 000
5	履带	规格(节距×节数×宽)	100 mm×58节×350 mm
		轨距/mm	1 250
6	结构质量/kg		7 900
7	适应行距/mm		≥1 000
8	适应垄高/mm		100~180
9	适应坡度/(°)		≤10
10	作业行数/行		1
11	作业前进速度/(km/h)		≤3
12	喂入量/(kg/s)		≤4
13	输送臂长度/mm		5 300
14	输送臂升至最高位置时与水平夹角/(°)		40
15	宿根破头率/%		≤18
16	含杂率/%		≤7
17	总损失率/%		≤7
18	蔗茎合格率/%		≥90
19	每公顷燃油消耗量/(kg/hm^2)		≤180

2）4GDL-132 型切段式甘蔗联合收割机新产品鉴定

华南农业大学与广州悍牛联合研发的新产品 4GDL-132 型切段式甘蔗联合收割机,2016 年 12 月 18 日广东省机械行业协会组织并主持的新产品新技术鉴定,鉴定委员会"一致同意 4GDL-132 型甘蔗联合收割机通过新产品鉴定,可以投入批量生产"。该机型主要技术参数见表 4。

表 4　4GDL-132 型切段式甘蔗联合收割机主要技术参数

序号	项目		参数
1	结构形式		履带切段式
2	配套动力名称		东风康明斯
3	配套动力/kW		132
4	外形尺寸(不包括输送臂)(长×宽×高)/mm		6 350×2 250×3 320
5	履带	规格(节距×节数×宽)	50.8 mm×42 节×320 mm
		轨距/mm	1 300
6	结构质量/kg		8 400
7	适应行距/mm		≥1 200
8	适应垄高/mm		100～180
9	适应坡度/(°)		≤10
10	作业行数/行		1
11	作业前进速度/(km/h)		≤3
12	喂入量/(kg/s)		≤4
13	输送臂(长度×内侧宽带)/mm		6 930×500
14	输送臂升至最高位置时与水平夹角/(°)		40
15	宿根破头率/%		≤18
16	含杂率/%		≤7
17	总损失率/%		≤7
18	蔗茎合格率/%		≥90
19	每公顷燃油消耗量/(kg/hm^2)		≤180

（4）HN4GZL-132 型整秆式甘蔗联合收割机

华南农业大学甘蔗机械团队对推倒甘蔗方式作业的整秆式甘蔗收获技术进行了深入研究,攻克了收割机内甘蔗匀铺输送和排杂等关键技术。成功研制了

HN4GZL-132 型整秆式甘蔗联合收割机用于以整秆方式收割甘蔗。2015 年 6 月 12 日广东省科技厅组织科技成果鉴定。该机型主要技术参数见表 5。

表 5 HN4GZL-132 型整秆式甘蔗联合收割机

序号	项目	参数
1	结构形式	履带整秆式
2	配套动力名称	东风康明斯
3	配套动力/kW	132
4	外形尺寸(长×宽×高)/mm	8 100×2 150×3 600
5	履带中心距/mm	1 250
6	履带长度/mm	3 470
7	结构质量/kg	7 500
8	适应行距/mm	≥1 000
9	适应垄高/mm	100 ~ 180
10	适应坡度/(°)	≤10
11	作业行数/行	1
12	作业前进速度/(km/h)	≤3
13	喂入量/(kg/s)	≤4
14	宿根破头率/%	≤18
15	含杂率/%	≤7
16	总损失率/%	≤7
17	蔗茎合格率/%	≥90
18	燃油消耗量/(kg/hm^2)	≤180

HN4GZL-132 型整秆式甘蔗联合收割机采用履带行走机构,液压驱动,无级变速。履带行走机构使收割机稳定性比较好。收割机配备动力为东风康明斯 132 kW 柴油机。柴油机驱动液压泵,液压泵驱动液压马达和液压缸。收割机由倒伏甘蔗分行器、推倒辊筒、根部切割器、喂入辊筒、匀铺辊筒、剥叶辊筒、输出辊筒、集堆装置等部件组成,收割作业时能够顺序完成将倒伏甘蔗分行、推倒甘蔗、将甘蔗从根部切断并喂入至喂入辊筒、经匀铺辊筒均匀铺开后送至剥叶辊筒、风选排杂、输送至集堆装置、集堆装置将甘蔗堆放在田间等一系列作业。各部分由液压马达驱动。收割机设计有液压缸,可以调节倒伏甘蔗分行器的高度、根切器与输送辊筒的高度。收割机采

用将甘蔗推倒收获的方式，对倒伏甘蔗适应性强，可以收获倒伏严重的甘蔗。

（5）2CZD-2 型单芽段甘蔗种植机

华南农业大学甘蔗机械团队对单芽段甘蔗种植技术进行了深入研究，攻克了单芽段蔗种排种技术和匀量播种控制技术。研制成功的 2CZD-2 型切种式甘蔗种植机的功能是以整秆或较长的蔗种在种植机上切段的方式进行播种。2CZD-2 型单芽段甘蔗种植机用于单节茎种的甘蔗种植，为拖拉机后悬挂式，通过三点悬挂装置与拖拉机后部相连，并可以通过拖拉机悬挂升降装置调节高低。单芽段种植机由机架、种箱、排种装置、肥料装置、开沟装置、覆土与铺膜装置、控制装置等部分组成。适应于 5 ~7 cm 的单节蔗种的播种。控制装置可以实现拖拉机前进速度与排种装置的同步改变，以得到均匀的播种密度。2CZD-2 型单芽段甘蔗种植机能够完成开沟、排种、覆土、盖膜、压膜的联合作业。作业效率高，播种均匀。该机型主要性能指标见表 6。

表 6　2CZD-2 型单芽段甘蔗种植机（科研成果鉴定机型）

序号	项目	性能指标
1	结构形式	后悬挂式
2	配套动力名称	拖拉机
3	外形尺寸（长×宽×高）/mm	2 550×2 320×2 000
4	结构质量/kg	1 600
5	功能	开沟、下种、施肥、覆土、铺膜
6	下种密度控制	前进速度与下种密度匹配的微机控制
7	排种方式	拨指链排种机构自动排种
8	施肥机构型式	旋转刮板式
9	作业行数/行	2
10	行距/mm	1 000 ~1 400（可调）
11	开沟深度/mm	250 ~350（可调）
12	覆土厚度/mm	80 ~150
13	作业前进速度/（km/h）	0 ~3
14	机械伤芽率/%	≤6.0
15	漏株率/%	≤5.0
16	露芽率/%	≤3.0
17	总排肥量稳定性变异系数/%	≤7.8
18	各行排肥均匀性变异系数/%	≤13.0

1）科研成果鉴定

2CZD-2 型切种式甘蔗种植机于 2015 年 6 月 12 日通过广东省科技厅组织的科技成果鉴定。

2）新产品鉴定

华南农业大学与广州悍牛联合研发的新产品 2CZD-2 型单芽段甘蔗种植机于 2016 年 12 月 18 日通过了由广东省机械行业协会组织的新产品新技术鉴定。鉴定委员会“一致同意 2CZD-2 型单芽段甘蔗种植机通过新产品鉴定，可以投入批量生产”。

（6）2CZQ-2 型切种式甘蔗种植机

华南农业大学甘蔗机械团队对切种式甘蔗种植技术进行了深入研究，攻克了蔗种喂入技术和匀量播种控制技术。研制成功的 2CZQ-2 型切种式甘蔗种植机的功能是以整秆或较长的蔗种在种植机上切段方式进行播种。2CZQ-2 型切种式甘蔗种植机，采用发明专利技术，由机架、蔗种喂入机构、切种装置、肥料装置、开沟装置、覆土与铺膜装置、控制装置等部分组成。控制装置可以实现拖拉机前进速度与排种装置的同步改变，以得到均匀的播种密度。2CZQ-2 型切种式甘蔗种植机能够完成开沟、送蔗、切种、排种、覆土、盖膜、压膜的联合作业。作业效率高，播种均匀。该机型主要技术参数见表 7。

表 7　2CZQ-2 型切种式甘蔗种植机主要技术参数

序号	单位	参数
1	结构形式	后悬挂式
2	配套动力名称	拖拉机
3	外形尺寸(长×宽×高)/mm	2 560×2 330×2 040
4	结构质量/kg	1 600
5	功能	开沟、施肥、切种、覆土、铺膜
6	下种密度控制	前进速度与下种密度匹配的微机控制
7	蔗种喂入方式	人工摆种，输送辊筒喂入
8	摆种人数/(名/行)	1
9	切种器结构形式	双棍刀式
10	施肥机构形式	旋转刮板式
11	作业行数/行	2
12	开沟深度/mm	250～350(可调)
13	覆土厚度/mm	80～150
14	行距/mm	1 000～1 400 可调

续表

序号	单位	参数
15	作业前进速度/(km/h)	0～3
16	机械伤芽率/%	≤6.0
17	切口不合格率/%	≤5.0
18	漏株率/%	≤5.0
19	露芽率/%	≤3.0
20	切段长度误差/%	≤10.0
21	总排肥量稳定性变异系数/%	≤7.8
22	各行排肥均匀性变异系数/%	≤13.0
23	开沟深度合格率/%	≥80.0
24	覆土厚度合格率/%	≥80.0

备注:开沟深度和覆土厚度合格率以当地农艺要求的开沟深度 ±50 mm 和覆土厚度 ±10 mm 为合格。

1）科研成果鉴定

2CZQ-2 型切种式甘蔗种植机于2015 年6 月12 日通过广东省科技厅组织的科技成果鉴定。

2）新产品鉴定

2CZQ-2 型切种式甘蔗种植机经过与广州悍牛农业机械股份有限公司合作改进后,于 2016 年 12 月 18 日通过了由广东省机械行业协会组织的新产品新技术鉴定。鉴定委员会“一致同意 2CZQ-2 型切种式甘蔗种植机通过新产品鉴定,可以投入批量生产”。

8　团队培养的学生与甘蔗机械化有关的硕博学位论文

8.1　博士后出站报告

基于物理模型的整秆式甘蔗收获虚拟样机研究

高建民

[摘要]　钱学森院士 1997 年 9 月 30 日给清华大学工程力学系的一封信中阐述了这样的观点:“随着力学计算能力的提高,用力学理论解决设计问题成为主要

途径，而试验手段成为次要的了。由此展望21世纪，力学加电子计算机将成为工程新设计的主要手段，就连工程型号研制也只用电子计算机加形象显示。都是虚的，不是实的，所以称为'虚拟型号研制'（virtual prototyping），最后就是实物生产了。”

虚拟样机技术到目前基本上还是处于探索发展阶段。西方发达国家特别是美国在此领域的开创性研究已经取得了令人瞩目的成就，包括在工程应用中初步显示出技术优势和潜在的经济效益，在商业、国防等相关部门发挥了较大的作用。波音飞机公司在开发“波音777”型飞机时，使用了2 200台工作站，8台IBM主机和CAD/CAM软件，完全基于高度翔实的虚拟样机数字进行设计，大大节省了研制生产时间，设计精度大大提高，设计花费降低，设计周期缩短，显示出巨大的经济效益和发展潜力。美国国防部正在建立的一个“电子战场”，它将成为未来武器性能评价的场所，每一个现有或计划的武器系统的战斗力都将通过在该“战场”使用其虚拟样机得到验证。并由此来确定在未来战争中支持军事参与所需的武器系统的类型与数量。美国VPI公司目前已经开发出了商业性的虚拟样机系统，在国防、航空、航天等领域，虚拟样机技术已经得到广泛的应用。我国从“九五”期间开始了对虚拟样机系统的跟踪研究，取得了初步的研究成果，“十五”期间，虚拟样机已经成为各行业的一个关键技术发展项目。[5][14][15][16][[17]

在文献[5]中，对虚拟样机在国内航空航天飞行器的设计、试验和运行中的应用进行了综述，指出：在未来的航空、航天及国防武器系统领域，虚拟样机必将扮演极为重要的角色，成为设计、运行、试验、鉴定和技术验证的主要技术手段之一。

文献[8]通过对人体上肢生理结构及其运动特征的分析研究，对上肢结构进行适当的简化，运用ADAMS仿真软件，将上臂和前臂的骨骼简化为两刚体，上臂和躯干间的连接简化为球铰，上臂和前臂间的连接简化为合页铰，肌肉的作用简化为作用于其质心处的力，建立上肢的运动模型，并对旋内外、展收和屈伸3种简单运动进行仿真模拟。结果，模型仿真的结果与上肢的实际运动情形相一致。建立一个两刚体的运动系统，分析上肢的运动。该文最后得出结论：使用ADAMS可以很好地建立人体上肢的运动模型，分析人体上肢的运动。

文献[23]在产品设计过程中，运用基于虚拟样机技术的运动学仿真进行运动分析形象直观，可以较准确地掌握机械产品各零部件的位移、速度和加速度等运动学参数，了解产品各零部件的运动状态，分析机构动作的可靠性，诊断机构动作的故障原因，从而提高产品的设计质量、缩短产品的开发周期。这一方法应用于某型高炮自动机发射动作仿真，取得了理想的效果。

文献[24]中应用虚拟样机技术对月球机器人进行了运动仿真。该文献采用“虚拟样机”技术，建立一个集三维实体设计、动力学建模、控制、可视化仿真于一体的虚拟月面计算机仿真环境,对月球机器人的静力学、运动学及动力学进行了仿真研究,为月球机器人结构参数、动力学参数及控制算法的优化提供了设计参数和验证场所。

文献[9]对虚拟样机在挖掘机器人中的应用策略进行了分析,将挖掘机器人划分为有机关联的单学科系统模型,分别由不同学科专家在支撑软件上并行建模,利用计算机网络和系统集成技术将多个子系统模型在仿真环境中集成为虚拟样机。

文献[25]和文献[26]对虚拟样机技术在甘蔗收获机械中的应用进行了初步探讨,采用计算机可视化虚拟设计方法,对小型甘蔗联合收获机虚拟样机的关键部件进行了装配仿真和运动仿真研究。阐明了基于 I-DEAS 软件虚拟样机仿真的设计思路及其关键技术,求解出各运动部件的运动参数,并进行了动态干涉检查,得到最适合实际情况的设计参数。

文献[27] 采用虚拟样机技术,利用 ADAMS 动力学仿真软件对叉式座椅垂向振动特性进行了仿真研究,结果表明,用 ADAMS 软件建立座椅的三维实体模型进行仿真设计,具有速度快、分析方便、便于实施和结果准确等特点,是一种理想的设计方法。

在目前进行的虚拟样机仿真中,对机器的结构等自身因素考虑很多,但是对机器作业对象的特性基本不涉及,即使涉及也是做了很大的简化。机器作业对象本身的物理特性对机器的效能影响很大。在虚拟样机仿真分析中,如果能够建立作业对象的精确数学物理模型,并且在该模型基础上,开发虚拟样机－作业对象的物理模型作用系统,则该系统可以更精确地描述机器的工作过程,这应该成为虚拟样机技术发展的方向。计算技术的快速发展,为建立虚拟样机－作业对象的物理模型作用系统提供了可能。

很多情况下,作业对象的物理模型对虚拟样机仿真研究的精度至关重要。通常认为,模型的建立及其置信度的提升是一个由虚到实、由粗到精、由浅入深、循序渐进、不断探求真理的过程。[28] 这一过程可以形象地表述为以下两个“三部曲”——建模过程的三部曲:物理模型(physical model)的建立、数学模型(mathematical model)的建立、仿真模型(simulation model)的建立;——模型置信度提升的三部曲:模型检验(Verification)、模型验证(Validation)、模型确认(Accreditation),即 VV&A。[28]

农业机器的作业对象物理特性复杂,作业对象的物理特性对机器的效能影响很大,但是在目前为止进行的农业机器工作过程的仿真分析中,基本未考虑作业对象的物理性能,即使考虑也是做了很多简化(例如以圆钢球代替谷粒进行仿真,用刚体杆件代替甘蔗)。对作业对象的物理模型过于简化,导致仿真分析的结果很难让人信服，一些理论分析中的必然结果和观测到的试验现象很难仿真或者根本仿真不出来，更没有预见性，这样就失去了仿真分析的根本意义。

基于以上原因，本文提出基于物理模型的虚拟样机仿真方法。所谓的基于物理模型，就是基于机器工作对象的数字化的、可视的、接近工作对象实际物理状况的虚拟模型。建立该虚拟模型－虚拟样机作用系统，也即建立基于物理模型的虚拟样机仿真系统，该虚拟样机系统可以更真实地反映机器实际工作状况，从而可以进行虚拟试验，验证试验中观察到的现象和理论分析结果，并且可以预见机器工作过程中可能出现的故障，为机器的最优化设计打下坚实的基础。

甘蔗收获机械的发展现状和前景展望：根据 2000 年《世界热带农业信息》提供的资料称，蔗糖约占全世界年产粗糖的 64%。甘蔗是我国南方重要的经济作物，主要分布在两广、云南、海南及福建等地。目前广西、广东、云南是我国最主要的甘蔗糖生产省(区)。到 1998 年，全国甘蔗种植面积已达到 1 276.440 km^2，总产量以达到 7 700.17 万 t。

我国当前甘蔗生产体制是以小农户为主，人力、牲畜是主要的生产手段，生产经营分散，集约化程度低，生产规模小，生产效率低。机械化生产能够更好地节本增效，抵御灾害，较大地提高劳动生产率和单位面积产量，减轻蔗农劳动强度，降低耕作成本，增加农民收入，促进甘蔗生产规模化和产业化。

加入 WTO 后，国际糖业将以低价冲击国糖。糖料蔗的生产成本约占蔗糖成本的 60% ~70%，直接影响蔗糖的生产成本，必须降低“第一车间”即糖料蔗的生产成本。通过机械化技术的广泛应用来带动科技兴蔗，实现甘蔗高产、高糖、低成本、高效益。

目前，在国外的产糖国，如澳大利亚、美国等，其地域广阔、平坦，主要发展大型甘蔗收获机械，其机械化程度高、效率高，但作业成本也高。我国南方甘蔗种植区多丘陵，受季风影响，甘蔗倒伏、弯曲较多，大型甘蔗收获机械并不适用。

在国内，也有科研院所研制甘蔗收获机械，但目前的甘蔗联合收割机在蔗株大小均匀、地势较平坦且甘蔗倒伏不严重的情况下，才能正常作业。因此，根据南方甘蔗种植的特点研制适合丘陵地带使用的小型整杆式甘蔗收获机械势在必行。

为了解决这个问题，华南农业大学工程学院在研究进口大型甘蔗机械的基础上，进行了小型整杆式甘蔗收获机械的研究。目前已经进行了两轮样机的试验。在试验中，我们发现，甘蔗的物理力学性能对机械化收获影响很大。如在甘蔗扶起过程中，对于倒伏严重的甘蔗，会产生回弹，有相当数量的倒伏甘蔗因为回弹作用，最终没有扶起，而被收获机器压在地里，从而造成收获损失；扶起和输送机构易发生堵塞，使生产效率降低；整机参数匹配不合理，表现在总动力满足要求的情况下，某些机构的动力不足；收获过程中较多的蔗头被撕裂，而不是被切断，从而造成糖分损失。试验结果表明,该机型对倒伏不严重的甘蔗收获效果良好,但对倒伏严重的甘蔗收获效果尚不理想。主要表现在甘蔗扶不起,送蔗装置容易堵塞,蔗头被撕裂,整机动力参数匹配不合理,从而导致生产效率低下,损失率高;没有考虑甘蔗的集堆,所以甘蔗的收集工作量很大

甘蔗也是广西的主要经济作物。广西大学机械工程学院在研制甘蔗收获机械方面也做了大量的研究工作。

广西大学机械工程学院邓劲莲、李尚平等在研究甘蔗收获机械的时候,对甘蔗收获机械进行了虚拟样机设计。[25][26][29]主要内容为:

(1) 对甘蔗收获机械进行全数字三维描述、数字化预装配,以及基于物理产品的运动学和动力学仿真。[25][26]

(2) 研究开发了甘蔗收获机械可视化虚拟集成设计平台。该平台的构建通过STEP标准建立产品开发的全局共享信息模型,利用PDM软件集成和封装CAD/CAE及其他产品设计过程中用到的应用软件;平台也集成了甘蔗收获机械设计、分析和评价专家系统,专家系统采用模糊评价的方法对开发过程设计和仿真分析的结果进行评价和决策。集成平台支持甘蔗收获机械可视化虚拟产品集成化的团队设计及收获机械系列化产品开发。[29]

从本质上说,广西大学机械工程学院的大量研究工作主要集中在甘蔗收获机械的三维CAD设计,对于甘蔗收获机理的研究没有深入。在文献[25]、[26]和[29]中,并未涉及任何动力学仿真的内容。所进行的运动学仿真,也是非常简单的。在上述3篇文献中只有一处涉及运动学仿真,即用运动副约束甘蔗来研究甘蔗的扶起过程。

基于以上事实,本文将把基于物理模型的虚拟样机理论用于甘蔗收获机械的研究,以期更深入地研究甘蔗收获机械的工作机理,设计出更可靠、实用的甘蔗收获机械。本文的研究以整秆式甘蔗收获机械为研究对象。

8.2　博士学位论文

甘蔗剥叶机理研究

张增学　华南农业大学, 2002

[摘要]　甘蔗是我国的一种重要的经济作物,可作为多种工业原料,是目前可靠无污染的生物能源之一。由于历史原因,我国的甘蔗生产机械化程度仍然很低,蔗农劳动强度大,生产效益低,导致我国蔗田面积逐年减少。

甘蔗剥叶作业是甘蔗生产作业中的一个重要环节,需耗费大量的劳力,是目前

制约甘蔗生产机械化水平提高的瓶颈之一。国内外现有的各种甘蔗剥叶机存在的主要问题是剥叶效果差、剥叶元件的使用寿命短，工作状态不稳定，生产效率低，功耗大。对甘蔗剥叶机的剥叶机理研究不多是产生这些问题的主要原因。

甘蔗剥叶机的剥叶质量好坏与甘蔗的品种、剥叶机剥叶元件材料、剥叶滚筒的转速、剥叶元件的排列形式等因素，以及甘蔗在剥叶过程中的运动、受力状况密切相关。

本文以整秆式甘蔗收割和人工砍蔗为基础，对梳刷式甘蔗剥叶机的机理问题进行了研究。提出了影响甘蔗剥叶效果的主要因素及其参数，详细分析了甘蔗品种、剥叶元件材料、剥叶滚筒转速、剥叶元件排列形式、甘蔗喂入方式、剥叶元件线径、剥叶元件间距、剥叶刷有效长度、甘蔗喂入密度等主要参数对甘蔗剥叶质量的影响规律；对甘蔗在剥叶过程中的运动状态和受力情况进行了分析，对影响梳刷式甘蔗剥叶的剥叶刷梳刷次数进行了探讨。

试验研究认为：甘蔗剥叶过程主要由 3 个阶段组成，即压紧阶段、撕裂牵扯蔗叶阶段和蔗叶向后抛送阶段。

与不同剥叶材料所匹配的最优剥叶滚筒转速范围不同，对于尼龙、钢丝和塑料 3 种剥叶材料来说，最优的剥叶滚筒转速范围为 900 ~ 1 200 r/min；获得较好的剥叶质量时，按照所需要的稳定工作的剥叶滚筒转速值由小到大的顺序，3 种材料依次为钢丝、尼龙和塑料。

影响甘蔗剥叶效果的各因素及其参数的关系：

剥叶元件的排列形式取一对剥叶滚筒，每个滚筒上等分安装 4 排剥叶刷、上下滚筒剥叶刷之间的安装位错角取 45° 为宜；

甘蔗的喂入方式为蔗叶所在平面垂直于剥叶滚筒轴线；

剥叶元件间距大小以所需剥叶的甘蔗的平均直径大小相近为宜；

剥叶刷的有效长度以使得剥叶刷重叠长度大于 1/2 蔗径小于 1.5 倍的蔗径最佳；

甘蔗的喂入密度增加，剥叶工效增加，但含杂率也增加，实际生产中应以获得较好的剥叶质量为前提确定喂入密度；

甘蔗在田间根切后不同时间剥叶对剥叶质量指标影响较大，应尽可能地在根切后立即进行剥叶；

剥叶材料对剥叶工效的影响不大，剥叶刷的排数对剥叶效果的影响较大；

甘蔗品种不同，则蔗叶被剥离蔗径的方式也不同；

甘蔗在剥叶过程中所受到的力的大小，以垂直力为主，水平力其次，力矩较小。

甘蔗在剥叶作业过程中，主要的剥叶对象为青叶。甘蔗在成熟收获时，一般有 6 ~ 8 片的青叶需剥叶。青叶的含水量通常在 30% 左右，具有一定的脆性。甘蔗以蔗叶所在的平面垂直于剥叶滚筒轴线方向喂入,在剥叶滚筒转动的过程中,剥叶刷首先与靠近叶片与叶鞘的连接处的叶片部分接触,在剥叶刷端部冲击力的作用下将蔗叶穿透,然后剥叶刷沿穿透点的蔗叶裂缝做近似弧形的运动,将蔗叶撕裂成长度不等的丝状单元,蔗叶的厚度在整个叶片范围分布不均匀,剥叶刷再次梳刷蔗径时,继续沿蔗叶裂缝方向撕裂蔗叶,被撕裂的蔗叶在剥叶滚筒惯性力的作用下被向后抛出。

[**关键词**]　甘蔗　剥叶刷　梳刷　剥叶机理

甘蔗茎秆切割机理

刘庆庭　华南农业大学,2004

[**摘要**]　甘蔗是我国主要经济作物之一,种植区域主要分布在广西、广东、海南、福建、云南等省(区)。我国大部分制糖成本为2 700元/t,而巴西、美国原糖进口到我国加工成白糖的完税价分别为2 390元/t、2 470元/t,我国食糖价格缺乏竞争力。采用机械化生产是降低甘蔗生产成本的关键所在,甘蔗收获机械技术是制约甘蔗生产全程机械化的一个瓶颈,也是一个关键的问题。我国实现甘蔗生产全面机械化将有广阔的前景。甘蔗收获机割茬不齐、破头率高、切割损失大,严重影响甘蔗收获机的性能和推广应用。

根部切割是甘蔗机械化收获重要的工序。甘蔗根部切割质量直接关系到甘蔗收获过程中的甘蔗损失和宿根的质量。测定甘蔗茎秆材料物理力学参数、建立甘蔗茎秆材料模型是解释甘蔗在切割过程中表现出的力学现象和进行切割理论分析的基础,计算机动态三维仿真根切器工作过程是研究甘蔗收获机械运动学参数的匹配的手段,切割力试验、切割破坏试验、高速摄像图像分析、田间试验是研究甘蔗切割机理的重要方法,切割力学分析是从理论上建立切割力学模型的基础。

弯曲试验在日本SHIMADZU公司生产的AG-I 50 AUTOGRAPH材料力学试验机上进行。压缩和拉伸试验在济南试验机厂生产的WEW-600C型屏显式液压万能试验机上进行。切割力试验和破坏试验在自制的单刀切割试验台和圆盘根切器切割试验台进行。使用美国PHOTRON公司生产的FASTCOM-10K高速摄像机进行切割过程的高速摄像。采用Object ARX MFC在AutoCAD平台上对根切器工作过程进行了三维动态仿真,使用Matlab对刀刃上一点运动速度进行仿真分析。试验材料采用华南农业大学试验农场种植的甘蔗,品种:桂林-1号。结果表明:

(1) 甘蔗茎秆弯曲破坏形式有中性层裂纹、靠近节处横向断裂、甘蔗茎秆底部轴向裂纹、甘蔗茎秆节部附近不规则形状裂纹等四种。蔗芯弯曲破坏形式有靠近节处横向断裂、不规则断裂两种。甘蔗茎秆基部的弹性模量与抗弯强度远大于基部以上的甘蔗茎秆;基部去掉蔗皮前后,弹性模量的平均值分别为 1 172 N/mm^2 和 1 514.8 N/mm^2,最大抗弯强度的平均值分别为 46.5 N/mm^2 和 42 N/mm^2;在扭转荷载下,甘蔗的破坏形式为产生轴向裂纹;剪切模量的平均值为 10.82 MPa,最大剪切应力的平均值为 0.45 MPa;在压缩荷载下的破坏形式为发生屈曲,并产生轴向裂纹;基部第一、二、三节的抗压强度平均值分别为 14.47,9.93 和 8.24 MPa;蔗皮、蔗芯轴向抗拉强度平均值分别为 47.02,6.71 MPa,径向抗拉强度平均值分别为 2.57,1.34 MPa。

(2) 通过在宏观层次上对比甘蔗茎秆材料与单向复合材料组织结构、力学行为的相似性,提出了甘蔗茎秆的材料模型可简化为单向复合材料。甘蔗茎秆的力学性能指标体系:纵向拉伸强度、横向拉伸强度、纵向压缩强度、横向压缩强度、面内剪切强度、纵向弹性模量、横向弹性模量、主泊松比和剪切弹性模量。

(3) 仿真分析得出了满足根切器不漏割的不等式;被砍断前最多可经历的砍切刀数;甘蔗受到重复切割的刀数;避免重复切割的不等式。根切器在收获机上的安装位置应使刀片切入茎秆过程中垂直方向的位移方向向上,以减少根茬的破损。重复切割将造成收获中损失和蔗头破损。

(4) 切割力和刀盘安装角、刀盘倾角之间的关系可以用二元回归方程来描述。刀盘安装角、刀盘倾角都达到了非常显著水平。切割力与刀盘倾角之间是非线性关系。刀片安装角为 0°时,最小切割力的刀盘倾角为 15°。切割力与切割速度之间呈线性关系,切割速度越大,切割力也越大。甘蔗夹持高度和切割力之间呈线性关系,夹持高度越大,切割力越小。与甘蔗上段自由相比,甘蔗上段夹持(夹持高度 800 mm)对切割力无显著影响。

(5) 依据试验结果将根茬的破损程度分为无破损、轻微蔗皮破损、严重蔗皮破损、轻微劈裂、劈裂、爆裂 6 个等级。并将轻微劈裂、劈裂、爆裂定义为严重破损。切割速度对甘蔗根茬破损影响最大,速度越高,根茬严重破损率越低。其次是根切器与甘蔗相对位置对严重破损率的影响。前进速度对甘蔗根茬严重破损率的影响在不同的切割速度下表现不同。最优的参数组合:刀片切入茎秆过程中在垂直方向发生的位移方向向上,前进速度为 0.546 m/s,切割速度为 26.39 m/s。在本试验条件下,轻微蔗皮破损和严重蔗皮破损是不可避免的。

(6) 通过对高速摄像进行图像观察分析发现:切割过程中甘蔗的破损主要是蔗皮、蔗芯的径向撕裂,蔗皮与蔗芯之间的径向撕裂,以及蔗皮或蔗皮连同部分蔗芯撕裂后与茎秆脱离。两刀切割将使甘蔗在经历第一刀切割时承受扭转荷载,甘蔗上下段之间发生扭转变形。

(7) 采用弹性基础理论,建立蔗材的切割力学模型;依据试验结果建立了甘蔗茎秆单位切割力的经验公式。刀片切入甘蔗茎秆过程中,切屑厚度的变化造成切割过程中甘蔗茎秆应力和弯曲强度变化。甘蔗茎秆被一刀切割破坏时,随着切入深度而变化的剪应力大于甘蔗茎秆纵向面内剪切强度时,甘蔗茎秆产生劈裂。劈裂发生后,最大弯曲应力大于弯曲强度时,甘蔗茎秆断裂。甘蔗茎秆被多刀切割时,在第一刀切割过程中,由附加扭矩产生的最大剪应力大于剪切强度时,发生扭转破坏,产生纵向裂纹。

[**关键词**]　甘蔗　甘蔗茎秆　收获　力学性能　切割力　根茬破损　力学分析

甘蔗收获机单圆盘切割器机理研究

卿上乐　华南农业大学,2005

[**摘要**]　甘蔗是我国重要的经济作物之一,种植区域主要分布在广西、广东、云南、海南等省(区)。我国原料蔗生产成本为 170 ~ 180 元/t,而澳大利亚、泰国、巴西三大食糖出口国的原料成本为 95 ~ 104 元/t 左右。造成我国原料蔗生产成本过高的主要原因是甘蔗生产技术落后,主要为手工作业。手工收获甘蔗费用占到原料成本的 1/4 以上,是机械化收获的 6 ~ 7 倍,采用机械化收获技术是降低生产成本的关键。采用单圆盘切割器的中小型整杆式甘蔗收获机适合我国国情,但是在收割作业时,根茬损伤大,破头率高,切割损失大,割茬不齐,制约了其推广应用。以前的研究主要集中在不入土切割,对入土切割的研究几乎为空白,而实际生产中为了减少根茬损伤和切割损失,保护宿根,要求进行入土切割。研究单圆盘切割器工作机理,探索入土切割下提高切割质量,降低破头率,减小收获损失和切割功耗,为甘蔗收获机械设计提供依据,具有重要的理论意义和实用价值。

从减少根茬损伤和切割损失出发,对单圆盘切割器进行运动学研究,建立了单圆盘切割器不漏割的数学模型和刀盘与甘蔗茎秆不接触的数学模型,给出了避免多刀重复切割的条件,分析了速比与切割器结构参数、运动参数及甘蔗几何参数之间的关系。

采用自制撕裂试验装置,试验研究了甘蔗茎秆在无土支撑和土壤支撑情况下的抗撕裂性能。甘蔗茎秆承受的最大弯矩与茎秆直径呈线性关系,随甘蔗直径的增大而增大。斜切角和削切角对甘蔗抗撕裂性能有显著影响。抗撕裂性能与切口深度呈二次曲线关系,随着切口深度的增加,抗撕裂性能急剧下降。土壤支撑下,甘蔗抗撕裂性能得到较大提高。入土切割时,斜切角 10°,削切角 0°,甘蔗抗撕裂性能最好。

采用自制单刀切割试验台和自制单圆盘切割器试验装置,进行甘蔗茎秆入土切割破坏试验研究。入土切割根茬破坏分为无破损、蔗皮微裂纹、蔗皮撕裂、撕裂和小块脱落5种。入土切割中，蔗皮撕裂厚度为1.2～4 mm，长度不会超过节处；撕裂通常发生在切深大于0.6 d处，撕裂长度不会超过一个节，撕裂位置呈正态分布，其均值为0.732 d，标准差为0.060 1 d；小块脱落通常发生在切割面靠近节处，产生位置在切深大于0.6 d处，脱落部分在节下10～17 mm的地方与根茬分离，发生脱落的径向位置呈正态分布，其均值为0.778 d，标准差为0.089 d。对于直刃刀片、凸刃刀片和凹刃刀片，切割速度对破坏影响最大，速度18.33 m/s时，总损伤率最低；刀盘倾角在15°～20°时，总损伤率最低；刀刃倾角或等滑切角30°时，总损伤率最低。总损伤率随入土深度增加而减小，入土深度达30 mm后，总损伤率最低，且稳定在0～5%左右。

采用单刀切割试验台，进行了土壤支撑情况下不入土切割和入土切割的切割力试验研究。不入土切割时，甘蔗茎秆切割力可以用甘蔗茎秆切割比阻和切割宽度的乘积表示，最大切割力发生在切割宽度等于甘蔗直径处。入土切割时，切割力等于土壤切割阻力和甘蔗茎秆切割阻力之和。不入土切割时，刀刃倾角和切割速度对切割力影响显著，刀盘倾角对切割力没有显著影响，入土切割时，3个因素影响都很显著。不入土切割时，对于直刃刀片、凸刃刀片和凹刃刀片，切割力与割茬高度均呈线性关系，割茬高度减小，切割力增大。入土切割时，对于直刃刀片和凸刃刀片，切割力与入土深度呈线性关系，对于凹刃刀片，则为二次曲线关系，入土深度越大，切割力越大。不入土切割时，直刃刀片切割力最小，凸刃刀片次之，凹刃刀片最大；入土切割时，凸刃刀片切割力最小，直刃刀片次之，凹刃刀片切割力最大；不管是入土切割还是不入土切割，直刃刀片与凸刃刀片的切割力都很接近。考虑切割质量、切割力和制造成本，选择直刃刀片较好。

切割力试验表明，对于直刃刀片，不管是入土切割还是不入土切割，刀刃倾角为30°时，切割阻力最小，刀刃倾角在0°～30°范围内，刀刃倾角增大，切割力减小；大于30°后，刀刃倾角增大，切割力增大。对于直刃刀片，不管是入土切割还是不入土切割，刀盘倾角在20°时，切割力最小，刀盘倾角在5°～20°范围内，刀盘倾角增大，切割力减小，大于20°，刀盘倾角增大，切割力增大。切割力与切割速度呈线性关系，速度越大，切割力越大。

采用单圆盘切割器试验装置，进行了单圆盘切割器功率试验研究。试验结果表明，刀盘倾角、刀刃倾角、切割速度和前进速度对切割器功率均有显著影响，平均功率与刀盘倾角呈线性关系，刀盘倾角越大，平均功率越大。刀刃倾角在30°时，平均功率最小，在0°～30°内，刀刃倾角增大，平均功率减小，大于30°时，刀刃倾角增大，平均功率增大。平均功率与刀盘转速呈二次曲线关系，转速越高，平均功率越大。平均功率与前进速度呈线性关系，前进速度越大，平率功率越大。与每茬1根甘蔗相比，每茬2根甘蔗时，平均功率增加9.07%，最大功率增加31.57%，每茬3

根甘蔗时，平均功率增加20.62%，最大功率增加72.88%。

对甘蔗茎秆切割临界速度、土壤支撑下切割时甘蔗茎秆的内力与变形、甘蔗茎秆切割力和单圆盘切割器功率进行了理论分析，建立了相应理论模型。甘蔗茎秆切割临界速度与甘蔗材料剪切强度、剪切塑性模量和材料密度有关。临界速度与剪切强度呈正比，与塑性模量和密度呈非线性关系，随塑性模量和密度的增加而减少。入土切割临界速度小于不入土切割临界速度，土壤水平抗力越大，临界速度越低。

在土壤支撑下，甘蔗茎秆的内力和变形可以用递推关系式表示，由边界条件可以求出不同位置甘蔗的内力和变形。土壤支撑下，入土切割甘蔗所承受的剪力和弯矩明显小于不入土切割时的剪力和弯矩，产生的变形也比不入土切割时小，因此入土切割时甘蔗抵抗破坏的能力比不入土切割好，入土切割是减小甘蔗切割破坏的有效途径。

[关键词]　切割器　甘蔗茎秆　切割　收获

甘蔗收获机圆弧轨道式柔性夹持输送机理研究

李志红　华南农业大学，2006

[摘要]　甘蔗是我国重要的经济作物，种植面积居世界第三位，但是，我国甘蔗生产技术特别是甘蔗生产机械化技术落后，生产效率低下，甘蔗生产成本高，甘蔗收获机械化已成为我国甘蔗生产急需解决的问题，而夹持输送机构是关系甘蔗收获机能否平稳可靠输送甘蔗的一个关键部件。目前，我国整秆式甘蔗收获机的夹持输送机构还很不完善，经常出现输送不平稳、易堵塞、易折断甘蔗等现象，存在夹持输送链易掉链、张紧力大，功率消耗过大等缺点，严重影响了甘蔗收割机的性能和推广应用。以前的研究主要集中在甘蔗切割和扶起方面，对于甘蔗夹持输送机理的研究几乎是空白，研究设计新型的夹持输送机构及其工作机理，为甘蔗收割机的设计提供依据，减少甘蔗的堵塞和折断，提高铺放质量，降低功耗，具有重要的理论意义和实用意义。

在田间试验观察和分析的基础上，针对现有无轨道柔性夹持输送装置存在的问题，研制了圆弧轨道式柔性夹持输送装置，该装置具有结构小、输送线路短、链条张紧力小、功耗低、甘蔗能变向输送、夹持输送平稳可靠、对甘蔗茎秆表面夹持损伤小的特点。

在圆弧轨道式柔性夹持输送试验装置上进行了甘蔗生长状态对入口夹持输送性能影响的试验研究。对于直立生长的甘蔗、倒伏角$\beta \geqslant 80°$的顺倒伏和逆倒伏甘蔗，以输送装置夹持入口中心线为基准，地面生长分布宽度在400 mm范围内，在无甘蔗扶起机构的情况下，夹持输送装置能将甘蔗顺利地夹持；对于向右倒伏的侧倒伏甘蔗，倒伏角 $\beta \geqslant 75°$ 时，左、右偏移距离在 200 mm、50 mm 的范围内，对于向右倒伏的侧顺倒伏和侧逆倒伏甘蔗，倒伏角 $\beta \geqslant 80°$ 时，左、右偏移距离在 200 mm 、150 mm 范围内，以及倒伏角 $\beta \geqslant 75°$ 和侧偏角 $60° \leqslant \gamma \leqslant 150°$ 时，左、右偏移距离在 200 mm 、50 mm 范围内，在无甘蔗扶起机构的情况下，甘蔗都能顺利地被夹持，向左倒伏甘蔗反之亦然。

甘蔗表面无叶无节时与柔性夹持元件表面的摩擦系数最低，有黄叶时次之，无叶有节时最高；柔性夹持元件在加压过程中的小位移阶段，压力－位移曲线具有较好的线性关系，可以用二次曲线来表示柔性夹持元件刚度系数沿长度的变化关系，对于相同层数帆布帘的柔性夹持元件刚度系数随元件长度的增大而减小，对于相同长度的柔性夹持元件刚度系数随帆布帘层数的增加而增大。

采用直道夹持力试验台和弯道夹持力试验台就柔性夹持元件和轨道间距进行了甘蔗夹持输送稳定性试验研究。随着轨道间距的增大，柔性夹持元件施加给甘蔗的夹持力逐渐减少；施加给甘蔗相同的夹持力，随着柔性夹持元件帆布帘层数和长度的增加，对应的轨道间距增加；随着柔性夹持元件长度的增大，柔性夹持元件施加给甘蔗的夹持力随轨道间距变化的斜率减小，夹持力大小的变化越缓慢；柔性夹持元件提供的夹持力与轨道间距均呈线性关系；柔性夹持元件夹在甘蔗节上还是不夹在节上，甘蔗有叶还是无叶，对其施加给甘蔗的夹持力无显著差异；从夹持输送装置结构和甘蔗的受力情况来考虑，选择 4 层帆布帘输送带作为柔性夹持元件更能平稳、柔和地夹持输送甘蔗，4 层帆布帘 120 mm，160 mm，200 mm 长的柔性夹持元件夹持甘蔗所需最大轨道间距为 135 mm，183 mm，235 mm。

在圆弧轨道式柔性夹持输送试验装置上进行了甘蔗铺放试验研究。随着夹持输送装置输送速度的增大，甘蔗铺放角和甘蔗铺放距离也随着增大，随着机车前进速度的增大，甘蔗铺放角是减小的，而前进速度对甘蔗的铺放距离影响不大；多根甘蔗的铺放角和铺放距离要比单根甘蔗小，铺放角和铺放距离最大极差要比单根甘蔗大；入口夹持点高度应在甘蔗质心高度 ±100 mm 范围内为宜，以保证甘蔗能向机车外侧铺放，随夹持高度的增加，甘蔗质心位于夹持点下方的距离增大，甘蔗铺放距离减小，而夹持高度对甘蔗铺放角影响不大。

采用高速摄影设备进行了高速摄影试验。对高速摄影图像分析发现：对于靠在 V 形入口两边柔性夹持元件上的甘蔗，随着机车向前运动以及柔性夹持元件向后运动，柔性夹持元件拨动甘蔗并施加给甘蔗撞击力，甘蔗被柔性夹持元件逐渐扶正，在夹持点处夹持甘蔗；夹持点与甘蔗质心高度差或轨道间距越大，甘蔗在夹持输送装置中前倾或后倾的偏移角越大；甘蔗在夹持输送终点被抛出后，将做斜抛式的刚体平动。

利用圆弧轨道式柔性夹持输送试验装置进行了夹持输送装置功率试验研究，并与无轨道柔性夹持输送试验装置进行了功耗比较。链条张紧力是柔性夹持输送装置功耗的主要影响因素，随着链条张紧力的增大，功率消耗呈急剧上升的趋势；在正常工作的情况下，圆弧轨道式柔性夹持输送装置链条张紧力比无轨道柔性夹持输送装置小得多，因而圆弧轨道式柔性夹持输送装置的功率消耗要小；对于圆弧轨道式柔性夹持输送装置，随输送速度增大、平均功率增大，随前进速度、甘蔗种植密度增大和轨道间距的减小，平均功率有缓慢增大的趋势，即前进速度、甘蔗密度和轨道间距对功耗的影响不大。

对甘蔗在夹持输送终点抛出后和着地时的运动学进行了理论分析，并建立了数学模型，推导出了甘蔗向外铺放的条件，以及甘蔗铺放距离、铺放角的理论计算公式，分析了圆弧轨道式柔性夹持输送装置结构参数、运动参数、甘蔗几何参数对甘蔗向外铺放、铺放距离、铺放角的相互影响规律；对甘蔗在夹持输送过程中的受力情况进行了理论分析，建立了甘蔗在夹持输送装置中所需最小夹持力模型，以及甘蔗质心距柔性夹持元件上端最大距离模型。

对圆弧轨道式柔性夹持输送装置的功率进行了理论分析，功率与链条预张紧力、轨道间距、输送线路长度、夹持力、夹持甘蔗数量、机车前进速度和输送速度等因素有关，并建立了相应的模型。链条滚轮在轨道中运动，链条所需预张紧力小，滚动摩阻系数小，功率消耗要比无轨道柔性夹持输送装置小，甘蔗种植密度、机车前进速度、轨道间距对圆弧轨道式柔性夹持输送装置的功率影响不大。

[关键词]　甘蔗　收获　圆弧轨道　柔性　夹持输送

甘蔗收割机拨指链式扶蔗器样机研究

张杨　华南农业大学，2008

[摘要]　甘蔗是我国重要的经济作物，种植区域受到季风气候影响，倒伏情况严重。国内研制的整秆式收割机对倒伏严重的甘蔗收获不理想，研究拨指链式扶蔗装置的工作机理，为甘蔗收获机械设计提供依据，具有重要的理论意义和实用价值。

从甘蔗扶起过程和扶起状态出发，对拨指链式扶蔗器的运动规律进行研究，建立了甘蔗扶起运动学模型，分析了扶蔗器结构参数和运动参数以及甘蔗几何参数之间的关系，建立了扶蔗速比方程。

对甘蔗扶起试验中的甘蔗滑脱拨指现象进行运动学分析，给出了甘蔗不滑脱拨指的临界条件。对甘蔗能否被拨指扶起进行了运动学研究，给出了拨指能够扶起甘蔗的扶蔗器工作参数条件。

对甘蔗在扶起过程中出现的在根部和中部折断现象进行了动力学研究,并对甘蔗扶起过程的受力情况进行了分析。给出了甘蔗能被拨指扶起并且不会在根部折断的临界条件就是拨指对甘蔗的作用力不大于地面对甘蔗的扭转作用力。

建立基于ADAMS技术的拨指链式扶蔗器虚拟样机,对扶蔗器的运动参数和结构参数进行虚拟正交试验研究,得到了扶蔗器运动参数和结构参数的最优组合。对扶蔗器的工作参数进行了进一步虚拟研究,得出甘蔗最终扶起的偏角与扶蔗器的扶蔗速比之间呈直线关系;对扶蔗器的安装倾角进行虚拟试验研究,给出在不能使甘蔗扶起成偏角90°的扶蔗速比条件下,扶蔗器的安装倾角越小越好,安装倾角越小,甘蔗最终扶起的角度越大。在机车前进速度为3.5 km/h,下链轮转速为550 r/min的情况下,扶蔗器的安装倾角为40°时,甘蔗扶起的角度最大。

在虚拟正交试验最优组合的基础上,对各种倒伏状态的甘蔗进行扶起试验研究,结果表明,对于倒伏角15°、侧偏角大于等于30°的甘蔗以倒伏角30°、侧偏角大于等于60°的甘蔗扶蔗器没法扶起。对扶蔗器的安装高度进行了虚拟试验研究,结果表明:当扶蔗器的下链轮轴心距离甘蔗根部的垂直高度大于等于300 mm时,甘蔗不能被扶起;对扶蔗器进行改进设计,加装分蔗装置,并对加装的分蔗器安装角度进行虚拟试验研究。结果表明:加装分蔗器以后,能够对倒伏角15°、侧偏角75°的甘蔗扶起,并且分蔗器安装倾角为30°时,扶起角度最大,而分蔗器角度为70°时,甘蔗的扶起偏角最大。

将甘蔗埋于土槽中模拟各种倒伏姿态,在土槽台车上对扶蔗装置的工作参数和结构参数进行物理样机的正交试验研究,得到的最优组合和虚拟试验得到的最优组合基本是一致的,证明虚拟试验结果是可信的。

在物理正交试验的最优组合的基础上对扶蔗器的下链轮转速进行了试验研究,结果表明:在机车前进速度为0.25 m/s时,下链轮转速越高,甘蔗最终扶起角度随着链轮转速的增大先增大然后减小,在下链轮转速为300 r/min时出现极值;对扶蔗器的前进速度进行了试验研究,结果表明:在下链轮转速为250 r/min时,甘蔗最终扶起角先随着机车前进速度的增加而增加,在机车前进速度为0.2 m/s时出现极大值,然后随着机车前进速度的增加而减小;对扶蔗器的安装倾角进行试验研究,得出甘蔗最终扶起角和侧偏角随着安装倾角的增加呈现减小的趋势。在扶蔗器安装倾角为40°时,甘蔗最终扶起的侧偏角大于90°,甘蔗最终被扶起成后仰的状态。而扶蔗器安装倾角为50°,60°,70°和80°时,甘蔗最终扶起侧偏角均小于90°,甘蔗被扶起成前倾状态。

对扶蔗器下链轮轴心距离地面的垂直高度进行了单因素试验研究,研究表明,甘蔗的最终扶起角度随着拨指尖距离地面高度的增加而增加。拨指尖距地面距离为0 mm时,甘蔗最终扶起角度最小,为70.24°,拨指尖距地面距离是200 mm时,甘蔗最终扶起角度最大，为74.09°。

对不同倒伏状态的甘蔗进行了试验研究。机车前进速度是0.25 m/s，扶蔗器下链轮转速是250 r/min，扶蔗器安装倾角是60°，与前进方向的夹角是10°，拨指有效工作长度为110 mm，拨指尖距地面距离为250 mm的情况下，对于侧偏角小于等于15°的甘蔗，扶蔗器无法扶起。采用安装了分蔗装置的扶蔗器对倒伏侧偏角60°、倒伏角15°和30°的甘蔗进行了扶起试验研究，研究表明加装了分蔗装置以后，扶蔗器能够对倒伏角大于等于15°的甘蔗进行扶起。

采用高速摄影技术对甘蔗扶起试验中出现的甘蔗在拨指上弹跳和甘蔗在与拨指碰撞瞬间抛甩回落产生的条件进行了验证。

[关键词]　甘蔗收获机　虚拟样机　拨指链　扶起　仿真

整秆式甘蔗收割机全液压传动系统的研究

郑丁科　华南农业大学，2008

[摘要]　动力传动系统是甘蔗收割机的重要组成部分，其性能影响着收割机结构的复杂性和工作的稳定性，影响着甘蔗收割的质量和效率，是研究和开发甘蔗收割机时所需解决的关键技术之一。研究开发适合中小型甘蔗收割机的动力传动系统，解决各工作模块的动力合理分配问题，探索提高甘蔗收割机工作稳定性、适应性和效率的途径，为开发研制适合我国甘蔗种植和生长特点，满足甘蔗收割农艺要求的实用型甘蔗联合收割机械提供理论依据，具有重要的理论意义和实用价值。

甘蔗收割机属于多系行走的农业机械，由多个工作模块组成，在野外工作，工况特殊，需不断转移作业场地，适合采用全液压传动系统。本文以我院研制的侧悬挂整秆式甘蔗收割机为主要研究对象，开展中小型整秆式甘蔗收割机液压传动系统的机理研究，旨在解决目前国内在甘蔗收割机动力传动系统方面的理论和应用问题，弥补目前国内外甘蔗收割机全液压传动系统理论研究和应用方面的不足。

本文主要从整秆式甘蔗收割机的结构、工作原理及其动力需求的特点出发，对收割机田间工作参数匹配、拖拉机动力输出特性与收割机动力需求的匹配、采用全液压驱动的可行性等问题进行分析研究，采用"一阀多马达"的控制方法设计出收割机全液压传动系统，分析其温升和压力损失等特性，利用功率键合图理论和方法，建立系统及其主要回路的状态方程，对方程相关参数的算法进行分析，利用Matlab软件对系统的动态特性进行仿真研究，并用由压阻式压力变送器、流量传感器和虚拟仪器DAQ数据采集系统组成压力流量测试装置进行系统的动态特性验证试验，解决各执行机构的功率有效分配和支路相互干扰问题。保证在不改变现有动力源的动力输出条件下，提高各个模块的动力分配合理性，传动的稳定性、可靠性和效率,满足机具与设备的独立性要求。

本文对切段式甘蔗联合收割机和整秆式甘蔗收割机动力传动系统的特点分析表明,大型自走切段式甘蔗联合收割机采用全液压传动系统,其工作稳定性和可靠性主要是依靠采用大功率动力源来克服甘蔗收割过程中复杂工况所带来的切割冲击、杂草和蔗叶的缠结、通过性等问题。而整秆式甘蔗收割机的动力传动系统目前多数采用机械传动、机械－液压混合传动或全液压传动等方式,存在效率低、适应性差、可靠性较差及田间通过性差等问题,难以适应我国现阶段甘蔗种植区甘蔗生长特点和机械收割的农艺要求,主要是因为功率输出较低,动力分配不合理,系统的设计缺乏对甘蔗机械收割的工况、动力源的动力输出特性、收割机所需功率与动力源动力的匹配特点、收割机各工作模块的工作参数以及由此而产生支路干扰等问题进行全面的考虑。

收割机田间工作参数匹配分析表明,在收割效率为每小时大于等于0.2 hm^2、纯功效每小时大于10 t等生产率指标和收获质量的要求下,收割机前进速度为2.717~34.9 km/h,根部切割器转速为500~650 r/min,夹持输送链驱动马达转速为250~350 r/min,扶起辊筒转速为150~250 r/min,切梢器转速为250~350 r/min。

收割机各执行机构工作阻力的试验测试表明,4个执行机构的启动阻力和工作阻力相差很大,其中夹持输送链的最大,内外侧总和约为200 N·m,是根部切割器的2~6倍,是切梢器和扶起辊筒的6~200倍。另外,由于夹持输送装置的结构复杂性影响,内外侧链条的启动阻力和工作阻力相差约20%,并随链条张紧力增大而增大。当张紧力增大60%,外侧平均启动阻力和工作阻力分别增大28%和40%以上,内侧平均启动阻力和工作阻力分别增大约40%和20%。

系统的数字仿真和验证试验结果表明,收割机全液压传动系统的动态特性和稳定性较好,能够满足系统的工作要求。各执行机构工作时能够较快进入稳定运行阶段,子系统压力的峰值时间为0.5~1 s,压力响应时间为0.7~1.8 s,压力超调量超过30%。夹持输送装置子系统的压力波动较大,但随着机构转速的提高波动幅度呈逐渐减小的趋势,稳态波动幅度为0.127~0.153 5 L/min;在稳定运行阶段流量的波动较小,波动幅度为0.05~0.37 MPa。其他执行机构在稳定运行阶段的压力和流量的波动较小,波动幅度分别小于0.03 MPa和0.07 L/min。空载条件下,当各执行机构在工作转速范围内时,各执行机构的功率消耗分别为:根部切割器3.43~5.85 kW,扶起辊筒0.014~0.032 kW;切稍器0.022~0.057 kW;夹持输送装置5.04~8.01 kW;在各机构运转速度同为最高且同时工作时,系统压力的峰值时间约为1.2 s,压力响应时间为2.2 s,压力超调量为36.8%,稳定运转时平均压力为14.33 MPa,波动幅度为0.15 MPa,平均流量为92.89 L/min,波动幅度为0.4 L/min。如果忽略液压泵和溢流阀的泄漏和压力损失,则系统传动效率为 62.85%。

对于夹持输送装置，采用"外侧→内侧"比"内侧→外侧"供油方式（即大负载端靠近进油口）可以减小回路系统的压力损失和流量泄漏，回路功耗减少 7.65%～19.014%，降低系统的总能耗，提高传动系统的传动效率。

[关键词]　甘蔗 甘蔗收割机　液压传动系统　系统动态特性　匹配理论　功率键合图

两段螺旋式甘蔗扶起机构研究

宋春华　华南农业大学，2011

[摘要]　整秆式甘蔗收割，收获的甘蔗储放时间较长，对田间装载、运输系统和糖厂生产能力要求低，与我国的糖业生产体系当前的状况较相适应。但我国的甘蔗产区受到季风气候影响，甘蔗倒伏情况严重。整秆式甘蔗收获对倒伏严重的甘蔗实用性差。在整秆式甘蔗收获机械中，扶蔗是第一道工序，要求扶起机构能够适应甘蔗的种植方式、生长状态和所受约束条件等，扶起不同倒伏状态的甘蔗，而且要与甘蔗的夹持、切割在时间上和空间上配合好，因此扶起机构的研究是整机研究中的重点和难点之一，具有重要的理论意义和实用价值。

目前使用的扶起机构有螺旋式和拨指链式 2 种。由于甘蔗茎秆较粗，而且往往纵横交错，甘蔗的倒伏程度、高矮、密度等对扶蔗器的工作都有影响，所以，拨指链式扶蔗器在甘蔗收获机上的使用受到一定限制。现在广泛采用螺旋式扶蔗机构，该机构的主要优点是结构紧凑，容易实现动力的传送，但对倒伏严重的甘蔗扶起效果并不理想，尤其对于顺倒伏、逆倒伏生长的侧向甘蔗，扶起效果一般。

本文提出了一种两段螺旋扶蔗装置的新思路和设计方案，并对其工作机理、结构参数、扶起效果等进行研究，探索提高扶蔗质量，减少收获损失的途径，为甘蔗收获机械设计提供依据。

（1）首先研究了我国南方丘陵地带的甘蔗田间生长物理模型，引入轴向力的作用分析，构建甘蔗田间生长受力新模型。

（2）提出甘蔗收获机两段螺旋式扶蔗机构设计方案，建立螺旋扶蔗器虚拟样机模型，第一段螺旋为拣拾段，第二段螺旋为输送段。

（3）在输送段动力学分析中，引入摩擦力的作用分析，建立甘蔗输送段摩擦－螺旋新模型。

（4）两段螺旋扶蔗机构结构设计研究，用 ADAMS 软件进行虚拟仿真试验，选定最佳设计方案。

（5）研发甘蔗扶起试验装置，利用该装置研究螺旋式扶蔗器的工作参数和结构参数对甘蔗扶起效果的影响。采用高速摄影技术研究不同扶蔗器工作参数和结构参数所对应的扶起效果,调整和优化参数。确定甘蔗能够被扶起的应用范围和甘蔗在扶起过程中不跌落的条件。

(6) 在上述研究的基础上,对两段螺旋式扶起机构的扶蔗效果和综合性能开展研究,确定该机构的生产应用条件。

通过理论分析和试验研究,本文得出以下结论:

(1) 轴向力分析是甘蔗田间生长受力模型中的必要组成部分。

(2) 中国沿海丘陵地区由于受台风的影响,甘蔗倒伏情况甚为复杂,甘蔗收获两段螺旋式扶蔗机构,较能适应该情况下的甘蔗扶起收获。

(3) 摩擦力显著阻止甘蔗在扶起过程中的跌落,因此摩擦力分析是甘蔗输送段摩擦-螺旋模型中的必要组成。

(4) 两段螺旋扶蔗机构对仰角小于15°的严重倒伏、侧向生长的甘蔗,扶起效果明显。但蔗田地面的平整程度,以及甘蔗倒伏的交错程度,对扶起效果有一定影响。

(5) 针对甘蔗的扶起效果,螺旋式扶蔗机构性能参数中,扶蔗器转速影响最大,机车前进速度影响第二,拣拾段与地面夹角影响第三,输送段与地面的夹角影响第四。

(6) 机车前进速度为0.36 m/s,扶蔗器转速为120 r/min,输送段安装角为60°,拣拾段安装角为10°,速比参数为0.59时,扶蔗器对甘蔗的扶起效果最好。

[**关键词**] 甘蔗收获机　螺旋　拣拾段　输送段　仿真

弹性齿滚筒式甘蔗剥叶装置叶鞘剥离机理

牟向伟　华南农业大学,2011

[**摘要**] 甘蔗在我国农业经济中占有重要地位,产糖量占我国食糖总量的90%以上,面积占我国糖料作物种植面积的85%以上。我国蔗糖成本高于世界平均水平,缺乏国际市场竞争力,主要原因是甘蔗田间生产成本过高。通过提高甘蔗生产机械化水平有望降低生产成本。目前我国主要研究的甘蔗收获机型为整秆式联合收割机,但普遍存在剥叶含杂率偏高的问题,是制约甘蔗整秆收获技术发展的瓶颈之一,严重影响整秆式甘蔗联合收割机的性能和推广使用。其中一个关键问题是对剥叶过程中叶鞘剥离机理还不清楚。甘蔗叶主要由叶片和叶鞘组成,在机械剥叶过程中叶片脱落容易实现,而叶鞘剥离困难。研究甘蔗叶鞘剥离机理对于整秆式甘蔗联合收割机的研制具有重要的理论意义和实用价值。

采用万能试验机进行甘蔗叶鞘物理力学性能试验,得出叶鞘破坏的基本强度值和破坏形式,分析叶鞘剥离的最佳形式,为剥叶装置设计和剥叶机理研究提供依据;提出了弹性齿式剥叶元件的设计方案,采用压电冲击力传感器设计了三向动态打击力试验台,通过弹性齿对甘蔗茎秆的三向动态打击力试验分析影响弹性齿打击力的因素,以及打击力与叶鞘剥离的关系;采用 ADAMS 动力学软件进行虚拟样机试验,通过对弹性齿作用过程的仿真分析得出弹性齿的合理结构参数;设计了弹性齿滚筒式甘蔗剥叶装置试验样机,并通过高速摄影试验分析弹性齿的变形情况,与叶鞘的接触情况和作用机理以及叶鞘在弹性齿作用下的变形、撕裂和脱落过程;通过剥叶试验优化剥叶装置的参数配合,并进行了综合剥叶试验检验弹性齿滚筒式剥叶装置的剥叶效果;结合运动学理论对影响叶鞘剥离效果的结构参数和运动参数进行理论分析,采用弦线法和能量守恒法分析弹性齿在冲击动载荷作用下的大挠度变形情况,建立弹性齿三向动态打击力的动力学模型,并建立叶鞘剥离准则。结果表明:

(1) 叶鞘个体在纵向拉伸、横向拉伸和冲击剪切作用下主要破坏形式分别为维管束的脆性断裂、薄壁组织撕裂和维管束剪切变形。叶鞘破坏的基本强度值为最大纵向抗拉强度 28.19 MPa,最大横向抗拉强度 0.9 MPa,最大剪切强度 7.13 MPa。包裹茎秆的叶鞘整体在轴向摩擦力的作用下的破坏形式为叶鞘撕裂,并未实现叶鞘脱落。因此,在实际剥叶过程,叶鞘剥离应分为 2 个步骤,一是叶鞘横向撕裂,破坏叶鞘包裹茎秆的整体性能;二是叶鞘撕扯脱落,实现叶鞘剥离。

(2) “弹性齿”是指采用具有一定弹性的高分子材料制作的齿形剥叶元件,弹性齿在滚筒圆周方向呈放射状均匀分布,在滚筒轴线方向呈均匀间隔排列。在叶鞘剥离过程中,弹性齿接触甘蔗茎秆后产生弹性变形并沿着甘蔗茎秆圆周向下滑动,实现了叶鞘横向撕裂破坏,同时在茎秆轴线方向滑动,实现了对叶鞘的撕扯脱落,完成了对叶鞘进行撕裂破坏和撕扯脱落的预期目标。

(3) 虚拟样机试验与物理试验所测试的弹性齿三向动态打击力结果吻合度较高,最大误差为 22.53%,最小误差为 4.95%。弹性齿与茎秆接触过程中产生的弹性变形量对弹性齿的打击力值产生直接的影响。弹性齿与茎秆接触后分离时刻在 3 个方向上瞬间的速度的突变,有利于将叶鞘撕扯后脱离茎秆。

(4) 正交试验与单因素试验优化的参数组合是弹性齿安装角 90°,剥叶滚筒间距 310 mm,剥叶滚筒转速 700 r/min,喂入、输出滚筒转速 150 r/min。此时弹性齿对甘蔗茎秆在 3 个方向的动态打击力也达到较为稳定的最大力值范围,轴向力 F_x 达到了 94.3 N,垂直力 F_y 为 157.1 N,水平力 F_z 为 85.2 N。剥叶滚筒转速和喂入、输出滚筒转速是影响剥叶试验指标值的 2 个主要因素,而剥叶滚筒转速、弹性齿与甘蔗茎秆的交错深度、偏移距离、弹性齿的安装角度、弹性齿的材料以及甘蔗茎秆的直径等因素对弹性齿的三向动态打击力均有影响。

(5)弹性齿对甘蔗茎秆施加的三向动态打击力是弹性齿的弹性变形力和弹性齿与茎秆的摩擦力的合力。水平力与垂直力联合作用造成叶鞘撕裂破坏,水平力与轴向力联合作用将叶鞘脱落。实现叶鞘剥离应首先满足对叶鞘在垂直方向施加的应力大于0.9 MPa,其次,在水平方向施加的应力大于0.78 MPa。三向动态打击力测试结果表明,当滚筒转速达到600 r/min时弹性齿对叶鞘施加的垂直力与轴向力同时满足这两个条件,这与剥叶试验优化的结果一致。

(6)综合剥叶试验结果为甘蔗单根连续喂入319.19 kg后的剥叶效果为未剥净率10.28%、断尾率65.97%、含杂率1.56%和茎秆折断率20.45%;3~5根连续喂入274.52 kg后相应的指标依次为14.9%,75.59%,2.38%和25.93%。各项指标都达到了整秆式甘蔗联合收割机剥叶装置的技术要求。

以上研究结果表明,本文在叶鞘剥离机理研究中提出的叶鞘剥离形式是一种符合叶鞘结构破坏特征和强度特性的合理剥离形式。

[关键词] 甘蔗 叶鞘 剥离机理 弹性齿滚筒

用于甘蔗分段收获的前悬挂推倒式割台研究

周勇 华南农业大学,2012

[摘要] 我国甘蔗机械化收获还处在起步阶段,甘蔗联合收获技术及装备处于不断的试验、示范和试用中。在适宜的甘蔗品种、适度的经营规模、标准化的栽培模式等问题尚未根本解决之前,多种收获技术及装备并举是符合当前乃至今后一个时期甘蔗生产发展需求的,即在努力发展联合收获技术及装备的同时,也应该注重分段收获技术及装备的开发应用。目前,采用分段收获方式的甘蔗收割机多配备立式割台,实施扶起收割,在收割作业时,对倒伏甘蔗收割适应性不强、工作可靠性较差、甘蔗收割损失率大,制约了其推广应用。以前的研究主要集中在扶起装置、切割装置、输送装置等单一部件上,对割台的整体性能研究甚少。借鉴甘蔗联合收获机技术的优点,开展甘蔗收割机割台工作机理研究,以提高其对倒伏甘蔗的适应性、工作可靠性,保证收割质量,为甘蔗收割机设计提供依据,具有重要的理论意义和实用价值。

针对现有甘蔗收割机立式割台存在的问题,本文对一种新型前悬挂推倒式割台进行了物理建模,确定了机架、分蔗器、推蔗装置、切割喂入装置和输送装置等部件的结构参数和运动参数,并进行了合理布局,实现甘蔗推倒收割。

同时,在土槽内模拟田间甘蔗种植和生长状态,采用自制的前悬挂推倒式割台,开展了单根、多根甘蔗收割的适应性试验研究,并参照JB/T 6275—2007《甘蔗收获机械试验方法》中关于整秆式甘蔗联合收割机械作业质量的相关指标,如宿根破头率、损失率和蔗茎合格率，建立了评价该割台收割甘蔗的适应性的试验指标为破头率、整秆率、喂入率和损失率。

以刀盘转速 n、台车前进速度 v_m、刀盘倾角 θ、甘蔗倒伏姿态角 α、甘蔗侧偏角和甘蔗与双刀盘中心相对位置 L_x 为试验因素，以破头率、整秆率和喂入率为试验指标，进行了单因素试验，并根据试验结果，确定了正交试验各因素的水平。

台车前进速度 $v_m(A)$、刀盘转速 n(B)和刀盘倾角 θ(C)3 个因素对切割喂入装置性能影响的正交试验结果表明：台车前进速度为 0.43 m/s、刀盘转速为 450 r/min 和刀盘倾角为 8°时，破头率为 20%、整秆率为 60%、损失率为 12.6%，综合评定最佳。

甘蔗顺倒伏对切割喂入装置性能影响的试验研究表明：甘蔗顺倒伏对切割喂入装置性能影响的试验研究表明：甘蔗与双刀盘中心相对位置 L_x =50 mm 时，切割喂入装置对倒伏姿态角 α =40°的甘蔗适应性好；甘蔗与双刀盘中心相对位置 L_x = 100 mm 和 $L_x \leqslant 0$ mm 时，切割喂入装置对倒伏姿态角 α =60°的甘蔗适应性好；在相同的倒伏姿态角下，在甘蔗与双刀盘中心相对位置为 -100 mm 时，整秆率和喂入率均高于或等于其他位置。

甘蔗侧顺倒伏对切割喂入装置性能影响的试验研究表明：甘蔗与双刀盘中心相对位置≤0 mm 时，甘蔗的喂入率≥90%；在相同的倒伏姿态角和甘蔗与双刀盘中心相对位置≤0 mm 下，切割喂入装置对绝大部分侧偏角 30°的甘蔗适应性好。

切割喂入装置功率试验研究结果表明：台车前进速度对平均功率有显著影响，刀盘转速和交互作用对平均功率的影响不显著。与每茬 1 根甘蔗相比，每茬 2 根甘蔗时，平均功率增加 36%；每茬 3 根甘蔗时，平均功率增加 50.6%。在连续收割甘蔗时，刀盘转速下降，使得甘蔗的破头率增加，但整秆率在多方面的影响下变化不大，损失率变化也不大。

通过对高速摄像进行图像观察分析发现：切割喂入装置喂入率主要受到甘蔗被刀盘切割后在 x 方向上的位移影响，在发生第一次碰撞时，若甘蔗根部超出刀盘工作宽度，容易造成无法喂入。切割喂入装置整秆率受到甘蔗被喂入螺旋圆钢时与向接触的螺旋圆钢之间的夹角和甘蔗在螺旋圆钢作用范围内停留时间影响。甘蔗被喂入螺旋圆钢时两者夹角大，甘蔗碰撞程度大，甘蔗易折断；反之，甘蔗易保持原状喂入。甘蔗在螺旋圆钢作用范围内停留时间长，受到螺旋圆钢的碰撞次数多，容易造成甘蔗被多次折断。

甘蔗收割机样机的田间试验表明：未被切割喂入装置正常输送的甘蔗是造成切割喂入装置堵塞的主要原因。样机的改进及试验表明：利用齿形条提高螺旋输送能力；增加左分蔗装置，防止甘蔗向左侧倾倒时的侧偏角增大，从而使得收割机工作可靠性显著提高，甘蔗平均整秆率可达到 65.6%。

[关键词] 甘蔗收割机 割台 切割喂入装置 推倒收获

整秆式甘蔗收获机排杂及物流运动机理研究

解福祥 华南农业大学，2012

[摘要] 甘蔗是我国主要的糖料作物，在农业经济中占有重要的地位。目前甘蔗生产机械化程度和普及率不高，生产机械化水平低成为制约和阻碍甘蔗生产进一步发展的主要因素，而甘蔗收获机械化技术是制约甘蔗生产全程机械化的瓶颈。由于甘蔗喂入量不均匀，甘蔗形成交叉或重叠状态进入后工序，清选机构无法在杂乱的甘蔗堆里把已剥离的甘蔗叶子分离清理出来。因此，研究甘蔗收获机物流排杂运动机理对于甘蔗联合收获机的研制具有重要的理论意义与实用价值。

国内外对甘蔗收获机物流过程中关键技术的研究主要包括扶起机构、切割装置、输送装置、剥叶装置等，通过文献分析，有关甘蔗收获机排杂装置的研究未见报道，并且也未见将排杂装置加入到整机物流分析中的研究出现。因此，针对甘蔗收获机收获的甘蔗夹杂物多、洁净度差等问题设计了一种甘蔗收获机排杂风机，并在研究排杂风机基础上，将排杂装置加入整机物流中，设计了一种甘蔗收获机物流排杂装置。本文研究的甘蔗收获机物流主要分为甘蔗流与杂质流(甘蔗叶、泥土等)两个方面，物流运动是指甘蔗与杂质在扶起机构、推倒装置、切割装置、喂入装置、输送装置、剥叶装置、排杂装置以及集堆装置中的运动情况，即甘蔗联合收获机收获工作时的整个过程。本文主要在利用 ADAMS 软件进行虚拟样机试验、对物流排杂过程进行高速摄影分析、对物流排杂过程进行理论分析、运用 ANSYS 软件对排杂风机进行了排杂气流场特性分析、对排杂风机和物流排杂装置进行了试验分析和对物流排杂装置进行功耗试验分析等方面进行了研究。

(1) 首次对扶起式和推倒式两种收获方式进行了整机物流过程的虚拟试验研究，两种方式能够顺利实现扶蔗和分蔗、切割、输送、剥叶和集堆等工序，并通过田间试验进行了验证，为物流排杂装置理论研究提供依据。

(2) 利用高速摄影对物流排杂过程进行了观察，在物流通道内，甘蔗根部向上翘起，随着前部输送滚筒的转动甘蔗穿入上下剥叶橡胶块之间，剥叶橡胶块开始撕扯、梳刷甘蔗叶；同时依靠输送滚筒和剥叶滚筒的旋转，甘蔗叶被上部剥叶橡胶块撕扯掉，并且沿着剥叶滚筒的轴向偏移旋转；前面剥掉的甘蔗叶与甘蔗茎秆一起向后输送，到达上下杂质分离滚筒的分离刷，分离刷将甘蔗叶与甘蔗杂质分离，风机将甘蔗叶吹落在物流通道的下方，最后输送到集堆装置。甘蔗在运动过程中自身发生扭转和弯曲变形。

(3) 通过高速摄影观察，对物流排杂过程进行了理论研究，建立了物流排杂装置的物流运动模型，对物流排杂装置的运动参数和几何参数进行了理论分析，阐明了物流排杂装置各部件的动力学模型，并得出甘蔗在物流排杂装置中所受作用力的基本方程和甘蔗运动速度；杂质的悬浮速度与杂质的密度和体积有关；甘蔗叶的物流速度与风机风速、杂质分离滚筒转速有关。对物流排杂试验得出甘蔗甩出现象进行了动力学分析，提出了甘蔗在物流排杂装置中的物流速度计算公式。

（4）在本文试验条件下，利用 ANSYS 软件对排杂风机进行了气流场特性分析和性能试验研究，在风机转速为 1 800 r/min、进风口方式为轴向进风、面积分别为 16 475 mm^2、19 119 mm^2，风机出风口距离为 50 mm 时，物流排杂装置排杂效果最佳。

（5）对物流排杂装置各部件进行了刚性体、柔性体和整机物流的虚拟样机研究，根据预试验和相关文献，设置虚拟试验的模型参数和试验条件。通过刚性体和柔性体分析，得出甘蔗运动速度和物流排杂装置各部件对甘蔗的作用力，并得出甘蔗在物流排杂中的运动规律。物流排杂装置整机虚拟试验结果与功耗测定试验结果一致。

（6）进行了物流排杂装置台架试验，正交试验与单因素试验优化的参数组合：出风口角度为 105°、排杂装置转速为 100 r/min、剥叶滚筒转速为 1 300 r/min、剥叶滚筒间距为 280 mm、杂质分离滚筒间距为 270 mm、风机滚筒间距为 300 mm、喂入输送滚筒间距为 340 mm 与 310 mm 时，排杂效果达到最佳值，排杂率为 98.27% 以上、含杂率为 1.6% 以下、整秆率为 86.67% 以上、甩出率为 0、断尾率为 86.67% 以上。

未切梢与切梢喂入的单根和多根对比试验表明，切梢后喂入的甘蔗排杂率比未切梢喂入后的高，含杂率比未切梢喂入后的低，切梢后的甘蔗排杂效果比未切梢的甘蔗排杂效果好。交互作用试验和速比试验表明，交互作用不显著。喂入输送滚筒转速与剥叶滚筒转速 100 r/min 与 1 300 r/min 时，排杂效果达到最佳值。与轴流式风机排杂装置对比试验得出，本文排杂风机排杂效果比轴流风机排杂效果好。

（7）进行了功耗试验，根据物流排杂装置虚拟试验和台架试验得出的最佳参数，在喂入滚筒、输送滚筒、风机外圈输送滚筒、分离滚筒的转速为 100 r/min，剥叶滚筒的转速为 1 300 r/min、风机滚筒的转速为 1 800 r/min 时，空载消耗的总功率为 4.13 kW、负载 1 根消耗的总功率为 4.66 kW、负载 3 根消耗的总功率为 5.14 kW。功耗测定试验结果与虚拟试验结果趋势一致，验证了虚拟试验结果，为整机设计提供依据。

［关键词］　甘蔗收获机　物流　排杂装置　虚拟样机

基于蔗茎力学特性研究的甘蔗断尾机构及机理

罗菊川　华南农业大学,2013

[摘要]　甘蔗收获机械化是甘蔗生产全程机械化中的重要环节,整秆式甘蔗收获机由于适应我国目前农村生产以及糖厂的加工条件,在一段时间内仍会是我国甘蔗收获机研发的重要机型。断尾除叶是整秆式甘蔗收获机需要攻克的难关之一,目前研制的断尾切梢装置,普遍存在的问题是由于甘蔗生长高度差别较大,倒伏弯曲较多,所以难以控制合理的切梢长度,切梢合格率低;有的剥叶机构具有断尾功能,主要是将包裹生长点附近的叶鞘撕裂开,使甘蔗尾部在甘蔗剥叶及输送的过程中断掉,但这部分叶鞘重叠交错,包裹非常紧实,难以有效破坏,影响剥叶机的断尾效果。所以研究设计一种不需要撕裂或破坏这部分重叠包裹的叶鞘,而是直接在适当的位置将这部分叶鞘、叶片连同甘蔗尾部含糖分极少的茎秆部分一起断除的断尾机构,并研究其断尾机理,对于整秆式甘蔗收获机断尾机构的改进有着重要的理论价值和实践意义。

本文采用万能材料试验机测试甘蔗尾部的物理力学性能,分析了蔗茎尾部及相邻部位在拉伸、压缩和弯曲载荷作用下的力学性能,得出了基本力学参数;找出甘蔗茎秆未成熟尾部与已成熟茎部接合处脆弱部位的具体位置,并对2种不同品种的蔗尾脆弱部位的位置进行了比较分析,进一步确定机械断尾的最佳断裂位置,为断尾机构的设计和断尾机理理论提供了实验依据。根据该最佳断裂位置机械强度显著低于中部和基部的特点,设计了一种断尾机构,通过高速摄影试验观察和记录了断尾过程中弹性条与蔗茎的作用过程,蔗茎在断尾滚筒上、下弹性条轮流交替作用下产生弯曲变形直至蔗尾产生弯曲破坏的情况,初步得出影响断尾效果的主要影响因素,并建立了断尾效果的评价指标;在此基础上,通过正交试验,研究验证了该机构断尾的主要影响因素和水平范围:利用单因素试验,进一步研究了主要因素不同水平的影响规律;最后根据确定的各个最佳参数,进行了剥叶断尾综合试验,验证了这种断尾机构能够有效降低剥叶滚筒的转速。另外,设计了一种支承装置,安装在输入滚筒与断尾滚筒之间,研究改变输入滚筒与断尾滚筒之间蔗茎支承点的位置对断尾效果的影响。对甘蔗断尾机构进行了动力学分析,建立了断尾机构动力学模型,确立蔗尾弯曲断裂准则及蔗尾弯曲断裂位置控制方程。主要研究结论如下:

(1) 本文测定了甘蔗尾梢部分破坏强度,分析弯曲破坏是机械断尾的一个可行方式。确定甘蔗尾部茎秆顶端生长点以下约第5节的位置是甘蔗茎秆未成熟尾部与已成熟茎部接合处的脆弱部位,也是机械断尾的最佳断裂位置。最佳断裂位置的抗弯强度显著低于中部和基部,并向蔗茎顶端生长点处逐渐减弱;最佳断裂位置的节间部分抗压强度为4.61 MPa,标准误差为0.27 MPa;压缩弹性模量为62.91 MPa,标准误差为8.63 MPa;抗弯强度为9.40 MPa,标准误差为0.46 MPa;弯曲弹性模量为55.85 MPa,标准误差为4.86 MPa。两个品种的对比弯曲试验结果表明,两个品种的最佳断裂位置是一致的。

(2) 通过高速摄影分析甘蔗断尾过程,得出同一时刻对蔗茎施加正压力的弹性条的数量和正压力的大小,以及弹性条与蔗茎的接触频率是蔗茎通过断尾滚筒工作区域时能否断尾以及断尾的长度是否合理的关键。

(3)四因素三水平正交试验的试验结果表明,在试验条件下最优的断尾参数组合:输入、输出滚筒转速250 r/min,断尾滚筒的转速550 r/min,断尾滚筒的中心距300 mm,断尾滚筒上、下弹性条相对安装位置角 -20°。该断尾机构在蔗茎顶端生长点以下4~6节位置断尾的最佳断尾率为63.3%,断尾平均长度为212 mm,标准差为57 mm,符合农艺的要求。

(4) 剥叶断尾综合试验结果表明,本文设计的断尾机构能够大大降低剥叶难度,有效降低剥叶滚筒的转速,在较优参数组合条件下,剥叶滚筒转速为250 r/min,相比本试验室设计的弹性齿滚筒式甘蔗剥叶装置,在基本相同试验条件下,剥叶滚筒转速降低64%,含杂率、未剥净率、茎秆折断率各项指标基本相近。

(5) 支承点与断尾滚筒轴线在甘蔗前进方向的距离 L 也是影响断尾效果的一个主要影响因素。在输入滚筒与断尾滚筒之间,支承点与断尾滚筒轴线在甘蔗前进方向的距离 L 与最佳断尾率呈正线性相关性。L 为205 mm时,最佳断尾率达到75%。结果表明,蔗茎在进入断尾滚筒之前的支承点距离合适时能够达到理想的断尾效果。

(6) 采用运动学理论、能量守恒法研究断尾机构的结构参数、机构运动的位置参数、弹性条物理力学特性参数和蔗茎物理力学特性参数之间的匹配关系确定蔗尾断裂准则,并建立甘蔗尾在最佳位置断裂的控制方程。

[关键词]　甘蔗　联合收获机　最佳断裂位置　断尾机构　滚筒　断尾率

采用弹簧剥叶元件的甘蔗剥叶机剥叶机理研究

唐献全　华南农业大学, 2013

[摘要]　中国是世界产糖和消费的大国,而产糖的主要原料就是甘蔗。甘蔗的生产在我国占据重要的位置,目前种植规模居世界第三。甘蔗收割的机械化是解决劳动力短缺,降低劳动强度的根本途径,同时也是降低采收成本的途径之一。甘蔗收割后蔗叶的去除是送入糖厂前的一项必做的工作。若采用人工剥叶,剥叶

速度慢,劳动强度大,而采用机器剥叶则是大势所趋。许多专家学者对甘蔗的剥叶进行了大量的研究,也取得了大量的研究成果,但是机器和结构或多或少存在一定的问题。柳州市星鸣农机科技有限公司开发生产的6BZ-4甘蔗剥叶机,结构简单,维护方便,获得了国家创新基金及自治区专项资金扶持和资助项目。机器采用弹簧钢丝作为剥叶元件,采用倒“”形滚筒排列,机器的设计很有特色,具有一定的创新性。

在得到该公司同意后,本文对该型机器的剥叶机理进行研究,并进行相关试验。本文对样机进行了设计、加工和装配。在样机调试完成后,进行了高速摄影试验,利用高速摄影机对剥叶过程进行拍摄。通过对图片和影像进行分析,了解甘蔗的剥叶过程分为4个阶段,即剥叶元件与甘蔗接触阶段、剥叶元件变形阶段、剥叶元件侧滑阶段和剥叶元件在甘蔗边缘滑移阶段。甘蔗剥叶则主要发生在第二和第三阶段。叶鞘被撕裂是蔗叶被剥的主要原因,而撕裂叶鞘的力就是接触点切向力。接触点切向力由 X 和 Y 方向力分解得到,了解这些为仿真分析奠定了基础。

ADAMS 仿真软件中的模型从 PRO/E 软件中的模型导入过来,导入后在模型中添加了约束和载荷。首先研究了一个滚筒作用下的剥叶机理,通过分析得出这样一个结论。不管甘蔗从哪个位置输入,只要甘蔗与剥叶元件有接触,接触点的切向应力都大于最大横向抗拉强度0.9 MPa,叶鞘都可以被撕裂。其次,通过仿真分析了影响剥叶的5个因素,然后通过试验验证这些影响因素。结果表明:

(1) 随着剥叶滚筒转速增加,接触点切向力增加,甘蔗与剥叶元件接触次数也在增加,这些对剥叶是有利的。试验分析结果表明随着剥叶滚筒转速的增加,含杂率减少。这说明剥叶机理分析和试验分析的结论是一致的。

(2) 由于喂入与喂出的情况相似的,在剥叶机理分析中,只分析喂入速度对剥叶的影响。随着喂入速度改变,接触点切向力出现一些变化,但总体说来接触点切向力随喂入速度的变化不是十分明显。喂入速度带来明显变化的是接触次数,喂入速度增加接触次数减少,喂入速度减小接触次数增多。接触越少对剥叶越不利,接触越多对剥叶越有利。试验分析也验证了这一结论,喂出速度越快含杂率越高,剥叶效果越差;喂出速度越慢含杂率越低,剥叶效果越好。

(3) 剥叶滚筒之间水平距离越大,接触力也越大,越容易把叶鞘撕开,越有利于剥叶。在试验分析中,单因素与含杂率的回归方程曲线清楚表明,剥叶滚筒水平之间距离越大,含杂率越小。试验分析验证了剥叶机理分析的正确性。

(4) 剥叶滚筒之间垂直距离增加,接触点切向力减小,不利于剥叶;反之,垂直距离减小,接触点切向力增大,有利于剥叶。试验分析中的结论是剥叶滚筒之间垂直距离增加,含杂率增加;剥叶滚筒之间垂直距离减小,含杂率减小。这个结论与机理分析一致。

(5) 剥叶弹簧排列越紧密,弹簧圈数越少,刚度越大,接触点切向力越大,越有利于剥叶;同时,排列紧密导致甘蔗与剥叶弹簧接触的概率增加,这也有利于剥叶。在试验分析中,得出结论剥叶弹簧排列越紧密,含杂率越小。这个结论与剥叶机理分析相吻合。

通过统计选优结果分析,可以看出各因素之间影响不是单一的,而是相互的,含杂率是各因素相互作用的结果。造成叶鞘破坏三种方式中横向撕裂需要的力最小,从试验的结果来看,剥叶滚筒最大输入功率为 2.82 kW,所需的功率相对较小。

研究表明剥叶机理分析和试验分析的结论基本吻合。说明剥叶机理分析是正确的,它为了解和研究该型号剥叶机提供一定的理论基础。

[关键词]　甘蔗　叶鞘　剥叶弹簧　接触点切向力　含杂率

单芽段甘蔗种植机排种机理与种植均匀性研究

王美美　华南农业大学, 2014

[摘要]　种植作业是甘蔗生产过程中劳动强度大、最重要的环节之一。目前我国有一些自主研发和进口的实时切种式甘蔗种植机在推广使用,该类机型需要人工将整秆蔗种喂入切段刀辊内,喂入工人劳动强度大,还容易出现喂入不均匀等问题;并且整秆蔗种占用空间大,使得种植机整体尺寸较大。甘蔗依靠蔗茎节上的芽来繁育,如果采用单节、只含一个芽的单芽段作为蔗种,将有利于实现自动排种和减少种植机的空间尺寸。本文设计了一种单芽段拨指链式充种机构,并进一步研制出一种单芽段甘蔗种植机,实现了将装在种箱内的单芽段蔗种自动排出。种植机的排种均匀性是该类种植机的关键技术之一,对单芽段拨指链式排种机构排种机理进行研究,有利于进一步提高该类种植机整体设计与应用水平。本文从以下几个方面对排种机理和田间种植均匀性进行了研究。

(1) 研制出由种箱、拨指链式充种机构和投种装置组成的排种器试验台,用于排种均匀性台架试验。种箱侧面与投种通道均采用透明有机玻璃,以方便观察和摄影。

(2) 排种器静态充种均匀性试验,排种器试验台安装在土槽试验台车上,台车处于静止状态,研究排种拨指链在实际作业转速下运转时,排种器各结构和运动参数对单芽段蔗种填充于拨指的均匀性的影响。

(3) 排种器动态排种均匀性试验,排种器试验台安装在土槽试验台车上,排种拨指链在实际作业转速下运转和台车以一定速度沿轨道前进时,研究排种器各结构和运动参数对单芽段蔗种落入沟内的均匀性的影响。

(4) 拨指链式排种机构充、投种机理研究。采用高速摄像方法,图像分析蔗种在种箱内的充、投种运动过程;测定单芽段蔗种物理力学特性参数,建立排种器充种过程的离散元数学模型,采用 EDEM 软件三维仿真蔗种的充种过程。

(5) 充种过程离散元仿真的试验验证。设计了单芽段堆积角试验和拨指链充种段相对水平的倾斜角度对充种均匀性影响的试验,将台架试验结果与离散元仿真试验结果进行对照分析,验证离散元仿真与台架试验的一致性。

(6) 研制出单芽段种植机,用于田间种植均匀性研究。开发了基于 GPS 的田间种植均匀性监测系统,包括辅助导航系统和种植机漏播监测与标识系统,研究种植机田间作业时的种植均匀性。

结果表明:

(1) 拨指链角度、种量及其交互作用对充种均匀性有显著影响,排种器结构参数的最优组合为拨指链角度为 117°,种量为 700 个,此时填充合格率为 85.06%,漏填充率为 7.03%,多填充率为 7.91%。

(2) 拨指链角度、种量及其交互作用对排种均匀性有显著影响,排种器结构参数的最优组合为拨指链转速为 70 r/min,拨指链角度为 107°,种量为 500 个,此时合格率为 97.22%,重种率为 0.00%,漏种率为 2.78%。

(3) 拨指内蔗种顺利充种的条件为 $\sum F_x \leqslant 0$ 且 $\sum F_y \leqslant 0$,同时蔗种重心位置在拨指内。充种时蔗种由拨指带动向上运动,碰到种箱壁时沿蔗种斜面向下运动,形成环流区域。种箱内加入种量调节板,可以减小蔗种的环流运动,避免或减小损伤。投种时蔗种做抛物线运动,拨指的角速度越大,抛物线的开口越大,蔗种越有可能与种箱碰撞。

(4) 测定蔗种的物理力学特性得出,试验所用蔗种的含水率平均值为 72.74%,标准差为 0.03,密度平均为 244.67 kg/m^3。蔗种 - 钢恢复系数均值为 0.572,蔗种 - 蔗种恢复系数均值为 0.668,蔗种 - 钢静摩擦系数为 0.377,蔗种 - 蔗种静摩擦系数为 0.352。蔗种 - 钢滚动摩擦系数介于 0.019 和 0.045 之间,均值为 0.039,蔗种 - 蔗种滚动摩擦系数介于 0.004 和 0.049 之间,均值为 0.026。

(5) 蔗种的堆积角的仿真结果比实体试验测得的堆积角大 6.9%,证明了甘蔗物理力学参数的有效性。拨指链角度单因素充种试验的仿真结果与台架试验结果相关性达到 0.96,说明对蔗种的充种过程进行数值模拟是可行的。

(6) 辅助导航系统的横向跟踪最大误差不会超过 3 cm,可满足甘蔗种植行辅助导航系统的精度要求。田间漏播标记试验结果表明,漏播标记的起点偏差 Q_{p} 均值为 −83 mm,标准误为 216.1 mm。终点偏差 Z_{P} 均值为 63 mm,标准误为 155.6 mm。表明该系统标记的漏播位置可以为人工补种提供可靠依据。

(7) 田间综合试验表明,拨指链转速为 40 r/min,车速为 2.26 km/h 时的种植均匀性最好,合格率达到93.38%,每0.5 m垄内有蔗种3~8个。

国内外有关单芽段种植机的文献很少,本文对单芽段甘蔗种植机排种机理和田间种植均匀性研究有一定的开创性。

[关键词]　甘蔗;单芽段;种植机;均匀性

切段刀辊中置式甘蔗收割机排杂系统研究

袁成宇　华南农业大学, 2016

[摘要]　我国甘蔗种植面积约为150万 hm^2,位居世界第三。2014—2015年度,我国的甘蔗生产综合机械化水平达48.7%,但甘蔗种植机械化水平仅约为2.0%,甘蔗收获机械化水平仅约为0.7%。由于国家农村城镇化发展战略的大力推进,造成劳动力大量转移,甘蔗行业出现了严重的劳力缺口,因此,发展甘蔗生产全程机械化技术显得尤为重要,本文开展切段式甘蔗联合收获机除杂系统的试验研究,对促进甘蔗机械化技术的健康发展有积极意义。

通过文献分析可知,目前国内外有关甘蔗机械化技术的研究主要集中于甘蔗联合收割机的扶起装置、切割器以及剥叶装置等方面的研究,而在甘蔗机械收获过程中的除杂问题很少涉及,基于目前切段式甘蔗收获系统含杂率高、功耗大等不足,本文就下面几个方面开展了相关研究与试验:

(1) 对切段甘蔗混合物主要成分的悬浮特性进行分析与试验。试验结果表明:蔗叶长度、宽度、含水率和空间姿态角对蔗叶最小悬浮速度都产生较大影响,其变化规律为随着蔗叶长度增加,悬浮速度增大,随着蔗叶宽度增大,悬浮速度下降,随蔗叶含水率增加,蔗叶悬浮速度增加,随蔗叶空间姿态角增大,蔗叶悬浮速度增加,且含水率和空间姿态角是影响蔗叶悬浮速度的主要因素。通过蔗梢、碎蔗和蔗段最小悬浮速度的测量可知:碎蔗和蔗梢的最小悬浮速度存在交叉现象,蔗梢与部分小蔗段的最小悬浮速度存在交叉区域,故仅通过气流除杂方式不能完全除去甘蔗混合物中的蔗梢。通过蔗叶群的悬浮特性试验可知,当蔗叶长度超过10 cm时,蔗叶群无法稳定悬浮输送,含水率较低的蔗叶群具有相对较好的悬浮输送效果,旋风输送方式要比平行输送方式下的除杂效果好。

(2) 通过高速摄影与image-pro-plus软件获取流场内蔗叶的应力松弛特性与滑移特性。在气流速度不变时,随着蔗叶长度的增加,松弛时间逐渐减小,但蔗叶从15 cm递增到25 cm时,蔗叶长度变化对松弛时间的影响明显弱化。当叶长不变时,随着气流速度的增大,蔗叶松弛时间变短,但变化趋势相对比较平缓。通过蔗叶滑移率试验可知:在气流速度不变时,随着蔗叶长度的增大,蔗叶在流场内的理论滑移率增大,实际滑移率也是随着蔗叶长度增大而增大,同时发现实际滑移率基本都大于理论滑移率。

(3) 对4GDL-91 切段式甘蔗联合收割除杂系统进行了分析与计算。通过分析计算得出二级输送的最大输送能力为16.07 kg/s;在转速分别为400 r/min,500 r/min,600 r/min,700 r/min 和 800 r/min 时,风机选定入口截面的平均体积流量为3.054 m^3,4.026 m^3,5.261 m^3,5.987 m^3 和6.789 m^3,风机选定出口截面的平均体积流量为2.611 m^3,3.203 m^3,4.053 m^3,4.680 m^3 和5.416 m^3。通过计算确定倾斜安装的二级输送顶端与风机叶轮中心径向距离为12 cm,二级输送装置顶端与风机叶轮最下端之间的垂直距离为60 cm。

(4) 利用Fluent流体仿真软件对轴流风机在不同转速条件下的流场进行仿真。通过对选定截面上的风速、压力的分布规律分析可知,当转速不变时,随着截面位置的上移,各个截面上的平均风速逐渐增大;随着风机转速增加,风机内静压负压值也逐渐变大,但由叶轮半径变化引起的静压负压值呈不规则变化分布。通过比较,发现风机内部风速和负压的实际变化规律与相应的仿真结果类似,但离叶轮越近,实测结果与仿真结果相差越大。

(5) 通过对蔗叶和蔗段在气流场内的受力分析,建立了蔗叶的运动学方程和无量纲分析的蔗段方程(运行速度和时间为参数)以及(以输送距离和运行速度为参数)。

(6) 对流场内运行的蔗叶进行高速摄影分析。结果表明:吹送输送除杂时,蔗叶的运动以简单直线变速运动为主,当流场不均或与器壁碰撞时则表现为较复杂的空间运动。吸风输送除杂气流场时,无论从正面拍摄、侧面拍摄还是从下面拍摄,拍摄的蔗叶大部分表现为复杂的空间螺旋上升运动。

(7) 以含杂率1、含杂率3和排杂率为检验指标,通过正交试验可知:风机转速(A)、输送速度(B)、输送量(C)、和切段长度(D)以及风机转速和二级输送速度的交互作用都对排杂率1(脱离蔗叶的含率)产生显著的影响;因素A以及因素A与因素B的交互作用对含杂率3(蔗梢含率)有显著影响;因素A、因素D、因素A与因素B的交互作用、因素A与因素C的交互作用以及因素A和因素D的交互作用对排杂率都产生显著影响。同时得到影响含杂率1的最佳试验组合为A3B3C2D1,排杂率最佳试验组合为A2B3C2D1,含杂率3的最佳试验组合为A3B3C3D3或A3B3C3D1。通过AB双因素试验,得到最佳组合A3B3C2D2时的含杂率1最低为0.87%,A3B1C2D2组合时含杂率3最低为7.02%,A2B3C2D2组合时排杂率最高为17.09%。通过AC双因素试验,得到A3B2C3D2组合时排杂率最高为17.54%。通过BC双因素试验,得到A2B3C3D2组合的排杂率最高为16.01%。通过单因素试验分析可知:随着转速、输送量、切段长度和输送速度递增,含杂率1都逐渐降低。含杂率3随风速和切段长度增大逐渐减小;随输送量增加先减小，再增大，再减小；随输送速度增大先增大、再减小再增大。而排杂率 κ 随风速增大逐渐增大，在输送量为 3.5 kg 时达到最小，再逐渐增大；随切段长度增大而减小，再增大；随着输送速度增大而增大。

[关键词]　切段式收获　甘蔗　除杂系统　CFD　气力输送

湛江农垦大型甘蔗机械化系统研究与实践

曾志强　华南农业大学，2017

[摘要]　甘蔗是世界上第一大糖料作物，也是最重要的燃料乙醇原料之一。甘蔗是我国主要的糖料作物，其产量和产值仅次于粮食、油料和棉花，居第四位，在农作物生产结构调整和农业发展中占有重要的地位。目前我国甘蔗种植面积约 1.5×10^6 hm^2，在世界排名第四。据有关研究，2014—2015 年，虽然我国的甘蔗机械化综合水平已达 45%，但主要是机耕和田间管理机械化水平较高，甘蔗种植机械化水平仅约 2%，甘蔗收获机械化水平仅约 1%，致使甘蔗生产成本是先进国家的 2~3 倍。湛江农垦甘蔗种植面积为 $2.667\times10^4 hm^2$，是我国最早开展甘蔗生产机械化试验示范的基地，经过多年的发展，机械化水平处于全国领先地位；在 2015/2016 年榨季，机械化种植面积为 3 386 hm^2，占比 12.7%，机械化收获面积为 869.3 hm^2、占比 3.3%，收获甘蔗 45 551 t。甘蔗生产用工量大、生产成本高，随着甘蔗收获劳力的短缺和劳动力价格的提高，蔗区对甘蔗机械化生产的需求更加迫切，导致甘蔗机械化生产高需求与甘蔗生产机械化水平低的矛盾日益突出，本文在国家甘蔗产业体系设施设备功能研究室的项目资助下，对湛江农垦以大型 CASE8000 甘蔗收获机为关键设备配套农机具的大型甘蔗机械化生产系统开展研究。

通过实地调查、文献研究，以及对国内外相关现状、问题和数据的分析，了解了目前国内外对于甘蔗机械化生产系统发展的综合研究和在单个作业环节、机具配套、运输优化等方面的研究现状。湛江农垦大型甘蔗机械化生产系统存在优化不足和推广的可行性存疑等现象，本文开展了以下试验和研究：

首先，对湛江农垦通过跨越 30 年来的 3 个阶段大规模试验示范进行了调查和分析，3 个阶段试验的结果均表明，机械化能提高劳动生产率、降低甘蔗生产成本、提高生产效益、减轻劳动强度，充分显示了关键技术和先进设备在甘蔗生产方面的巨大价值和潜力。经过 3 阶段试验实践，湛江农垦基本掌握了甘蔗机械化生产技术，耕整地全部实现了机械化作业，机械化种植和收获也在发展，并处于全国领先水平。但由于各种条件限制，甘蔗生产全程机械化始终没有进行大规模的推广应用，还存在土地整治标准偏低和土地经营分散、甘蔗产量低、甘蔗生产机械化系统设备配套尚未完善、关键的机械化种植和收获瓶颈仍未突破、生产系统的总体效率不高、缺乏统一的管理系统等6个方面的问题。

根据以上情况，本研究确定了通过建立高标准的试验基地，控制土地整治标准及整合大地块经营，按相关技术规程来进行机械化生产试验，对机械化设备本身的性能、机具配套和经济效益方面进行理论和试验研究，对湛江农垦大型甘蔗机械化生产系统的可行性进行论证。

从2010年开始，建设了3年度共197.33 hm^2 的甘蔗生产机械化基地，研究适合的工艺方案，按相关技术规程，在基地进行了大量试验，测试了甘蔗全程机械化作业所用设备的工效和油耗，验证了大型甘蔗机械化生产技术在控制成本、提高效率方面的优越性，取得了较好的生产经济效益，验证了大型规模化甘蔗全程机械化生产示范推广的可行性，为大型甘蔗机械化设备优化配套提供基础数据。基地的生产数据表明：人均管理面积可达40～100 hm^2，甘蔗平均最高产量可到78.75 t/hm^2；机械化单产虽然比人工种植单产低，但效率是人工的12倍、生产成本比人工低6 000 CNY/hm^2 以上，平均效益比人工种植多1 707 CNY/hm^2。其中机收甘蔗留宿根和种苗自繁自育模式试验的数据结果表明，甘蔗产量可达67.5 t/hm^2，成本降到27 019.67 CNY/hm^2，盈利2 377.33 CNY/hm^2，利润率为14.91%。

根据湛江农垦大型甘蔗机械化生产农机具的配套经验和机具性能测试的数据，建立了农机具配套模型并进行优化。优化结果表明：666.7 hm^2 甘蔗机械化生产需要总作业成本为4 659.677 $\times10^3$ CNY，平均成本为6 989 CNY/hm^2，比试验基地的机械化作业费7 578 CNY/hm^2 降低589 CNY/hm^2；农机具购置成本为9 561.2 $\times10^3$ CNY，其中如果能提高收获机的实际工效和适当延长工作时间，则只需购置1台甘蔗收获机，购机成本可降低为7 261.2 $\times10^3$ CNY。

最后，针对湛江农垦广前公司的大型甘蔗机械收获运输系统中存在的运输效率不高、运输器械闲置严重、收获后甘蔗品质无法保证、系统运营成本过高等问题，本文对甘蔗机械化收获、田间转运、公路运输、糖厂卸蔗等全过程的运输系统提出优化改进方案，确定了最小等待时间、最小运营成本和各生产区公路运输车相互调度的优化目标，建立了理论模型，运用可视化仿真软件ExtendSim对现实系统流程进行了建模和优化仿真，并将仿真运行结果与现实系统进行了对比分析。优化结果表明广前农机公司甘蔗机械收获运输系统只需要83台公路运输车，减少了47辆，降幅达36.15%；每台车运行2.311次/d，糖厂排队等待时间缩短为5.1 h，减少了2.9 h，降幅达36.3%；同时榨季可缩短为102.5 d，运营成本降低至49.632 $\times10^6$ CNY。

本文的优化配套和运输系统模型为国内大型甘蔗机械化所用农机具的选型优化配套提供了理论基础和现实依据，并在柬埔寨柏威夏省的农业产业园得到了较好的验证。本研究将继续结合湛江农垦甘蔗生产机械化的工作以及柬埔寨甘蔗机械化生产的调研和试验工作深入全面开展。

［关键词］ 大型甘蔗机械化系统　农机具优化配套　机械化收获运输　湛江农垦

8.3　硕士学位论文

（1）张亚莉. 广前公司甘蔗机械化试验的实践与模拟研究[D]. 华南农业大学, 2000, 广州.

（2）杨丹彤. 小型整秆式甘蔗收割机研究与设计[D]. 华南农业大学, 2002, 广州.

（3）Louis Chipepo. 整秆式甘蔗收获系统的可行性研究[D]. 华南农业大学, 2002, 广州.

（4）宋春华. 螺旋式甘蔗扶起机构的试验研究[D]. 华南农业大学, 2003, 广州.

（5）陈永志. 广东省农业机械化支持体系研究[D]. 华南农业大学, 2004, 广州.

（6）陈连飞. 圆弧轨道式柔性夹持输送装置试验研究[D]. 华南农业大学, 2006, 广州.

（7）李忠民. 整秆式甘蔗收割机新型夹持输送装置[D]. 华南农业大学, 2006, 广州.

（8）牟向伟. 拨指链式扶蔗装置的设计与试验[D]. 华南农业大学, 2008, 广州.

（9）解福祥. 整秆甘蔗收割机组合式扶起装置设计与试验[D]. 华南农业大学, 2009, 广州.

（10）陈天波. 人工砍蔗过程动态力的测量与试验[D]. 华南农业大学, 2009, 广州.

（11）陈金侃. 倒伏甘蔗的几何形状及拨指扶起试验[D]. 华南农业大学, 2010, 广州.

（12）黄世醒. 湛江蔗区机械作业对耕作层土壤压实的研究[D]. 华南农业大学, 2010, 广州.

（13）彭钊. 基于技术路线图的甘蔗生产机械化研究[D]. 华南农业大学, 2010, 广州.

（14）莫肇福. 前悬挂整秆式甘蔗收割机双刀盘切割喂入装置设计与试验[D]. 华南农业大学, 2010, 广州.

（15）王春政. 整秆式甘蔗收割机辊滚筒输送装置的设计与试验[D]. 华南农业大学, 2011, 广州.

（16）吴昊．整秆推倒式甘蔗收割机剥叶装置的试验研究[D]．华南农业大学，2011，广州．

（17）宋键铭．整秆式甘蔗收获机剥叶元件试验研究[D]．华南农业大学，2012，广州．

（18）冯加模．HN 4GDL-91 甘蔗收获机喂入输送装置的设计与试验[D]．华南农业大学，2013，广州．

（19）李跃金．切段式甘蔗收割机输送排杂装置的设计与试验[D]．华南农业大学，2013，广州．

（20）何智．自走式甘蔗收割机液压行走系统设计与研究[D]．华南农业大学，2013，广州．

（21）甘耀海．甘蔗田间运输车的设计与研究[D]．华南农业大学，2014，广州．

（22）黄启志．整秆式甘蔗收割机排杂装置的设计与试验[D]．华南农业大学，2014，广州．

（23）常浩涛．4GZL-132 甘蔗收获机中间输送均匀铺开装置设计与试验[D]．华南农业大学，2014，广州．

（24）李腾．实时切种式甘蔗种植机喂入装置设计与试验[D]．华南农业大学，2014，广州．

（25）罗晓明．菱形四轮龙门架式高地隙中耕机底盘设计[D]．华南农业大学，2014，广州．

（26）何霖．整秆式甘蔗收获机集堆装置设计和试验[D]．华南农业大学，2015，广州．

（27）梁宇达．甘蔗收割机液力驱动履带底盘设计与试验[D]．华南农业大学，2015，广州．

（28）周绍鹏．甘蔗整秆收割机改进设计及剥叶研究[D]．华南农业大学，2015，广州．

（29）侯露．甘蔗种植机切种控制系统设计[D]．华南农业大学，2015，广州．

（30）刘皞春．切段式甘蔗收割机折叠输送臂设计与试验[D]．华南农业大学，2015，广州．

（31）何腾锋．菱形 4 轮中耕机全液压转向机构设计与分析[D]．华南农业大学，2016，广州．

（32）黄淼．菱形四轮甘蔗中耕机行走液压系统系统改进设计[D]．华南农业大学，2016，广州．

（33）曹耀林．2CZQ-2 型切种式甘蔗种植机的改进与试验[D]．华南农业大学, 2016, 广州.

(34) 黄铮. 带风送叶片的单圆盘式切稍器的气流场研究[D]. 华南农业大学, 2016, 广州.

(35) 周金伟. 甘蔗收割机切段刀辊配对刀片间相对位置对切割质量的影响[D]. 华南农业大学, 2017, 广州.

(36) 朱鸿运. 切段式甘蔗收割机排杂风机气流场研究[D]. 华南农业大学, 2017, 广州.

(37) 邹展曦. 4GDL-132 型甘蔗联合割收机刀盘浮动控制系统设计与试验[D]. 华南农业大学, 2017, 广州.

(38) 马道锋. 切段式甘蔗收割机输送臂改进设计与仿真研究[D]. 华南农业大学, 2017, 广州.

注:本附录列出了华南农业大学甘蔗机械化研究团队的一些研究成果,仅供参考。

后记

本书内容是在华南农业大学甘蔗机械研究室多年的研究以及近年来农业部甘蔗产业技术体系、农业部主要农作物生产全程机械化推进行动咨询专家组甘蔗组的工作实践基础上，根据我们多年的观察、实践、理论研究与思考，对我国甘蔗生产机械化装备和技术、发展历程、全程机械化模式等方面的实践和理论所作的阐述和分析。

本书主要作者及其所带领的团队从1996年起投身甘蔗机械化研究领域，至今已有20多年。实际上，我们第一次接触甘蔗机械化是在1985年，当时受华南农业大学伍丕舜教授委托，区颖刚带伍先生的研究生到湛江农垦广前农场调研甘蔗机械化状况，在以后写成的论文中，研究生郑汉林认为，当时劳动力还很便宜，但如果砍蔗价超过12元/t，收获机械化就会有用武之地。1996年，一个偶然的机会，我们再次撞入这个领域。当时几家外国公司希望到湛江农垦推销他们的甘蔗机械产品及甘蔗机械化技术，广前公司和他们达成了合作开展甘蔗全程机械化试验的协议。农场领导当年对我们说的关于甘蔗机械化的话至今还记忆犹新，中外双方欣然邀请我们参加甘蔗全程机械化的试验，我们从此正式进入这个领域，在这个领域奋斗了20多年。

本书由华南农业大学甘蔗机械研究室区颖刚和刘庆庭领衔撰写，参与撰写的人员有：杨丹彤、张华（福建农林大学）、莫建霖（广西农机院）、武涛、邹小平、黄世醒、郑丁科、Malclom Wegener（澳大利亚昆士兰大学）、余平祥、张增学、李伯祥、陈华金等。张华撰写了“第5章 甘蔗生产机械化中的农机农艺融合”。王美美、牟向伟、刘皞春、杨丹彤撰写了第七、八章中有关行业专项课题内容的初稿，一批历年的研究生参与了部分中文资料的收集、外文资料的翻译，以及部分图表的准备工作。

作者们长期从事的研究工作和本书的撰写得到农业机械化领域诸多国内外专家学者的关心和支持，特别是中国工程院罗锡文院士、汪懋华院士，前国家甘蔗产业技术体系首席科学家陈如凯教授，国家糖料产业技术体系首席科学家白晨研究员，中国农业大学农业机械化研究中心白人朴教授和杨敏丽教授，中国农机院各级领导和研究员陈志、方宪法、杨炳南、杨学军和刘赟东，中国农机工业协会高元恩原理事长，广西农机院和云南甘科所的同仁，参加国家公益性行业（农业）科研专项（2010）“甘蔗全程机械化生产技术与装备开发”课题组的全体同仁，以及美国麻省州立大学 Stephen Herbert 教授、华盛顿州立大学张勤教授、堪萨斯州立大学张乃迁教授、英国皇家工程院院士和 Silsoe 学院教授 R J Godwin 等。

农业部农业机械化管理司及下属机构 20 年间的各级领导、农业部科技司、协会以及广西、广东、云南农机管理部门的领导，对我们的工作都给予了大力支持，在此一并表示感谢！

湛江农垦多年来的领导以及属下广垦农机公司的各位领导及员工，对我们的研究工作给予了大力支持和配合。其中特别需要提到陈超平、郑学文、周佐光、陈华金、胡乔、包代义、陈光、赖荣光、曾志强等几位同志的帮助。

还有很多帮助和配合过我们研究工作的企业和个人，如广东科利亚公司彭康益先生、广州和润机械有限公司李景丕和王保兰先生、广州悍牛农业机械股份有限公司谭国锋先生，以及其他单位和人士，不能一一列举，在此一并谢过。

有一位不能忘记的已离我们而去的传奇人物、中国籍英国友人杨大卫先生，他从 1949 年来到中国，为中国的甘蔗机械化事业奋斗了一生，在 1996—2000 年的试验期间，和我们紧密配合，使我们受益匪浅。

感谢 20 年间我们团队的研究生们，以及 20 年间支持和帮助过、和我们一起奋斗过的众多同行们。

虽然从准备材料到完成写作花了 5 年时间，但由于杂务缠身，未能仔细推敲，只能算是匆匆而就。付梓之际，心中未免忐忑，理论和技术上的不足甚至谬误之处在所难免，敬请读者批评指正。

历史是一面镜子，本书希望从我国甘蔗机械化发展历史的角度，探讨我国甘蔗机械化的特点和经验，给甘蔗机械化的进一步发展提供一点启发。

澳大利亚有本关于甘蔗机械化的书，副标题指参与这个事业的人是“They are all half crazy”（他们都是疯子）！我们也有点如此。

区颖刚　刘庆庭

2018 年 11 月于广州华南农业大学